Alibaba Group 技术丛书
阿里巴巴集团

深入分析
Java Web

技术内幕（修订版）

许令波 著

U0299737

电子工业出版社.
Publishing House of Electronics Industry
北京·BEIJING

内 容 简 介

本书围绕 Java Web 相关技术从三方面全面、深入地进行了阐述。首先介绍前端知识，主要介绍在 Java Web 开发中涉及的一些基本知识，包括 Web 请求过程、HTTP、DNS 技术和 CDN 技术。其次深入介绍了 Java 技术，包括 I/O 技术、中文编码问题、Javac 编译原理、class 文件结构解析、ClassLoader 工作机制及 JVM 的内存管理等。最后介绍了 Java 服务端技术，主要包括 Servlet、Session 与 Cookie、Tomcat 与 Jetty 服务器、Spring 容器、iBatis 框架和 Velocity 框架等原理介绍，并介绍了服务端的一些优化技术。本书不仅介绍这些技术和框架的工作原理，而且结合示例来讲解，通过通俗易懂的文字和丰富、生动的配图，让读者充分并深入理解它们的内部工作原理，同时还结合了设计模式来介绍这些技术背后的架构思维。

图书在版编目（CIP）数据

深入分析 Java Web 技术内幕 / 许令波著. —修订本. —北京：电子工业出版社，2014.8
（阿里巴巴集团技术丛书）
ISBN 978-7-121-23293-0

Ⅰ. ①深…　Ⅱ. ①许…　Ⅲ. ①JAVA 语言－程序设计　Ⅳ. ①TP312

中国版本图书馆 CIP 数据核字（2014）第 106866 号

策划编辑：刘　皎
责任编辑：徐津平
印　　刷：北京七彩京通数码快印有限公司
装　　订：北京七彩京通数码快印有限公司
出版发行：电子工业出版社
　　　　　北京市海淀区万寿路 173 信箱　邮编 100036
开　　本：787×980　1/16　印张：30.5　字数：600 千字
版　　次：2012 年 9 月第 1 版
　　　　　2014 年 8 月第 2 版
印　　次：2024 年 6 月第 22 次印刷
定　　价：79.00 元

读 者 热 评

——摘自 developerWorks 上读者对作者文章的评价

相当不错，读完之后颇有顿悟的感觉。

——lnwazg

看过 *How Tomcat works* 一书，但是有些东西还是没有弄明白，看了你的这篇介绍，虽然不敢说弄明白了，但是至少让我对 Tomcat 的工作机制及内部实现有了更进一步的了解！

——android007

总结得非常好，以前看了很多遍源代码，也没这样易懂。

——birds

头一次看到这么全的编、解码分析，谢谢分享。

——chenxh

文章相当不错。对启动 Servlet 的重要步骤也讲得相当不错。

——RecallYatou

这篇对 Spring 进行分析的文章太经典了。

——BradyZhu

文章写得很深刻，一直在关注你写的东西。

——61WC_agan_tomsong

很详细，案例和图也解释得很到位，感谢分享。

——lyron

最近才读完了 iBatis 的源代码，也有很想写一篇文章的冲动，不过看了此篇，感觉没有必要了。作者的技术水平和写作水平很令人佩服。

——527*****@QQ.com

推 荐 序

经过 10 多年的发展，Java Web 从开发框架到社区都已经很成熟了。在这些成熟的框架、工具的帮助下，开发人员的效率得到了很大的提高，但也造成了在原理性、整体性上的相对欠缺，很多人往往知其然而不知其所以然，特别是在解决一些系统问题的时候，不能很好地举一反三。

举个例子，我看到一些开发人员在使用 Web 框架后，基于约定的方法进行业务的代码实现，但不清楚自己写的代码是如何被调用执行的。如果他们很清楚 Servlet 规范，并看过容器的大致实现过程，对解决问题是很有帮助的。

许令波是我认识的一位很关注原理细节的工程师，同时很乐于分享，会把在工作中使用到的技术进行分析并写成文章，分享给大家。他写的这本书中涉及的技术正是他自己在实际工作中遇到的问题的学习过程和解决过程的总结，是总结技术所涉及的知识，更是总结如何分析和解决问题的思路，以及这些技术背后的原理，让你知其所以然。

本书中的内容涉及从 HTTP、Servlet、模板渲染、数据层、容器到 JVM 等 Java Web 开发的各个方面，这些问题是许令波在日常工作中经常遇到的，我想也是所有 Java Web 开发人员都会遇到的。本书最大的特点就是让 Java Web 开发人员对整个开发过程所涉及的技术能有一个完整的脉络图，从前端浏览器到 Java 技术，再到 Java 服务端技术，还介绍了实现这些技术用到的设计模式；不仅详细总结了这些技术的工作原理，而且也结合了很多实际案例来进行阐述，将复杂、难懂的技术原理通过时序图和架构图的方式展现出来，更加便于读者理解。可以说如果你掌握了本书的知识，那么你就可以成为一个合格的 Java Web 开发人员。

本书文笔流畅，图表清晰、易懂，值得推荐给 Java Web 开发人员作为进阶学习的参考书。

吴泽明

天猫产品技术部研究员

专 家 点 评

这是一本关于 Java 的书，里面讲述的大量基础知识对前端开发工程师非常有帮助。比如中文编码章节，作者以一个实践者的身份详细阐述了编码问题的方方面面。总之，这是一本很用心的书，是实践者的思考和总结。目前在国内很少看到这类书籍，强烈推荐从事 Web 开发工作的人员阅读并实践之。

——王保平，开源前端类库 KISSY、SeaJS 作者

作者在淘宝做了很多 Java Web 方面的改造项目，在 Java Web 的相关技术上有深入的掌握，并积累了丰富的经验。在这本书中作者不仅向读者展示了这类大改造项目所需的知识，还展示了 Java Web 更为全景的技术知识体系。本书值得 Java Web 开发人员阅读。

——林昊，淘宝资深技术专家

从第 1 次拜读相关内容开始，就可以感觉到作者并不是在简简单单地讲述一门技术或者一个概念，他的分析和讲解十分深入，并且可以很好地聚焦读者的思路，尤其是在 Java Web 、 Servlet 规范及字符串处理方面，都有很优秀的内容。在众多向 developerWorks 投稿的国内作者中，无论是从文章的质量看，还是从内容的选题方向看，作者的文章都可称为上乘之作。同时，他的多篇文章还得到了广大网站读者的好评，其访问量、评分及评论的数量均名列前茅。

——刘达，developerWorks 中国 Java 专区编辑 、技术工程师

再版序言

自《深入分析 Java Web 技术内幕》一书出版以来，我收到了不少读者的反馈，也很感谢他们指出了书中的一些错误和不足。时隔两年，在电子工业出版社博文视点编辑的帮助下，《深入分析 Java Web 技术内幕》有了修订再版的机会。

这两年来，一些技术也在发生着变化：无线技术越来越成熟，我们的系统开始更多地支持无线，并衍生出系统要进行多终端化改造等问题；同时我们也遇到了一些新的技术问题如大流量、网络瓶颈及机房的电力短缺等，这给系统的部署和系统架构带来新的挑战。所以我借这次再版的机会，将这方面的技术更新和实践尝试一并分享给读者。除了修正前版的一些错漏之处，本次修订还主要做了以下更新。

第 1 章增加了 CDN 动态加速的内容，介绍了我们当前最新的想法和尝试。

第 3 章增加一种繁简转换的实现方式的内容，介绍了我们在遇到多终端的情况下面临的多语言的问题，将我们的思路和实践分享给大家。

第 10 章增加了多终端 Session 统一的内容，也介绍了在多终端的情况下如何解决 Session 统一的问题。

新增了第 18 章，重点介绍了我们在近两年遇到大流量的情况下，如何跨越性能、网络和一个地区的电力瓶颈等问题，并提供了一个比较完整的解决方案。

感谢刘皎和张国霞两位编辑，感谢阿里巴巴的几位大牛范禹、黄眉等对修订版提供的一些有益建议，也感谢我们技术发展部恬玉同学的大力帮助。

许令波

2014.7

第 1 版序

我第 1 次接触计算机应该是在 10 年前，记得当时连怎么开计算机都不会，当时感觉计算机真是一个让人着迷的东西，但是那时别说拥有一台计算机，就算是能玩上计算机也是一件奢侈的事情了。人总是有好奇心的，而我也因为追随着这份好奇和计算机一起走过了将近 10 年的光阴，也是这份好奇让我接触了计算机，认识了计算机，到现在了解了计算机。但是到目前为止我仍然有很多好奇的东西，所以我将一直求解下去。

回想我开始学习编程的时候，那是在大学期间开始构建自己的第 1 个网页，然后是第 1 个网站之时，其中的复杂程度真是让人难以想象。要构建一个网页，需要学习当时的"网页三剑客"，页面布局需要学习 Dreamweaver，图片处理需要学习 Fireworks，动画制作需要学习 Flash。有时候为了一个导航栏甚至通宵达旦。还有，要自己搭建一个本地服务器，要学习 IIS、Apache 等。当时的我竟然能够一个人完成这一系列的事情，现在想想还真是有点儿佩服自己。

现在回想一下当时自己的学习过程，真是走了很多弯路，浪费了很多时间。当时的学习就像是在一个陌生的城市找路一样，不知道如何才能到达目的地，只能边走边问别人，这个人告诉你一点，那个人告诉你一点，一点一点往前走。但是虽然在往前走，走的路却并不是最近的，甚至有人指的方向是错的。当时缺少一个总揽全局的地图，所以不能画出一条最优的路。虽然走了很多弯路，但是这种不断自学的过程还是大大地提升了我的学习能力，这种好的自学能力也在我以后的学习工作中起到了关键作用。

IT 行业的知识变化很快，需要不断地学习新东西，所以学习知识的能力比掌握知识本身更重要。这也是目前大公司招聘标准中很重要的一条。记得当时我的老大在招聘我进入淘宝时，面试时就问我如何学习一门新技术。你在学习的过程中会碰到很多难题，并会克服这些难题，很多这样的过程积累起来就是你无形的宝贵财富。因为你遇到的问题肯定也是其他人遇到的问题，从发现问题、分析问题再到解决问题的过程远比这个问题本身更有价值。

爱因斯坦说过："发现问题比解决问题更重要。"对 IT 人员来说，发现 Bug 和重现 Bug 比解决这个 Bug 更有难度。这就好比一个外国人问周恩来总理中国有多少厕所，总理回答说只有两个厕所：男厕所和女厕所。但是，什么人在什么时间、什么地点需要上厕所，考虑这样的情形恐怕需要多少厕所就很难计算了。同样，在计算机中也只有 0 和 1 两个选择，在计算机中的程序也同样如此，每写一行代码就能增加甚至一个数量级的出错概率。但是我们还是要学习如何避免出现 Bug，这就要求我们能有总理看问题的思维，将复杂的问题简单化，发现问题背后的本质，找到解决问题的背后的一些通用逻辑，按照这种思路来解决问题可能会让你事半功倍。

如何让学习知识的过程事半功倍，尤其是我们程序员如何做到，从我这么多年的学习过程来说，有一些经验可以分享给大家，这也是我写这本书的初衷，我真正想分享的不是我掌握的知识，更多的是我学习这个知识的过程，以及我对这些知识的一些总结和提炼。

虽然要掌握在整个 Web 开发中涉及的所有知识是一件非常困难的事情，尤其是要掌握这些知识的实现原理，不仅知其然还要知其所以然。所以掌握学习它们的方法至关重要。如何快速、高效地阅读它们的源码，有很多同学看到我在 developerWorks 上发表的文章时来信问我如何阅读各种框架的源码，很多同学都说不知道从哪里入手。其实，当你掌握了一些技巧，加上你的一点耐心，这并不是很难的。

本书虽然介绍了很多开源框架，但是始终都在告诉你如何才能更深入和简单地掌握这个框架，告诉你学习的方法，而并不是告诉你这个框架有哪些类，以及怎么使用这些零碎的知识。打个比喻，本书并不是告诉你 1+1=2，1+2=3，2+2=4 这个结果，然后你可以根据这个方式得出 1+1+2=4，你要计算其他数必须根据它给你的公式才能计算，而是告诉你加、减、乘、除的算法规则，然后你就可以根据这个规则自己做运算了。

另外本书为什么要选择介绍 Web 开发中这些技术的实现原理，因为只有你掌握它们的实现原理，才能够快速地解决一些意想不到的问题。例如，当你理解了 ClassLoader 的工作机制后，遇到 ClassNotFoundException 时，你就能快速地判断，到底为什么会报这个错误，可能是哪个地方出错导致的。

另外还有一个很重要的原因是，如果你很想进入淘宝、腾讯、百度这样的大型互联网企业工作，不掌握本书讲到的这些技术的实现原理，是很难通过技术面试的。因为面试官不仅希望你会用这些技术，还要求你说出个所以然来，所以，掌握这些技术的实现原理可以为你的职业发展提供更好的机会。

本书的组织结构

本书从结构上主要分为 3 部分：第 1 部分为基础知识，主要介绍在 Java Web 开发中涉及的一些基本知识，例如一次 HTTP 请求是什么样的，HTTP 本身是如何工作的；第 2 部分将深入介绍 Java 技术，帮助读者了解 Java 是如何工作的，在会用的基础上进一步理解 Java；第 3 部分是 Java 服务端技术，主要介绍 Web 服务器的处理流程，包括 Servlet 容器的工作原理和 Web 框架是如何运转的，也就是从 Web 服务器接收到请求至返回请求的这个过程中涉及的知识，最后介绍了针对大流量情况下的系统的一些优化技巧和实践项目。

目标读者

如果你是一名刚毕业的学生或者刚刚准备学习 Web 开发并且不知道如何入手的人，那么这本书比较适合你；如果你已经工作 1～2 年，已经熟悉了 Java Web 开发的基本流程并且想进一步提升自己，那么这本书更适合你。

如果你已经知道了如何学习 Java Web 开发技术，正准备入门进行实际开发，也就是说你是一个开发新手，那么这本书不太适合你。但是当你知道了如何开发一个 Web 应用并想知道它们是如何工作时，欢迎你再回来看本书，它能帮助你进一步提高。

总的来说，本书适合以下读者人群。

◎ 对 Web 技术感觉迷茫，不知道如何开始学习，对整个 B/S 工作机制不了解的同学。

◎ Java 技术爱好者，以及想深入学习 Java 技术内部实现细节的人。

◎ 有一定开发基础，但是不了解 Web 中一些容器和框架的内部工作原理的人。

◎ 对性能优化和分布式数据管理有兴趣的大型互联网工程师，这里介绍了淘宝的一些实践经验。

◎ 开源代码爱好者，喜欢研究开源代码的 Coder 可以从本书中找到一些分析源码的方法。

本书不会教你如何开发 Web 应用程序，也不会介绍 Struts、Spring、iBatis 等框架如何使用。这些框架的使用参考手册在图书市场上有很多，本书没有必要重复介绍。但是如果你已经掌握了如何使用并且不满足只会使用，想知道它们是如何工作的，想打开这些黑盒子，想以后告诉他人这些黑盒子里到底有些什么东西，对每种技术有强烈的好奇心，如果你是这样的人，那么本书值得你拥有。

本书特点

◎ 本书按照通常的学习习惯设计，为你展示了从浏览器发出请求到浏览器最终显示页面的整个过程，让你对 Web 开发的整个过程有个总体的理解。

◎ 本书虽然讲解的都是比较深入的技术，但是有关实践的示例和比较恰当的比喻将帮你更好地理解。

◎ 本书将结合淘宝网中真实使用的示例应用程序来讲解技术，让读者有更好的直观认识。

读者讨论

由于作者水平有限，书中难免有错误之处。在本书出版后的任何时间，若你对本书有任何问题，你都可以通过 xulingbo0201@163.com 发送邮件给我，或者到 http://xulingbo.net 上向我提交你的建议和想法，我会对所有问题给予回复。

致谢

感谢我的父母，在我高考失败后仍然给我机会让我选择做自己想做的事，支持我选择了自己喜欢的计算机行业，并在家庭并不富裕的情况下给我配置了第 1 台计算机，让我有机会继续追求自己的梦想，是你们的支持和鼓励让我在做自己一直喜欢做的事。

感谢我的老婆，从大学你就一直陪伴在我身边，有你在我身边是我不断努力的最大动力，在本书的写作过程中，你完成初稿的审阅工作，同时也给了我很多鼓励和建议。

感谢电子工业出版社的刘皎和张国霞编辑，你们严谨认真的工作态度让我非常敬佩。

感谢吴泽明（范禹）老大为本书写序，你不仅带我进入淘宝，而且一直帮助我持续进步。感谢王保平、林昊和刘达在繁忙的工作中为我写推荐语。

感谢在本书写作过程中提出宝贵意见的同事们，他们的花名是：小凡、小邪、丹臣、哲别、景升、文通、向飞、凌弃、路奇、济城、大仁、常彬、旭天、韩章、小赌、雁声、索尼、凤豪、柳擎、华黎、空望、嗷嗷、渐飞、普智、胜衣、叔度、文景、撒迦、狄龙、祝幽、单通、承泽等。

感谢 developerWorks 上所有向我提出问题和建议的网友们。

许令波

2012 年 7 月

目　　录

第1章

深入 Web 请求过程

随着 Web 2.0 时代的到来，互联网的网络架构已经从传统的 C/S 架构转变为更加方便、快捷的 B/S 架构，B/S 架构大大简化了用户使用网络应用的难度，这种人人都能上网、人人都能使用网络上提供的服务的方法也进一步推动了互联网的繁荣。

B/S 架构带来了以下两方面的好处。

◎ 客户端使用统一的浏览器（Browser）。由于浏览器具有统一性，它不需要特殊的配置和网络连接，有效地屏蔽了不同服务提供商提供给用户使用服务的差异性。另外，最重要的一点是，浏览器的交互特性使得用户使用它非常简便，且用户行为的可继承性非常强，也就是用户只要学会了上网，不管使用的是哪个应用，一旦学会了，在使用其他互联网服务时同样具有了使用经验，因为它们都基于同样的浏览器操作界面。

◎ 服务端（Server）基于统一的 HTTP。和传统的 C/S 架构使用自定义的应用层协议不同，B/S 架构使用的都是统一的 HTTP。使用统一的 HTTP 也为服务提供商简化了开发模式，使得服务器开发者可以采用相对规范的开发模式，这样可以大大节省开发成本。由于使用统一的 HTTP，所以基于 HTTP 的服务器就有很多，如 Apache、IIS、Nginx、Tomcat、JBoss 等，这些服务器可以直接拿来使用，不需要服务开发者单独来开发。不仅如此，连开发服务的通用框架都不需要单独开发，服务开发者只需要关注提供服务的应用逻辑，其他一切平台和框架都可以直接拿来使用，所以 B/S 架构同样简化了服务器提供者的开发，从而出现了越来越多的互联网服务。

B/S 网络架构不管对普通用户的使用还是对服务的开发都带来了好处，为互联网的主要参与者、服务使用者和服务开发者降低了学习成本。但是作为互联网应用的开发者，我们还是要清楚，从用户在浏览器里单击某个链接开始，到我们的服务返回结果给浏览器为止，在这个过程中到底发生了什么、这其中还需要哪些技术来配合。

所以本章将为你描述这一过程的工作原理，它将涉及浏览器的基本行为和 HTTP 的解析过程、DNS 如何解析到对应的 IP 地址、CDN 又是如何工作和设计的，以及浏览器如何渲染出返回的结果等。

1.1 B/S 网络架构概述

B/S 网络架构从前端到后端都得到了简化，都基于统一的应用层协议 HTTP 来交互数据，与大多数传统 C/S 互联网应用程序采用的长连接的交互模式不同，HTTP 采用无状态的短连接的通信方式，通常情况下，一次请求就完成了一次数据交互，通常也对应一个业务逻辑，然后这次通信连接就断开了。采用这种方式是为了能够同时服务更多的用户，因为当前互联网应用每天都会处理上亿的用户请求，不可能每个用户访问一次后就一直保持这个连接。

基于 HTTP 本身的特点，目前的 B/S 网络架构大多采用如图 1-1 所示的架构设计，既要满足海量用户的访问请求，又要保持用户请求的快速响应，所以现在的网络架构也越来越复杂。

当一个用户在浏览器里输入 www.taobao.com 这个 URL 时，将会发生很多操作。首先它会请求 DNS 把这个域名解析成对应的 IP 地址，然后根据这个 IP 地址在互联网上找到对应的服务器，向这个服务器发起一个 get 请求，由这个服务器决定返回默认的数据资源给访问的用户。在服务器端实际上还有很复杂的业务逻辑：服务器可能有很多台，到底指定哪台服务器来处理请求，这需要一个负载均衡设备来平均分配所有用户的请求；还有请求的数据是存储在分布式缓存里还是一个静态文件中，或是在数据库里；当数据返回浏览器

时，浏览器解析数据发现还有一些静态资源（如 CSS、JS 或者图片）时又会发起另外的
HTTP 请求，而这些请求很可能会在 CDN 上，那么 CDN 服务器又会处理这个用户的请求，
大体上一个用户请求会涉及这么多的操作。每一个细节都会影响这个请求最终是否会成功。

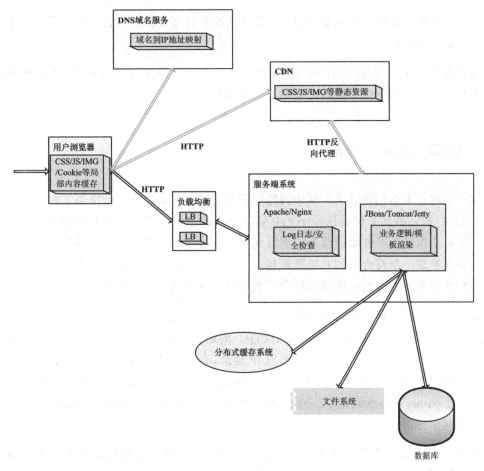

图 1-1 CDN 架构图

不管网络架构如何变化，始终有一些固定不变的原则需要遵守。

◎ 互联网上所有资源都要用一个 URL 来表示。URL 就是统一资源定位符，如果你
要发布一个服务或者一个资源到互联网上，让别人能够访问到，那么你首先必须
要有 个在世界上独一无二的 URL。不要小看这个 URL，它几乎包含了整个互
联网的架构精髓。

◎ 必须基于 HTTP 与服务端交互。不管你要访问的是国内的还是国外的数据，是文本数据还是流媒体，都必须按照套路出牌，也就是都得采用统一打招呼的方式，这样人家才会明白你要的是什么。

◎ 数据展示必须在浏览器中进行。当你获取到数据资源后，必须在浏览器上才能恢复它的容貌。

只要满足上面的几点，一个互联网应用基本上就能正确地运转起来了，当然这里面还有好多细节，这些细节在后面将分别进行详细讲解。

1.2 如何发起一个请求

如何发起一个 HTTP 请求？这个问题似乎既简单又复杂，简单是指当你在浏览器里输入一个 URL 时，按回车键后这个 HTTP 请求就发起了，很快你就会看到这个请求的返回结果。复杂是指能否不借助浏览器也能发起请求，这里的"不借助"有两层含义，一是指能不能自己组装一个符合 HTTP 的数据包，二是除了浏览器还有哪些方式也能简单地发起一个 HTTP 请求。下面就按照这两层含义来解释如何发起一个 HTTP 请求。

如何发起一个 HTTP 请求和如何建立一个 Socket 连接区别不大，只不过 outputStream.write 写的二进制字节数据格式要符合 HTTP。浏览器在建立 Socket 连接之前，必须根据地址栏里输入的 URL 的域名 DNS 解析出 IP 地址，再根据这个 IP 地址和默认的 80 端口与远程服务器建立 Socket 连接，然后浏览器根据这个 URL 组装成一个 get 类型的 HTTP 请求头，通过 outputStream.write 发送到目标服务器，服务器等待 inputStream.read 返回数据，最后断开这个连接。

当然，不同浏览器在如何使用这个已经建立好的连接以及根据什么规则来管理连接上，有各种不同的实现方法。一句话，发起一个 HTTP 请求的过程就是建立一个 Socket 通信的过程。

既然发起一个 HTTP 连接本质上就是建立一个 Socket 连接，那么我们完全可以模拟浏览器来发起 HTTP 请求，这很好实现，也有很多方法实现，如 HttpClient 就是一个开源的通过程序实现的处理 HTTP 请求的工具包。当然如果你对 HTTP 的数据结构非常熟悉，你完全可以自己再实现另外一个 HttpClient，甚至可以自己写个简单的浏览器。

下面是一个基本的 HttpClient 的调用示例：

```
HttpClient httpClient = createHttpClient();
    PostMethod postMethod;
    String domainName = Switcher.domain;
    postMethod = new PostMethod(domainName);
    postMethod.addRequestHeader("Content-Type", "application/x-www-form-
urlencoded; charset=GBK");
    for (FilterData filterData : filterDatas) {
        postMethod.addParameter("ip", filterData.ip);
        postMethod.addParameter("count", String.valueOf(filterData.count));
    }
    try {
        httpClient.executeMethod(postMethod);
        postMethod.getResponseBodyAsString();
    } catch (Exception e) {
        logger.error(e);
    }
```

处理 Java 中使用非常普遍的 HttpClient 还有很多类似的工具，如 Linux 中的 curl 命令，通过 curl + URL 就可以简单地发起一个 HTTP 请求，非常方便。

例如，curl "http://item.taobao.com/item.htm?id=1264" 可以返回这个页面的 HTML 数据，如图 1-2 所示。

图 1-2　HTTP 请求返回的 HTML 数据

也可以查看这次访问的 HTTP 头的信息，加上-I 选项，如图 1-3 所示。

图 1-3　HTTP 头的信息

还可以在访问这个 URL 时增加 HTTP 头，通过 -HI 选项实现，如图 1-4 所示。

```
</script>[junshan@          admin]$ curl "http://switch.taobao.com:9999/repository.htm"
[junshan@vj01055.sqa.cm4 admin]$ curl -I "http://switch.taobao.com:9999/repository.htm"
HTTP/1.1 302 Moved Temporarily
Date: Sat, 25 Feb 2012 08:39:31 GMT
Server: Apache
Last-Modified: Thu, 01 Jan 1970 00:00:00 GMT
Location: https://ark.taobao.org:4430/arkserver/Login.aspx?app=http%3A%2F%2Fswitch.taobao.com%
Vary: Accept-Encoding
Content-Type: text/html;charset=GBK
```

图 1-4　访问 URL 时增加 HTTP 头

因为缺少 Cookie 信息，所以上面的访问返回 302 状态码，必须增加 Cookie 才能正确访问该链接，如下所示：

```
[junshan@xxx admin]$ curl -I  "http://xxxx.taobao.com:9999/ repository.
htm" -H "Cookie:cna=sd0/BjeZulwCAfIdAHkzZZqC; _t_track= 121.0.29. 242.
1320938379988839;"
HTTP/1.1 200 OK
Date: Sat, 25 Feb 2012 08:41:20 GMT
Server: Apache
Last-Modified: Thu, 01 Jan 1970 00:00:00 GMT
Vary: Accept-Encoding
Content-Type: text/html;charset=GBK
```

1.3　HTTP 解析

B/S 网络架构的核心是 HTTP，掌握 HTTP 对一个从事互联网工作的程序员来说非常重要，也许你已经非常熟悉 HTTP，这里除了简单介绍 HTTP 的基本知识外，还将侧重介绍实际使用中的一些心得，后面将以实际使用的场景为例进行介绍。

要理解 HTTP，最重要的就是要熟悉 HTTP 中的 HTTP Header，HTTP Header 控制着互联网上成千上万的用户的数据的传输。最关键的是，它控制着用户浏览器的渲染行为和服务器的执行逻辑。例如，当服务器没有用户请求的数据时就会返回一个 404 状态码，告诉浏览器没有要请求的数据，通常浏览器就会展示一个非常不愿意看到的该页面不存在的错误信息。

常见的 HTTP 请求头和响应头分别如表 1-1 和表 1-2 所示，常见的 HTTP 状态码如表 1-3 所示。

表 1-1　常见的 HTTP 请求头

请 求 头	说　明
Accept-Charset	用于指定客户端接受的字符集
Accept-Encoding	用于指定可接受的内容编码，如 Accept-Encoding:gzip.deflate
Accept-Language	用于指定一种自然语言，如 Accept-Language:zh-cn
Host	用于指定被请求资源的 Internet 主机和端口号，如 Host:www.taobao.com
User-Agent	客户端将它的操作系统、浏览器和其他属性告诉服务器
Connection	当前连接是否保持，如 Connection: Keep-Alive

表 1-2　常见的 HTTP 响应头

响 应 头	说　明
Server	使用的服务器名称，如 Server: Apache/1.3.6 (Unix)
Content-Type	用来指明发送给接收者的实体正文的媒体类型，如 Content-Type:text/html;charset=GBK
Content-Encoding	与请求报头 Accept-Encoding 对应，告诉浏览器服务端采用的是什么压缩编码
Content-Language	描述了资源所用的自然语言，与 Accept-Language 对应
Content-Length	指明实体正文的长度，用以字节方式存储的十进制数字来表示
Keep-Alive	保持连接的时间，如 Keep-Alive: timeout=5, max=120

表 1-3　常见的 HTTP 状态码

状 态 码	说　明
200	客户端请求成功
302	临时跳转，跳转的地址通过 Location 指定
400	客户端请求有语法错误，不能被服务器识别
403	服务器收到请求，但是拒绝提供服务
404	请求的资源不存在
500	服务器发生不可预期的错误

要看一个 HTTP 请求的请求头和响应头，可以通过很多浏览器插件来看，在 Firefox 中有 Firebug 和 HttpFox，Chrome 自带的开发工具也可以看到每个请求的请求头信息（可用 F12 快捷键打开），IE 自带的调试工具也有类似的功能。

1.3.1　查看 HTTP 信息的工具

有时候我们需要知道一个 HTTP 请求到底返回什么数据，或者没有返回数据时想知道是什么原因造成的，这时我们就需要借助一些工具来查询这次请求的详细信息。

在 Windows 下现在主流的浏览器都有很多工具来查看当前请求的详细 HTTP 信息，如在 Firefox 浏览器下，使用最多的是 Firebug，如图 1-5 所示。

图 1-5　Firefox 浏览器下 HTTP 的信息

还有一个 HttpFox 工具提供的信息更全，如图 1-6 所示，所有 HTTP 相关信息都可以一目了然。

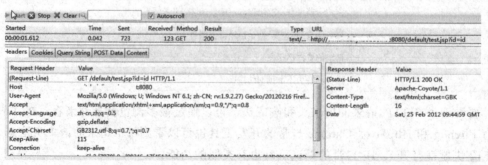

图 1-6　HttpFox 工具显示的 HTTP 的信息

Chrome 浏览器下也有一些类似的工具，如 Google 自带的调试工具，同样可以查看到这次请求的相关信息，如图 1-7 所示。

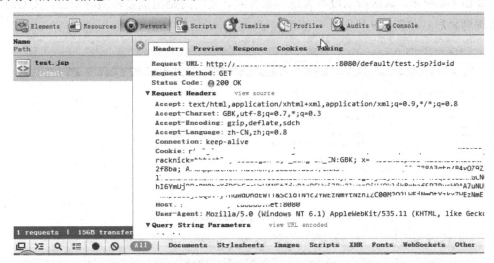

图 1-7　Google 自带的调试工具显示的 HTTP 的信息

Chrome 下也有类似的 Firebug 工具，但是还不够完善。

IE 从 7.0 版本开始也提供了类似的 HTTP 调试工具，如自带的开发人员工具可以通过 F12 键打开，HttpFox 插件也有 IE 版本，读者可以试着安装一下。

1.3.2　浏览器缓存机制

浏览器缓存是一个比较复杂但是又比较重要的机制，在我们浏览一个页面时发现有异常的情况下，通常考虑的就是是不是浏览器做了缓存，所以一般的做法就是按 Ctrl+F5 组合键重新请求一次这个页面，重新请求的页面肯定是最新的页面。为什么重新请求就一定能够请求到没有缓存的页面呢？首先是在浏览器端，如果是按 Ctrl+F5 组合键刷新页面，那么浏览器会直接向目标 URL 发送请求，而不会使用浏览器缓存的数据；其次即使请求发送到服务端，也有可能访问到的是缓存的数据，比如，在我们的应用服务器的前端部署一个缓存服务器，如 Varnish 代理，那么 Varnish 也可能直接使用缓存数据。所以为了保证用户能够看到最新的数据，必须通过 HTTP 来控制。

当我们使用 Ctrl+F5 组合键刷新一个页面时，在 HTTP 的请求头中会增加一些请求头，它告诉服务端我们要获取最新的数据而不是缓存。

如图 1-8 所示，这次请求没有发送到服务端，使用的是浏览器的缓存数据，按 Ctrl+F5 组合键刷新后，如图 1-9 所示。

图 1-8　HTTP 的请求头返回缓冲数据

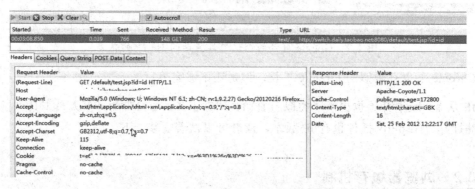

图 1-9　按 Ctrl+F5 组合键刷新页面时 HTTP 的请求头返回数据

这次请求时从服务端返回的数据，最重要的是在其请求头中增加了两个请求项 Pragma:no-cache 和 Cache-Control:no-cache。为什么增加了这两项配置项，它们有什么作用？

1. Cache-Control/Pragma

这个 HTTP Head 字段用于指定所有缓存机制在整个请求/响应链中必须服从的指令，如果知道该页面是否为缓存，不仅可以控制浏览器，还可以控制和 HTTP 相关的缓存或代理服务器。HTTP Head 字段有一些可选值，这些值及其说明如表 1-4 所示。

表 1-4　HTTP Head 字段的可选值

可　选　值	说　　　明
Public	所有内容都将被缓存，在响应头中设置
Private	内容只缓存到私有缓存中，在响应头中设置
no-cache	所有内容都不会被缓存，在请求头和响应头中设置
no-store	所有内容都不会被缓存到缓存或 Internet 临时文件中，在响应头中设置
must-revalidation/proxy-revalidation	如果缓存的内容失效，请求必须发送到服务器/代理以进行重新验证，在请求头中设置
max-age=xxx	缓存的内容将在 xxx 秒后失效，这个选项只在 HTTP 1.1 中可用，和 Last-Modified 一起使用时优先级较高，在响应头中设置

　　Cache-Control 请求字段被各个浏览器支持得较好，而且它的优先级也比较高，它和其他一些请求字段（如 Expires）同时出现时，Cache-Control 会覆盖其他字段。

　　Pragma 字段的作用和 Cache-Control 有点类似，它也是在 HTTP 头中包含一个特殊的指令，使相关的服务器遵守该指令，最常用的就是 Pragma:no-cache，它和 Cache-Control:no-cache 的作用是一样的。

2. Expires

　　Expires 通常的使用格式是 Expires: Sat, 25 Feb 2012 12:22:17 GMT，后面跟着一个日期和时间，超过这个时间值后，缓存的内容将失效，也就是浏览器在发出请求之前检查这个页面的这个字段，看该页面是否已经过期了，过期了就重新向服务器发起请求。

3. Last-Modified/Etag

　　Last-Modified 字段一般用于表示一个服务器上的资源的最后修改时间，资源可以是静态（静态内容自动加上 Last-Modified 字段）或者动态的内容（如 Servlet 提供了一个 getLastModified 方法用于检查某个动态内容是否已经更新），通过这个最后修改时间可以判断当前请求的资源是否是最新的。

　　一般服务端在响应头中返回一个 Last-Modified 字段，告诉浏览器这个页面的最后修改时间，如 Last-Modified: Sat, 25 Feb 2012 12:55:04 GMT，浏览器再次请求时在请求头中增加一个 If-Modified-Since: Sat, 25 Feb 2012 12:55:04 GMT 字段，询问当前缓存的页面是否是最新的，如果是最新的就返回 304 状态码，告诉浏览器是最新的，服务器也不会传输新的数据。

与 Last-Modified 字段有类似功能的还有一个 Etag 字段，这个字段的作用是让服务端给每个页面分配一个唯一的编号，然后通过这个编号来区分当前这个页面是否是最新的。这种方式比使用 Last-Modified 更加灵活，但是在后端的 Web 服务器有多台时比较难处理，因为每个 Web 服务器都要记住网站的所有资源，否则浏览器返回这个编号就没有意义了。

1.4　DNS 域名解析

我们知道互联网都是通过 URL 来发布和请求资源的，而 URL 中的域名需要解析成 IP 地址才能与远程主机建立连接，如何将域名解析成 IP 地址就属于 DNS 解析的工作范畴。

可以毫不夸张地说，虽然我们平时上网感觉不到 DNS 解析的存在，但是一旦 DNS 解析出错，可能会导致非常严重的互联网灾难。目前世界上的整个互联网有几个 DNS 根域名服务器，任何一台根服务器坏掉，后果都会非常严重。

1.4.1　DNS 域名解析过程

图 1-10 是 DNS 域名解析的主要请求过程实例图。

如图 1-10 所示，当一个用户在浏览器中输入 www.abc.com 时，DNS 解析将会有将近 10 个步骤，这个过程大体描述如下。

当用户在浏览器中输入域名并按下回车键后，第 1 步，浏览器会检查缓存中有没有这个域名对应的解析过的 IP 地址，如果缓存中有，这个解析过程就将结束。浏览器缓存域名也是有限制的，不仅浏览器缓存大小有限制，而且缓存的时间也有限制，通常情况下为几分钟到几小时不等，域名被缓存的时间限制可以通过 TTL 属性来设置。这个缓存时间太长和太短都不好，如果缓存时间太长，一旦域名被解析到的 IP 有变化，会导致被客户端缓存的域名无法解析到变化后的 IP 地址，以致该域名不能正常解析，这段时间内有可能会有一部分用户无法访问网站。如果时间设置太短，会导致用户每次访问网站都要重新解析一次域名。

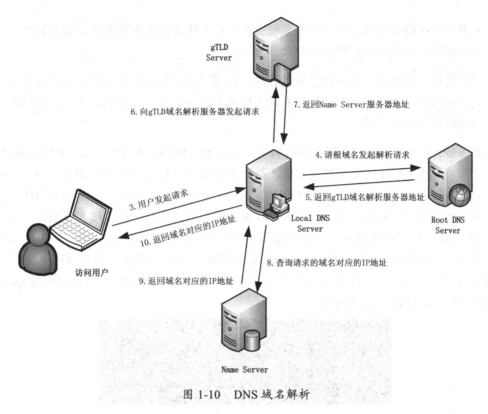

图 1-10　DNS 域名解析

第 2 步，如果用户的浏览器缓存中没有，浏览器会查找操作系统缓存中是否有这个域名对应的 DNS 解析结果。其实操作系统也会有一个域名解析的过程，在 Windows 中可以通过 C:\Windows\System32\drivers\etc\hosts 文件来设置，你可以将任何域名解析到任何能够访问的 IP 地址。如果你在这里指定了一个域名对应的 IP 地址，那么浏览器会首先使用这个 IP 地址。例如，我们在测试时可以将一个域名解析到一台测试服务器上，这样不用修改任何代码就能测试到单独服务器上的代码的业务逻辑是否正确。正是因为有这种本地 DNS 解析的规程，所以黑客就有可能通过修改你的域名解析来把特定的域名解析到它指定的 IP 地址上，导致这些域名被劫持。

这导致在早期的 Windows 版本中出现过很严重的问题，而且对于一般没有太多计算机知识的用户来说，出现问题后很难发现，即使发现也很难自己解决，所以 Windows 7 中将 hosts 文件设置成了只读的，防止这个文件被轻易修改。

在 Linux 中这个配置文件是/etc/hosts，修改这个文件可以达到同样的目的，当解析到这个配置文件中的某个域名时，操作系统会在缓存中缓存这个解析结果，缓存的时间同样是受这个域名的失效时间和缓存的空间大小控制的。

前面这两个步骤都是在本机完成的，所以在图 1-10 中没有表示出来。到这里还没有涉及真正的域名解析服务器，如果在本机中仍然无法完成域名的解析，就会真正请求域名服务器来解析这个域名了。

第 3 步，如何、怎么知道域名服务器呢？在我们的网络配置中都会有"DNS 服务器地址"这一项，这个地址就用于解决前面所说的如果两个过程无法解析时要怎么办，操作系统会把这个域名发送给这里设置的 LDNS，也就是本地区的域名服务器。这个 DNS 通常都提供给你本地互联网接入的一个 DNS 解析服务，例如你是在学校接入互联网，那么你的 DNS 服务器肯定在你的学校，如果你是在一个小区接入互联网的，那这个 DNS 就是提供给你接入互联网的应用提供商，即电信或者联通，也就是通常所说的 SPA，那么这个 DNS 通常也会在你所在城市的某个角落，通常不会很远。在 Windows 下可以通过 ipconfig 查询这个地址，如图 1-11 所示。

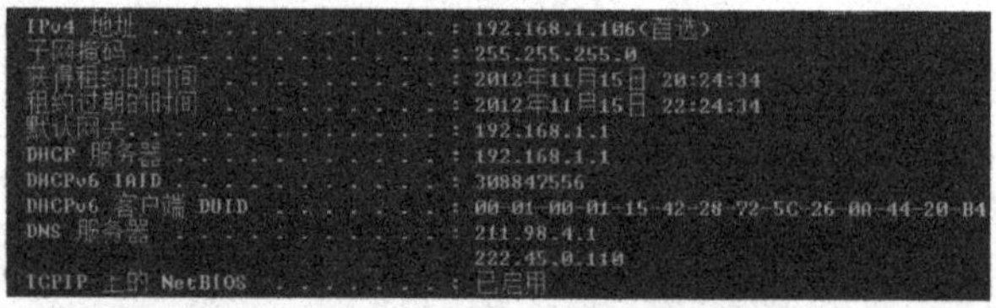

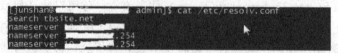

图 1-11　在 Windows 中查询 DNS Server

在 Linux 下可以通过如下方式查询配置的 DNS Server，如图 1-12 所示。

图 1-12　在 Linux 中下查询 DNS Server

这个专门的域名解析服务器性能都会很好，它们一般都会缓存域名解析结果，当然缓存时间是受域名的失效时间控制的，一般缓存空间不是影响域名失效的主要因素。大约 80%的域名解析都到这里就已经完成了，所以 LDNS 主要承担了域名的解析工作。

第 4 步，如果 LDNS 仍然没有命中，就直接到 Root Server 域名服务器请求解析。

第 5 步，根域名服务器返回给本地域名服务器一个所查询域的主域名服务器（gTLD Server）地址。gTLD 是国际顶级域名服务器，如.com、.cn、.org 等。

第 6 步，本地域名服务器（Local DNS Server）再向上一步返回的 gTLD 服务器发送请求。

第 7 步，接受请求的 gTLD 服务器查找并返回此域名对应的 Name Server 域名服务器的地址，这个 Name Server 通常就是你注册的域名服务器，例如你在某个域名服务提供商申请的域名，那么这个域名解析任务就由这个域名提供商的服务器来完成。

第 8 步，Name Server 域名服务器会查询存储的域名和 IP 的映射关系表，在正常情况下都根据域名得到目标 IP 记录，连同一个 TTL 值返回给 DNS Server 域名服务器。

第 9 步，返回该域名对应的 IP 和 TTL 值，Local DNS Server 会缓存这个域名和 IP 的对应关系，缓存的时间由 TTL 值控制。

第 10 步，把解析的结果返回给用户，用户根据 TTL 值缓存在本地系统缓存中，域名解析过程结束。

在实际的 DNS 解析过程中，可能还不止这 10 个步骤，如 Name Server 也可能有多级，或者有一个 GTM 来负载均衡控制，这都有可能会影响域名解析的过程。

1.4.2　跟踪域名解析过程

在 Linux 和 Windows 下都可以用 nslookup 命令来查询域名的解析结果，如图 1-13 所示。

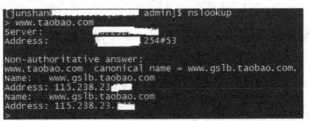

图 1-13　用 nslookup 查询域名解析结果

在 Linux 系统中还可以使用 dig 命名来查询 DNS 的解析过程，如下所示：

```
[junshan@xxx admin]$ dig www.taobao.com

; <<>> DiG 9.3.6-P1-RedHat-9.3.6-4.P1.el5 <<>> www.taobao.com
;; global options: printcmd
;; Got answer:
```

```
;; ->>HEADER<<- opcode: QUERY, status: NOERROR, id: 16903
;; flags: qr rd ra; QUERY: 1, ANSWER: 3, AUTHORITY: 3, ADDITIONAL: 3

;; QUESTION SECTION:
;www.taobao.com.                        IN      A

;; ANSWER SECTION:
www.taobao.com.          1542   IN      CNAME    www.gslb.taobao.com.
www.gslb.taobao.com.     130    IN      A        115.238.23.xxx
www.gslb.taobao.com.     130    IN      A        115.238.23.xxx

;; AUTHORITY SECTION:
gslb.taobao.com.         70371  IN      NS       gslbns3.taobao.com.
gslb.taobao.com.         70371  IN      NS       gslbns1.taobao.com.
gslb.taobao.com.         70371  IN      NS       gslbns2.taobao.com.

;; ADDITIONAL SECTION:
gslbns1.taobao.com.      452    IN      A        121.0.23.xxx
gslbns2.taobao.com.      452    IN      A        115.124.17.xxx
gslbns3.taobao.com.      452    IN      A        110.75.3.xxx

;; Query time: 5 msec
;; SERVER: 10.232.2.xxx#53(10.232.2.xxx)
;; WHEN: Sun Feb 12 19:19:05 2012
;; MSG SIZE  rcvd: 201
```

结果的第 1 行输出了当前 Linux 的版本号，第 2 行说明可以增加可选参数 printcmd，如果加上 printcmd，打印出来的结果如下：

```
;; Got answer:
;; ->>HEADER<<- opcode: QUERY, status: NXDOMAIN, id: 58602
;; flags: qr rd ra; QUERY: 1, ANSWER: 0, AUTHORITY: 1, ADDITIONAL: 0

;; QUESTION SECTION:
;printcmd.                       IN      A

;; AUTHORITY SECTION:
.                        10800  IN      SOA      a.root-servers.net. nstld.
verisign-grs.com. 2012021200 1800 900 604800 86400

;; Query time: 208 msec
```

```
;; SERVER: 10.232.2.xxx#53(10.232.2.xxx)
;; WHEN: Sun Feb 12 19:20:59 2012
;; MSG SIZE  rcvd: 101
```

"QUESTION SECTION"部分表示当前查询的域名是一个 A 记录,"ANSWER SECTION"部分返回了这个域名由 CNAME 到 www.gslb.taobao.com,返回了这个域名对应的 IP 地址。

还可通过增加+trace 参数跟踪这个域名的解析过程,如下所示:

```
[junshan@xxx admin]$ dig www.taobao.com +trace

; <<>> DiG 9.3.6-P1-RedHat-9.3.6-4.P1.el5 <<>> www.taobao.com +trace
;; global options:  printcmd
.                        449398  IN      NS      k.root-servers.net.
.                        449398  IN      NS      l.root-servers.net.
.                        449398  IN      NS      m.root-servers.net.
.                        449398  IN      NS      a.root-servers.net.
.                        449398  IN      NS      b.root-servers.net.
.                        449398  IN      NS      c.root-servers.net.
.                        449398  IN      NS      d.root-servers.net.
.                        449398  IN      NS      e.root-servers.net.
.                        449398  IN      NS      f.root-servers.net.
.                        449398  IN      NS      g.root-servers.net.
.                        449398  IN      NS      h.root-servers.net.
.                        449398  IN      NS      i.root-servers.net.
.                        449398  IN      NS      j.root-servers.net.
;; Received 272 bytes from 10.232.2.254#53(10.232.2.254) in 0 ms

com.                     172800  IN      NS      a.gtld-servers.net.
com.                     172800  IN      NS      b.gtld-servers.net.
com.                     172800  IN      NS      c.gtld-servers.net.
com.                     172800  IN      NS      d.gtld-servers.net.
com.                     172800  IN      NS      e.gtld-servers.net.
com.                     172800  IN      NS      f.gtld-servers.net.
com.                     172800  IN      NS      g.gtld-servers.net.
com.                     172800  IN      NS      h.gtld-servers.net.
com.                     172800  IN      NS      i.gtld-servers.net.
com.                     172800  IN      NS      j.gtld-servers.net.
com.                     172800  IN      NS      k.gtld-servers.net.
com.                     172800  IN      NS      l.gtld-servers.net.
```

```
com.                  172800 IN      NS      m.gtld-servers.net.
;; Received 492 bytes from 193.0.14.129#53(k.root-servers.net) in 607 ms

taobao.com.           172800 IN      NS      ns1.taobao.com.
taobao.com.           172800 IN      NS      ns2.taobao.com.
taobao.com.           172800 IN      NS      ns3.taobao.com.
;; Received 134 bytes from 192.5.6.30#53(a.gtld-servers.net) in 250 ms

www.taobao.com.       1800   IN      CNAME   www.gslb.taobao.com.
gslb.taobao.com.      86400  IN      NS      gslbns2.taobao.com.
gslb.taobao.com.      86400  IN      NS      gslbns3.taobao.com.
gslb.taobao.com.      86400  IN      NS      gslbns1.taobao.com.
;; Received 169 bytes from 110.75.1.19#53(ns1.taobao.com) in 0 ms
```

上面清楚地显示了整个域名是如何发起和解析的，从根域名（.）到 gTLD Server（.com.），再到 Name Server（taobao.com.）的整个过程都显示出来了。还可以看出 DNS 的服务器有多个备份，可以从任何一台查询到解析结果。

1.4.3　清除缓存的域名

我们知道 DNS 域名解析后会缓存解析结果，其中主要在两个地方缓存结果，一个是 Local DNS Server，另外一个是用户的本地机器。这两个缓存都是 TTL 值和本机缓存大小控制的，但是最大缓存时间是 TTL 值，基本上 Local DNS Server 的缓存时间就是 TTL 控制的，很难人工介入，但是我们的本机缓存可以通过如下方式清除。

在 Windows 下可以在命令行模式下执行 ipconfig /flushdns 命令来刷新缓存，如图 1-14 所示。

图 1-14　在 Windows 下刷新 DNS 缓存

在 Linux 下可以通过/etc/init.d/nscd restart 来清除缓存，如图 1-15 所示。

图 1-15　在 Linux 下清除 DNS 缓存

重启依然是解决很多问题的第一选择。

在 Java 应用中 JVM 也会缓存 DNS 的解析结果，这个缓存是在 InetAddress 类中完成的，而且这个缓存时间还比较特殊，它有两种缓存策略：一种是正确解析结果缓存，另一种是失败的解析结果缓存。这两个缓存时间由两个配置项控制，配置项是在 %JAVA_HOME%\lib\security\java.security 文件中配置的。两个配置项分别是 networkaddress.cache. ttl 和 networkaddress.cache.negative.ttl，它们的默认值分别是-1（永不失效）和 10（缓存 10 秒）。

要修改这两个值同样有几种方式，分别是：直接修改 java.security 文件中的默认值、在 Java 的启动参数中增加-Dsun.net.inetaddr.ttl=xxx 来修改默认值、通过 InetAddress 类动态修改。

在这里还要特别强调一下，如果我们需要用 InetAddress 类解析域名，必须是单例模式，不然会有严重的性能问题，如果每次都创建 InetAddress 实例，则每次都要进行一次完整的域名解析，非常耗时，对这一点要特别注意。

1.4.4　几种域名解析方式

域名解析记录主要分为 A 记录、MX 记录、CNAME 记录、NS 记录和 TXT 记录。

◎ A 记录，A 代表的是 Address，用来指定域名对应的 IP 地址，如将 item.taobao.com 指定到 115.238.23.xxx，将 switch.taobao.com 指定到 121.14.24.xxx。A 记录可以将多个域名解析到一个 IP 地址，但是不能将一个域名解析到多个 IP 地址。

◎ MX 记录，表示的是 Mail Exchange，就是可以将某个域名下的邮件服务器指向自己的 Mail Server，如 taobao.com 域名的 A 记录 IP 地址是 115.238.25.xxx，如果将 MX 记录设置为 115.238.25.xxx，即 xxx@taobao.com 的邮件路由，DNS 会将邮件发送到 115.238.25.xxx 所在的服务器，而正常通过 Web 请求的话仍然解析到 A 记录的 IP 地址。

◎ CNAME 记录，全称是 Canonical Name（别名解析）。所谓的别名解析就是可以为一个域名设置一个或者多个别名。如将 taobao.com 解析到 xulingbo.net，将 srcfan.com 也解析到 xulingbo.net。其中 xulingbo.net 分别是 taobao.com 和 srcfan.com 的别名。前面的跟踪域名解析中的 "www.taobao.com. 1542 IN CNAME www.gslb.taobao.com" 就是 CNAME 解析。

◎ NS 记录，为某个域名指定 DNS 解析服务器，也就是这个域名有指定的 IP 地址的 DNS 服务器去解析，前面的"gslb.taobao.com. 86400 IN NS gslbns2.taobao.com."就是 NS 解析。

◎ TXT 记录，为某个主机名或域名设置说明，如可以为 xulingbo.net 设置 TXT 记录为"君山的博客|许令波"这样的说明。

1.5　CDN 工作机制

CDN 也就是内容分布网络（Content Delivery Network），它是构筑在现有 Internet 上的一种先进的流量分配网络。其目的是通过在现有的 Internet 中增加一层新的网络架构，将网站的内容发布到最接近用户的网络"边缘"，使用户可以就近取得所需的内容，提高用户访问网站的响应速度。有别于镜像，它比镜像更智能，可以做这样一个比喻：CDN = 镜像（Mirror）+ 缓存（Cache）+ 整体负载均衡（GSLB）。因而，CDN 可以明显提高 Internet 中信息流动的效率。

目前 CDN 都以缓存网站中的静态数据为主，如 CSS、JS、图片和静态页面等数据。用户在从主站服务器请求到动态内容后，再从 CDN 上下载这些静态数据，从而加速网页数据内容的下载速度，如淘宝有 90%以上的数据都是由 CDN 来提供的。

通常来说 CDN 要达到以下几个目标。

◎ 可扩展（Scalability）。性能可扩展性：应对新增的大量数据、用户和事务的扩展能力。成本可扩展性：用低廉的运营成本提供动态的服务能力和高质量的内容分发。

◎ 安全性（Security）。强调提供物理设备、网络、软件、数据和服务过程的安全性，（趋势）减少因为 DDoS 攻击或者其他恶意行为造成商业网站的业务中断。

◎ 可靠性、响应和执行（Reliability、Responsiveness 和 Performance）。服务可用性指能够处理可能的故障和用户体验下降的问题，通过负载均衡及时提供网络的容错机制。

1.5.1　CDN 架构

通常的 CDN 架构如图 1-16 所示。

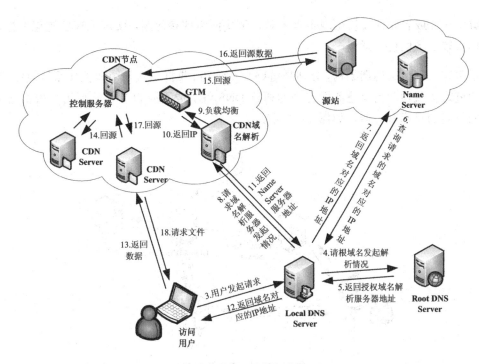

图 1-16　Web 请求过程

　　如图 1-16 所示，一个用户访问某个静态文件（如 CSS 文件），这个静态文件的域名假如是 cdn.taobao.com，那么首先要向 Local DNS 服务器发起请求，一般经过迭代解析后回到这个域名的注册服务器去解析，一般每个公司都会有一个 DNS 解析服务器。这时这个 DNS 解析服务器通常会把它重新 CNAME 解析到另外一个域名,而这个域名最终会被指向 CDN 全局中的 DNS 负载均衡服务器，再由这个 GTM 来最终分配是哪个地方的访问用户，返回给离这个访问用户最近的 CDN 节点。

　　拿到 DNS 解析结果，用户就直接去这个 CDN 节点访问这个静态文件了，如果这个节点中所请求的文件不存在，就会再回到源站去获取这个文件，然后再返回给用户。

1.5.2　负载均衡

　　负载均衡（Load Balance）就是对工作任务进行平衡、分摊到多个操作单元上执行，如图片服务器、应用服务器等，共同完成工作任务。它可以提高服务器响应速度及利用效率，避免软件或者硬件模块出现单点失效，解决网络拥塞问题，实现地理位置无关性，为用户提供较一致的访问质量。

通常有三种负载均衡架构，分别是链路负载均衡、集群负载均衡和操作系统负载均衡。所谓的链路负载均衡也就是前面提到的通过 DNS 解析成不同的 IP，然后用户根据这个 IP 来访问不同的目标服务器，如图 1-17 所示。

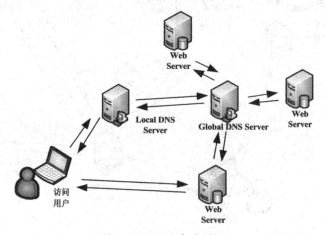

图 1-17　链路负载均衡

负载均衡是由 DNS 的解析来完成的，用户最终访问哪个 Web Server 是由 DNS Server 来控制的，在这里就是由 Global DNS Server 来动态解析域名服务。这种 DNS 解析的优点是用户会直接访问目标服务器，而不需要经过其他的代理服务器，通常访问速度会更快。但是也有缺点，由于 DNS 在用户本地和 Local DNS Server 都有缓存，一旦某台 Web Server 挂掉，就很难及时更新用户的域名解析结构。如果用户的域名没有及时更新，那么用户将无法访问这个域名，带来的后果非常严重。

集群负载均衡是另外一种常见的负载均衡方式，它一般分为硬件负载均衡和软件负载均衡。硬件负载均衡一般使用一台专门的硬件设备来转发请求，如图 1-18 所示。

硬件负载均衡的关键就是这台价格非常昂贵的设备，如 F5，通常为了安全需要一主一备。它的优点很显然就是性能非常好，缺点就是非常贵，一般公司是用不起的，还有就是当访问量陡然增大超出服务极限时，不能进行动态扩容。

软件负载均衡是使用最普遍的一种负载方式，它的特点是使用成本非常低，直接使用廉价的 PC 就可以搭建。缺点就是一般一次访问请求要经过多次代理服务器，会增加网络延时。它的架构通常如图 1-19 所示。

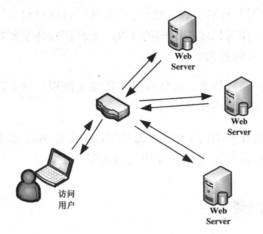

图 1-18　硬件负载均衡

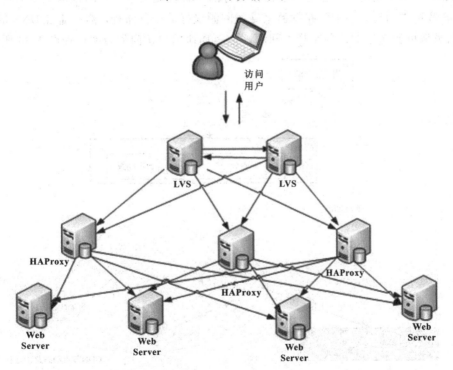

图 1-19　软件负载均衡

图 1-19 中上面的两台是 LVS，使用四层负载均衡，也就是在网络层利用 IP 地址进行地址转发。下面的三台使用 HAProxy 进行七层负载，也就是可以根据访问用户的 HTTP 请求头来进行负载均衡，如可以根据不同的 URL 来将请求转发到特定机器或者根据用户的 Cookie 信息来指定访问的机器。

最后一种是操作系统负载均衡，就是利用操作系统级别的软中断或者硬件中断来达到负载均衡，如可以设置多队列网卡等来实现。

这几种负载均衡不仅在 CDN 的集群中能使用，而且在 Web 服务或者分布式数据集群中同样也能使用，但是在这些地方后两种使用得要多一点。

1.5.3　CDN 动态加速

CDN 的动态加速技术也是当前比较流行的一种优化技术，它的技术原理就是在 CDN 的 DNS 解析中通过动态的链路探测来寻找回源最好的一条路径，然后通过 DNS 的调度将所有请求调度到选定的这条路径上回源，从而加速用户访问的效率。如图 1-20 所示。

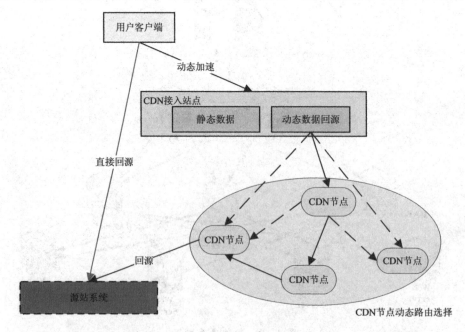

图 1-20　CDN 动态加速

由于 CDN 节点是遍布全国的，所以用户接入一个 CDN 节点后，可以选择一条从离用户最近的 CDN 节点到源站链路最好的路径让用户走。一个简单的原则就是在每个 CDN 节点上从源站下载一个一定大小的文件，看哪个链路的总耗时最短，这样可以构成一个链路列表，然后绑定到 DNS 解析上，更新到 CDN 的 Local DNS。当然是否走这个链路并不一定根据耗时这个唯一条件，有时也要考虑网络成本，例如走某个节点虽然可以节省 10ms，但是网络带宽的成本却增加了很多，还有其他网络链路的安全等因素也要综合考虑。

1.6　总结

本章主要介绍了前端的一些基本知识，包括在用户端发起一个请求时，这个请求都经过了哪些服务单元，进行了哪些处理。本章可以帮助我们对 B/S 网络架构有个整体的认识。

第 2 章

深入分析 Java I/O 的工作机制

I/O 问题可以说是当今 Web 应用中所面临的主要问题之一，因为在当前这个海量数据时代，数据在网络中随处流动。在这个流动的过程中都涉及 I/O 问题，可以说大部分 Web 应用系统的瓶颈都是 I/O 瓶颈。本章的目的正是分析 I/O 的内在工作机制，你将了解到 Java 的 I/O 类库的基本架构、磁盘 I/O 工作机制、网络 I/O 的工作机制。其中以网络 I/O 为重点介绍 Java Socket 的工作方式。你还将了解 NIO 的工作方式，并了解同步和异步、阻塞与非阻塞的区别。最后将介绍一些常用的 I/O 优化技巧。

2.1 Java 的 I/O 类库的基本架构

I/O 问题是任何编程语言都无法回避的问题，可以说 I/O 问题是整个人机交互的核心问题，因为 I/O 是机器获取和交换信息的主要渠道，在当今这个数据大爆炸时代，I/O 问题尤其突出，很容易成为一个性能瓶颈。正因如此，Java 在 I/O 上也一直在做持续的优化，如从 1.4 版开始引入了 NIO，提升了 I/O 的性能。

Java 的 I/O 操作类在包 java.io 下，大概有将近 80 个类，这些类大概可以分成如下 4 组。

◎　基于字节操作的 I/O 接口：InputStream 和 OutputStream。

◎　基于字符操作的 I/O 接口：Writer 和 Reader。

◎　基于磁盘操作的 I/O 接口：File。

◎　基于网络操作的 I/O 接口：Socket。

前两组主要是传输数据的数据格式，后两组主要是传输数据的方式，虽然 Socket 类并不在 java.io 包下，但是我仍然把它们划分在一起，因为我个人认为 I/O 的核心问题要么是数据格式影响 I/O 操作，要么是传输方式影响 I/O 操作，也就是将什么样的数据写到什么地方的问题。I/O 只是人与机器或者机器与机器交互的手段，除了它们能够完成这个交互功能外，我们关注的就是如何提高它的运行效率了，而数据格式和传输方式是影响效率最关键的因素。后面的分析也是基于这两个因素来展开的。

2.1.1　基于字节的 I/O 操作接口

基于字节的 I/O 操作接口输入和输出分别是 InputStream 和 OutputStream，InputStream 的类层次结构如图 2-1 所示。

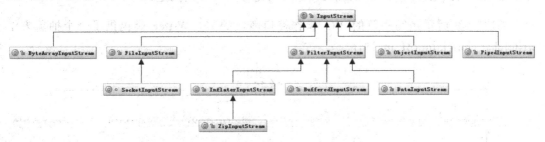

图 2-1　InputStream 的类层次结构

输入流根据数据类型和操作方式又被划分成若干个子类，每个子类分别处理不同的操作类型。OutputStream 的类层次结构也类似，如图 2-2 所示。

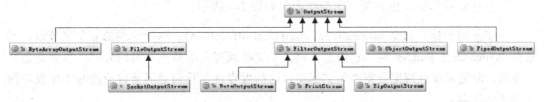

图 2-2　OutputStream 的类层次结构

这里就不详细解释如何使用每个子类了，如果不清楚，可以参考 JDK 的 API 说明文档，这里只想说明两点，一是操作数据的方式是可以组合使用的，如这样组合使用：

```
OutputStream out = new BufferedOutputStream(new ObjectOutputStream(new
FileOutputStream("fileName"));
```

二是必须要指定流最终写到什么地方，要么是写到磁盘，要么是写到网络中，其实从上面的类层次结构图中我们可以发现，写网络实际上也是写文件，只不过写网络还有一步需要处理，就是让底层操作系统再将数据传送到其他地方而不是本地磁盘。我们将在后面详细介绍网络 I/O 和磁盘 I/O。

2.1.2　基于字符的 I/O 操作接口

不管是磁盘还是网络传输，最小的存储单元都是字节，而不是字符，所以 I/O 操作的都是字节而不是字符，但是为什么有操作字符的 I/O 接口呢？这是因为在我们的程序中通常操作的数据都是字符形式的，为了操作方便当然要提供一个直接写字符的 I/O 接口，如此而已。我们知道从字符到字节必须要经过编码转换，而这个编码又非常耗时，而且还会经常出现乱码问题，所以 I/O 的编码问题经常是让人头疼的问题。

如图 2-3 所示是写字符的 I/O 操作接口涉及的类，Writer 类提供了一个抽象方法 write(char cbuf[], int off, int len)。

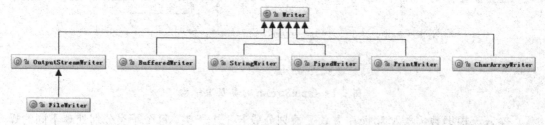

图 2-3　Writer 类层次结构

读字符的操作接口也有类似的类结构，如图 2-4 所示。

读字符的操作接口是 int read(char cbuf[], int off, int len)，返回读到的 n 个字节数，不管是 Writer 还是 Reader 类，它们都只定义了读取或写入的数据字符的方式，也就是怎么写或读，但是并没有规定数据要写到哪里，这些内容就是我们后面要讨论的基于磁盘和网络的工作机制。

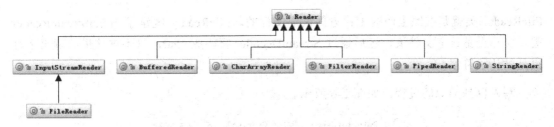

图 2-4　Reader 类层次结构

2.1.3　字节与字符的转化接口

另外，数据持久化或网络传输都是以字节进行的，所以必须要有从字符到字节或从字节到字符的转化。从字符到字节需要转化，其中读的转化过程如图 2-5 所示。

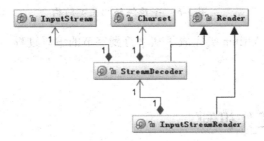

图 2-5　字符解码相关类结构

InputStreamReader 类是从字节到字符的转化桥梁，从 InputStream 到 Reader 的过程要指定编码字符集，否则将采用操作系统默认的字符集，很可能会出现乱码问题。StreamDecoder 正是完成从字节到字符的解码的实现类。也就是当你用如下方式读取一个文件时：

```
try {
        StringBuffer str = new StringBuffer();
        char[] buf = new char[1024];
        FileReader f = new FileReader("file");
        while(f.read(buf)>0){
            str.append(buf);
        }
        str.toString();
} catch (IOException e) {
}
```

FileReader 类就是按照上面的工作方式读取文件的，FileReader 继承了 InputStreamReader 类，实际上是读取文件流，然后通过 StreamDecoder 解码成 char，只不过这里的解码字符集是默认字符集。

写入也是类似的过程，如图 2-6 所示。

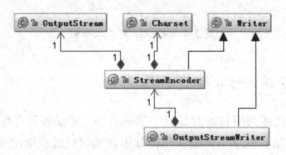

图 2-6　字符编码相关类结构

通过 OutputStreamWriter 类完成了从字符到字节的编码过程，由 StreamEncoder 完成编码过程。

2.2　磁盘 I/O 工作机制

在介绍 Java 读取和写入磁盘文件之前，先来看看应用程序访问文件有哪几种方式。

2.2.1　几种访问文件的方式

我们知道，读取和写入文件 I/O 操作都调用操作系统提供的接口，因为磁盘设备是由操作系统管理的，应用程序要访问物理设备只能通过系统调用的方式来工作。读和写分别对应 read() 和 write() 两个系统调用。而只要是系统调用就可能存在内核空间地址和用户空间地址切换的问题，这是操作系统为了保护系统本身的运行安全，而将内核程序运行使用的内存空间和用户程序运行的内存空间进行隔离造成的。但是这样虽然保证了内核程序运行的安全性，但是也必然存在数据可能需要从内核空间向用户空间复制的问题。

如果遇到非常耗时的操作，如磁盘 I/O，数据从磁盘复制到内核空间，然后又从内核空间复制到用户空间，将会非常缓慢。这时操作系统为了加速 I/O 访问，在内核空间使用缓存机制，也就是将从磁盘读取的文件按照一定的组织方式进行缓存，如果用户程序访问的是同一段磁盘地址的空间数据，那么操作系统将从内核缓存中直接取出返回给用户程序，这样可以减小 I/O 的响应时间。

1. 标准访问文件的方式

标准访问文件的方式就是当应用程序调用 read()接口时，操作系统检查在内核的高速缓存中有没有需要的数据，如果已经缓存了，那么就直接从缓存中返回，如果没有，则从磁盘中读取，然后缓存在操作系统的缓存中。

写入的方式是，用户的应用程序调用 write()接口将数据从用户地址空间复制到内核地址空间的缓存中。这时对用户程序来说写操作就已经完成，至于什么时候再写到磁盘中由操作系统决定，除非显式地调用了 sync 同步命令。

标准访问文件的方式如图 2-7 所示。

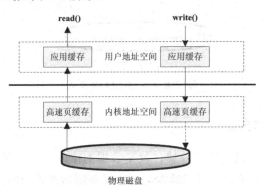

图 2-7　标准访问文件的方式

2. 直接 I/O 的方式

所谓的直接 I/O 的方式就是应用程序直接访问磁盘数据，而不经过操作系统内核数据缓冲区，这样做的目的就是减少一次从内核缓冲区到用户程序缓存的数据复制。这种访问文件的方式通常是在对数据的缓存管理由应用程序实现的数据库管理系统中。如在数据库管理系统中，系统明确地知道应该缓存哪些数据，应该失效哪些数据，还可以对一些热点数据做预加载，提前将热点数据加载到内存，可以加速数据的访问效率。在这些情况下，如果是由操作系统进行缓存，则很难做到，因为操作系统并不知道哪些是热点数据，哪些数据可能只会访问一次就不会再访问，操作系统只是简单地缓存最近一次从磁盘读取的数据。

但是直接 I/O 也有负面影响，如果访问的数据不在应用程序缓存中，那么每次数据都会直接从磁盘进行加载，这种直接加载会非常缓慢。通常直接 I/O 与异步 I/O 结合使用，会得到比较好的性能。

直接 I/O 的方式如图 2-8 所示。

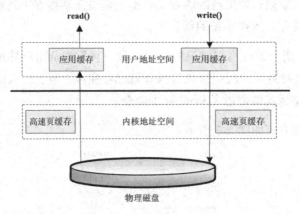

图 2-8　直接 I/O 的方式

3. 同步访问文件的方式

同步访问文件的方式比较容易理解，就是数据的读取和写入都是同步操作的，它与标准访问文件的方式不同的是，只有当数据被成功写到磁盘时才返回给应用程序成功的标志。

这种访问文件的方式性能比较差，只有在一些对数据安全性要求比较高的场景中才会使用，而且通常这种操作方式的硬件都是定制的。

同步访问文件的方式如图 2-9 所示。

4. 异步访问文件的方式

异步访问文件的方式就是当访问数据的线程发出请求之后，线程会接着去处理其他事情，而不是阻塞等待，当请求的数据返回后继续处理下面的操作。这种访问文件的方式可以明显地提高应用程序的效率，但是不会改变访问文件的效率。

异步访问文件的方式如图 2-10 所示。

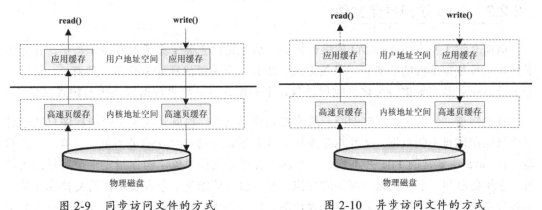

图 2-9　同步访问文件的方式　　　　图 2-10　异步访问文件的方式

5. 内存映射的方式

内存映射的方式是指操作系统将内存中的某一块区域与磁盘中的文件关联起来，当要访问内存中的一段数据时，转换为访问文件的某一段数据。这种方式的目的同样是减少数据从内核空间缓存到用户空间缓存的数据复制操作，因为这两个空间的数据是共享的。

内存映射的方式如图 2-11 所示。

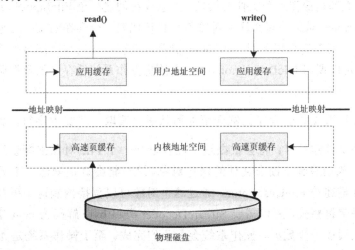

图 2-11　内存映射的方式

2.2.2　Java 访问磁盘文件

前面介绍了基本的 Java I/O 的操作接口，这些接口主要定义了如何操作数据，并介绍了操作两种数据结构的字节和字符的方式。还有一个关键问题就是数据写到何处，其中一个主要方式就是将数据持久化到物理磁盘，下面将介绍如何将数据持久化到物理磁盘。

我们知道，数据在磁盘中的唯一最小描述就是文件，也就是说上层应用程序只能通过文件来操作磁盘上的数据，文件也是操作系统和磁盘驱动器交互的最小单元。值得注意的是，在 Java 中通常的 File 并不代表一个真实存在的文件对象，当你指定一个路径描述符时，它就会返回一个代表这个路径的虚拟对象，这个可能是一个真实存在的文件或者是一个包含多个文件的目录。为何要这样设计呢？因为在大多数情况下，我们并不关心这个文件是否真的存在，而是关心对这个文件到底如何操作。例如，在我们的手机里通常存了几百个朋友的电话号码，但是我们关心的是我有没有这个朋友的电话号码，或者这个电话号码是什么，至于这个电话号码到底能不能打通，我们并不会时时刻刻都去检查，而只有在真正要给它打电话时才会看这个电话号码能不能用，也就是说使用这个电话记录要比打这个电话的次数多很多。

何时会真正检查一个文件存不存在？就是在真正要读取这个文件时。例如，FileInputStream 类都是操作一个文件的接口，注意到在创建一个 FileInputStream 对象时会创建一个 FileDescriptor 对象，其实这个对象就是真正代表一个存在的文件对象的描述。当我们在操作一个文件对象时可以通过 getFD()方法获取真正操作的与底层操作系统相关联的文件描述。例如，可以调用 FileDescriptor.sync()方法将操作系统缓存中的数据强制刷新到物理磁盘中。

下面以前面读取文件的程序为例介绍如何从磁盘读取一段文本字符，如图 2-12 所示。

当传入一个文件路径时，将会根据这个路径创建一个 File 对象来标识这个文件，然后根据这个 File 对象创建真正读取文件的操作对象，这时将会真正创建一个关联真实存在的磁盘文件的文件描述符 FileDescriptor，通过这个对象可以直接控制这个磁盘文件。由于我们需要读取的是字符格式，所以需要 StreamDecoder 类将 byte 解码为 char 格式。至于如何从磁盘驱动器上读取一段数据，操作系统会帮我们完成。至于操作系统是如何将数据持久化到磁盘及如何建立数据结构的，需要根据当前操作系统使用何种文件系统来回答。

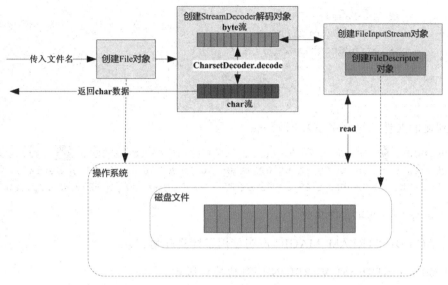

图 2-12　从磁盘读取文件

2.2.3　Java 序列化技术

Java 序列化就是将一个对象转化成一串二进制表示的字节数组，通过保存或转移这些字节数据来达到持久化的目的。需要持久化，对象必须继承 java.io.Serializable 接口。反序列化则是相反的过程，将这个字节数组再重新构造成对象。我们知道反序列化时，必须有原始类作为模板，才能将这个对象还原，从这个过程我们可以猜测，序列化的数据并不像 class 文件那样保存类的完整的结构信息。那么序列化的数据到底都含有哪些信息呢？下面以一个最简单的类为例讲解序列化的数据都含有哪些信息，如下面的代码所示：

```java
public class Serialize implements Serializable {
    private static final long serialVersionUID = -6849794470754660011L;
    public int num = 1390;
    public static void main(String[] args) {
        try {
            FileOutputStream fos = new FileOutputStream("d:/serialize.dat");
            ObjectOutputStream oos = new ObjectOutputStream(fos);
            Serialize serialize = new Serialize();
            oos.writeObject(serialize);
            oos.flush();
```

```
            oos.close();
        } catch (IOException e) {
            e.printStackTrace();
        }
    }
}
```

序列化的文件二进制字节数据如下：

```
00000000h: AC ED 00 05 73 72 00 11 63 6F 6D 70 69 6C 65 2E ; █?.sr..compile.
00000010h: 53 65 72 69 61 6C 69 7A 65 A0 F0 A4 38 7A 3B D1 ; Serializa 狪?z;?
00000020h: 55 02 00 01 49 00 03 6E 75 6D 78 70 00 00 05 6E ; U...I..numxp...n
```

第 1 部分是序列化文件头。

◎ AC ED：STREAM_MAGIC 声明使用了序列化协议。

◎ 00 05：STREAM_VERSION 序列化协议版本。

◎ 73：TC_OBJECT 声明这是一个新的对象。

第 2 部分是要序列化的类的描述，在这里是 Serialize 类。

◎ 72：TC_CLASSDESC 声明这里开始一个新 class。

◎ 00 11：class 名字的长度是 17 字节。

◎ 63 6F 6D 70 69 6C 65 2E 53 65 72 69 61 6C 69 7A 65：Serialize 的完整类名。

◎ A0 F0 A4 38 7A 3B D1 55：SerialVersionUID，序列化 ID，如果没有指定，则会由算法随机生成一个 8 字节的 ID。

◎ 02：标记号，该值声明该对象支持序列化。

◎ 00 01：该类所包含的域的个数为 1。

第 3 部分是对象中各个属性项的描述。

◎ 49：域类型，49 代表 "I"，也就是 Int 类型。

◎ 00 03：域名字的长度，为 3。

◎ 6E 75 6D：num 属性的名称。

第 4 部分输出该对象的父类信息描述，这里没有父类，如果有，则数据格式与第 2 部分一样。

◎　78：TC_ENDBLOCKDATA，对象块结束的标志。

◎　70：TC_NULL，说明没有其他超类的标志。

第 5 部分输出对象的属性项的实际值，如果属性项是一个对象，那么这里还将序列化这个对象，规则和第 2 部分一样。

◎　00 00 05 6E：1390 的数值。

虽然 Java 的序列化能够保证对象状态的持久保存，但是遇到一些对象结构复杂的情况还是比较难处理的，下面是对一些复杂的对象情况的总结。

◎　当父类继承 Serializable 接口时，所有子类都可以被序列化。

◎　子类实现了 Serializable 接口，父类没有，父类中的属性不能序列化（不报错，数据会丢失），但是在子类中属性仍能正确序列化。

◎　如果序列化的属性是对象，则这个对象也必须实现 Serializable 接口，否则会报错。

◎　在反序列化时，如果对象的属性有修改或删减，则修改的部分属性会丢失，但不会报错。

◎　在反序列化时，如果 serialVersionUID 被修改，则反序列化时会失败。

在纯 Java 环境下，Java 序列化能够很好地工作，但是在多语言环境下，用 Java 序列化存储后，很难用其他语言还原出结果。在这种情况下，还是要尽量存储通用的数据结构，如 JSON 或者 XML 结构数据，当前也有比较好的序列化工具，如 Google 的 protobuf 等。

2.3　网络 I/O 工作机制

数据从一台主机发送到网络中的另一台主机需要经过很多步骤。首先需要有相互沟通的意向。其次要有能够沟通的物理渠道（物理链路）：是通过电话，还是直接面对面交流。再次，双方见面时语言要能够交流，而且双方说话的步调要一致，明白什么时候该自己说话，什么时候该对方说话（通信协议）。本节将重点介绍通信协议和如何完成数据传输。

2.3.1　TCP 状态转化

在讨论如何进行 Socket 通信之前，我们先看看如何建立和关闭一个 TCP 连接，TCP 连接的状态转换如图 2-13 所示。

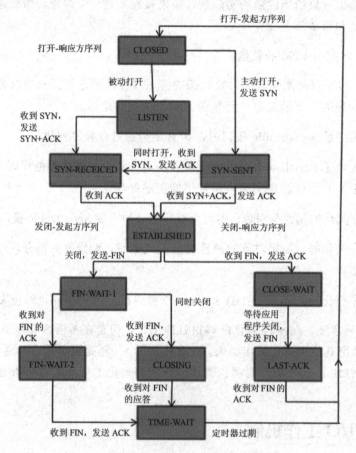

图 2-13　TCP 状态转换图

（1）CLOSED：起始点，在超时或者连接关闭时进入此状态。

（2）LISTEN：Server 端在等待连接时的状态，Server 端为此要调用 Socket、bind、listen 函数，就能进入此状态。这称为应用程序被动打开（等待客户端来连接）。

（3）SYN-SENT：客户端发起连接，发送 SYN 给服务器端。如果服务器端不能连接，则直接进入 CLOSED 状态。

（4）SYN-RCVD：与 3 对应，服务器端接受客户端的 SYN 请求，服务器端由 LISTEN 状态进入 SYN-RCVD 状态。同时服务器端要回应一个 ACK，发送一个 SYN 给客户端；另外一种情况是，客户端在发起 SYN 的同时接收到服务器端的 SYN 请求，客户端会由 SYN-SENT 转换到 SYN-RCVD 状态。

（5）ESTABLISHED：服务器端和客户端在完成 3 次握手后进入状态，说明已经可以开始传输数据了。

（6）FIN-WAIT-1：主动关闭的一方，由状态 5 进入此状态。具体动作是发送 FIN 给对方。

（7）FIN-WAIT-2：主动关闭的一方，接收到对方的 FIN ACK，进入此状态。由此不能再接收对方的数据，但是能够向对方发送数据。

（8）CLOSE-WAIT：接收到 FIN 以后，被动关闭的一方进入此状态。具体动作是在接收到 FIN 的同时发送 ACK。

（9）LAST-ACK：被动关闭的一方，发起关闭请求，由状态 8 进入此状态。具体动作是发送 FIN 给对方，同时在接收到 ACK 时进入 CLOSED 状态。

（10）CLOSING：两边同时发起关闭请求时，会由 FIN-WAIT-1 进入此状态。具体动作是接收到 FIN 请求，同时响应一个 ACK。

（11）TIME-WAIT：这个状态比较复杂，也是我们最常见的一个连接状态，有 3 个状态可以转化为此状态。

◎ 由 FIN-WAIT-2 转换到 TIME-WAIT，具体情况是：在双方不同时发起 FIN 的情况下，主动关闭的一方在完成自身发起的关闭请求后，接收到被动关闭一方的 FIN 后进入的状态。

◎ 由 CLOSING 转换到 TIME-WAIT，具体情况是：在双方同时发起关闭，都做了发起 FIN 的请求，同时接收到了 FIN 并做了 ACK 的情况下，这时就由 CLOSING 状态进入 TIME-WAIT 状态。

◎ 由 FIN-WAIT-1 转换到 TIME-WAIT，具体情况是：同时接收到 FIN（对方发起）和 ACK（本身发起的 FIN 回应），它与 CLOSING 转换到 TIME-WAIT 的区别在于本身发起的 FIN 回应的 ACK 先于对方的 FIN 请求到达，而由 CLOSING 转换到 TIME-WAIT 则是 FIN 先到达。

搞清楚 TCP 连接的几种状态转换对我们调试网络程序是非常有帮助的。例如，当我们在压测一个网络程序时可能遇到 CPU、网卡、带宽等都不是瓶颈，但是性能就是压不上去的情况，你如果观察一下网络连接情况，看看当前的网络连接都处于什么状态，可能就会发现由于网络连接的并发数不够导致连接都处于 TIME_WAI 状态，这时就要做 TCP 网络参数调优了，这个在 2.5 节再详细介绍。

2.3.2　影响网络传输的因素

将一份数据从一个地方正确地传输到另一个地方所需要的时间我们称之为响应时间。影响这个响应时间的因素有很多。

◎ 网络带宽：所谓带宽就是一条物理链路在 1s 内能够传输的最大比特数，注意这里是比特（bit）而不是字节数，也就是 b/s。网络带宽肯定是影响数据传输的一个关键环节，因为在当前的网络环境中，平均网络带宽只有 1.7Mb/s 左右。

◎ 传输距离：也就是数据在光纤中要走的距离，虽然光的转播速度很快，但也是有时间的，由于数据在光纤中的移动并不是走直线的，会有一个折射率，所以大概是光的 2/3，这个时间也就是我们通常所说的传输延时。传输延时是一个无法避免的问题，例如，你要给在杭州和青岛的两个机房的一个数据库进行同步数据操作，那么必定会存在约 30ms 的一个延时。

◎ TCP 拥塞控制：我们知道 TCP 传输是一个"停-等-停-等"的协议，传输方和接受方的步调要一致，要达到步调一致就要通过拥塞控制来调节。TCP 在传输时会设定一个"窗口（BDP，Bandwidth Delay Product）"，这个窗口的大小是由带宽和 RTT（Round-Trip Time，数据在两端的来回时间，也就是响应时间）决定的。计算的公式是带宽（b/s）×RTT（s）。通过这个值可以得出理论上最优的 TCP 缓冲区的大小。Linux 2.4 已经可以自动地调整发送端的缓冲区的大小，而到 Linux 2.6.7 时接收端也可以自动调整了。

2.3.3　Java Socket 的工作机制

Socket 这个概念没有对应到一个具体的实体，它描述计算机之间完成相互通信的一种抽象功能。打个比方，可以把 Socket 比作两个城市之间的交通工具，有了它，就可以在城市之间来回穿梭了。交通工具有多种，每种交通工具也有相应的交通规则。Socket 也一样，也有多种。大部分情况下我们使用的都是基于 TCP/IP 的流套接字，它是一种稳定的通信协议。

图 2-14 是典型的基于 Socket 的通信场景。

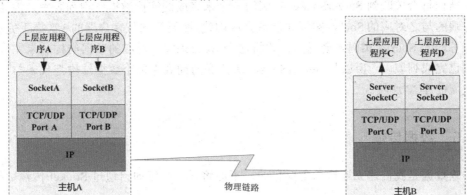

图 2-14　Socket 通信示例

主机 A 的应用程序要能和主机 B 的应用程序通信，必须通过 Socket 建立连接，而建立 Socket 连接必须由底层 TCP/IP 来建立 TCP 连接。建立 TCP 连接需要底层 IP 来寻址网络中的主机。我们知道网络层使用的 IP 可以帮助我们根据 IP 地址来找到目标主机，但是在一台主机上可能运行着多个应用程序，如何才能与指定的应用程序通信就要通过 TCP 或 UPD 的地址也就是端口号来指定。这样就可以通过一个 Socket 实例来唯一代表一个主机上的应用程序的通信链路了。

2.3.4　建立通信链路

当客户端要与服务端通信时，客户端首先要创建一个 Socket 实例，操作系统将为这个 Socket 实例分配一个没有被使用的本地端口号，并创建一个包含本地地址、远程地址和端口号的套接字数据结构，这个数据结构将一直保存在系统中直到这个连接关闭。在创建 Socket 实例的构造函数正确返回之前，将要进行 TCP 的 3 次握手协议，TCP 握手协议完成后，Socket 实例对象将创建完成，否则将抛出 IOException 错误。

与之对应的服务端将创建一个 ServerSocket 实例，创建 ServerSocket 比较简单，只要指定的端口号没有被占用，一般实例创建都会成功。同时操作系统也会为 ServerSocket 实例创建一个底层数据结构，在这个数据结构中包含指定监听的端口号和包含监听地址的通配符，通常情况下都是 "*"，即监听所有地址。之后当调用 accept()方法时，将进入阻塞状态，等待客户端的请求。当一个新的请求到来时，将为这个连接创建一个新的套接字数据结构，该套接字数据的信息包含的地址和端口信息正是请求源地址和端口。这个新创建的数据结构将会关联到 ServerSocket 实例的一个未完成的连接数据结构列表中。注意，这时服务端的与之对应的 Socket 实例并没有完成创建，而要等到与客户端的 3 次握手完成后，这个服务端的 Socket 实例才会返回，并将这个 Socket 实例对应的数据结构从未完成列表中移到已完成列表中。所以与 ServerSocket 所关联的列表中每个数据结构都代表与一个客户端建立的 TCP 连接。

2.3.5　数据传输

传输数据是我们建立连接的主要目的，下面将详细介绍如何通过 Socket 传输数据。

当连接已经建立成功时，服务端和客户端都会拥有一个 Socket 实例，每个 Socket 实例都有一个 InputStream 和 OutputStream，并通过这两个对象来交换数据。同时我们也知道网络 I/O 都是以字节流传输的，当创建 Socket 对象时，操作系统将会为 InputStream 和 OutputStream 分别分配一定大小的缓存区，数据的写入和读取都是通过这个缓存区完成的。写入端将数据写到 OutputStream 对应的 SendQ 队列中，当队列填满时，数据将被转移到另一端 InputStream 的 RecvQ 队列中，如果这时 RecvQ 已经满了，那么 OutputStream 的 write 方法将会阻塞，直到 RecvQ 队列有足够的空间容纳 SendQ 发送的数据。特别值得注意的是，这个缓存区的大小及写入端的速度和读取端的速度非常影响这个连接的数据传输效率，由于可能会发生阻塞，所以网络 I/O 与磁盘 I/O 不同的是数据的写入和读取还要有一个协调的过程，如果在两边同时传送数据可能会产生死锁，在下面的 NIO 部分将介绍如何避免这种情况。

2.4　NIO 的工作方式

2.4.1　BIO 带来的挑战

BIO 即阻塞 I/O，不管是磁盘 I/O 还是网络 I/O，数据在写入 OutputStream 或者从 InputStream 读取时都有可能会阻塞，一旦有阻塞，线程将会失去 CPU 的使用权，这在当前的大规模访问量和有性能要求的情况下是不能被接受的。虽然当前的网络 I/O 有一些解决办法，如一个客户端对应一个处理线程，出现阻塞时只是一个线程阻塞而不会影响其他线程工作，还有为了减少系统线程的开销，采用线程池的办法来减少线程创建和回收的成本，但是在一些使用场景下仍然是无法解决的。如当前一些需要大量 HTTP 长连接的情况，像淘宝现在使用的 Web 旺旺，服务端需要同时保持几百万的 HTTP 连接，但并不是每时每刻这些连接都在传输数据，在这种情况下不可能同时创建这么多线程来保持连接。即使线程的数量不是问题，也仍然有一些问题是无法避免的，比如我们想给某些客户端更高的服务优先级时，很难通过设计线程的优先级来完成。另外一种情况是，每个客户端的请求在服务端可能需要访问一些竞争资源，这些客户端在不同线程中，因此需要同步，要实现这种同步操作远比用单线程复杂得多。以上这些情况都说明，我们需要另外一种新的 I/O 操作方式。

2.4.2　NIO 的工作机制

我们先看一下 NIO 的相关类图，如图 2-15 所示。

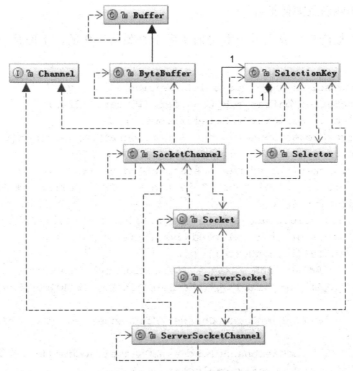

图 2-15　NIO 的相关类图

在图 2-15 中有两个关键类：Channel 和 Selector，它们是 NIO 中的两个核心概念。我们仍用前面的城市交通工具来继续比喻 NIO 的工作方式，这里的 Channel 要比 Socket 更加具体，可以把它比作某种具体的交通工具，如汽车或高铁，而可把 Selector 比作一个车站的车辆运行调度系统，它将负责监控每辆车的当前运行状态，是已经出站，还是在路上等。也就是它可以轮询每个 Channel 的状态。这里还有一个 Buffer 类，它也比 Stream 更加具体，我们可以将它比作车上的座位。Channel 是汽车的话 Buffer 就是汽车上的座位，它始终是一个具体的概念，与 Stream 不同，Stream 只能代表一个座位，至于是什么座位由你自己去想象，也就是你在上车之前并不知道在这个车上是否还有座位，也不知道自己上的是什么车，因为你并不能选择。而这些信息都已经被封装在了运输工具（Socket）里面，对你是透明的。NIO 引入了 Channel、Buffer 和 Selector，就是想把这些信息具体化，让程序员有机会控制它们。例如，当我们调用 write()往 SendQ 中写数据时，当一次写的数据超过 SendQ 长度时需要按照 SendQ 的长度进行分割，在这个过程中需要将用户空间数据和内核地址空间进行切换，而这个切换不是你可以控制的,但在 Buffer 中我们可以控制 Buffer 的容量、是否扩容以及如何扩容。

理解了这些概念后，我们看一下它们实际上是如何工作的，下面是一段典型的 NIO 代码：

```java
public void selector() throws IOException {
        ByteBuffer buffer = ByteBuffer.allocate(1024);
        Selector selector = Selector.open();
        ServerSocketChannel ssc = ServerSocketChannel.open();
        ssc.configureBlocking(false);//设置为非阻塞方式
        ssc.socket().bind(new InetSocketAddress(8080));
        ssc.register(selector, SelectionKey.OP_ACCEPT);//注册监听的事件
        while (true) {
            Set selectedKeys = selector.selectedKeys();//取得所有key集合
            Iterator it = selectedKeys.iterator();
            while (it.hasNext()) {
                SelectionKey key = (SelectionKey) it.next();
                if ((key.readyOps() & SelectionKey.OP_ACCEPT) == SelectionKey.OP_ACCEPT) {
                    ServerSocketChannel ssChannel = (ServerSocketChannel) key.channel();
                    SocketChannel sc = ssChannel.accept();//接受到服务端的请求
                    sc.configureBlocking(false);
                    sc.register(selector, SelectionKey.OP_READ);
```

```
                      it.remove();
                } else if ((key.readyOps() & SelectionKey.OP_READ) ==
SelectionKey.OP_READ) {
                SocketChannel sc = (SocketChannel) key.channel();
                while (true) {
                    buffer.clear();
                    int n = sc.read(buffer);//读取数据
                    if (n <= 0) {
                        break;
                    }
                    buffer.flip();
                }
                it.remove();
            }
        }
    }
}
```

调用 Selector 的静态工厂创建一个选择器，创建一个服务端的 Channel，绑定到一个 Socket 对象，并把这个通信信道注册到选择器上，把这个通信信道设置为非阻塞模式。然后就可以调用 Selector 的 selectedKeys 方法来检查已经注册在这个选择器上的所有通信信道是否有需要的事件发生，如果有某个事件发生，将会返回所有的 SelectionKey，通过这个对象的 Channel 方法就可以取得这个通信信道对象，从而读取通信的数据，而这里读取的数据是 Buffer，这个 Buffer 是我们可以控制的缓冲器。

在上面的这段程序中，将 Server 端的监听连接请求的事件和处理请求的事件放在一个线程中，但是在事件应用中，我们通常会把它们放在两个线程中：一个线程专门负责监听客户端的连接请求，而且是以阻塞方式执行的；另外一个线程专门负责处理请求，这个专门处理请求的线程才会真正采用 NIO 的方式，像 Web 服务器 Tomcat 和 Jetty 都是使用这个处理方式。

图 2-16 描述了基于 NIO 工作方式的 Socket 请求的处理过程。

图 2-16 中的 Selector 可以同时监听一组通信信道（Channel）上的 I/O 状态，前提是这个 Selector 已经注册到这些通信信道中。选择器 Selector 可以调用 select()方法检查已经注册的通信信道上 I/O 是否已经准备好，如果没有至少一个信道 I/O 状态有变化，那么 select 方法会阻塞等待或在超时时间后返回 0。如果有多个信道有数据，那么将会把这些数据分

配到对应的数据 Buffer 中。所以关键的地方是，有一个线程来处理所有连接的数据交互，每个连接的数据交互都不是阻塞方式，所以可以同时处理大量的连接请求。

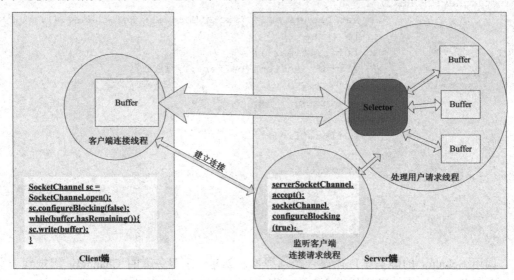

图 2-16　基于 NIO 的 Socket 请求的处理过程

2.4.3　Buffer 的工作方式

前面介绍了 Selector 检测到通信信道 I/O 有数据传输时，通过 selelct()取得 SocketChannel，将数据读取或写入 Buffer 缓冲区，下面讨论 Buffer 如何接受和写出数据。

可以把 Buffer 简单地理解为一组基本数据类型的元素列表，它通过几个变量来保存这个数据的当前位置状态，也就是有 4 个索引，如表 2-1 所示。

表 2-1　Buffer 中的索引及说明

索　引	说　　明
capacity	缓冲区数组的总长度
position	下一个要操作的数据元素的位置
limit	缓冲区数组中不可操作的下一个元素的位置，limit<=capacity
mark	用于记录当前 position 的前一个位置或者默认是 0

在实际操作数据时它们的关系如图 2-17 所示。

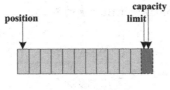

图 2-17　关系图

我们通过 ByteBuffer.allocate(11)方法创建了一个 11 个 byte 的数组缓冲区，初始状态如图 2-17 所示，position 的位置为 0，capacity 和 limit 默认都是数组长度。当我们写入 5 个字节时，位置变化如图 2-18 所示。

这时我们需要将缓冲区的 5 个字节数据写入 Channel 通信信道，所以我们调用 byteBuffer.flip()方法，数组的状态发生如图 2-19 所示的变化。

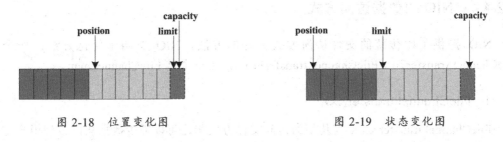

图 2-18　位置变化图　　　　　　　　　　图 2-19　状态变化图

这时底层操作系统就可以从缓冲区中正确读取这 5 个字节数据并发送出去了。在下一次写数据之前我们再调一下 clear()方法，缓冲区的索引状态又回到初始位置。

这里还要说明一下 mark，当我们调用 mark()方法时，它将记录当前 position 的前一个位置，当我们调用 reset 时，position 将恢复 mark 记录下来的值。

还有一点需要说明，通过 Channel 获取的 I/O 数据首先要经过操作系统的 Socket 缓冲区，再将数据复制到 Buffer 中，这个操作系统缓冲区就是底层的 TCP 所关联的 RecvQ 或者 SendQ 队列，从操作系统缓冲区到用户缓冲区复制数据比较耗性能，Buffer 提供了另外一种直接操作操作系统缓冲区的方式，即 ByteBuffer.allocateDirector(size)，这个方法返回的 DirectByteBuffer 就是与底层存储空间关联的缓冲区，它通过 Native 代码操作非 JVM 堆的内存空间。每次创建或者释放的时候都调用一次 System.gc()。注意，在使用 DirectByteBuffer 时可能会引起 JVM 内存泄漏问题，在第 8 章会通过一个例子来介绍。DirectByteBuffer 和 Non-Direct Buffer（HeapByteBuffer）的对比如表 2-2 所示。

表 2-2　DirectByteBuffer 和 Non-Direct Buffer 的对比

	HeapByteBuffer	DirectByteBuffer
存储位置	Java Heap 中	Native 内存中
I/O	需要在用户地址空间和操作系统内核地址空间复制数据	不需复制
内存管理	Java GC 回收，创建和回收开销少	通过调用 System.gc() 要释放掉 Java 对象引用的 DirectByteBuffer 内存空间，如果 Java 对象长时间持有引用可能会导致 Native 内存泄漏；创建和回收内存开销较大
适用场景	并发连接数少于 1000，I/O 操作较少时比较合适	数据量比较大、生命周期比较长的情况下比较合适

2.4.4　NIO 的数据访问方式

NIO 提供了比传统的文件访问方式更好的方法，NIO 有两个优化方法：一个是 FileChannel.transferTo、FileChannel.transferFrom；另一个是 FileChannel.map。

1. FileChannel.transferXXX

FileChannel.transferXXX 与传统的访问文件方式相比可以减少数据从内核到用户空间的复制，数据直接在内核空间中移动，在 Linux 中使用 sendfile 系统调用。

如图 2-20 所示是传统的数据访问方式，如图 2-21 所示是 FileChannel.transferXXX 的访问方式。

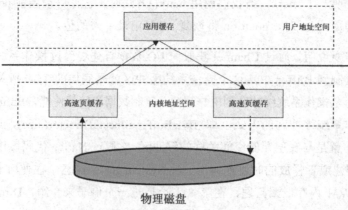

图 2-20　传统的数据访问方式

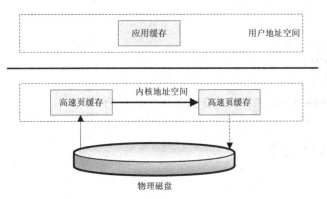

图 2-21　FileChannel.transferXXX 的访问方式

2. FileChannel.map

FileChannel.map 将文件按照一定大小块映射为内存区域，当程序访问这个内存区域时将直接操作这个文件数据，这种方式省去了数据从内核空间向用户空间复制的损耗。这种方式适合对大文件的只读性操作，如大文件的 MD5 校验。但是这种方式是和操作系统的底层 I/O 实现相关的，如下面的代码所示：

```java
public static void map(String[] args) {
    int BUFFER_SIZE = 1024;
    String filename = "test.db";
    long fileLength = new File(filename).length();
    int bufferCount = 1 + (int) (fileLength / BUFFER_SIZE);
    MappedByteBuffer[] buffers = new MappedByteBuffer[bufferCount];
    long remaining = fileLength;
    for (int i = 0; i < bufferCount; i++) {
        RandomAccessFile file;
        try {
            file = new RandomAccessFile(filename, "r");
            buffers[i] = file.getChannel().map(FileChannel.MapMode.READ_
ONLY, i * BUFFER_SIZE, (int) Math.min(remaining, BUFFER_SIZE));
        } catch (Exception e) {
            e.printStackTrace();
        }
        remaining -= BUFFER_SIZE;
    }
}
```

2.5 I/O 调优

下面总结一些磁盘 I/O 和网络 I/O 的常用优化技巧。

2.5.1 磁盘 I/O 优化

1. 性能检测

我们的应用程序通常都需要访问磁盘来读取数据，而磁盘 I/O 通常都很耗时，要判断 I/O 是否是一个瓶颈，有一些参数指标可以参考。

我们可以压力测试应用程序，看系统的 I/O wait 指标是否正常，例如，测试机器有 4 个 CPU，那么理想的 I/O wait 参数不应该超过 25%，如果超过 25%，I/O 很可能成为应用程序的性能瓶颈。在 Linux 操作系统下可以通过 iostat 命令查看。

通常我们在判断 I/O 性能时还会看到另外一个参数，就是 IOPS，即要查看应用程序需要的最低的 IOPS 是多少，磁盘的 IOPS 能不能达到要求。每个磁盘的 IOPS 通常在一个范围内，这和存储在磁盘上的数据块的大小和访问方式也有关，但主要是由磁盘的转速决定的，磁盘的转速越高，磁盘的 IOPS 也越高。

现在为了提升磁盘 I/O 的性能，通常采用一种叫作 RAID 的技术，就是将不同的磁盘组合起来以提高 I/O 性能，目前有多种 RAID 技术，每种 RAID 技术对 I/O 性能的提升会有不同，可以用一个 RAID 因子来代表，磁盘的读写吞吐量可以通过 iostat 命令来获取，于是可以计算出一个理论的 IOPS 值，计算公式如下：

（磁盘数 × 每块磁盘的 IOPS）/（磁盘读的吞吐量 + RAID 因子 × 磁盘写的吞吐量）= IOPS

这个公式的详细信息请查阅相关参考资料。

2. 提升 I/O 性能

通常提升磁盘 I/O 性能的方法有：

◎ 增加缓存，减少磁盘访问次数。

◎ 优化磁盘的管理系统，设计最优的磁盘方式策略，以及磁盘的寻址策略，这是在底层操作系统层面考虑的。

◎ 设计合理的磁盘存储数据块，以及访问这些数据块的策略，这是在应用层面考虑的。例如，我们可以给存放的数据设计索引，通过寻址索引来加快和减少磁盘的访问量，还可以采用异步和非阻塞的方式加快磁盘的访问速度。

◎ 应用合理的 RAID 策略提升磁盘 I/O，RAID 策略及说明如表 2-3 所示。

表 2-3　RAID 策略及说明

磁 盘 阵 列	说　　　明
RAID 0	数据被平均写到多个磁盘阵列中，写数据和读数据都是并行的，所以磁盘的 IOPS 可以提高一倍
RAID 1	RAID 1 的主要作用是能够提高数据的安全性，它将一份数据分别复制到多个磁盘阵列中，并不能提升 IOPS，但是相同的数据有多个备份。通常用于对数据安全性较高的场合中
RAID 5	这种设计方式是前两种的折中方式，它将数据平均写到所有磁盘阵列总数减一的磁盘中，往另外一个磁盘中写入这份数据的奇偶校验信息。如果其中一个磁盘损坏，可以通过其他磁盘的数据和这个数据的奇偶校验信息来恢复这份数据
RAID 0+1	如名字一样，就是根据数据的备份情况进行分组，一份数据同时写到多个备份磁盘分组中，同时多个分组也会并行读写

2.5.2　TCP 网络参数调优

要能够建立一个 TCP 连接，必须知道对方的 IP 和一个未被使用的端口号，由于 32 位操作系统的端口号通常由两个字节表示，也就是只有 2^{16}=65535 个，所以一台主机能够同时建立的连接数是有限的，当然操作系统还有一些端口 0～1024 是受保护的，如 80 端口、22 端口，这些端口都不能被随意占用。

在 Linux 中可以通过查看/proc/sys/net/ipv4/ip_local_port_range 文件来知道当前这个主机可以使用的端口范围，如图 2-22 所示。

图 2-22　主机可使用的端口范围

图 2-22 表示可以使用的端口为 61000–42768=18232。如果可以分配的端口号偏少，在

续表

网 络 参 数	说　明
echo 15 > /proc/sys/net/ipv4/tcp_fin_timeout	设置 FIN-WAIT-2 状态等待回收时间
echo 16777216 > /proc/sys/net/core/rmem_max	设置最大的系统套接字数据接收缓冲大小
echo 262144> /proc/sys/net/core/rmem_default	设置默认的系统套接字数据接收缓冲大小
echo 16777216> /proc/sys/net/core/wmem_max	设置最大的系统套接字数据发送缓冲大小
echo 262144> /proc/sys/net/core/wmem_default	设置默认的系统套接字数据发送缓冲大小
echo "4096 87380 16777216" > /proc/sys/net/ipv4/tcp_rmem	设置最大的 TCP 数据发送缓冲大小，三个值分别是最小、默认和最大值
echo "4096 65536 16777216" > /proc/sys/net/ipv4/tcp_wmem	设置默认的 TCP 数据接收缓冲大小，三个值分别是最小、默认和最大值

　　注意，以上设置都是临时性的，系统重新启动后就会丢失。另外，Linux 还提供了一些工具可用于查看当前的 TCP 统计信息，如下所示。

◎　cat /proc/net/netstat：查看 TCP 的统计信息。

◎　cat /proc/net/snmp：查看当前系统的连接情况。

◎　netstat -s：查看网络的统计信息。

2.5.3　网络 I/O 优化

　　网络 I/O 优化通常有如下一些基本处理原则。

　　减少网络交互的次数。要减少网络交互的次数通常需要在网络交互的两端设置缓存，如 Oracle 的 jdbc 驱动程序就提供了对查询的 SQL 结果的缓存，在客户端和数据库端都有，可以有效地减少对数据库的访问。除了设置缓存还有一个办法，即合并访问请求，如在查询数据库时，我们要查 10 个 ID，可以每次查一个 ID，也可以一次查 10 个 ID。再比如，在访问一个页面时通常会有多个 JS 或 CSS 的文件，我们可以将多个 JS 文件合并在一个 HTTP 链接中，每个文件用逗号隔开，然后发送到后端 Web 服务器，根据这个 URL 链接再拆分为各个文件，最后打包再一并返回给前端浏览器。这些都是常用的减少网络 I/O 的办法。

　　减少网络传输数据量的大小。减少网络数据量的办法通常是将数据压缩后再传输，如在 HTTP 请求中，通常 Web 服务器将请求的 Web 页面 gzip 压缩后再传输给浏览器。还有就是通过设计简单的协议，尽量通过读取协议头来获取有用的价值信息，如在设计代理程序时，4 层代理和 7 层代理都是在尽量避免要读取整个通信数据来取得需要的信息。

尽量减少编码。通常在网络 I/O 中数据传输都是以字节形式进行的，也就是说通常要序列化。但是我们发送的要传输的数据都是字符形式的，从字符到字节必须编码。但是这个编码过程是比较耗时的，所以在要经过网络 I/O 传输时，尽量直接以字节形式发送，也就是尽量提前将字符转化为字节，或者减少从字符到字节的转化过程。

根据应用场景设计合适的交互方式。所谓的交互场景主要包括同步与异步、阻塞与非阻塞方式，下面进行详细介绍。

1. 同步与异步

所谓同步就是一个任务的完成需要依赖另外一个任务时，只有等待被依赖的任务完成后，依赖的任务才能完成，这是一种可靠的任务序列。要成功都成功，要失败都失败，两个任务的状态可以保持一致。而异步不需要等待被依赖的任务完成，只是通知被依赖的任务要完成什么工作，依赖的任务也立即执行，只要自己完成了整个任务就算完成了。至于被依赖的任务最终是否真正完成，依赖它的任务无法确定，所以它是不可靠的任务序列。我们可以用打电话和发短信来很好地比喻同步与异步操作。

在涉及 I/O 处理时通常都会遇到是同步还是异步的处理方式的选择问题，因为同步与异步的 I/O 处理方式对调用者的影响很大，在数据库产品中都会遇到这个问题，因为 I/O 操作通常是一个非常耗时的操作，在一个任务序列中 I/O 通常都是性能瓶颈。但是同步与异步的处理方式对程序的可靠性影响非常大，同步能够保证程序的可靠性，而异步可以提升程序的性能，必须在可靠性和性能之间保持平衡，却没有完美的解决办法。

2. 阻塞与非阻塞

阻塞与非阻塞主要是从 CPU 的消耗上来说的，阻塞就是 CPU 停下来等待一个慢的操作完成以后，CPU 才接着完成其他的工作。非阻塞就是在这个慢的操作执行时，CPU 去做其他工作，等这个慢的操作完成时，CPU 再接着完成后续的操作。虽然从表面上看非阻塞的方式可明显地提高 CPU 的利用率，但是也带来另外一种后果，就是系统的线程切换增加。增加的 CPU 使用时间能不能补偿系统的切换成本需要好好评估。

3. 两种方式的组合

组合的方式有 4 种，分别是同步阻塞、同步非阻塞、异步阻塞、异步非阻塞，如表 2-5

所示。这 4 种方式都对 I/O 性能有影响，在表 2-5 中给出了分析。

表 2-5　4 种组合方式及性能分析

组 合 方 式	性 能 分 析
同步阻塞	最常用的一种用法，使用也是最简单的，但是 I/O 性能一般很差，CPU 大部分处于空闲状态
同步非阻塞	提升 I/O 性能的常用手段，就是将 I/O 的阻塞改成非阻塞方式，尤其在网络 I/O 是长连接同时传输数据也不是很多的情况下，提升性能非常有效。 这种方式通常能提升 I/O 性能，但是会增加 CPU 消耗，要考虑增加的 I/O 性能能不能补偿 CPU 的消耗，也就是系统的瓶颈是在 I/O 上还是在 CPU 上
异步阻塞	这种方式在分布式数据库中经常用到，例如，在一个分布式数据库中写一条记录，通常会有一份是同步阻塞的记录，还有 2~3 份备份记录会写到其他机器上，这些备份记录通常都采用异步阻塞的方式写 I/O。 异步阻塞对网络 I/O 能够提升效率，尤其像上面这种同时写多份相同数据的情况
异步非阻塞	这种组合方式用起来比较复杂，只有在一些非常复杂的分布式情况下使用，集群之间的消息同步机制一般用这种 I/O 组合方式。如 Cassandra 的 Gossip 通信机制就采用异步非阻塞的方式 它适合同时要传多份相同的数据到集群中不同的机器，同时数据的传输量虽然不大却非常频繁的情况。这种网络 I/O 用这种方式性能能达到最高

虽然异步和非阻塞能够提升 I/O 的性能，但是也会带来一些额外的性能成本，例如，会增加线程数量从而增加 CPU 的消耗，同时也会导致程序设计复杂度的上升。如果设计得不合理反而会导致性能下降，在实际设计时要根据应用场景综合评估。

下面举一些异步和阻塞的操作实例。

在 Cassandra 中要查询数据通常会向多个数据节点发送查询命令，但是要检查每个节点返回数据的完整性，就需要一个异步查询同步结果的应用场景，部分代码如下：

```
class AsyncResult implements IAsyncResult{
    private byte[] result_;
    private AtomicBoolean done_ = new AtomicBoolean(false);
    private Lock lock_ = new ReentrantLock();
    private Condition condition_;
    private long startTime_;
    public AsyncResult(){
        condition_ = lock_.newCondition();//创建一个锁
        startTime_ = System.currentTimeMillis();
```

```
    }
/***检查需要的数据是否已经返回，如果没有返回，阻塞*/
public byte[] get(){
    lock_.lock();
    try{
        if (!done_.get()){condition_.await();}
    }catch (InterruptedException ex){
        throw new AssertionError(ex);
    }finally{lock_.unlock();}
    return result_;
}
    /***检查需要的数据是否已经返回*/
    public boolean isDone(){return done_.get();}
    /***检查在指定的时间内需要的数据是否已经返回，如果没有返回，抛出超时异常*/
    public byte[] get(long timeout, TimeUnit tu) throws TimeoutException{
    lock_.lock();
    try{            boolean bVal = true;
        try{
            if ( !done_.get() ){
                long overall_timeout = timeout - (System.currentTime-
Millis() - startTime_);
                if(overall_timeout > 0)//设置等待超时的时间
                    bVal = condition_.await(overall_timeout, TimeUnit.
MILLISECONDS);
                else bVal = false;
            }
        }catch (InterruptedException ex){
            throw new AssertionError(ex);
        }
        if ( !bVal && !done_.get() ){//抛出超时异常
            throw new TimeoutException("Operation timed out.");
        }
    }finally{lock_.unlock();      }
    return result_;
}
    /***该函数供另外一个线程设置要返回的数据，并唤醒在阻塞的线程*/
    public void result(Message response){
    try{
        lock_.lock();
        if ( !done_.get() ){
```

```
        result_ = response.getMessageBody();//设置返回的数据
        done_.set(true);
        condition_.signal();//唤醒阻塞的线程
    }
    }finally{lock_.unlock();}
  }
}
```

2.6　设计模式解析之适配器模式

对适配器模式的功能很好理解，就是把一个类的接口变换成客户端所能接受的另一种接口，从而使两个接口不匹配而无法在一起工作的两个类能够在一起工作。

通常被用在一个项目需要引用一些开源框架来一起工作的情况下，这些框架的内部都有一些关于环境信息的接口，需要从外部传入，但是外部的接口不一定能匹配，在这种情况下，就需要适配器模式来转换接口。

2.6.1　适配器模式的结构

适配器模式的类结构如图 2-25 所示。

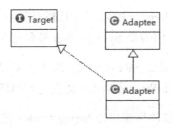

图 2-25　适配器模式的类结构

在图 2-25 中的各角色说明如下。

◎ Target（目标接口）：所要转换的所期待的接口。

◎ Adaptee（源角色）：需要适配的接口。

◎ Adapter（适配器）：将源接口适配成目标接口，继承源接口，实现目标接口。

2.6.2　Java I/O 中的适配器模式

适配器的作用就是将一个接口适配到另一个接口，在 Java 的 I/O 类库中有很多这样的需求，如将字符串数据转变成字节数据保存到文件中，将字节数据转变成流数据等。下面以 InputStreamReader 和 OutputStreamWriter 类为例介绍适配器模式。

InputStreamReader 和 OutputStreamWriter 类分别继承了 Reader 和 Writer 接口，但是要创建它们的对象必须在构造函数中传入一个 InputStream 和 OutputStream 的实例。InputStreamReader 和 OutputStreamWriter 的作用也就是将 InputStream 和 OutputStream 适配到 Reader 和 Writer。InputStreamReader 的类结构图如图 2-26 所示。

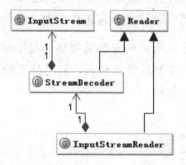

图 2-26　InputStreamReader 的类结构图

InputStreamReader 实现了 Reader 接口，并且持有了 InputStream 的引用，这里是通过 StreamDecoder 类间接持有的，因为从 byte 到 char 要经过编码。

很显然，适配器就是 InputStreamReader 类，源角色就是 InputStream 代表的实例对象，目标接口就是 Reader 类。OutputStreamWriter 类也是类似的方式。

在 I/O 类库中还有很多类似的用法，如 StringReader 将一个 String 类适配到 Reader 接口，ByteArrayInputStream 适配器将 byte 数组适配到 InputStream 流处理接口。

2.7　设计模式解析之装饰器模式

装饰器模式，顾名思义，就是将某个类重新装扮一下，使得它比原来更"漂亮"，或者在功能上更强大，这就是装饰器模式所要达到的目的。但是作为原来的这个类的使用者还不应该感受到装饰前与装饰后有什么不同，否则就破坏了原有类的结构了，所以装饰器模式要做到对被装饰类的使用者透明，这是对装饰器模式的一个要求。

2.7.1　装饰器模式的结构

如图 2-27 所示是一个典型的装饰器模式的类结构图。

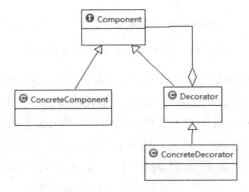

图 2-27　装饰器模式的类结构图

在图 2-27 中各角色的描述如下。

◎ Component：抽象组件角色，定义一组抽象的接口，规定这个被装饰组件都有哪些功能。

◎ ConcreteComponent：实现这个抽象组件的所有功能。

◎ Decorator：装饰器角色，它持有一个 Component 对象实例的引用，定义一个与抽象组件一致的接口。

◎ ConcreteDecorator：具体的装饰器实现者，负责实现装饰器角色定义的功能。

2.7.2　Java I/O 中的装饰器模式

前面介绍了装饰器模式的作用就是赋予被装饰的类更多的功能，在 Java I/O 类库中有很多不同的功能组合情况，这些不同的功能组合都是使用装饰器模式实现的，下面以 FilterInputStream 为例介绍装饰器模式的使用。

如图 2-28 所示是 FilterInputStream 的类结构图。

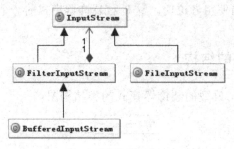

图 2-28　FilterInputStream 的类结构图

InputStream 类就是以抽象组件存在的；而 FileInputStream 就是具体组件，它实现了抽象组件的所有接口；FilterInputStream 类无疑就是装饰角色，它实现了 InputStream 类的所有接口，并且持有 InputStream 的对象实例的引用；BufferedInputStream 是具体的装饰器实现者，它给 InputStream 类附加了功能，这个装饰器类的作用就是使得 InputStream 读取的数据保存在内存中，而提高读取的性能。与这个装饰器类有类似功能的还有 LineNumberInputStream 类，它的作用就是提高按行读取数据的功能，它们都使 InputStream 类增强了功能，或者提升了性能。

2.8　适配器模式与装饰器模式的区别

装饰器与适配器模式都有一个别名就是包装模式（Wrapper），它们看似都是起到包装一个类或对象的作用，但是使用它们的目的很不一样。适配器模式的意义是要将一个接口转变成另外一个接口，它的目的是通过改变接口来达到重复使用的目的；而装饰器模式不是要改变被装饰对象的接口，而是恰恰要保持原有的接口，但是增强原有对象的功能，或者改变原有对象的处理方法而提升性能。所以这两个模式设计的目的是不同的。

2.9　总结

本章阐述的内容较多，从 Java 基本 I/O 类库结构开始说起，主要介绍了磁盘 I/O 和网络 I/O 的基本工作方式，最后介绍了关于 I/O 调优的一些方法。

第 3 章

深入分析 Java Web 中的中文编码问题

编码问题一直在困扰着程序开发人员，尤其在 Java 中更加明显，因为 Java 是跨平台语言，在不同平台的编码之间的切换较多。本章将向你详细介绍在 Java 中编码问题出现的根本原因，你将了解到：在 Java 中经常遇到的几种编码格式的区别；在 Java 中经常需要编码的场景；出现中文问题的原因分析；在开发 Java Web 程序时可能会存在编码的几个地方；一个 HTTP 请求怎么控制编码格式；如何避免出现中文编码问题等。

3.1 几种常见的编码格式

3.1.1 为什么要编码

不知道大家有没有想过一个问题，那就是为什么要编码？我们能不能不编码？要回答这个问题，必须要回答计算机是如何表示我们人类能够理解的符号的，这些符号也就是我们人类使用的语言。由于人类的语言太多，表示这些语言的符号太多，无法用计算机中一个基本的存储单元——字节（byte）来表示，因而必须要经过拆分或一些翻译工作，才能让计算机理解我们的语言。我们可以把计算机能够理解的语言假定为英语，其他语言要能够在计算机中使用，必须得经过一次翻译，把它翻译成英语。这个翻译的过程就是编码。所以可以想象，只要不是说英语的国家，要使用计算机就必须经过编码。这看起来有些霸道，但这就是现状。这也和我国现在在大力推广汉语一样，希望其他国家都会说汉语，以后其他语言都被翻译成汉语，我们可以把在计算机中存储信息的最小单位改成汉字，这样就不存在编码问题了。

所以总起来说，编码的原因可以总结为以下几条。

◎　在计算机中存储信息的最小单元是 1 个字节，即 8 个 bit，所以能表示的字符范围是 0～255 个。

◎　人类要表示的符号太多，无法用 1 个字节来完全表示。

要解决这个矛盾必须要有一个新的数据结构 char，而从 char 到 byte 必须编码。

3.1.2　如何"翻译"

各种语言需要交流，经过翻译是必要的，那又如何来翻译呢？在计算机中提供了多种翻译方式，常见的有 ASCII、ISO-8859-1、GB2312、GBK、UTF-8、UTF-16 等。它们都可以被看作字典，它们规定了转化的规则，按照这个规则就可以让计算机正确地表示我们的字符。目前的编码格式很多，如 GB2312、GBK、UTF-8、UTF-16 都可以表示汉字，那我们到底选择哪种编码格式来存储汉字呢？这就要考虑其他因素了。例如，是存储空间重要还是编码的效率重要。下面简要介绍一下这几种编码格式。

1. ASCII 码

学过计算机的人都知道 ASCII 码，总共有 128 个，用 1 个字节的低 7 位表示，0～31 是控制字符如换行、回车、删除等，32～126 是打印字符，可以通过键盘输入并且能够显示出来。

2. ISO-8859-1

128 个字符显然是不够用的，于是 ISO 组织在 ASCII 码基础上又制定了一系列标准来扩展 ASCII 编码，它们是 ISO-8859-1 至 ISO-8859-15，其中 ISO-8859-1 涵盖了大多数西欧语言字符，所以应用得最广泛。ISO-8859-1 仍然是单字节编码，它总共能表示 256 个字符。

3. GB2312

GB2312 的全称是《信息技术　中文编码字符集》，它是双字节编码，总的编码范围是 A1～F7，其中 A1～A9 是符号区，总共包含 682 个符号；B0～F7 是汉字区，包含 6763 个汉字。

4. GBK

GBK 全称是《汉字内码扩展规范》，是国家技术监督局为 Windows 95 所制定的新的汉字内码规范，它的出现是为了扩展 GB2312，并加入更多的汉字。它的编码范围是 8140～FEFE（去掉 XX7F），总共有 23 940 个码位，它能表示 21 003 个汉字，它的编码是和 GB2312 兼容的，也就是说用 GB2312 编码的汉字可以用 GBK 来解码，并且不会有乱码。

5. GB18030

GB18030 全称是《信息技术　　中文编码字符集》，是我国的强制标准，它可能是单字节、双字节或者四字节编码，它的编码与 GB2312 编码兼容，虽然是国家标准，但是在实际应用系统中使用得并不广泛。

6. UTF-16

说到 UTF 必须提到 Unicode（Universal Code 统一码），ISO 试图创建一个全新的超语言字典，世界上所有的语言都可以通过这个字典来相互翻译。可想而知这个字典是多么复杂。关于 Unicode 的详细规范可以参考相应文档。Unicode 是 Java 和 XML 的基础，下面详细介绍 Unicode 在计算机中的存储形式。

UTF-16 具体定义了 Unicode 字符在计算机中的存取方法。UTF-16 用两个字节来表示 Unicode 的转化格式，它采用定长的表示方法，即不论什么字符都可以用两个字节表示。

两个字节是 16 个 bit，所以叫 UTF-16。UTF-16 表示字符非常方便，每两个字节表示一个字符，这就大大简化了字符串操作，这也是 Java 以 UTF-16 作为内存的字符存储格式的一个很重要的原因。

7. UTF-8

UTF-16 统一采用两个字节来表示一个字符，虽然在表示上非常简单、方便，但是也有其缺点，有很大一部分字符用一个字节就可以表示的现在要用两个字节表示，存储空间放大了一倍，在现在的网络带宽还非常有限的情况下，这样会增大网络传输的流量，而且也没有必要。而 UTF-8 采用了一种变长技术，每个编码区域有不同的字码长度。不同类型的字符可以由 1～6 个字节组成。

UTF-8 有以下编码规则：

◎ 如果是 1 个字节，最高位（第 8 位）为 0，则表示这是 1 个 ASCII 字符（00～7F）。可见，所有 ASCII 编码已经是 UTF-8 了。

◎ 如果是 1 个字节，以 11 开头，则连续的 1 的个数暗示这个字符的字节数，例如：110xxxxx 代表它是双字节 UTF-8 字符的首字节。

◎ 如果是 1 个字节，以 10 开始，表示它不是首字节，则需要向前查找才能得到当前字符的首字节。

3.2　在 Java 中需要编码的场景

前面描述了常见的几种编码格式，下面将介绍在 Java 中如何处理对编码的支持，以及什么场合中需要编码。

3.2.1　在 I/O 操作中存在的编码

我们知道涉及编码的地方一般都在从字符到字节或者从字节到字符的转换上，而需要这种转换的场景主要是 I/O，这个 I/O 包括磁盘 I/O 和网络 I/O，网络 I/O 部分在后面将主要以 Web 应用为例进行介绍。如图 3-1 所示是在 Java 中处理 I/O 问题的接口。

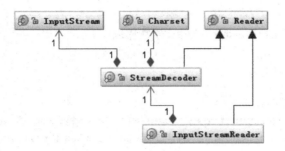

图 3-1　在 Java 中处理 I/O 问题的接口

Reader 类是在 Java 的 I/O 中读字符的父类，而 InputStream 类是读字节的父类，InputStreamReader 类就是关联字节到字符的桥梁，它负责在 I/O 过程中处理读取字节到字符的转换，而对具体字节到字符的解码实现，它又委托 StreamDecoder 去做，在 StreamDecoder 解码过程中必须由用户指定 Charset 编码格式。值得注意的是，如果你没有指定 Charset，则将使用本地环境中的默认字符集，如在中文环境中将使用 GBK 编码。

写的情况也类似，字符的父类是 Writer，字节的父类是 OutputStream，通过 OutputStreamWriter 转换字符到字节，如图 3-2 所示。

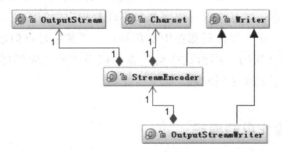

图 3-2　OutputStreamWriter 转换字符到字节

同样，StreamEncoder 类负责将字符编码成字节，编码格式和默认编码规则与解码是一致的。

例如，下面一段代码实现了文件的读写功能：

```
String file = "c:/stream.txt";
String charset = "UTF-8";
//写字符转换成字节流
FileOutputStream outputStream = new FileOutputStream(file);
OutputStreamWriter writer = new OutputStreamWriter(outputStream, charset);
```

```
try {
    writer.write("这是要保存的中文字符");
} finally {
    writer.close();
}
//读取字节转换成字符
FileInputStream inputStream = new FileInputStream(file);
InputStreamReader reader = new InputStreamReader(inputStream, charset);
StringBuffer buffer = new StringBuffer();
char[] buf = new char[64];
int count = 0;
try {
    while ((count = reader.read(buf)) != -1) {
        buffer.append(buf, 0, count);
    }
} finally {
    reader.close();
}
```

在我们的应用程序中涉及 I/O 操作时，只要注意指定统一的编解码 Charset 字符集，一般不会出现乱码问题。对有些应用程序如果不注意指定字符编码，则在中文环境中会使用操作系统默认编码。如果编解码都在中文环境中，通常也没有问题，但还是强烈建议不要使用操作系统的默认编码，因为这样会使你的应用程序的编码格式和运行环境绑定起来，在跨环境时很可能出现乱码问题。

3.2.2　在内存操作中的编码

在 Java 开发中除 I/O 涉及编码外，最常用的应该就是在内存中进行从字符到字节的数据类型转换，在 Java 中用 String 表示字符串，所以 String 类就提供了转换到字节的方法，也支持将字节转换为字符串的构造函数，代码如下：

```
String s = "这是一段中文字符串";
byte[] b = s.getBytes("UTF-8");
String n = new String(b,"UTF-8");
```

另外一个是已经被废弃的 ByteToCharConverter 和 CharToByteConverter 类，它们分别提供了 convertAll 方法以实现 byte[]和 char[]的互转，代码如下：

```
   ByteToCharConverter  charConverter  =  ByteToCharConverter.getConverter
("UTF-8");
   char c[] = charConverter.convertAll(byteArray);
   CharToByteConverter  byteConverter  =  CharToByteConverter.getConverter
("UTF-8");
   byte[] b = byteConverter.convertAll(c);
```

这两个类已经被 Charset 类取代。Charset 提供 encode 与 decode，分别对应 char[]到 byte[]
的编码和 byte[]到 char[]的解码，代码如下：

```
Charset charset = Charset.forName("UTF-8");
ByteBuffer byteBuffer = charset.encode(string);
CharBuffer charBuffer = charset.decode(byteBuffer);
```

编码与解码都在一个类中完成，通过 forName 设置编解码字符集，这样更容易统一编
码格式，比 ByteToCharConverter 和 CharToByteConverter 类更方便。

在 Java 中还有一个 ByteBuffer 类，它提供一种 char 和 byte 之间的软转换，它们之间
转换不需要编码与解码，只是把一个 16 bit 的 char 拆分成为 2 个 8 bit 的 byte 表示，它们
的实际值并没有被修改，仅仅是数据的类型做了转换，代码如下：

```
ByteBuffer heapByteBuffer = ByteBuffer.allocate(1024);
ByteBuffer byteBuffer = heapByteBuffer.putChar(c);
```

以上这些提供字符和字节之间的相互转换方法，只要我们设置的编解码格式统一，一
般都不会出现问题。

3.3　在 Java 中如何编解码

前面介绍了几种常见的编码格式，这里将用实际例子介绍在 Java 中如何实现编码及
解码。我们以"I am 君山"这个字符串为例介绍在 Java 中如何把它以 ISO-8859-1、GB-2312、
GBK、UTF-16、UTF-8 编码格式进行编码。

```
public static void encode() {
    String name = "I am 君山";
    toHex(name.toCharArray());
    try {
        byte[] iso8859 = name.getBytes("ISO-8859-1");
```

```
        toHex(iso8859);
        byte[] gb2312 = name.getBytes("GB2312");
        toHex(gb2312);
        byte[] gbk = name.getBytes("GBK");
        toHex(gbk);
        byte[] utf16 = name.getBytes("UTF-16");
        toHex(utf16);
        byte[] utf8 = name.getBytes("UTF-8");
        toHex(utf8);
    } catch (UnsupportedEncodingException e) {
        e.printStackTrace();
    }
}
```

我们把 name 字符串按照前面说的几种编码格式进行编码，转换成 byte 数组，然后以 16 进制输出。我们先看一下 Java 是如何进行编码的。

图 3-3 是 Java 中编码需要用到的类图。

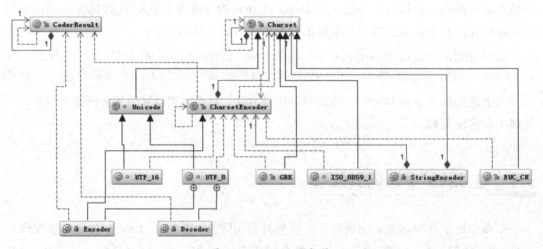

图 3-3　Java 编码类图

首先根据指定的 charsetName 通过 Charset.forName(charsetName)找到 Charset 类，然后根据 Charset 创建 CharsetEncoder 对象，再调用 CharsetEncoder.encode 对字符串进行编码，不同的编码类型都会对应到一个类中，实际的编码过程是在这些类中完成的。图 3-4 是 String. getBytes(charsetName)编码过程的时序图。

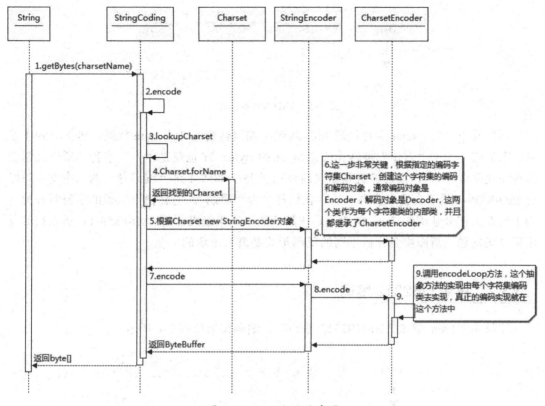

图 3-4　Java 编码时序图

从图 3-4 可以看出，根据 charsetName 找到 Charset 类，然后根据这个字符集编码生成 CharsetEncoder，这个类是所有字符编码的父类，针对不同的字符编码集在其子类中定义了如何实现编码，有了 CharsetEncoder 对象后就可以调用 encode 方法去实现编码了。这个是 String.getBytes 编码方法，其他的（如 StreamEncoder）也是类似的方式。下面看看不同的字符集是如何将前面的字符串编码成 byte 数组的。

如字符串 "I am 君山" 的 char 数组为 49 20 61 6d 20 541b 5c71，下面把它按照不同的编码格式转化成相应的字节。

3.3.1　按照 ISO-8859-1 编码

字符串 "I am 君山" 用 ISO-8859-1 编码时，编码结果如图 3-5 所示。

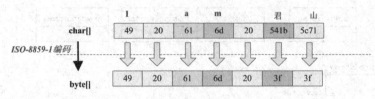

图 3-5　ISO-8859-1 编码

可以看出，7 个 char 字符经过 ISO-8859-1 编码转变成 7 个 byte 数组，ISO-8859-1 是单字节编码，中文"君山"被转化成值是 3f 的 byte。3f 也就是"？"字符，所以经常会出现中文变成"？"，很可能就是错误地使用了 ISO-8859-1 这个编码导致的。中文字符经过 ISO-8859-1 编码会丢失信息，通常我们称之为"黑洞"，它会把不认识的字符吸收掉。由于现在大部分基础的 Java 框架或系统默认的字符集编码都是 ISO-8859-1，所以很容易出现乱码问题。后面将会分析不同的乱码形式是怎么出现的。

3.3.2　按照 GB2312 编码

字符串"I am 君山"用 GB2312 编码时，编码结果如图 3-6 所示。

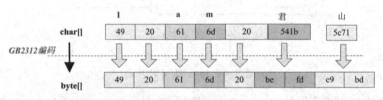

图 3-6　GB2312 编码

GB2312 对应的 Charset 是 sun.nio.cs.ext. EUC_CN，而对应的 CharsetDecoder 编码类是 sun.nio.cs.ext. DoubleByte。GB2312 字符集有一个从 char 到 byte 的码表，不同的字符编码就是从这个码表找到与每个字符对应的字节，然后拼装成 byte 数组。查表的规则如下：

```
c2b[c2bIndex[char >> 8] + (char & 0xff)]
```

如果查到的码位值大于 0xff，则是双字节，否则是单字节。双字节高 8 位作为第 1 个字节，低 8 位作为第 2 个字节，代码如下：

```
if (bb > 1xff) {    // DoubleByte
        if (dl - dp < 2)
            return CoderResult.OVERFLOW;
        da[dp++] = (byte) (bb >> 8);
```

```
        da[dp++] = (byte) bb;
} else {                    // SingleByte
    if (dl - dp < 1)
        return CoderResult.OVERFLOW;
    da[dp++] = (byte) bb;
}
```

可以看出,前 5 个字符经过编码后仍然是 5 个字节,而汉字则被编码成双字节,GB2312 只支持 6763 个汉字，所以并不是所有汉字都能够用 GB2312 编码。

3.3.3　按照 GBK 编码

字符串"I am 君山"用 GBK 编码时，编码结果如图 3-7 所示。

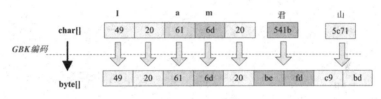

图 3-7　GBK 编码

你可能已经发现，图 3-7 与 GB2312 编码的结果是一样的，没错，GBK 与 GB2312 的编码结果是一样的，由此可以得出 GBK 编码是兼容 GB2312 编码的，它们的编码算法也是一样的。不同的是，它们的码表长度不一样，GBK 包含的汉字字符更多。所以只要是经过 GB2312 编码的汉字都可以用 GBK 进行解码，反之则不然。

3.3.4　按照 UTF-16 编码

字符串"I am 君山"用 UTF-16 编码时，编码结果如图 3-8 所示。

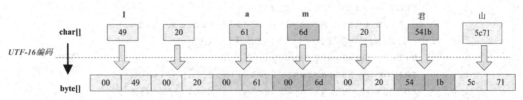

图 3-8　UTF-16 编码

用 UTF-16 编码将 char 数组放大了 1 倍，单字节范围内的字符在高位补 0 变成两个字节，中文字符也变成两个字节。从 UTF-16 编码规则来看，仅仅将字符的高位和低位进行拆分变成两个字节，特点是编码效率非常高，规则很简单。由于不同处理器对 2 字节的处理方式不同，有 Big-endian（高位字节在前，低位字节在后）或 Little-endian（低位字节在前，高位字节在后）编码。在对字符串进行编码时需要指明到底是 Big-endian 还是 Little-endian，所以前面有两个字节用来保存 BYTE_ORDER_MARK 值，UTF-16 是用定长 16 位（2 字节）来表示的 UCS-2 或 Unicode 转换格式，通过代理来访问 BMP 之外的字符编码。

3.3.5　按照 UTF-8 编码

字符串"I am 君山"用 UTF-8 编码时，编码结果如图 3-9 所示。

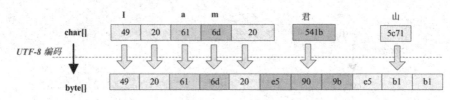

图 3-9　UTF-8 编码

UTF-16 虽然编码效率很高，但是对单字节范围内的字符也放大了 1 倍，这无形也浪费了存储空间。另外 UTF-16 采用顺序编码，不能对单个字符的编码值进行校验，如果中间的一个字符码值损坏，后面的所有码值都将受影响。而 UTF-8 不存在这些问题，UTF-8 对单字节范围内的字符仍然用 1 个字节表示，对汉字采用 3 个字节表示。

3.3.6　UTF-8 编码代码片段

```
private CoderResult encodeArrayLoop(CharBuffer src,ByteBuffer dst){
        char[] sa = src.array();
        int sp = src.arrayOffset() + src.position();
    int sl = src.arrayOffset() + src.limit();
        byte[] da = dst.array();
        int dp = dst.arrayOffset() + dst.position();
        int dl = dst.arrayOffset() + dst.limit();
        int dlASCII = dp + Math.min(sl - sp, dl - dp);
        //ASCII 字符不用编码，直接复制
```

```
    while (dp < dlASCII && sa[sp] < '\u0080')
        da[dp++] = (byte) sa[sp++];
    while (sp < sl) {
        char c = sa[sp];
        if (c < 0x80) {
            //ASCII 码小于 0x80 只要 1 bytes,7 bits 表示
            if (dp >= dl)
                return overflow(src, sp, dst, dp);
            da[dp++] = (byte)c;
        } else if (c < 0x800) {
            //ASCII 码小于 0x800 只要 2 bytes,11 bits 表示
            if (dl - dp < 2)
                return overflow(src, sp, dst, dp);
            da[dp++] = (byte)(0xc0 | (c >> 6));
            da[dp++] = (byte)(0x80 | (c & 0x3f));
        } else if (Character.isSurrogate(c)) {
            //需要 1 个代理对
            if (sgp == null)
                sgp = new Surrogate.Parser();
            int uc = sgp.parse(c, sa, sp, sl);
            if (uc < 0) {
                updatePositions(src, sp, dst, dp);
                return sgp.error();
            }
            if (dl - dp < 4)
                return overflow(src, sp, dst, dp);
            da[dp++] = (byte)(0xf0 | ((uc >> 18)));
            da[dp++] = (byte)(0x80 | ((uc >> 12) & 0x3f));
            da[dp++] = (byte)(0x80 | ((uc >>  6) & 0x3f));
            da[dp++] = (byte)(0x80 | (uc & 0x3f));
            sp++;  // 2 chars
        } else {
            //要 3 bytes,16 bits 表示
            if (dl - dp < 3)
                return overflow(src, sp, dst, dp);
            da[dp++] = (byte)(0xe0 | ((c >> 12)));
            da[dp++] = (byte)(0x80 | ((c >>  6) & 0x3f));
            da[dp++] = (byte)(0x80 | (c & 0x3f));
        }
        sp++;
```

```
        }
        updatePositions(src, sp, dst, dp);
        return CoderResult.UNDERFLOW;
    }
```

UTF-8 编码与 GBK 和 GB2312 不同，不用查码表，所以 UTF-8 的编码效率更高，所以在存储中文字符时采用 UTF-8 编码比较理想。

3.3.7　对几种编码格式的比较

对于中文字符，上述几种编码格式都能处理，GB2312 与 GBK 编码规则类似，但是 GBK 范围更大，它能处理所有汉字字符，所以将 GB2312 与 GBK 进行比较，应该选择 GBK。UTF-16 与 UTF-8 都是处理 Unicode 编码，它们的编码规则不太相同。相对来说，UTF-16 的编码效率较高，从字符到字节的相互转换更简单，进行字符串操作也更好。它适合在本地磁盘和内存之间使用，可以进行字符和字节之间的快速切换，如 Java 的内存编码就采用 UTF-16 编码。但是它不适合在网络之间传输，因为网络传输容易损坏字节流，一旦字节流损坏将很难恢复，所以相比较而言 UTF-8 更适合网络传输。UTF-8 对 ASCII 字符采用单字节存储，另外单个字符损坏也不会影响后面的其他字符，在编码效率上介于 GBK 和 UTF-16 之间，所以 UTF-8 在编码效率上和编码安全性上做了平衡，是理想的中文编码方式。

3.4　在 Java Web 中涉及的编解码

从使用中文的角度来说，有 I/O 的地方就会涉及编码。前面已经提到了 I/O 操作会引起编码，而大部分 I/O 引起的乱码都是网络 I/O，因为现在几乎所有的应用程序都涉及网络操作，而数据经过网络传输时都是以字节为单位的，所以所有的数据都必须能够被序列化为字节。在 Java 中数据要被序列化，必须继承 Serializable 接口。

这里有一个问题，你是否认真考虑过一段文本它的实际大小应该怎么计算。我曾经碰到过一个问题，就是要想办法压缩 Cookie 大小，减少网络传输量。当时选择了不同的压缩算法，发现压缩后字符数是减少了，但是并没有减少字节数。所谓的压缩只是将多个单字节字符通过编码转变成一个多字节字符。减少的是 String.length()，而并没有减少最终的字节数。例如，将 ab 两个字符通过某种编码转变成一个奇怪的字符，虽然字符数从两个变成一个，但是如果采用 UTF-8 编码，这个奇怪的字符最后经过编码可能又会变成 3 个或更多的字节。同样的道理，如果把整型数字 1234567 当作字符来存储，则采用 UTF-8 编码将会占用 7 个字节，采用 UTF-16 编码将会占用 14 个字节，但是把它当成 int 类型的数字来存储时则只需要 4 个字节。所以看一段文本的大小，只看字符本身的长度是没有意义的，即使是一样的字符，采用不同的编码最终存储的大小也会不同，所以从字符到字节一定要看编码类型。

另外一个问题，你是否考虑过当我们在计算机中的某个文本编辑器里输入某个汉字时，它到底是怎么表示的。我们知道，在计算机里所有的信息都是以 0 和 1 表示的，那么一个汉字，它到底是多少个 0 和 1 呢。我们能够看到的汉字都是以字符形式出现的，例如，在 Java 中"淘宝"两个字符在计算机中的十进制数值是 28120 和 23453，16 进制数值是 6bd8 和 5d9d，即这两个字符是由这两个数字唯一表示的。在 Java 中一个 char 是 16 个 bit，相当于两个字节，所以两个汉字用 char 表示，在内存会中占用相当于 4 个字节的空间。

把这两个问题搞清楚后，我们看一下在 Java Web 中哪些地方可能会存在编码转换。

用户从浏览器端发起一个 HTTP 请求，需要存在编码的地方是 URL、Cookie、Parameter。服务器端接收到 HTTP 请求后要解析 HTTP，其中 URI、Cookie 和 POST 表单参数需要解码，服务器端可能还需要读取数据库中的数据——本地或网络中其他地方的文本文件，这些数据都可能存在编码问题。当 Servlet 处理完所有请求的数据后，需要将这些数据再编码，通过 Socket 发送到用户请求的浏览器里，再经过浏览器解码成为文本。这个过程如图 3-10 所示。

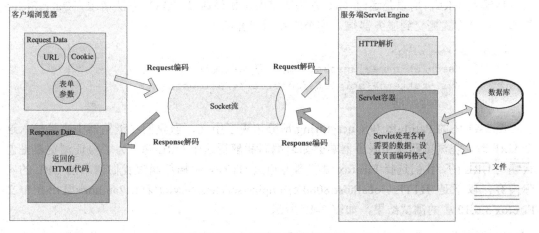

图 3-10　一次 HTTP 请求的编码示例

一次 HTTP 请求在很多地方需要编解码，它们编解码的规则是什么。下面将会重点阐述。

3.4.1　URL 的编解码

用户提交一个 URL，在这个 URL 中可能存在中文，因此需要编码。如何对这个 URL 进行编码？根据什么规则来编码？又如何来解码？如图 3-11 所示介绍了 URL（这里所说的 URL 和 URI 是针对 Servlet 进行描述的，也就是 request.getRequestURL() 和 request.getRequestURI() 返回的 URL 和 URI 结果。前面加上 request 应该就不会产生误解了）的几个组成部分。

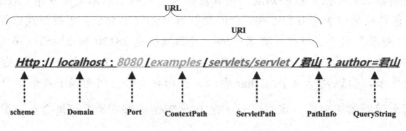

图 3-11　URL 的几个组成部分

以 Tomcat 作为 Servlet Engine 为例，把它们分别对应到下面这些配置文件中。

Port 对应在 Tomcat 的<Connector port="8080"/>中配置，而 Context Path 在<Context path="/examples"/>中配置，Servlet Path 在 Web 应用的 web.xml 的<url-pattern>中配置，PathInfo 是我们请求的具体的 Servlet，QueryString 是要传递的参数。注意这里是在浏览器里直接输入 URL，所以是通过 Get 方法请求的，如果通过 POST 方法请求，QueryString 将通过表单方式提交到服务器端，这个将在后面介绍。

```
<servlet-mapping>
    <servlet-name>junshanExample</servlet-name>
    <url-pattern>/servlets/servlet/*</url-pattern>
</servlet-mapping>
```

图 3-11 中的 PathInfo 和 QueryString 部分出现了中文，当我们在浏览器中直接输入这个 URL 时，在浏览器端和服务器端会如何编码和解析这个 URL 呢。为了验证浏览器是怎么编码 URL 的，我们选择 Firefox 浏览器并通过 HTTPFox 插件观察我们请求的 URL 的实际内容，以下是 HTTP://localhost:8080/examples/servlets/servlet/君山?author=君山在中文 Firefox 3.6.12 中的测试结果，如图 3-12 所示。

Method	Result	Type	URL
GET	200	text/html	http://localhost:8080/examples/servlets/servlet/%E5%90%9B%E5%B1%B1?author=%BE%FD%C9%BD

图 3-12　HTTPFox 的测试结果

君、山的编码结果分别是 e5 90 9b e5 b1 b1 和 be fd c9 bd，查阅 3.3 节有关编码的内容可知，PathInfo 是 UTF-8 编码，而 QueryString 是 GBK 编码。至于为什么会有 "%"，查阅 URL 的编码规范 RFC3986 可知，浏览器编码 URL 是将非 ASCII 字符按照某种编码格式编码成 16 进制数字后将每个 16 进制表示的字节前加上 "%"，所以最终的 URL 就成了如图 3-12 所示的格式。

在默认情况下，中文 IE 最终的编码结果也是一样的，不过 IE 浏览器可以修改 URL 的编码格式，在 "选项" → "高级" → "国际" 里面的 "发送 UTF-8 URL" 选项可以取消。

从上面的测试结果可知，浏览器对 PathInfo 和 QueryString 的编码是不一样的，不同浏览器对 PathInfo 的编码也可能不一样，这就为服务器的解码带来很大困难。下面我们以 Tomcat 为例看一下，Tomcat 接收到这个 URL 是如何解码的。

解析请求的 URL 是在 org.apache.coyote.HTTP11.InternalInputBuffer 的 parseRequestLine 方法中进行的，这个方法把传过来的 URL 的 byte[]设置到 org.apache.coyote.Request 的相应属性中。这里的 URL 仍然是 byte 格式，转成 char 是在 org.apache.catalina.connector. CoyoteAdapter 的 convertURI 方法中完成的。

```
protected void convertURI(MessageBytes uri, Request request)throws Exception {
    ByteChunk bc = uri.getByteChunk();
    int length = bc.getLength();
    CharChunk cc = uri.getCharChunk();
    cc.allocate(length, -1);
    String enc = connector.getURIEncoding();
    if (enc != null) {
        B2CConverter conv = request.getURIConverter();
        try {
            if (conv == null) {
                conv = new B2CConverter(enc);
                request.setURIConverter(conv);
            }
        } catch (IOException e) {...}
        if (conv != null) {
            try {
                conv.convert(bc, cc, cc.getBuffer().length - cc.getEnd());
                uri.setChars(cc.getBuffer(), cc.getStart(), cc.getLength());
                return;
            } catch (IOException e) {...}
```

```
        }
    }
    // Default encoding: fast conversion
    byte[] bbuf = bc.getBuffer();
    char[] cbuf = cc.getBuffer();
    int start = bc.getStart();
    for (int i = 0; i < length; i++) {
        cbuf[i] = (char) (bbuf[i + start] & 0xff);
    }
    uri.setChars(cbuf, 0, length);
}
```

从上面的代码中可以知道，对 URL 的 URI 部分进行解码的字符集是在 connector 的 <Connector URIEncoding="UTF-8"/>中定义的，如果没有定义，那么将以默认编码 ISO-8859-1 解析。所以有中文 URL 时最好把 URIEncoding 设置成 UTF-8 编码。

下面介绍对 QueryString 的解析过程。以 GET 方式 HTTP 请求的 QueryString 与以 POST 方式 HTTP 请求的表单参数都是作为 Parameters 保存的，都通过 request.getParameter 获取参数值。对它们的解码是在 request.getParameter 方法第一次被调用时进行的。request.getParameter 方法被调用时将会调用 org.apache.catalina.connector.Request 的 parseParameters 方法。这个方法将会对 GET 和 POST 方式传递的参数进行解码，但是它们的解码字符集有可能不一样。对 POST 表单的解码将在后面介绍。QueryString 的解码字符集是在哪里定义的呢。它本身是通过 HTTP 的 Header 传到服务端的，并且也在 URL 中，但是否和 URI 的解码字符集一样呢。从前面浏览器对 PathInfo 和 QueryString 的编码采取不同的编码格式可以猜测到解码字符集肯定不会一致。的确是这样，QueryString 的解码字符集要么是 Header 中 ContentType 定义的 Charset，要么是默认的 ISO-8859-1，要使用 ContentType 中定义的编码，就要将 connector 的 <Connector URIEncoding="UTF-8" useBodyEncodingForURI="true"/>中的 useBodyEncodingForURI 设置为 true。这个配置项的名字容易让人产生混淆，它并不是对整个 URI 都采用 BodyEncoding 进行解码，而仅仅是对 QueryString 使用 BodyEncoding 解码，对这一点还要特别注意。

从上面的 URL 编码和解码过程来看，比较复杂，而且编码和解码并不是我们在应用程序中能完全控制的，所以在我们的应用程序中，应该尽量避免在 URL 中使用非 ASCII 字符，不然很可能会碰到乱码问题。当然在我们的服务器端最好设置<Connector/>中的 URIEncoding 和 useBodyEncodingForURI 两个参数。

3.4.2　HTTP Header 的编解码

当客户端发起一个 HTTP 请求时，除上面的 URL 外还可能会在 Header 中传递其他参数，如 Cookie、redirectPath 等，这些用户设置的值很可能也会存在编码问题，Tomcat 对它们又是怎么解码的呢。

对 Header 中的项进行解码也是在调用 request.getHeader 时进行的。如果请求的 Header 项没有解码则调用 MessageBytes 的 toString 方法，这个方法对从 byte 到 char 的转化使用的默认编码也是 ISO-8859-1，而我们也不能设置 Header 的其他解码格式，所以如果你设置的 Header 中有非 ASCII 字符，解码中肯定会有乱码。

我们在添加 Header 时也是同样的道理，不要在 Header 中传递非 ASCII 字符，如果一定要传递，可以先将这些字符用 org.apache.catalina.util.URLEncoder 编码，再添加到 Header 中，这样在从浏览器到服务器的传递过程中就不会丢失信息了，我们要访问这些项时再按照相应的字符集解码即可。

3.4.3　POST 表单的编解码

前面提到了 POST 表单提交的参数的解码是在第一次调用 request.getParameter 时发生的，POST 表单的参数传递方式与 QueryString 不同，它是通过 HTTP 的 BODY 传递到服务端的。当我们在页面上单击提交按钮时浏览器首先将根据 ContentType 的 Charset 编码格式对在表单中填入的参数进行编码，然后提交到服务器端，在服务器端同样也是用 ContentType 中的字符集进行解码的。所以通过 POST 表单提交的参数一般不会出现问题，而且这个字符集编码是我们自己设置的，可以通过 request.setCharacterEncoding(charset) 来设置。

注意，你一定要在第一次调用 request.getParameter 方法之前就设置 request.setCharacterEncoding(charset)，否则你的 POST 表单提交上来的数据也可能出现乱码。笔者在开发 Feiba 框架时就遇到过这个问题。用这个框架开发一个项目时通过 POST 表单提交一个中文字符串到服务端，但是服务端 request.getParameter 取得的数据却是乱码，页面的 ContentType 编码是 GBK，而且通过检查发现浏览器在发送数据之前的确是把这个字符串按照 GBK 来编码的，因为将表单的 action 从 POST 改成 GET 请求后，URL 中的 value 的确是 GBK 编码后的十六进制结果。所以排除了浏览器端出现问题的假设，接着检查是不是在解析 Parameter 时出现问题，但是通过 request.getCharacterEncoding 返回的结果也是 GBK，这让笔者百思不得其解。最后通过跟踪调试发现，在框架设置 CharacterEncoding 之前，request 已经解析了 Parameter，而且是按照 ISO-8859-1 编码来解析的，通过检查发现是由于增加了一个 Filter，而且在这个 Filter 中调用了 request.getParameter 方法，导致在没有设置 CharacterEncoding 之前按照 ISO-8859-1 编码解析了所有参数。但是也发现了一个奇怪的现象，就是 Tomcat 在解析 Parameter 参数集合之前会获取 Header 的 content-type 请求头，并且检查这个 content-type 中的 charset 值。在默认情况下浏览器在提交 form 表单时，提交的 content-type 是不会含有 charset 信息的，Tomcat 的这段代码如下：

```java
public static String getCharsetFromContentType(String contentType) {
    if (contentType == null)
        return (null);
    int start = contentType.indexOf("charset=");
    if (start < 0)
        return (null);
    String encoding = contentType.substring(start + 8);
    int end = encoding.indexOf(';');
    if (end >= 0)
        encoding = encoding.substring(0, end);
    encoding = encoding.trim();
    if ((encoding.length() > 2) && (encoding.startsWith("\""))
        && (encoding.endsWith("\"")))
        encoding = encoding.substring(1, encoding.length() - 1);
    return (encoding.trim());
}
```

所以如果没有设置 request.setCharacterEncoding(charset)，那么表单提交的数据将会按照系统的默认编码方式解析。

另外，针对 multipart/form-data 类型的参数，也就是上传的文件编码，同样也使用 ContentType 定义的字符集编码。值得注意的地方是，上传文件是用字节流的方式传输到服务器的本地临时目录，这个过程并没有涉及字符编码，而真正编码是在将文件内容添加到 parameters 中时，如果用这个不能编码，则将会使用默认编码 ISO-8859-1 来编码。

3.4.4 HTTP BODY 的编解码

当用户请求的资源已经成功获取后，这些内容将通过 Response 返回给客户端浏览器。

这个过程要先经过编码，再到浏览器进行解码。编解码字符集可以通过 response.setCharacter Encoding 来设置，它将会覆盖 request. getCharacterEncoding 的值，并且通过 Header 的 Content-Type 返回客户端，浏览器接收到返回的 Socket 流时将通过 Content-Type 的 charset 来解码。如果返回的 HTTP Header 中 Content-Type 没有设置 charset，那么浏览器将根据 HTML 的 <meta HTTP-equiv="Content-Type" content="text/html; charset=GBK" /> 中的 charset 来解码。如果也没有定义，那么浏览器将使用默认的编码来解码。

访问数据库都是通过客户端 JDBC 驱动来完成的，用 JDBC 来存取数据时要和数据的内置编码保持一致，可以通过设置 JDBC URL 来指定，如 MySQL：url="jdbc:mysql://localhost: 3306/DB?useUnicode=true&characterEncoding=GBK"。

3.5　在 JS 中的编码问题

在当前的 Web 应用中，JS 操作页面元素的情况越来越多，尤其是通过 JS 发起异步请求时遇到编码问题的情况更会经常出现。下面介绍在 JS 中出现编码问题的几种情况。

3.5.1　外部引入 JS 文件

在一个单独的 JS 文件中包含字符串输入的情况，如：

```
<html>
<head>
<script src="statics/javascript/script.js" charset="gbk"></script>
```

如果引入一个 script.js 脚本，这个脚本中有如下代码：

```
document.write("这是一段中文");
//document.getElementById('testid').innerHTML = '这是一段中文';
```

这时如果 script 没有设置 charset，浏览器就会以当前这个页面的默认字符集解析这个 JS 文件。如果外部的 JS 文件的编码格式与当前页面的编码格式一致，那么可以不设置这个 charset。但是，如果 script.js 文件与当前页面的编码格式不一致，如 script.js 是 UTF-8 编码而页面是 GBK 编码，上面代码中的中文输入就会变成乱码。

3.5.2　JS 的 URL 编码

通过 JS 发起异步调用的 URL 默认编码也是受浏览器影响的，如使用原始 Ajax 的 http_request.open('GET', url, true)调用，URL 的编码在 IE 下是操作系统的默认编码，而在 Firefox 下则是 UTF-8 编码。另外，不同的 JS 框架可能对 URL 的编码处理也不一样。那么如何处理 JS 的 URL 编码问题呢？

实际上，在 JS 中处理 URL 编码的函数有三个，只要掌握了这三个函数，基本上就能正确处理 JS 的 URL 乱码问题了。

1.　escape()

这个函数是将 ASCII 字母、数字、标点符号（* + - . / @ _）之外的其他字符转化成 Unicode 编码值，并且在编码值前加上"%u"，如图 3-13 所示。

将空格和中文字符转化成了%20 和%u541B%u5C71，通过 unescape()函数解码，如图 3-14 所示。

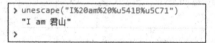

图 3-13　escape()函数　　　　　　　图 3-14　unescape()函数

通过将特殊字符转换成 Unicode 编码值，可以避免因为编码的字符集不兼容而出现信息丢失的问题，在服务端通过解码参数就可以避免乱码问题。

注意，escape()和 unescape()已经从 ECMAScript v3 标准中删除了，URL 的编码可以用 encodeURI 和 encodeURIComponent 来代替。

2.　encodeURI()

与 escape()相比，encodeURI()是真正的 JS 用来对 URL 编码的函数，它可以将整个 URL 中的字符（一些特殊字符除外，如 "!" "#" "$" "&" "'" "(" ")" "*" "+" "," "-" "." "/" ":" ";" "=" "?" "@" "_" "~" "0-9" "a-z" "A-Z"）进行 UTF-8 编码，在每个码值前加上"%"，如图 3-15 所示。

```
> encodeURI("HTTP://localhost:8080/examples/servlets/servlet/君山?author=君山&q=1:10+a'b,cd@e/f$#")
 "HTTP://localhost:8080/examples/servlets/servlet/%E5%90%9B%E5%B1%B1?author=%E5%90%9B%E5%B1%B1&q=1:10+a'b,cd@e/f$#"
>|
```

图 3-15　encodeURI()函数

解码通过 decodeURI 函数，如图 3-16 所示。

```
> decodeURI("HTTP://localhost:8080/examples/servlets/servlet/%E5%90%9B%E5%B1%B1?author=%E5%90%9B%E5%B1%B1&q=1:10+a'b,cd@e/f$#")
  "HTTP://localhost:8080/examples/servlets/servlet/君山?author=君山&q=1:10+a'b,cd@e/f$#"
>
```

图 3-16　decodeURI()函数

3. encodeURIComponent()

encodeURIComponent()这个函数比 encodeURI()编码还要彻底，它除了对 "!" "'" "("
")" "*" "-" "." "_" "~" "0-9" "a-z" "A-Z" 这几个字符不编码，对其他所有字符都编码。
这个函数通常用于将一个 URL 当作一个参数放在另一个 URL 中，如图 3-17 所示。

```
> "http://localhost/servlet?ref="+encodeURIComponent('HTTP://localhost/servlet/君山?a=c&a=b')
  "http://localhost/servlet?ref=HTTP%3A%2F%2Flocalhost%2Fservlet%2F%E5%90%9B%E5%B1%B1%3Fa%3Dc%26a%3Db"
>|
```

图 3-17　encodeURIComponent()函数

它可以将 HTTP://localhost/servlet/君山?a=c&a=b 作为一个参数放在另一个 URL 中，
如果不进行 encodeURIComponent()编码，后面 URL 中的 "&" 将会影响前面的 URL 的完
整性。通过 decodeURIComponent()进行解码，如图 3-18 所示。

```
> "http://localhost/servlet?ref="+decodeURIComponent('HTTP%3A%2F%2Flocalhost%2Fservlet%2F%E5%90%9B%E5%B1%B1%3Fa%3Dc%26a%3Db')
"http://localhost/servlet?ref=HTTP://localhost/servlet/君山?a=c&a=b"
>|
```

图 3-18　decodeURIComponent 函数

4. Java 与 JS 编解码问题

前面所说的三个函数都是 JS 来处理的，如果 JS 进行了编码，编码的字符传到服务端
后可以通过 Java 来解码，那么 Java 又是怎么解码的呢？

我们知道，在 Java 端处理 URL 编解码有两个类，分别是 java.net.URLEncoder 和
java.net.URLDecoder。这两个类可以将所有 "%" 加 UTF-8 码值用 UTF-8 解码，从而得到
原始的字符。查看 URLEncoder 的源码你可以发现，URLEncoder 受保护的特殊字符要少
于在 JS 中受保护的特殊字符。Java 端的 URLEncoder 和 URLDecoder 与前端 JS 对应的是
encodeURIComponent 和 decodeURIComponent。注意，前端用 encodeURIComponent 编码
后，到服务端用 URLDecoder 解码可能会出现乱码，这一定是两个字符编码类型不一致导
致的。JS 编码默认的是 UTF-8 编码，而服务端中文解码一般都是 GBK 或者 GB2313，所以
用 encodeURIComponent 编码后是 UTF-8，而 Java 用 GBK 去解码显然不对。解决的办法是

用 encodeURIComponent 两次编码，如 encodeURIComponent(encodeURIComponent(str))。
这样在 Java 端通过 request.getParamter() 用 GBK 解码后取得的就是 UTF-8 编码的字符串，
如果 Java 端需要使用这个字符串，则再用 UTF-8 解码一次；如果是将这个结果直接通过
JS 输出到前端，那么这个 UTF-8 字符串可以直接在前端正常显示。

3.5.3　其他需要编码的地方

除了 URL 和参数编码问题，在服务端还有很多地方可能存在编码，如可能需要读取
XML、Velocity 模板引擎、JSP 或者从数据库读取数据等。

XML 文件可以通过设置头来制定编码格式：

```
<?xml version="1.0" encoding="UTF-8"?>
```

Velocity 模板设置编码的格式如下：

```
services.VelocityService.input.encoding=UTF-8
```

JSP 设置编码的格式如下：

```
<%@page contentType="text/html; charset=UTF-8"%>
```

3.6　常见问题分析

了解在 Java Web 中可能需要编码的地方后，下面看一下当我们碰到一些乱码时应该
怎么处理。出现乱码问题是因为在从 char 到 byte 或从 byte 到 char 的转换中编码和解码的
字符集不一致导致的，由于一次操作涉及多次编解码，所以出现乱码时很难查到到底是哪
个环节出现了问题，下面就对几种常见的情况进行分析。

3.6.1　中文变成了看不懂的字符

例如，字符串"淘！我喜欢！"变成了"ÌÔ£¡ÎÒÏ²»¶£¡"，编码过程如图 3-19 所示。

字符串在解码时所用的字符集与编码字符集不一致会导致汉字变成看不懂的乱码，而
且是一个汉字字符变成两个乱码字符。

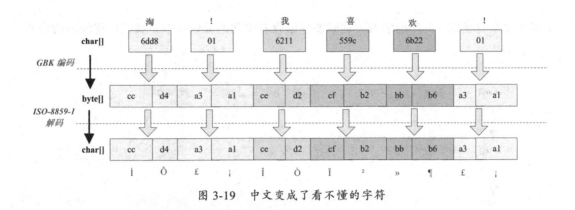

图 3-19 中文变成了看不懂的字符

3.6.2 一个汉字变成一个问号

例如，字符串"淘！我喜欢！"变成了"？？？？？？？"，编码过程如图 3-20 所示。

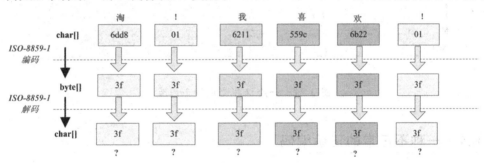

图 3-20 一个汉字变成一个问号

将中文和中文符号经过不支持中文的 ISO-8859-1 编码后，所有字符变成了"？"，这是因为用 ISO-8859-1 进行编解码时，遇到不在码值范围内的字符会统一用 3f 表示，这也就是通常所说的"黑洞"，所有 ISO-8859-1 不认识的字符都变成了"？"。

3.6.3 一个汉字变成两个问号

例如，字符串"淘！我喜欢！"变成了"？？？？？？？？？？？？？？"，编码过程如图 3-21 所示。

这种情况比较复杂，中文经过了多次编码，但是其中有一次编码或者解码不对仍然会出现中文字符变成"？"的情况，这时要仔细查看中间的编码环节，找出出现编码错误的地方。

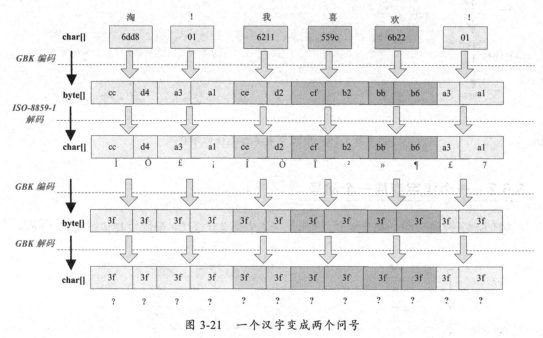

图 3-21　一个汉字变成两个问号

3.6.4　一种不正常的正确编码

还有一种情况是我们在通过 request.getParameter 获取参数值时，直接调用

```
String value = request.getParameter(name);
```

会出现乱码，但是如果用下面的方式：

```
String value = String(request.getParameter(name).getBytes("ISO-8859-1"),
"GBK");
```

解析时取得的 value 会是正确的汉字字符。这种情况是怎么造成的呢？请看图 3-22。

这种情况是这样的，ISO-8859-1 字符集的编码范围是 0000～00FF，正好和一个字节的编码范围相对应。这种特性保证了使用 ISO-8859-1 进行编码和解码可以保持编码数值"不变"。虽然中文字符在经过网络传输时，被错误地"拆"成了两个欧洲字符，但由于输出时也用了 ISO-8859-1，结果被"拆"开的中文字的两半又被合并在一起，刚好组成了一个正确的汉字。虽然最终能取得正确的汉字，但还是不建议用这种不正常的方式取得参数值，因为这中间增加了一次额外的编码与解码。在这种情况下出现乱码是因为在 Tomcat 的配置文件中没有将 useBodyEncodingForURI 配置项设置为"true"，从而造成第一次解析是 ISO-8859-1 来解析。

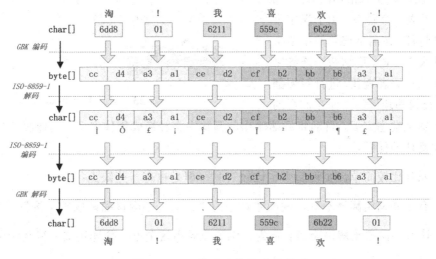

图 3-22　一种不正常的正确编码

3.7　一种繁简转换的实现方式

当网站遇到国际化问题时，会考虑将网站的文字转换语言形式，例如淘宝要将中文简体转换成中文繁体或将中文转换成英文。通常涉及这种国际化问题时会有多种实现方式。首先要将网站的编码格式设置成支持多种语言的 UTF-8 编码，然后对页面进行本地化翻译工作。本地化翻译分为：① 机器自动翻译，类似于 Google 翻译或者 Office 繁简转换；② 人工翻译，网站开发的页面模块直接由人工翻译成多种语言。这两种方式各有利弊：前一种技术难度高，尤其是对一些语义难以翻译准确的；后一种可以保证翻译准确，但是系统维护比较麻烦，例如文案在更新时又要重新翻译，而且对多模板配置还会涉及数据库多份存储。

综合以上利弊，针对繁简转换我们实现了一种简化的处理方式，即人工加机器自动处理的方式：由人工翻译好文字，再由机器自动做替换工作。具体的实现思路如图 3-23 所示。

首先由人工翻译将简体中文的GBK 编码汉字转换成繁体的 Big5 编码汉字，形成一个码表。由于汉字字符的字节特征，在两个连续的字节中最高位都大于 1 时，用这两个连续字节组合起来从码表查找，进行对照翻译。这个查找和翻译的工作在前端的

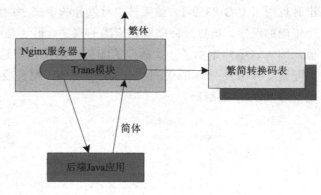

图 3-23　繁简转换示意图

Web 服务器上动态完成，自动将后端输出的简体中文转换成繁体中文，这样服务端就不用考虑简体繁体的问题了。

这个原理比较简单，实现起来也比较容易，但是也有一些缺点：

（1）有一些词组翻译不好，例如繁体中的"皇后"不应该翻译成"皇後"；

（2）这种办法很难解决跨语言问题，例如很难用这个办法翻译英文，涉及句子时更难翻译。

所以如果有跨语言这种情况，还是要结合人工翻译成原始页面模板的方式才比较可靠。

3.8　总结

本章首先总结了几种常见编码格式的区别，然后介绍了支持中文的几种编码格式，并比较了它们的使用场景；其次介绍了在 Java 中有哪些地方会涉及编码问题，以及在 Java 中如何实现对编码的支持；再次以网络 I/O 为例，重点介绍了在 HTTP 请求中存在编码的地方，以及 Tomcat 对 HTTP 的解析；最后分析了我们平常遇到的乱码问题出现的原因。

综上所述，要解决中文编码问题，首先要搞清楚哪些地方会引起从字符到字节的编码，以及从字节到字符的解码，最常见的就是存储数据到磁盘或者数据要经过网络传输；其次应针对这些地方搞清楚操作这些数据的框架或系统是如何控制编码的；最后正确设置编码格式，避免使用软件默认的或者操作系统平台默认的编码格式。

第4章

Javac 编译原理

Java 语言恐怕是当前最强大的一门语言了，这并不仅仅是从这门语言本身来说的，也包括与 Java 相关的一些概念，如 JDK、J2EE、J2ME、JavaEE、JVM 等，恐怕很多搞 Java 的程序员都很难分辨清楚。还有新出现的语言，如 groove、scale 等，它们到底和 Java 有什么关系，这些貌似不是 Java 的程序为什么也能运行在 JVM 中，Java 和 JVM 又有什么关系呢？

我们知道 Java 语言有 Java 语言规范，这个规范详细描述了 Java 语言有哪些词法和语法，而 Java 虚拟机也有 Java 虚拟机规范，Java 虚拟机规范和 Java 语言规范不是一回事，它们都有自己的词法和语法解析规则，而且它们的解析规则也是不同的。那么如何才能让 Java 的语法规则适应 Java 虚拟机的语法规则呢？这个任务就由 Javac 编译器来完成。它的任务就是将 Java 语言规范转化成 Java 虚拟机语言规范，完成"翻译"工作。

本章将详细介绍 Javac 是如何将 Java 的源代码转化为 class 字节码的。你将了解到：Javac 的语法树结构；Javac 的工作流程详细讲解，包括词法分析、语法分析、符号表的构建、annotation 处理、标注和语法检查、数据流分析、类型转化、语法等；在 Java 中如何实现内部类，以及如何实现对异常的处埋；Javac 与其他编译器的比较等。

4.1 Javac 是什么

Javac 是一种编译器，能将一种语言规范转化成另外一种语言规范。通常编译器都是将便于人理解的语言规范转化成机器容易理解的语言规范，如 C、C++或者汇编语言都是将源码直接编译成目标机器码，这个目标机器码是 CPU 直接执行的指令集合。这些指令集合也就是底层的一种语言规范，机器能够直接识别这种语言规范，但是人不可能直接去写目标机器码。虽然这种机器码执行起来非常高效，但是对人太不友好了，开发这个代码的成本往往远高于省下的机器的执行成本，所以才有了编译器的出现，有了编译器才有可能出现了这么多的高级编程语言。

从某种意义上来说，有了编译器才有了程序语言的繁荣，因为编译器是人类和机器沟通的一个纽带。那么回过头来，Javac 的编译器也是将 Java 这种对人非常友好的编程语言编译成对所有机器都非常友好的语言。注意这种语言不是针对某个机器的，甚至包括不同种类、不同平台的机器。如何消除不同种类、不同平台机器之间的差别，这个任务就由 JVM 来完成，而 Javac 的任务就是将 Java 源代码语言先转化成 JVM 能够识别的一种语言，然后由 JVM 将 JVM 语言再转化成当前这个机器能够识别的机器语言。

所以这样看来，Java 语言向开发者屏蔽了很多与目标机器相关的细节，使得 Java 语言的执行和平台无关，这也成就了 Java 语言的繁荣。

如图 4-1 所示，Javac 的任务就是将 Java 源码编译成 Java 字节码，也就是 JVM 能够识别的二进制码。从表面上看就是上面的部分将.java 文件转成.class 文件，而实际上是将 Java 的源代码转化成一连串二进制数字，这些二进制数字是有格式的，只有 JVM 能够正确识别它们到底表达了什么意思。

4.2 Javac 编译器的基本结构

Javac 编译器的作用就是将符合 Java 语言规范的源代码转化成符合 Java 虚拟机规范的 Java 字节码，而如何实现这个转换过程，需要哪些模块，正是本节要回答的问题。

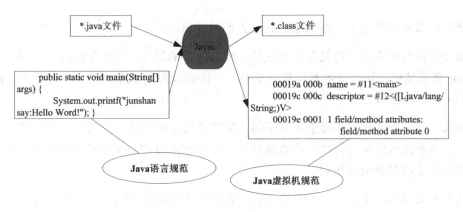

图 4-1 Javac 功能

要搞清楚 Javac 编译器有哪些工作模块或者基本结构，首先必须知道一个编译器要完成一个语言规范到另一种语言规范的转化需要哪些步骤，如何完成这些步骤，也就是这个编译器的基本结构是什么。现在回到一个编译器要完成哪些主要步骤的问题上，回答这个问题恐怕要回忆起大学时所学的编译原理这门课程了。我们回忆一下，如何才能编译程序呢？

首先，要读取源代码，一个字节一节地读进来，找出在这些字节中有哪些是我们定义的语法关键词，如 Java 中的 if、else、for、while 等关键词；要识别哪些 if 是合法的关键词，哪些不是，这个步骤就是词法分析过程。

词法分析的结果就是从源代码中找出一些规范化的 Token 流，就像在人类语言中，给你一句话，你要能分辨出其中哪些是词语，哪些是标点符号，哪些是动词，哪些是名词等。

接着，就是对这些 Token 流进行语法分析了，这一步就是检查这些关键词组合在一起是不是符合 Java 语言规范，如在 if 的后面是不是紧跟着一个布尔判断表达式。就像在人类语言中是不是有主谓宾，主谓宾结合得是否正确，语法是否正确。

语法分析的结果就是形成一个符合 Java 语言规范的抽象语法树。抽象语法树是一个结构化的语法表达形式，它的作用是把语言的主要词法用一个结构化的形式组织在一起，就像我们大学中所学的离散数学，用数字的形式来表达非数字但又有复杂关系的物质世界。对这棵语法树我们可以在后面按照新的规则再重新组织，这也是编译器的关键所在。

接下来是语义分析，虽然在上面一步中语法分析已经完成，也就是不存语法问题了，但是语义是不是正确呢？语义分析的主要工作是把一些难懂的、复杂的语法转化成更加简单的语法，将这个步骤对应到我们人类的语言中，就是将难懂的文言文转化成大家都能懂的白话文，或者注解一下一些成语，便于人们更好地理解。

语义分析的结果就是将复杂的语法转化成最简单的语法，对应到 Java 中，如将 foreach 转成 for 循环结构，还有注解等，最后形成一个注解过后的抽象语法树，这棵语法树更接近目标语言的语法规则。

最后，通过字节码生成器生成字节码，根据经过注解的抽象语法树生成字节码，也就是将一个数据结构转化为另外一个数据结构，就像将所有的中文词语翻译成英文单词后，按照英文语法组装成英文语句。

代码生成器的结果就是生成符合 Java 虚拟机规范的字节码了。在这个过程中需要的组件可以用图 4-2 来表示。

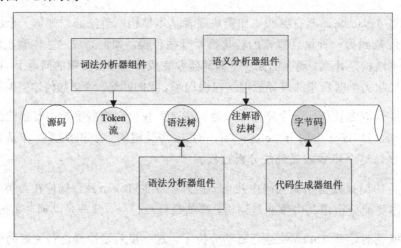

图 4-2　Javac 组件

Javac 的各个模块完成了将 Java 源代码转化成 Java 字节码的任务，所以 Javac 主要就有 4 个模块，分别是词法分析器、语法分析器、语义分析器和代码生成器，后面将详细分析这个 4 个模块是如何将源码转变成字节码的。

4.3　Javac 工作原理分析

前面分析了 Javac 的一些基本概念和 Javac 到底能完成什么工作，本节将详细分析从 Java 的源文件一步步地转化成 class 文件的过程。

4.3.1　词法分析器

先以一个简单的 Java 类来看看 Javac 是如何进行词法分析的。在这个类中只定义了 3 个 int 型变量，其中第 3 个是一个多元加法表达式，代码如下所示：

```
package compile;

/**
 * Cifa
 * <p/>
 * Author By: xulingbo
 * Created Date: 2012-1-8 15:47:43
 */
public class Cifa {
    int a;
    int c = a + 1;
}
```

我们利用 Javac 编译器来编译这个类，看看 Javac 都进行了哪些操作。要获取 Javac 编译器，可以通过 OpenJDK 来下载源码，你可以自己编译 Javac 的源码，也可以直接调用 JDK 的 com.sun.tools.javac.main.Main 类来手动编译指定的类。

我们调用 com.sun.tools.javac.main.Main 的 compile(String[])方法来编译 Cifa 这个类：

```
public static int compile(String[] args) {
    com.sun.tools.javac.main.Main compiler =
        new com.sun.tools.javac.main.Main("javac");
    return compiler.compile(args);
}
```

在分析 Javac 如何编译这个类之前，先看一下 Javac 关于词法分析器的类结构。Javac 的主要词法分析器的接口类是 com.sun.tools.javac.parser.Lexer，它的默认实现类是 com.sun.tools.javac.parser. Scanner，Scanner 会逐个读取 Java 源文件的单个字符，然后解析出符合 Java 语言规范的 Token 序列，其所涉及的类如图 4-3 所示。

可以看出，由两个 Factory 生成了两个接口的实现类 Scanner 和 JavacParser。这两个类负责整个词法分析的过程控制。JavacParser 规定了哪些词是符合 Java 语言规范规定的，而具体读取和归类不同词法的操作由 Scanner 完成。Token 规定了所有 Java 语言的合法关键词，Names 用来存储和表示解析后的词法。

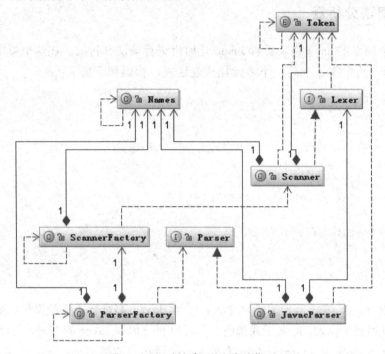

图 4-3　词法分析器设计的类图

　　词法分析过程是在 JavacParser 的 parseCompilationUnit 方法中完成的，这个方法的代码如下：

```
public JCTree.JCCompilationUnit parseCompilationUnit() {
    int pos = S.pos();
    JCExpression pid = null;
    String dc = S.docComment();
    JCModifiers mods = null;
    List<JCAnnotation> packageAnnotations = List.nil();
    if (S.token() == MONKEYS_AT)
        mods = modifiersOpt();//解析修饰符
    if (S.token() == PACKAGE) {//解析 package 声明
        if (mods != null) {
            checkNoMods(mods.flags);
            packageAnnotations = mods.annotations;
            mods = null;
```

```
            }
            S.nextToken();
            pid = qualident();
        accept(SEMI);
    }
        ListBuffer<JCTree> defs = new ListBuffer<JCTree>();
        boolean checkForImports = true;
        while (S.token() != EOF) {
            if (S.pos() <= errorEndPos) {
                //跳过错误字符
                skip(checkForImports, false, false, false);
                if (S.token() == EOF)
                    break;
            }
            if (checkForImports && mods == null && S.token() == IMPORT) {
                defs.append(importDeclaration());//解析 import 声明
            } else {//解析 class 类主体
                JCTree def = typeDeclaration(mods);
                if (keepDocComments && dc != null && docComments.get(def)
== dc) {
                    //如果在前面的类型声明中已经解析过了，那么在 top level 中将不
                    //再重复解析
                    dc = null;
                }
                if (def instanceof JCExpressionStatement)
                    def = ((JCExpressionStatement)def).expr;
                defs.append(def);
                if (def instanceof JCClassDecl)
                    checkForImports = false;
                mods = null;
            }
        }
        JCTree.JCCompilationUnit    toplevel    =    F.at(pos).TopLevel
(packageAnnotations, pid, defs.toList());
        attach(toplevel, dc);
        if (defs.elems.isEmpty())
            storeEnd(toplevel, S.prevEndPos());
        if (keepDocComments)
            toplevel.docComments = docComments;
        if (keepLineMap)
```

```
        toplevel.lineMap = S.getLineMap();
    return toplevel;
}
```

从这段代码中可以看出 Javac 分析词法的原貌，从源文件的一个字符开始，按照 Java 语法规范依次找出 package、import、类定义，以及属性和方法定义等，最后构建一个抽象语法树。

词法分析器的分析结果就是将这个类中的所有关键词匹配到 Token 类的所有项中的任何一项，如上面的类的匹配结果为：第一个 Token 是 Token.PACKAGE，接着是一个 Token.IDENTIFIER，后面是 Token.SEMI，再后面是类的修饰符 Token.PUBLIC，然后是类关键词 Token.CLASS，后面是类名 Token.IDENTIFIER，接着就是 Token.LBRACE；再然后就是类的属性定义了，变量类型是 Token.INT，变量名是 Token.IDENTIFIER，后面跟着 Token.SEMI；最后是类结束符 Token.RBRACE。

这个类对应的 Token 流如图 4-4 所示。

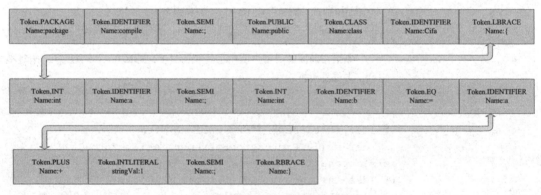

图 4-4　Token 流

在上面的 Token 流中，除了在 Java 语言规范中定义的保留关键词，还有一个特殊的词 Token. IDENTIFIER，这个 Token 用于表示用户定义的名称，如类名、包名、变量名、方法名等。

还有两个关键点是：Javac 是如何分辨这一个个 Token 的呢？例如，它怎么知道 package 就是一个 Token.PACKAGE，而不是用户自定义的 Token.IDENTIFIER 的名称呢？另外一个问题是，Javac 是如何分辨一个 Token 的，如 compile 这个词就是一个 Token，为什么不是 com 或者 comp 等，也就是 Javac 是如何知道哪些字符组合在一起就是一个 Token 的呢？

它如何从一个字符流中划分出 Token 来？这些问题都是词法分析器不得不解决的问题。

第一个问题的答案是这样的：Javac 在进行词法分析时会由 JavacParser 根据 Java 语言规范来控制什么顺序、什么地方应该出现什么 Token，下面以 Java 源码的 package 关键词为例来说明词法分析器是如何解析上例中的前三个词法的。

我们回到 JavacParser 的源码，在创建 JavacParser 对象的构造函数时，Scanner 会读取第一个 Token，而这个 Token 就是 Token.PACKAGE，至于这个 Token 是怎么分辨出来的，将在第二个问题中回答。前面说了词法分析的整个过程是在 JavacParser 的 parseCompilation Unit 方法中完成的，我们再接着看看这个方法的第 9 行代码。这里是在判断当前的 Token 是不是 Token.PACKAGE，如果是的话，就会进去读取整个 package 的定义，我们再跟进去看看它是如何解析的。接着又会读取下一个 Token，而这个 Token 就是第二个 Token. IDENTIFIER，然后调用 qualident 方法，这个方法的源码如下：

```
public JCExpression qualident() {
    JCExpression t = toP(F.at(S.pos()).Ident(ident()));
    while (S.token() == DOT) {
        int pos = S.pos();
        S.nextToken();
        t = toP(F.at(pos).Select(t, ident()));
    }
    return t;
}
```

这段代码的第一行是根据 Token. IDENTIFIER 的 Token 构建一个 JCIdent 的语法节点，然后去取下一个 Token，判断这个 Token 是否是 Token.DOT。如果是的话，则进入 while 循环，在这个 while 循环中会读取整个 package 定义的类路径名称。从这个 while 循环可以看出其流程为：先读取第一个 Token，然后判断下一个 Token 是不是一个 "."，如果是的话再读取下一个 Token. IDENTIFIER 类型的 Token，反复该过程直到读取完成，这个 package 的最后一行代码是 accept(SEMI)。其判断下一个 Token 是不是一个 Token. SEMI，这样整个 "package compile;" 代码就解析完成了。所以 Javac 解析 package 语法的 Token 顺序规则如图 4-5 所示。

可以看出，读取哪个 Token 是由 JavacParser 类规定的，Token 流的顺序要符合 Java 语言规范。如 package 这个关键词的后面必然要跟着用户定义的变量表示符，在每个变量表示符之间必须用 "." 分隔，结束时必须跟一个 ";"。

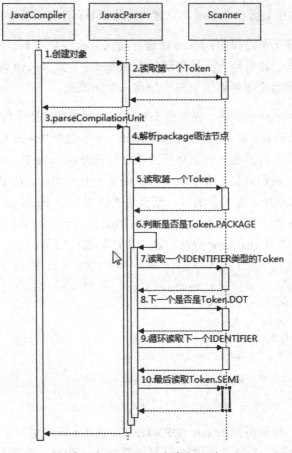

图 4-5 Package 的读取规则

明白了 Token 流的顺序规则，再来看看前面提到的第二个问题的答案。在回答第一个问题时提到每次会读取下一个 Token，而下一个 Token 刚好就是我们需要的一个关键词，这是为什么呢？再仔细想想，我们在写 Java 代码时都有哪些规则？package 语法、import 语法、类定义、field 定义、method 定义、变量定义、表达式定义等，主要也就这些语法规则，而这些规则除了一些 Java 语法规定的关键词就是用户自定义的变量名称了。自定义变量名称包括包名、类名、变量名、方法名，关键词和自定义变量名称之间用空格隔开，每个语法表达式用分号结束。而如何判断哪些字符组合是一个 Token 的规则是在 Scanner 的 nextToken 方法中定义的，每调用一次这个方法就会构造一个 Token，而这些 Token 必然是 com.sun.tools.javac.parser.Token 中的任何元素之一。

你可能已经注意到，实际上在读取每个 Token 时都需要一个转换过程，如在 package 中的"compile"包名要转换成 Token. IDENTIFIER 类型，在 Java 源码中的所有字符集合都要找到在 com.sun.tools.javac.parser.Token 中定义的对应关系，这个任务是在 com.sun.tools. javac.parser. Keywords 类中完成的，Keywords 负责将所有字符集合对应到 Token 集合中。

字符集合到 Token 转换相关的类关系图如图 4-6 所示。

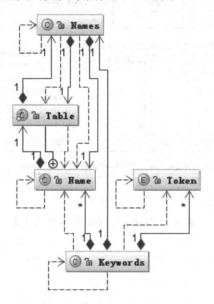

图 4-6　相关的类关系图

每个字符集合都会是一个 Name 对象，所有的 Name 对象都存储在 Name.Table 这个内部类中，这个类也就是对应的这个类的符号表。而 Keyworks 会将在 Token 中所有的元素按照它们的 Token.name 先转化成 Name 对象，然后建立 Name 对象和 Token 的对应关系，这个关系保存在 Keyworks 类的 key 数组中，这个 key 数组只保存了在 com.sun.tools.javac. parser.Token 类中定义的所有 Token 到 Name 对象的关系，而其他的所有字符集合 Keyworks 都会将它对应到 Token. IDENTIFIER 类型，如 key 方法定义的那样：

```
public Token key(Name name) {
        return (name.getIndex() > maxKey) ? IDENTIFIER : key[name.getIndex()];
}
```

其中 maxKey 的值是在这个 Token 中最后一个 Token 对应的 Name 在 Name.Table 表中

的起始位置。而 Name.Table 表的前面几个显然都是在 com.sun.tools.javac.parser.Token 类中定义的符号。不在 com.sun.tools.javac.parser.Token 中的 Name 对象数肯定大于这个 maxKey，所以默认的都是 Token. IDENTIFIER。

字符集合转成 Name 对象，Name 对象对应到 Token 的转换关系如图 4-7 所示。

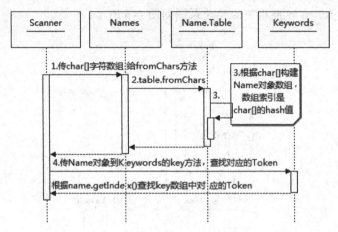

图 4-7　Name 与 Token 的对应关系

4.3.2　语法分析器

前面分析了词法的分析过程，词法分析器的作用就是将 Java 源文件的字符流转变成对应的 Token 流。而语法分析器是将词法分析器分析的 Token 流组建成更加结构化的语法树，也就是将一个个单词组装成一句话，一个完整的语句。哪些词语组合在一起是主语、哪些是谓语、哪些是宾语、哪些是定语等，要做进一步区分。

Javac 的语法树使得 Java 源码更加结构化，这种结构化可以为后面的进一步处理提供方便。每个语法树上的节点都是 com.sun.tools.javac.tree.JCTree 的一个实例，关于语法树有如下规则。

◎　每个语法节点都会实现一个接口 xxxTree，这个接口又继承自 com.sun.source.tree. Tree 接口，如 IfTree 语法节点表示一个 if 类型的表达式，BinaryTree 语法节点代表一个二元操作表达式等。

◎　每个语法节点都是 com.sun.tools.javac.tree.JCTree 的子类，并且会实现第一节点

中的 xxxTree 接口类，这个类的名称类似于 JCxxx，如实现 IfTree 接口的实现类
为 JCIf，实现 BinaryTree 接口的类为 JCBinary 等。

◎　所有的 JCxxx 类都作为一个静态内部类定义在 JCTree 类中。

JCxxx 与 xxxTree 的类关系图如图 4-8 所示。

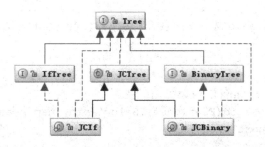

图 4-8　JCxxx 与 xxxTree 的类关系图

JCTree 类中有如下 3 个重要的属性项。

◎　Tree tag：每个语法节点都会用一个整形常数表示，并且每个节点类型的数值是在
　　前一个的基础上加 1。顶层节点 TOPLEVEL 是 1，而 IMPORT 节点等于 TOPLEVEL
　　加 1，等于 2。

◎　pos：也是一个整数，它存储的是这个语法节点在源代码中的起始位置，一个文
　　件的位置是 0，而-1 表示不存在。

◎　type：它表示的是这个节点是什么 Java 类型，如是 int、float 还是 String。

在 package 的词法分析过程中 while 循环前有一行代码：

```
JCExpression t = toP(F.at(S.pos()).Ident(ident()));
```

这行代码就调用 TreeMaker 类，根据 Name 对象构建了一个 JCIdent 语法节点，如果包名
是多级目录，将构建成 JCFieldAccess 语法节点，JCFieldAccess 节点可以是嵌套关系。

Package 节点解析完成后进入 while 循环，首先解析 importDeclaration，解析规则与
package 的类似：首先检查 Token 是不是 Token.IMPORT，如果是，用 import 的语法规则
来解析 import 节点，最后构造一个 import 语法树。构造 import 语法树的代码如下：

```
JCTree importDeclaration() {
    int pos = S.pos();
```

```
        S.nextToken();
        boolean importStatic = false;
        if (S.token() == STATIC) {
            checkStaticImports();
            importStatic = true;
            S.nextToken();
        }
        JCExpression pid = toP(F.at(S.pos()).Ident(ident()));
        do {
            int pos1 = S.pos();
            accept(DOT);
            if (S.token() == STAR) {
                pid = to(F.at(pos1).Select(pid, names.asterisk));
                S.nextToken();
                break;
            } else {
                pid = toP(F.at(pos1).Select(pid, ident()));
            }
        } while (S.token() == DOT);
        accept(SEMI);
        return toP(F.at(pos).Import(pid, importStatic));
    }
```

第四行检查是不是有 static 关键字。如果有，设置标识表示这个 import 语句是一个静态类引入，然后解析第一个类路径。如果是多级目录，则继续读取下一个 Token，并构造为 JCFieldAccess 节点，这个节点同样也是嵌套节点。如果最后一个 Token 是 "*"，则设置这个 JCFieldAccess 的 Token 名称为 asterisk。当这个 import 的语句解析完成后读取一个 ";"，表示一个完整的 import 语句解析完成。最后将这个解析的语法节点作为子节点构造在新创建的 JCImport 节点中。整个 JCImport 节点的语法树如图 4-9 所示。

Import 节点解析完成后就是类的解析了，类包括 interface、class、enum，下面以 class 为例来介绍 class 是如何解析成一棵语法树的。

下面是 class 解析的源码：

```
JCClassDecl classDeclaration(JCModifiers mods, String dc) {
    int pos = S.pos();
    accept(CLASS);
    Name name = ident();
```

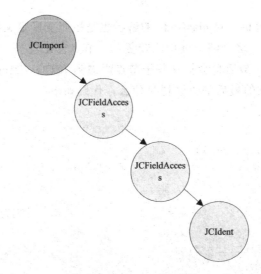

图 4-9　JCImport 语法树

```
List<JCTypeParameter> typarams = typeParametersOpt();

JCTree extending = null;
if (S.token() == EXTENDS) {
    S.nextToken();
    extending = parseType();
}
List<JCExpression> implementing = List.nil();
if (S.token() == IMPLEMENTS) {
    S.nextToken();
    implementing = typeList();
}
List<JCTree> defs = classOrInterfaceBody(name, false);
JCClassDecl result = toP(F.at(pos).ClassDef(
    mods, name, typarams, extending, implementing, defs));
attach(result, dc);
return result;
}
```

　　第 一 个 Token 是 Token.CLASS 这个类的关键词，接下来是一个用户自定义的
Token.IDENTIFIER，这个 Token 也就是类名。然后是这个类的类型可选参数，将这个参数解析
成 JCTypeParameter 语法节点，下一个 Token 是 Token.EXTENDS 或者 Token.IMPLEMENTS。

然后是对 classBody 的解析，对 clasBody 的解析也是按照变量定义解析、方法定义解析和内部类定义解析进行的。这个解析过程比较复杂，节点也比较多。整个 classBody 解析的结果保存在 list 集合中。最后将会把这些子节点添加到 JCClassDecl 这棵 class 树中。下面以 Yufa 类为例，看看它的最后的语法树是什么，代码如下：

```
public class Yufa {
    int a;
    private int c = a + 1;

    public int getC() {
        return c;
    }

    public void setC(int c) {
        this.c = c;
    }
}
```

这段代码对应的语法树如图 4-10 所示。

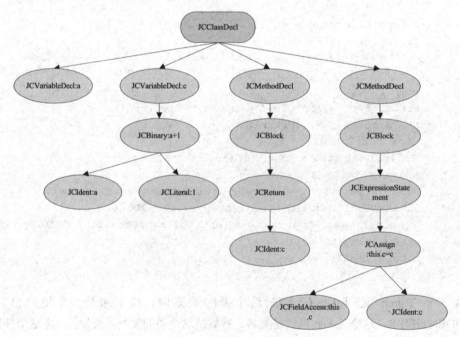

图 4-10　Yufa 类对应的语法树

在上面的语法树中去掉了一些节点类型，如 JCVariableDecl 节点、对应的变量定义修饰符 JCModifiers、变量的类型定义 JCPrimitiveTypeTree 等。同样，JCMethodDecl 节点也有一些被省略了，如方法的访问修饰符 JCModifiers、方法的返回类型 JCPrimitiveTypeTree 和方法的参数 JCVariableDecl 等。

当这个类解析完成后，会接着将这个类节点加到这个类对应的包路径的顶层节点中，这个顶层节点是 JCCompilationUnit。JCCompilationUnit 持有以 package 作为 pid 和 JCClassDecl 的集合，这样整个 xxx.java 的文件就被解析完成了，这棵完整的语法树如图 4-11 所示。

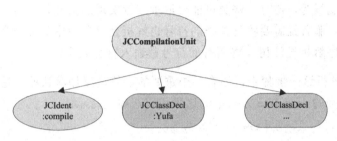

图 4-11　Yufa.java 对应的语法树

关于语法分析器还有一点要说明的是，所有语法节点的生成都是在 TreeMaker 类中完成的，TreeMaker 实现了在 JCTree.Factory 接口中定义的所有节点的构成方法，通过该类你也能够发现在 Java 中到底有多少种语法节点。

4.3.3　语义分析器

前面介绍了将一个 Java 源文件先解析成一个个的 Token 流，再经过语法分析器将 Token 流解析成更加结构化、可操作的一棵语法树，但是这棵语法树太粗糙了，离我们的目标 Java 字节码的产生还有点差距。我们必须要在这棵语法树的基础上再做一些处理，如给类添加默认的构造函数，检查变量在使用前是否已经初始化，将一些常量进行合并处理，检查操作变量类型是否匹配，检查所有的操作语句是否可达，检查 checked exception 异常是否已经捕获或抛出，解除 Java 的语法糖，等等。当所有这些操作完成后就可以按照这棵完整的语法树生成我们想要的 Java 字节码了。如何生成字节码将在 4.3.4 节中介绍，我们先看看语义分析器是如何帮我们完成上面提到的这些操作的。

将在 Java 类中的符号输入到符号表中主要由 com.sun.tools.javac.comp.Enter 类来完成，

这个类主要完成以下两个步骤。

（1）将在所有类中出现的符号输入到类自身的符号表中，所有类符号、类的参数类型符号（泛型参数类型）、超类符号和继承的接口类型符号等都存储到一个未处理的列表中。

（2）将这个未处理列表中所有的类都解析到各自的类符号列表中，这个操作是在 MemberEnter.complete()中完成的。

其实对分成这两个处理步骤很好理解。首先在一个类中除了类本身会定义一些符号变量如类名称、变量名称和方法名称等，还有一些符号是引用其他类的，这些符号会调用其他类的方法或者变量等，还有一些类可能会继承或者实现超类和接口等。这些符号都是在其他类中定义的，那么就需要将这些类的符号也解析到符号表中。第二个步骤自然就是按照递归向下的顺序解析语法树，将所有的符号都输入符号表中。

在 Enter 类解析这一步骤中，还有一个重要的步骤是添加默认的构造函数，来看一下在 MemberEnter 类的 complete 方法中的这段代码，如下所示：

```
if ((c.flags() & INTERFACE) == 0 &&
            !TreeInfo.hasConstructors(tree.defs)) {
        List<Type> argtypes = List.nil();
        List<Type> typarams = List.nil();
        List<Type> thrown = List.nil();
        long ctorFlags = 0;
        boolean based = false;
        if (c.name.isEmpty()) {
            JCNewClass nc = (JCNewClass)env.next.tree;
            if (nc.constructor != null) {
                Type superConstrType = types.memberType(c.type,
                                                nc.constructor);
                argtypes = superConstrType.getParameterTypes();
                typarams = superConstrType.getTypeArguments();
                ctorFlags = nc.constructor.flags() & VARARGS;
                if (nc.encl != null) {
                    argtypes = argtypes.prepend(nc.encl.type);
                    based = true;
                }
                thrown = superConstrType.getThrownTypes();
            }
        }
```

```
        JCTree constrDef = DefaultConstructor(make.at(tree.pos), c,
                                          typarams, argtypes, thrown,
                                          ctorFlags, based);
        tree.defs = tree.defs.prepend(constrDef);
    }
```

这段代码将会创建一个默认的结构体，创建一个 **MethodDef** 语法节点，如前面介绍的 **Yufa.java**，经过 **Enter** 类解析后 Yufa.java 的源码会变成如下所示的样子：

```
package compile;

public class Yufa {

    public Yufa() {
        super();
    }
    int a;
    private int c = a + 1;

    public int getC() {
        int f = 0;
        return c;
    }

    public void setC(int c) {
        this.c = c;
    }
}
```

其中增加了一个 Yufa() 的构造函数。

下一个步骤是处理 annotation（注解），这个步骤是由 com.sun.tools.javac.processing. JavacProcessingEnvironment 类完成的。

再接下来是 com.sun.tools.javac.comp.Attr（标注），这个步骤最重要的是检查语义的合法性并进行逻辑判断，如以下几点。

◎　变量的类型是否匹配。

◎　变量在使用前是否已经初始化。

◎ 能够推导出泛型方法的参数类型。

◎ 字符串常量的合并。

在这个步骤中除 Attr 之外还需要另外一些类来协助，如下所述。

◎ com.sun.tools.javac.comp.Check，辅助 Attr 类检查语法树中的变量类型是否正确，如二元操作符两边的操作数的类型是否匹配，方法返回的类型是否与接收的引用值类型匹配等。

◎ com.sun.tools.javac.comp. Resolve，主要检查变量、方法或者类的访问是否合法、变量是否是静态变量、变量是否已经初始化等。

◎ com.sun.tools.javac.comp.ConstFold，常量折叠，这里主要针对字符串常量，会将一个字符串常量中的多个字符串合并成一个字符串。

◎ com.sun.tools.javac.comp.Infer，帮助推导泛型方法的参数类型等。

举一个常量折叠的例子。在下面这个类中定义了一个字符串常量 s，该常量由多个字符串组成：

```
public class Yufa {
    int a=0;
    private int c = a + 1;
    private int d = 1 + 1;
    private String s = "hello" + "word";
}
```

经过 Attr 解析后这个源代码会变成如下所示：

```
public class Yufa {

    public Yufa() {
        super();
    }
    int a = 0;
    private int c = a + 1;
    private int d = 1 + 1;
    private String s = "helloword";
}
```

字符串 s 由两个"hello"和"word"字符串合并成一个字符串"helloword"，所以在写代码时如果有字符串常量，不必担心多个字符串通过加号连接会产生多个字符串对象的问题，应用 Javac 在做编译时已经对这些字符串进行了合并操作，并做了优化处理。

标注完成后由 com.sun.tools.javac.comp.Flow 类完成数据流分析，数据流分析主要完成如下工作。

◎ 检查变量在使用前是否都已经被正确赋值。除了 Java 中的原始类型，如 int、long、byte、double、char、float，都会有默认的初始化值，其他像 String 类型和对象的引用都必须在使用前先赋值。

◎ 保证 final 修饰的变量不会被重复赋值。经过 final 修饰的变量只能赋一次值，重复赋值会在这一步编译时报错，如果这个变量是静态变量，则在定义时就必须对其赋值。

◎ 要确定方法的返回值类型。这里需要检查方法的返回值类型是否确定，并检查接受这个方法返回值的引用类型是否匹配，如果没有返回值，则不能有任何引用类型指向方法的这个返回值。

◎ 所有的 Checked Exception 都要捕获或者向上抛出。例如，我们使用 FileInputStream 读取一个文件时，必须捕获可能抛出的 FileNotFondException 异常，或者直接向上层方法抛出这个异常。

◎ 所有的语句都要被执行到。这里会检查是否有语句出现在一个 return 方法的后面，因为在 return 方法后面的语句永远也不会被执行到。

语义分析的最后一个步骤是执行 com.sun.tools.javac.comp.Flow，这是在进一步对语法树进行语义分析，如消除一些无用的代码；去除永不真的条件判断；解除一些语法糖，如将 foreach 这种语法解析成标准的 for 循环形式；int 和 Integer、long 和 Long、char 和 Char 等类型的自动类型转换操作。总结如下。

◎ 去掉无用的代码，只有永假的 if 代码块。

◎ 变量的自动转换，如将 int 自动包装成 Integer 类型或者相反的操作等。

◎ 去除语法糖，将 foreach 的形式转化成更简单的 for 循环形式。

下面举一些具体的例子进行说明。

去掉无用的永假的代码，源代码如下：

```
public class Yuyi {
    public static void main(String[] args) {
        if (false) {
            System.out.println("if");
        } else {
            System.out.println("esle");
        }
    }
}
```

经过 Flow 后就变成了如下代码：

```
public class Yuyi {

    public Yuyi() {
        super();
    }

    public static void main(String[] args) {
        {
            System.out.println("esle");
        }
    }
}
```

Flow 后的代码把永假的 if 代码块去掉了，只保留了 else 代码块，但是 else 代码块的"{}"并没有去掉。如果 if 的判断条件是 true，那么 else 的代码块就是永假了，就会去掉 else 的代码块，解析后的代码如下所示：

```
public class Yuyi {

    public Yuyi() {
        super();
    }

    public static void main(String[] args) {
        {
            System.out.println("if");
        }
    }
}
```

同样也会把 if 和 else 的代码块去掉，只保留 if 的代码块。

变量的自动转换如下面的代码所示：

```
public class Yuyi {
    public static void main(String[] args) {
        Integer i = 1;
        Long l = i + 2L;
        System.out.println(l);
    }
}
```

经过自动转化后的代码如下所示：

```
public class Yuyi {

    public Yuyi() {
        super();
    }

    public static void main(String[] args) {
        Integer i = Integer.valueOf(1);
        Long l = Long.valueOf(i.intValue() + 2L);
        System.out.println(l);
    }
}
```

在转化后将 int 的 "1" 转化成 Integer.valueOf 的形式，而 Long 的格式也类似，除自动将 int 和 Integer 进行转化外，还通过 intValue 方法将 Integer 转化为 int 的格式。

下面再看看将 foreach 转化成 for 循环的例子，源代码如下所示：

```
public class Yuyi {
    public static void main(String[] args) {
        int[] array = {1, 2, 3};
        for (int i : array) {
            System.out.println(i);
        }
    }
}
```

解除语法糖后的代码如下所示：

```
public class Yuyi {
```

```
    public Yuyi() {
        super();
    }

    public static void main(String[] args) {
        int[] array = {1, 2, 3};
        for (int[] arr$ = array, len$ = arr$.length, i$ = 0; i$ < len$; ++i$) {
            int i = arr$[i$];
            {
                System.out.println(i);
            }
        }
    }
}
```

从上面的代码可以看出，共创建了 3 个内部变量 arr$、len$ 和 i$，而变量 i 是通过 arr$ 来赋值的。那么这个数值如果是 List 形式，那又是如何转化的呢？代码如下：

```
public class Yuyi {
    public static void main(String[] args) {
        List<Integer> array = Arrays.asList(1, 2, 3);
        for (Integer i : array) {
            System.out.println(i);
        }
    }
}
```

这时转化成的 for 循环会被解析成如下格式：

```
public class Yuyi {

    public Yuyi() {
        super();
    }

    public static void main(String[] args) {
        List array = Arrays.asList(new Integer[]{Integer.valueOf(1), Integer.
valueOf(2), Integer.valueOf(3)});
        for (.java.util.Iterator i$ = array.iterator(); i$.hasNext(); ) {
            Integer i = (Integer)i$.next();
            {
```

```
            System.out.println(i);
        }
    }
}
```

List 集合被转化成 Iterator 的方式，顺序取出所有元素并赋给 i 变量。

再看一个断言（assert）解析的例子，代码如下：

```
public class Yuyi {
    public static void main(String[] args) {
        String s = "string";
        assert s != null;
    }
}
```

解析后会变成如下代码：

```
public class Yuyi {
    /*synthetic*/ static final boolean $assertionsDisabled = !Yuyi.class.
desiredAssertionStatus();

    public Yuyi() {
        super();
    }

    public static void main(String[] args) {
        String s = "string";
        if (!$assertionsDisabled && !(s != null)) throw new AssertionError();
    }
}
```

Assert 语法会被转化成一个 if 判断的形式，这个形式是更加简化的 Java 语法格式。

还有内部类是如何解析的呢？代码如下：

```
public class Yuyi {
    public void main(String[] args) {
        Inner inner = new Inner();
        inner.print();
    }
    class Inner{
```

```
        public void print(){
            System.out.println("Yuyi$inner.print");
        }
    }
}
```

在这段代码中定义了一个内部类 Inner，在一个 main 方法里创建这个类的对象，并调用它的一个方法。转化后的代码如下所示：

```
public class Yuyi {

    public Yuyi() {
        super();
    }

    public void main(String[] args) {
        Yuyi$Inner inner = new Yuyi$Inner(this);
        inner.print();
    }
    {
    }
}
```

Inner 类名称被转化成 Yuyi$Inner，并将 this 对象传给了 Yuyi$Inner 类，而 Inner 类被一个空的代码块代替了，那么这个 Inner 类被转化成了什么样子呢？代码如下：

```
class Yuyi$Inner {
    /*synthetic*/ final Yuyi this$0;

    Yuyi$Inner(/*synthetic*/ final Yuyi this$0) {
        this.this$0 = this$0;
        super();
    }

    public void print() {
        System.out.println("Yuyi$inner.print");
    }
}
```

Inner 类被重命名为 Yuyi$inner 类，创建了一个以 Yuyi 类为参数的构造函数，并且会持有 Yuyi 类的一个对象的引用。

4.3.4　代码生成器

经过语义分析器完成后的语法树已经非常完善了，接下来 Javac 会调用 com.sun.tools. javac.jvm.Gen 类遍历语法树，生成最终的 Java 字节码。

生成 Java 字节码需要经过以下两个步骤。

（1）将 Java 方法中的代码块转化成符合 JVM 语法的命令形式，JVM 的操作都是基于栈的，所有的操作都必须经过出栈和进栈来完成。

（2）按照 JVM 的文件组织格式将字节码输出到以 class 为扩展名的文件中。

生成字节码除 Gen 类之外还有两个非常重要的辅助类，如下所述。

◎　Items，这个类表示任何可寻址的操作项，包括本地变量、类实例变量或者常量池中用户自定义的常量等，这些操作项都可以作为一个单位出现在操作栈上。

◎　Code，存储生成的字节码，并提供一些能够映射操作码的方法。

下面以一个简单的例子来说明 Gen 是如何把一个表达式转化成字节码的，代码如下：

```
public class Daima {
    public static void main(String[] args) {
        int rt = add(1, 2);
    }

    public static int add(Integer a, Integer b) {
        return a + b;
    }
}
```

这段代码调用了一个函数，这个函数的作用就是将两个 int 类型的参数相加，然后将相加的结果返回给调用者，我们重点看看这个 add 方法是如何转成字节码的。

在这个方法中有一个加法表达式，我们知道 JVM 是基于栈来操作操作数的，所以要执行一个二元操作，必须先将两个操作数 a 和 b 放到操作栈，然后再利用加法操作符执行加法操作，将加法的结果放到当前栈的栈顶，最后将这个结果返回给调用者。

对这个过程可以用如下方式描述。

（1）先计算左表达式结果，将左表达式结果转化成 int 类型。

（2）将这个结果放入当前栈中。

（3）计算右表达式结果，将右表达式结果转化成 int 类型。

（4）将这个结果放入当前栈中。

（5）弹出"+"操作符。

（6）将操作结果置于当前栈栈顶。

在这 6 个步骤中每个步骤都会由对应的方法来处理，计算表达式结果用 Gen 类中的 genExpr 方法，这个方法有两个参数，分别是 JCTree 和 Type。JCTree 表示表达式对应的语法节点树，在本例中就对应一个 JCLiteral 节点；而 Type 表示这个表达式所期望的类型，在本例中期望的类型是 int 类型，int 类型对应的 type 是 Symtab.intType。另外 genExpr 方法的返回值类型是 Item，前面已经介绍了在操作栈上的所有操作单元都是 Item 对象。

将结果放入当前操作栈中可以通过 Item 的 load 方法来完成，不同类型的 Item 对应不同的 JVM 操作码，如下所述。

◎ 常量类型的 Item 对应 ImmediateItem。例如，将 int 类型的常数 1 放入操作栈中，对应的 JVM 操作码是 iconst_1；如果是将 float 类型的常数 1.0 放到操作栈中，则对应的 JVM 操作码是 fconst_1。

◎ 本地变量的 Item 对应的是 LocalItem。LocalItem 对应的操作项是方法中定义的局部变量，每个方法中的局部变量都对应 LocalItem 项，如果将这种类型的变量加载到操作栈，则对应的 JVM 操作码是 xload_y。例如，将 int 类型的本地变量 1 加载到操作栈，对应的 JVM 操作码是 iload_1。

◎ 栈中元素 StackItem。如果操作码已经在栈中，那么直接就是 StackItem，如果是 StackItem，则不需要任何 JVM 操作码。

弹出操作码这个操作是通过在 Code 中的 emitopX 方法完成的，这里的 X 分别是 0、1、2 和 4。表示的意思分别是：0 是没有操作码，1 是 1 个字节长度的操作码，2 是 2 个字节长度的操作码，4 是 4 个字节长度的操作码。对应到本例就是 code. emitop0(iadd)。

最后一个操作是将表达式的计算结果放到操作栈中，这个操作对应的是 Items 的 makeStackItem 方法。这个方法需要的一个参数是 Type，这个就是 Symtab.intType 类型。

所以，最后对应的 Javac 的方法调用顺序将如下所述：

（1）Item lhsResult = genExp(lhs,Symtab.intType)；

（2）lhsResult.load()；

（3）Item rhsResult = genExp(rhs,Symtab.intType)；

（4）rhsResult.load()；

（5）code.emitop0(iadd)；

（6）items.makeStackItem(Symtab.intType)。

在代码中 add 方法对应的语法树如图 4-12 所示。

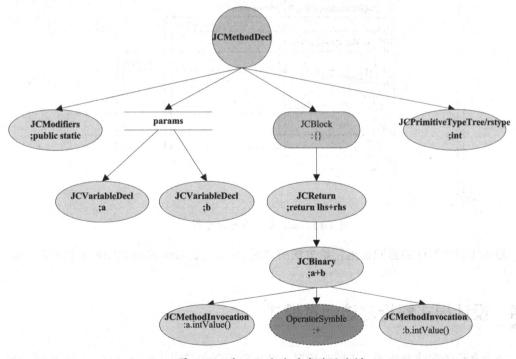

图 4-12　与 add 方法对应的语法树

Gen 会以后续遍历顺序解析这棵树，将 add 方法的方法块 JCBlock 的代码转成 JVM 语法对应的字节码，这个过程可用如图 4-13 所示的时序图说明。

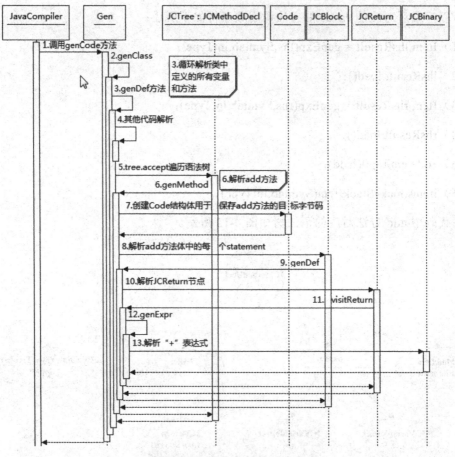

图 4-13　add 方法解析时序图

最后还要将方法的返回值返回给方法的调用者，这是由 Gen 的 callMethod 方法完成的。

4.4　设计模式解析之访问者模式

前面介绍的词法分析器、语法分析器、语义分析器和代码生成器中有多次遍历语法树的过程。然而每次遍历这棵语法树都会进行不同的处理动作，对这棵语法树也要进行进一步的处理。那么这是如何实现的呢？这实际上就是采用访问者模式设计的，每次遍历都是一次访问者的执行过程，下面详细介绍访问者模式的工作原理。

4.4.1　访问者模式的结构

访问者模式的设计初衷是为了将稳定的数据结构和对数据结构的变化多端的操作解耦，可以让设计者针对同一套数据结构自由地设计操作集合。访问者模式的结构图如图 4-14 所示。

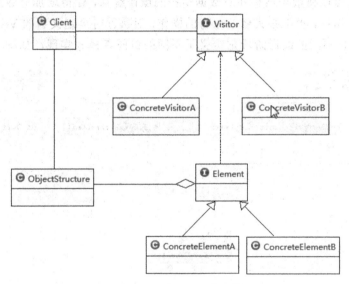

图 4-14　访问模式的结构图

访问者模式一般有抽象访问者、具体访问者、抽象节点元素、具体节点元素、结构对象和客户端几种角色，它们的具体作用如下所述。

◎　抽象访问者（Visitor）：声明所有访问者需要的接口。

◎　具体访问者（ConcreteVisitor）：实现抽象访问者声明的接口。

◎　抽象节点元素（Element）：提供一个接口，能够接受访问者作为参数传递给节点元素。

◎　具体节点元素（ConcreteElement）：实现抽象节点元素声明的接口。

◎ 结构对象（ObjectStructure）：提供一个接口，能够访问到所有的节点元素，一般作为一个集合特有节点元素的引用。

◎ 客户端（Client）：分别创建访问者和节点元素的对象，调用访问者访问变量节点元素。

4.4.2 Javac 中访问者模式的实现

访问者模式可以将数据结构和对数据结构的操作解耦，使得增加对数据结构的操作不需要去修改数据结构，也不必去修改原有的操作，而执行时再定义新的 Visitor 实现者就行了。在 Javac 中，不同的编译阶段都定义了不同的访问者模式实现，如图 4-15 所示。

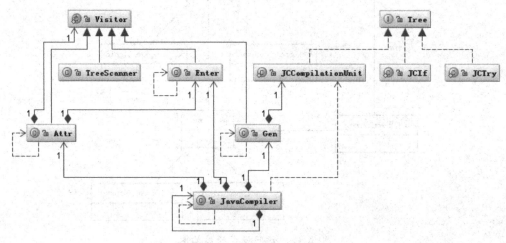

图 4-15　访问者模式的实现

Visitor 无疑是作为抽象访问者角色的，而 TreeScanner、Enter、Attr、Gen、Flow 等都是作为具体访问者角色的，每个访问者角色都定义了自己的访问规则。而 Tree 接口就是抽象节点元素，JCIf、JCTry、JCBreak、JCReturn 等都是作为具体节点元素的，它们作为一个稳定的数据结构存在。其中的 JCCompilationUnit 作为结构对象持有整个语法树，而 JavaCompiler 就是 Client 了。它同时持有 ObjectStructure 和 ConcreteElement 对象，即可以使访问者访问节点元素。

下面再看看访问者是如何访问节点元素的，为什么不同的访问者可以访问同一套数据结构，而访问者的行为却可以各自不同。图 4-16 是访问者变量语法树的时序图。

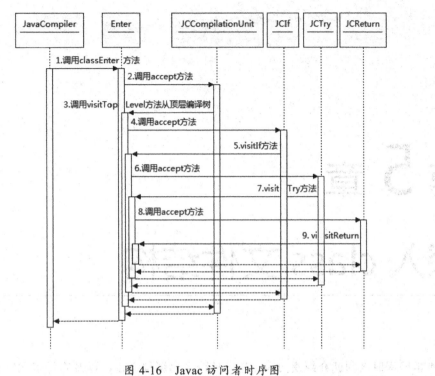

图 4-16　Javac 访问者时序图

Enter 作为一个访问者，实现了抽象访问者 Visitor 中的所有接口，但是 Enter 这个访问者具体要实现什么功能由 Enter 自己定义。遍历这棵树使用统一接口 accept，每个节点元素都实现这个 accept 接口，但是不同节点元素的 accept 的实现是不同的，以区分不同的节点元素对应不同的功能。

4.5　总结

本章介绍的东西较多，主要围绕 Javac 如何将 Java 的源代码一步步转化成目标的 class 字节码文件来展开，其中包含了编译器主要的几个处理阶段：词法分析、语法分析、语义分析和代码生成。最后介绍了 Javac 的一个核心设计模式，以及基于访问者模式来遍历语法树的过程。

第5章

深入 class 文件结构

刚学编程时老师就介绍说 Java 是一种跨平台编程语言，以及它是多么方便，当时也并不清楚为何 Java 可以跨平台使用，为什么是"一次编译到处运行"。这一章就详细介绍这个一次编译好的 class 文件到底是怎么组织的，它里面到底都含有哪些内容，以及为何它能够到处运行。

5.1 JVM 指令集简介

在分析 class 文件之前我们先要简单学习一下 Oolong 编程语言，它是一种汇编语言，是由 Jon Meyer 发明的。之所以要介绍这种汇编语言，是因为它能够帮助我们更好地理解 class 文件结构中含有的类信息，这些信息都是面向 JVM 的，也就是只有 JVM 能够认识它们。我们将 class 文件的二进制表示的结构形式先转化成能够理解的汇编语言 Oolong，可以更好地认识 class 文件中的信息。

要获得 Oolong，可以到 Oolong 的官网下载，如何使用 Oolong 这里就不介绍了，可以参考相关文档。

我们先看一段简单的 Java 语言的代码被转化成 Oolong 语言后是什么样子，以便于有个直观的认识。下面是一段简单的 Java 代码：

```
public class Message {
        public static void main(String[] args) {
            System.out.printf("junshan say:Hello Word!");
        }
}
```

这段代码只有一个 main 函数，仅仅只打印出一个简单的字符串，我们先将它编译成 class 文件，然后执行：

```
java COM.sootNsmoke.oolong.Gnoloo Message.class
```

将会在当前目录下生成一个 Message.j 文件，用记事本打开这个文件后可以看到以下内容：

```
.source Message.java
.class public Message
.super java/lang/Object


.method public <init> ()V
.limit stack 1
.limit locals 1
.line 7
l0:    aload_0
l1:    invokespecial java/lang/Object/<init> ()V
l4:    return

.end method

.method public static main ([Ljava/lang/String;)V
.limit stack 3
.limit locals 1
.line 9
l0:    getstatic java/lang/System/out Ljava/io/PrintStream;
l3:    ldc "junshan say:Hello Word!"
l5:    iconst_0
l6:    anewarray java/lang/Object
l9:    invokevirtual java/io/PrintStream/printf (Ljava/lang/String;[Ljava/lang/Object;)Ljava/io/PrintStream;
```

```
l12:     pop
.line 10
l13:     return

.end method
```

在 Oolong 的语法结构中以 "." 符号开头表示这是一个基本的属性项，它对应到 Java 中就是表示一个 Java 的基本概念，如一个类、一个方法、一个属性、一个对象或者一个接口等，这些关键词都很好让人理解。

下面我们就详细看一下在 JVM 中到底有哪些指令，这些指令有哪些作用。

5.1.1 与类相关的指令

.source Message.java 表示这个代码的源文件是 Message.java。

.class public Message 表示这是一个类且公有的类名是 Message。

.super java/lang/Object 表示这个类的父类是 Object。

类的修饰符也是与 Java 一一对应的，如表 5-1 所示。

表 5-1 类的修饰符

修　饰　符	说　　明
public	公有类
final	不可继承类
super	父类
interface	接口
abstract	抽象类

与类相关的 JVM 指令如表 5-2 所示。

表 5-2 与类相关的 JVM 指令

指　令	参　数	解　释
checkcast	class	检验类型转换，检验未通过将抛出 ClassCastException
getfield	class/field desc	获取指定类的实例域，并将其值压入栈顶

指　　令	参　数	解　　　释
getstatic	class/field desc	获取指定类的静态域，并将其值压入栈顶
instanceof	class	检验对象是否是指定的类的实例，如果是，则将 1 压入栈顶，否则将 0 压入栈顶
new	class	创建一个对象，并将其引用值压入栈顶

5.1.2　方法的定义

.method public <init> ()V 表示这是一个公有方法，没有参数，返回值类型是"V"（也就是 Void），"<init>"表示是构造函数。

下面的.method public static main ([Ljava/lang/String;]V)类似表示的是 main 方法，它的参数是一个 String 类型的数组，其中"["表示的是数组，而"L"表示的是一个类形式而不是基本数据类型（如 int、long 等），凡是"L"表示的类后面都会以"；"结尾，表示这个类的结束。如后面的 System.out.printf("junshan say:Hello Word!")方法所表示的，方法中的参数包含在圆括号之内，紧跟圆括号后面的就是这个方法的返回值类型。

方法的修饰符及说明如表 5-3 所示。

表 5-3　方法的修饰符

修　饰　符	说　　　明
public	公有方法
private	私有方法
protected	子类和包可访问的方法
static	静态方法可以通过类名直接访问
final	不可覆盖方法
synchronized	同步方法，同时只能被一个对象访问
native	本地方法
abstract	抽象方法

与方法相关的 JVM 指令如表 5-4 所示。

表5-4 与方法相关的 JVM 指令

指 令	操 作 数	解 释
invokeinterface	class/method desc n	调用接口方法
invokespecial	class/method desc	调用超类构造方法、实例初始化方法或私有方法
invokestatic	class/method desc	调用静态方法
invokevirtual	class/method desc	调用实例方法

另外，在前面的代码中还有一些操作符，如 invokespecial、getstatic、invokevirtual 等，它们的含义如表 5-5 所示。

表5-5 操作符含义

关 键 字	说 明
invokespecial	直接调用的方法
invokestatic	调用静态方法
invokevirtual	简介调用方法

5.1.3 属性的定义

各个数据类型的表示方式如表 5-6 所示。

表5-6 数据类型的表示方式

数 据 类 型	表 示 方 式
数组（如 int[]）	[（表示成[I）
类（String）	L;（表示成 Ljava/lang/String;）
byte	B
boolean	Z
char	C
double	D
float	F
int	I
long	J
short	S
void	V

另外，方法的修饰属性和 Java 的修饰也是一一对应的，如表 5-7 所示。

表 5-7　方法的修饰属性

修　饰　符	说　　明
public	公有
private	私有
protected	子类和包可见
static	静态的
final	不可修改
volatile	弱引用
transient	临时属性

与类属性相关的 JVM 指令如表 5-8 所示。

表 5-8　与类属性相关的 JVM 指令

指　　令	操　作　数	解　　释
getfield	class/field desc	获取指定类的实例域，并将其值压入栈顶
getstatic	class/field desc	获取指定类的静态域，并将其值压入栈顶
putfield	class/field desc	为指定的类的实例域赋值
putstatic	class/field desc	为指定的类的静态域赋值

另外还有一些操作符是执行代码做计算的。

5.1.4　其他指令集

1. 与栈操作相关（如表 5-9 所示）

表 5-9　与栈操作相关的指令集

指　　令	操　作　数	解　　释
dup		将当前的栈顶元素复制一份，并压入栈中
dup_x1		复制栈顶数值并将两个复制值压入栈顶
dup_x2		复制栈顶数值并将三个（或两个）复制值压入栈顶
dup?		复制栈顶一个（long 或 double 类型的）或两个（其他）数值并将复制值压入栈顶

指　　令	操 作 数	解　　释
dup2_x1		将 a, {b, c} 复制成 {b, c}, a, {b, c}
dup2_x2		将 {d, c}, {b, a} 复制成 {b, a}, {d, c}, {b, a}
pop		从当前栈顶出栈一个元素
pop2		将栈顶的一个 long 或 double 类型的或两个其他数值从栈顶弹出
swap		将栈顶两个非 long 或者 double 类型的数值交换

2. 与本地变量操作相关（如表 5-10 所示）

表 5-10　与本地变量操作相关的指令集

指　　令	操 作 数	解　　释
aload	n	将当前本地变量 n 放入栈顶中，变量 n 是一个引用
aload_0		将当前本地变量 0 放入栈顶中，变量 0 是一个引用
aload_1		将当前本地变量 1 放入栈顶中，变量 1 是一个引用
aload_2		将当前本地变量 2 放入栈顶中，变量 2 是一个引用
aload_3		将当前本地变量 3 放入栈顶中，变量 3 是一个引用
astore	n	将栈顶元素存入本地变量 n 中，变量 n 是一个引用
astore_0		将栈顶元素存入本地变量 0 中，变量 0 是一个引用
astore_1		将栈顶元素存入本地变量 1 中，变量 1 是一个引用
astore_2		将栈顶元素存入本地变量 2 中，变量 2 是一个引用
astore_3		将栈顶元素存入本地变量 3 中，变量 3 是一个引用
dload	n	将当前本地变量 n 放入栈顶中，变量 n 是一个 double 类型
dload_0		将当前本地变量 0 放入栈顶中，变量 0 是一个 double 类型
dload_1		将当前本地变量 1 放入栈顶中，变量 1 是一个 double 类型
dload_2		将当前本地变量 2 放入栈顶中，变量 2 是一个 double 类型
dload_3		将当前本地变量 3 放入栈顶中，变量 3 是一个 double 类型
dstore	n	将栈顶元素存入本地变量 n 中，变量 n 是一个 double 类型
dstore_0		将栈顶元素存入本地变量 0 中，变量 0 是一个 double 类型
dstore_1		将栈顶元素存入本地变量 1 中，变量 1 是一个 double 类型
dstore_2		将栈顶元素存入本地变量 2 中，变量 2 是一个 double 类型

续表

指　　令	操 作 数	解　　释
dstore_3		将栈顶元素存入本地变量 3 中，变量 3 是一个 double 类型
fload	*n*	将当前本地变量 *n* 放入栈顶中，变量 *n* 是一个 float 类型
fload_0		将当前本地变量 0 放入栈顶中，变量 0 是一个 float 类型
fload_1		将当前本地变量 1 放入栈顶中，变量 1 是一个 float 类型
fload_2		将当前本地变量 2 放入栈顶中，变量 2 是一个 float 类型
fload_3		将当前本地变量 3 放入栈顶中，变量 3 是一个 float 类型
fstore	*n*	将栈顶元素存入本地变量 *n* 中，变量 *n* 是一个 float 类型
fstore_0		将栈顶元素存入本地变量 0 中，变量 0 是一个 float 类型
fstore_1		将栈顶元素存入本地变量 1 中，变量 1 是一个 float 类型
fstore_2		将栈顶元素存入本地变量 2 中，变量 2 是一个 float 类型
fstore_3		将栈顶元素存入本地变量 3 中，变量 3 是一个 float 类型
iinc	n increment	将指定 int 型变量增加指定值
iload	*n*	将当前本地变量 *n* 放入栈顶中，变量 *n* 是一个 int 类型
iload_0		将当前本地变量 0 放入栈顶中，变量 0 是一个 int 类型
iload_1		将当前本地变量 1 放入栈顶中，变量 1 是一个 int 类型
iload_2		将当前本地变量 2 放入栈顶中，变量 2 是一个 int 类型
iload_3		将当前本地变量 3 放入栈顶中，变量 3 是一个 int 类型
istore	*n*	将栈顶元素存入本地变量 *n* 中，变量 *n* 是一个 int 类型
istore_0		将栈顶元素存入本地变量 0 中，变量 0 是一个 int 类型
istore_1		将栈顶元素存入本地变量 1 中，变量 1 是一个 int 类型
istore_2		将栈顶元素存入本地变量 2 中，变量 2 是一个 int 类型
istore_3		将栈顶元素存入本地变量 3 中，变量 3 是一个 int 类型
lload	*n*	将当前本地变量 *n* 放入栈顶中，变量 *n* 是一个 long 类型
lload_0		将当前本地变量 0 放入栈顶中，变量 0 是一个 long 类型
lload_1		将当前本地变量 1 放入栈顶中，变量 1 是一个 long 类型
lload_2		将当前本地变量 2 放入栈顶中，变量 2 是一个 long 类型
lload_3		将当前本地变量 3 放入栈顶中，变量 3 是一个 long 类型
lstore	*n*	将栈顶元素存入本地变量 *n* 中，变量 *n* 是一个 long 类型

指　　令	操 作 数	解　　释
lstore_0		将栈顶元素存入本地变量 0 中，变量 0 是一个 long 类型
lstore_1		将栈顶元素存入本地变量 1 中，变量 1 是一个 long 类型
lstore_2		将栈顶元素存入本地变量 2 中，变量 2 是一个 long 类型
lstore_3		将栈顶元素存入本地变量 3 中，变量 3 是一个 long 类型

3. 与运算相关（如表 5-11 所示）

表 5-11　与运算相关的指令集

指　　令	操 作 数	解　　释
dadd		将栈顶两个 double 型数值相加，结果压入栈顶
dcmpg		比较栈顶两个 double 类型数值的大小，并将结果 1、0、-1 压入栈顶，当其中一个数值为 NaN 时，将 1 压入栈顶
dcmpl		比较栈顶两个 double 类型数值的大小，并将结果 1、0、-1 压入栈顶，当其中一个数值为 NaN 时，将-1 压入栈顶
ddiv		将栈顶两个 double 类型数据相除，结果压入栈顶
dmul		将栈顶两个 double 类型数据相乘，结果压入栈顶
dneg		将栈顶 double 类型数值取负，结果压入栈顶
drem		将栈顶两个 double 类型数值做取模运算，结果压入栈顶
dsub		将栈顶两个 double 类型数值相减，结果压入栈顶
fadd		将栈顶两个 float 型数值相加，结果压入栈顶
fcmpg		比较栈顶两个 float 类型数值大小，并将结果 1、0、-1 压入栈顶，当其中一个数值为 NaN 时，将 1 压入栈顶
fcmpl		比较栈顶两 float 型数值大小，并将结果（1，0，-1）压入栈顶，当其中一个数值为 NaN 时，将-1 压入栈顶
fdiv		将栈顶两个 float 类型数值相加，结果压入栈顶
fmul		将栈顶两个 float 类型数值相乘，结果压入栈顶
fneg		将栈顶两个 float 类型数值取负，结果压入栈顶
frem		将栈顶两个 float 类型数值取模运算，结果压入栈顶
fsub		将栈顶两个 float 类型数值相减，结果压入栈顶

指　　令	操 作 数	解　　释
i2b		将栈顶 int 类型数值强制转换成 byte 类型数值，结果压入栈顶
i2c		将栈顶 int 类型数值强制转换成 char 类型数值，结果压入栈顶
i2s		将栈顶 int 类型数值强制转换成 short 类型数值，结果压入栈顶
iadd		将栈顶两个 int 类型数值相加，结果压入栈顶
iand		将栈顶两个 int 类型数值相与，结果压入栈顶
idiv		将栈顶两个 int 类型数值相除，结果压入栈顶
imul		将栈顶两个 int 类型数值相乘，结果压入栈顶
ineg		将栈顶一个 int 类型数值取负，结果压入栈顶
ior		将栈顶两个 int 类型数值相或，结果压入栈顶
irem		将栈顶两个 int 类型数值取模运算，结果压入栈顶
ishl		将 int 类型数值左移位指定位数，结果压入栈顶
ishr		将 int 类型数值右移指定位数，结果压入栈顶
isub		将栈顶两个 int 类型数值相减，结果入栈顶
iushr		将无符号 int 类型数值右移指定位数，结果压入栈顶
ixor		将栈顶两 int 类型数值按位异或，结果压入栈顶
ladd		将栈顶两个 long 类型数值相加，结果入栈顶
land		将栈顶两个 long 类型数值相与，结果入栈顶
lcmp		比较栈顶两 long 型数值大小，结果 1、0、-1 压入栈顶
ldiv		将栈顶两个 long 类型数值相除，结果压入栈顶
lmul		将栈顶两个 long 类型数值相乘，结果压入栈顶
lneg		将栈顶一个 long 类型数值取负，结果压入栈顶
lor		将栈顶两个 long 类型数值相或，结果压入栈顶
lrem		将栈顶两个 long 类型数值取模运算，结果压入栈顶
lshl		将 long 类型数值左移位指定位数，结果压入栈顶
lshr		将 long 类型数值右移位指定位数，结果压入栈顶
lsub		将栈顶两个 long 类型数值相减，结果压入栈顶
lushr		将无符号 long 类型数值右移指定位数，结果压入栈顶
lxor		将栈顶两 long 类型数值按位异或，结果压入栈顶

4. 与常量操作相关（如表 5-12 所示）

表 5-12　与常量操作相关的指令集

指　令	操 作 数	解　　释
aconst_null		将 null 压入栈顶
bipush	*n*	将单字节的常量值–128~127 压入栈顶
dconst_0		向栈顶压入一个 double 常量 0
dconst_1		向栈顶压入一个 double 常量 1
fconst_0		向栈顶压入一个 float 常量 0
fconst_1		向栈顶压入一个 float 常量 1
fconst_2		向栈顶压入一个 float 常量 2
iconst_0		向栈顶压入一个 int 常量 0
iconst_1		向栈顶压入一个 int 常量 1
iconst_2		向栈顶压入一个 int 常量 2
iconst_3		向栈顶压入一个 int 常量 3
iconst_4		向栈顶压入一个 int 常量 4
iconst_5		向栈顶压入一个 int 常量 5
iconst_m1		将 int 类型–1 压入栈顶
lconst_0		将 long 类型 0 压入栈顶
lconst_1		将 long 类型 1 压入栈顶
ldc	*x*	将 int、float 或 String 类型常量值从常量池中压入栈顶
ldc_w	*x*	将 int、float 或 String 类型常量值从常量池中压入栈顶（宽索引）
ldc2_w	*x*	将 long 或 double 类型常量值从常量池中压入栈顶（宽索引）
sipush	*n*	将一个短整型常量值–32768～32767 压入栈顶

5. 与 Java 控制指令相关（如表 5-13 所示）

表 5-13　与 Java 控制指令相关的指令集

指　令	操 作 数	解　　释
areturn		返回一个引用
dreturn		返回一个 double 类型数据

续表

指　令	操 作 数	解　释
freturn		返回一个 float 类型数据
goto	偏移地址	跳转到指定的偏移地址对应的指令
goto_w	偏移地址	无条件跳转（宽索引）
if_acmpeq	偏移地址	比较栈顶两引用型数值，当结果相等时跳转
if_acmpne	偏移地址	比较栈顶两引用型数值，当结果不相等时跳转
if_icmpeq	偏移地址	比较栈顶两 int 类型数值大小，当结果等于 0 时跳转
if_icmpge	偏移地址	比较栈顶两 int 类型数值大小，当结果大于等于 0 时跳转
if_icmpgt	偏移地址	比较栈顶两 int 类型数值大小，当结果大于 0 时跳转
if_icmple	偏移地址	比较栈顶两 int 类型数值大小，当结果小于等于 0 时跳转
if_icmplt	偏移地址	比较栈顶两 int 类型数值大小，当结果小于 0 时跳转
if_icmpne	偏移地址	比较栈顶两 int 类型数值大小，当结果不等于 0 时跳转
ifeq	偏移地址	当栈顶 int 类型数值等于 0 时跳转
ifge	偏移地址	当栈顶 int 类型数值大于等于 0 时跳转
ifgt	偏移地址	当栈顶 int 类型数值大于 0 时跳转
ifle	偏移地址	当栈顶 int 类型数值小于等于 0 时跳转
iflt	偏移地址	当栈顶 int 类型数值小于 0 时跳转
ifne	偏移地址	当栈顶 int 类型数值不等于 0 时跳转
ifnonnull	偏移地址	不为 null 时跳转
ifnull	偏移地址	为 null 时跳转
ireturn		从当前方法返回 int 类型数值
jsr	label	跳转至指定 16 位 label 位置，并将 jsr 下一条指令地址压入栈顶
jsr_w	label	跳转至指定 32 位 label 位置，并将 jsr_w 下一条指令地址压入栈顶
lookupswitch	tag1: label1 tag2: label2... default: labeln	用于 switch 条件跳转
lreturn		从当前方法返回 long 类型数值
nop		什么都不做
ret	*n*	返回至本地变量指定的 *n* 的指令位置，一般与 jsr 和 jsr_w 联合使用

指　　令	操　作　数	解　　释
return		从当前方法返回
tableswitch	*n* label1 label2 … default: label*n*	用于 switch 条件跳转

6. 与 Java 数据类型转换相关（如表 5-14 所示）

表 5-14　与 Java 数据类型转换相关的指令集

指　　令	操　作　数	解　　释
d2f		将栈顶的 double 元素类型转成 float 类型
d2i		将栈顶的 double 元素类型转成 int 类型
d2l		将栈顶的 double 元素类型转成 long 类型
f2d		将栈顶的 float 元素类型转成 double 类型
f2i		将栈顶的 float 元素类型转成 int 类型
f2l		将栈顶的 float 元素类型转成 long 类型
i2d		将栈顶的 int 元素类型转成 double 类型
i2f		将栈顶的 int 元素类型转成 float 类型
i2l		将栈顶的 int 元素类型转成 long 类型
l2d		将栈顶的 long 元素类型转成 double 类型
l2f		将栈顶的 long 元素类型转成 float 类型
l2i		将栈顶的 long 元素类型转成 int 类型

7. 与 Java 同步操作相关（如表 5-15 所示）

表 5-15　与 Java 同步操作相关的指令集

指　　令	操　作　数	解　　释
monitorenter		获得对象的锁，用于同步方法或同步块
monitorexit		释放对象的锁，用于同步方法或同步块

8. 与 Java 数组操作相关（如表 5-16 所示）

表 5-16 　与 Java 数组操作相关的指令量

指　　令	操 作 数	解　　　　释
aaload		将引用型数组指定索引的值压入栈顶
aastore		将栈顶引用型数值存入指定数组的指定索引位置
anewarray	class	创建一个引用型，如类、接口、数组的数组，并将其引用值压入栈顶
arraylength		获得数组的长度值并压入栈顶
athrow		将栈顶的异常抛出
baload		将 boolean 或 byte 类型数组指定索引的值压入栈顶
bastore		将栈顶 boolean 或 byte 类型数值存入指定数组的指定索引位置
caload		将 char 类型数组指定索引的值压入栈顶
castore		将栈顶 char 类型数值存入指定数组的指定索引位置
daload		将 double 类型数组指定索引的值压入栈顶
dastore		将栈顶 double 类型数值存入指定数组的指定索引位置
faload		将 float 类型数组指定索引的值压入栈顶
fastore		将栈顶 float 类型数值存入指定数组的指定索引位置
iaload		将 int 类型数组指定索引的值压入栈顶
iastore		将栈顶 int 类型数值存入指定数组的指定索引位置
laload		将 long 类型数组指定索引的值压入栈顶
lastore		将栈顶 long 类型数值存入指定数组的指定索引位置
multianewarray	class n	创建指定类型和指定维度的多维数组（执行该指令时，操作栈中必须包含各维度的长度值），并将其引用值压入栈顶
newarray	type	创建一个指定原始类型（如 int、float、char 等）的数组，并将其引用值压入栈顶
saload		将 short 类型数组指定索引的值压入栈顶
sastore		将栈顶 short 类型数值存入指定数组的指定索引位置

5.2　class 文件头的表示形式

　　我们先看一下前面那段 Java 代码的二进制字节码是什么样子的，你也可以手工写一个 Java 类然后编译成 class 文件，看看它到底都有些什么内容。上面的 Message 类的字节码如下：

```
000000 cafebabe               magic = ca fe ba be
000004 0000                   minor version = 0
000006 0032                   major version = 50
000008 001d                   29 constants
00000a 0a0004000f             1. Methodref class #4 name-and-type #15
00000f 0900100011             2. Fieldref class #16 name-and-type #17
000014 080012                 3. String #18
000017 070013                 4. Class name #19
00001a 0a00140015             5. Methodref class #20 name-and-type #21
00001f 070016                 6. Class name #22
000022 010006                 7. UTF length=6
000025 3c696e69743e                       <init>
00002b 010003                 8. UTF length=3
00002e 282956                             ()V
000031 010004                 9. UTF length=4
000034 436f6465                           Code
000038 01000f                 10. UTF length=15
00003b 4c696e654e756d6265725461626c65     LineNumberTable
00004a 010004                 11. UTF length=4
00004d 6d61696e                           main
000051 010016                 12. UTF length=22
000054 285b4c6a6176612f6c616e672f537472   ([Ljava/lang/Str
000064 696e673b2956                       ing;)V
00006a 01000a                 13. UTF length=10
00006d 536f7572636546696c65               SourceFile
000077 01000c                 14. UTF length=12
00007a 4d6573736167652e6a617661           Message.java
000086 0c00070008             15. NameAndType name #7 descriptor #8
00008b 070017                 16. Class name #23
00008e 0c00180019             17. NameAndType name #24 descriptor #25
000093 010017                 18. UTF length=23
000096 6a756e7368616e207361793a48656c6c   junshan say:Hell
0000a6 6f20576f726421                     o Word!
0000ad 010010                 19. UTF length=16
0000b0 6a6176612f6c616e672f4f626a656374   java/lang/Object
0000c0 07001a                 20. Class name #26
0000c3 0c001b001c             21. NameAndType name #27 descriptor #28
```

```
0000c8 010007              22. UTF length=7
0000cb 4d657373616765                Message
0000d2 010010              23. UTF length=16
0000d5 6a6176612f6c616e672f53797374656d  java/lang/System
0000e5 010003              24. UTF length=3
0000e8 6f7574                        out
0000eb 010015              25. UTF length=21
0000ee 4c6a6176612f696f2f5072696e745374  Ljava/io/PrintSt
0000fe 7265616d3b                    ream;
000103 010013              26. UTF length=19
000106 6a6176612f696f2f5072696e74537472  java/io/PrintStr
000116 65616d                        eam
000119 010006              27. UTF length=6
00011c 7072696e7466                  printf
000122 01003c              28. UTF length=60
000125 284c6a6176612f6c616e672f53747269  (Ljava/lang/Stri
000135 6e673b5b4c6a6176612f6c616e672f4f  ng;[Ljava/lang/O
000145 626a6563743b294c6a6176612f696f2f  bject;)Ljava/io/
000155 5072696e7453747265616d3b          PrintStream;
000161 0021              access_flags = 33
000163 0006              this = #6
000165 0004              super = #4
000167 0000              0 interfaces
000169 0000              0 fields
00016b 0002              2 methods
                        Method 0:
00016d 0001                access flags = 1
00016f 0007                name = #7<<init>>
000171 0008                descriptor = #8<()V>
000173 0001                1 field/method attributes:
                          field/method attribute 0
000175 0009                  name = #9<Code>
000177 0000001d              length = 29
00017b 0001                  max stack: 1
00017d 0001                  max locals: 1
00017f 00000005              code length: 5
000183 2a                    0 aload_0
000184 b70001                1 invokespecial #1
000187 b1                    4 return
000188 0000                  0 exception table entries:
```

```
00018a 0001                       1 code attributes:
                                  code attribute 0:
00018c 000a                         name = #10<LineNumberTable>
00018e 00000006                     length = 6
                                    Line number table:
000192 0001                         length = 1
000194 00000007                       start pc: 0 line number: 7
                          Method 1:
000198 0009                 access flags = 9
00019a 000b                 name = #11<main>
00019c 000c                 descriptor = #12<([Ljava/lang/String;)V>
00019e 0001                 1 field/method attributes:
                            field/method attribute 0
0001a0 0009                   name = #9<Code>
0001a2 0000002a               length = 42
0001a6 0003                   max stack: 3
0001a8 0001                   max locals: 1
0001aa 0000000e               code length: 14
0001ae b20002                 0 getstatic #2
0001b1 1203                    3 ldc #3
0001b3 03                     5 iconst_0
0001b4 bd0004                 6 anewarray #4
0001b7 b60005                 9 invokevirtual #5
0001ba 57                    12 pop
0001bb b1                    13 return
0001bc 0000                   0 exception table entries:
0001be 0001                   1 code attributes:
                              code attribute 0:
0001c0 000a                     name = #10<LineNumberTable>
0001c2 0000000a                 length = 10
                                Line number table:
0001c6 0002                     length = 2
0001c8 00000009                   start pc: 0 line number: 9
0001cc 000d000a                   start pc: 13 line number: 10
0001d0 0001              1 classfile attributes
                         Attribute 0:
0001d2 000d               name = #13<SourceFile>
0001d4 00000002           length = 2
0001d8 000e               sourcefile index = #14
```

几行 Java 代码在编译成 class 文件后变成那么多行，看上去有很多内容，其实真正的内容并不多，真正存在 class 文件中的只有第二列的内容而且是顺序排列的，第一列和第三列是为了方便我们查看通过下面这个命令生成的：

```
java COM.sootNsmoke.oolong.DumpClass Message.class
```

当然，你也可以通过 JDK 中自带的工具打印出这种格式的文件信息。

我们先看看这个文件的头部信息，有 3 行：

```
000000 cafebabe          magic = ca fe ba be
000004 0000              minor version = 0
000006 0032              major version = 50
```

第一行是一个标识符，表示这个文件是一个标准的 class 文件，它是一个 32 位的无符号整数，"cafebabe" 是这个整数的 16 进制表示形式。如果一个文件的前 4 个字节是这个数字，则表示这个文件是一个 class 文件，否则 JVM 就会认为这不是 class 文件，也不会加载了。

后面两个字节分别表示的是最大的版本和最小的版本范围，从最初的 Java 到 Java 8 的版本范围是 45.3～53.0。也就是说，前 6 个字节表示的是这个 class 文件的基本头信息，JVM 在加载这个 class 文件时会检查是否符合这个条件。

5.3　常量池

在 class 文件中的常量池如下所示：

```
000008 001d              29 constants
00000a 0a0004000f        1. Methodref class #4 name-and-type #15
00000f 0900100011        2. Fieldref class #16 name-and-type #17
000014 080012            3. String #18
000017 070013            4. Class name #19
00001a 0a00140015        5. Methodref class #20 name-and-type #21
00001f 070016            6. Class name #22
000022 010006            7. UTF length=6
000025 3c696e69743e                      <init>
00002b 010003            8. UTF length=3
00002e 282956                            ()V
```

```
000031 010004                    9. UTF length=4
000034 436f6465                            Code
000038 01000f                   10. UTF length=15
00003b 4c696e654e756d6265725461626c65      LineNumberTable
00004a 010004                   11. UTF length=4
00004d 6d61696e                            main
000051 010016                   12. UTF length=22
000054 285b4c6a6176612f6c616e672f537472    ([Ljava/lang/Str
000064 696e673b2956                        ing;)V
00006a 01000a                   13. UTF length=10
00006d 536f7572636546696c65                SourceFile
000077 01000c                   14. UTF length=12
00007a 4d6573736167652e6a617661            Message.java
000086 0c00070008               15. NameAndType name #7 descriptor #8
00008b 070017                   16. Class name #23
00008e 0c00180019               17. NameAndType name #24 descriptor #25
000093 010017                   18. UTF length=23
000096 6a756e7368616e207361793a48656c6c    junshan say:Hell
0000a6 6f20576f726421                      o Word!
0000ad 010010                   19. UTF length=16
0000b0 6a6176612f6c616e672f4f626a656374    java/lang/Object
0000c0 07001a                   20. Class name #26
0000c3 0c001b001c               21. NameAndType name #27 descriptor #28
0000c8 010007                   22. UTF length=7
0000cb 4d657373616765                      Message
0000d2 010010                   23. UTF length=16
0000d5 6a6176612f6c616e672f53797374656d    java/lang/System
0000e5 010003                   24. UTF length=3
0000e8 6f7574                              out
0000eb 010015                   25. UTF length=21
0000ee 4c6a6176612f696f2f5072696e7453574   Ljava/io/PrintSt
0000fe 7265616d3b                          ream;
000103 010013                   26. UTF length=19
000106 6a6176612f696f2f5072696e74537472    java/io/PrintStr
000116 65616d                              eam
000119 010006                   27. UTF length=6
00011c 7072696e7466                        printf
000122 01003c                   28. UTF length=60
000125 284c6a6176612f6c616e672f53747269    (Ljava/lang/Stri
000135 6e673b5b4c6a6176612f6c616e672f4f    ng;[Ljava/lang/O
```

```
000145 626a6563743b294c6a6176612f696f2f      bject;)Ljava/io/
000155 5072696e7453747265616d3b              PrintStream;
```

第一行有两个字节表示的是在该类中含有的常量的总数，总共有 29 个。单从总数字上可以看出只有 28 个，还有一个 0 是保留常量。

在这 29 个常量中每个都是由 3 个字节来描述的，如图 5-1 所示。

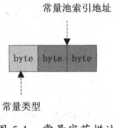

图 5-1　常量字节描述

第一个字节表示这个常量是什么类型的常量，在 JVM 中定义了 12 种类型的常量，每个类型的常量都会对应一个数值，这个数值如表 5-17 所示。

表 5-17　12 种类型的常量对应的数值

数 值 表 示	数 据 类 型	格　　式	说　　明
1	UTF8	2-byte unsigned integer	Length of the bytes
		Bytes	Text
3	Integer	4-byte signed integer	int constant
4	Float	4-byte floating-point number	float constant
5	Long	8-byte signed long integer	long constant
6	Double	8-byte double-precision number	double constant
7	Class	2-byte UTF8 index	Names a class
8	String	2-byte UTF8 index	String constant
9	Fieldref	2-byte Class index	Class containing the field
		2-byte NameAndType index	Field name and type
10	Methodref	2-byte Class index	Class containing the method
		2-byte NameAndType index	Method name and type
11	Interface Methodref	2-byte Class index	Interface containing the method
		2-byte NameAndType index	Method name and type

续表

数 值 表 示	数 据 类 型	格　　式	说　　明
12	NameAndType	2-byte UTF8 index	Name of the field or method
		2-byte UTF8 index	Type descriptor

这些常量通常都是相互引用的，是一个常量引用了另一个常量，在表 5-17 的常量类型中，一些基本的数据类型（如 Integer、String 等）很好让人理解，下面着重介绍一下 UTF8、Fieldref、Methodref 等。

5.3.1　UTF8 常量类型

顾名思义，UTF8 是一种字符编码的格式，它可以存储多个字节长度的字符串值，如可以存储类名或者方法名等很长的一个字符串。

UTF8 类型的常量由前两个字节来表示后面所存储的字符串的总字节数，如上面的第 28 个常量"01003c"就是 UTF8 类型常量，其中的"3c"表示后面所跟的字节长度有 60 个，也就是"284c6a6176612f6c616e672f537472696e673b5b4c6a6176612f6c616e672f4f626-a6563743b294c6a6176612f696f2f5072696e7453747265616d3b"这样的用 16 进制表示的字符串，它表示的字符串是"(Ljava/lang/Stri ng;[Ljava/lang/Object;]Ljava/io/ PrintStream;"。

UTF8 类型的常量如图 5-2 所示。

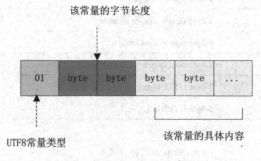

图 5-2　UTF8 类型的常量

由图 5-2 可知一个 UTF8 常量由三部分表示，包括这个常量是什么格式的，这个常量有多少个字节，后面就是这个常量实际的内容。

5.3.2　Fieldref、Methodref 常量类型

Fieldref 和 Methodref 常量类型很明显是为了描述 Class 中的属性项和方法的。如何表示一个 Class 中的一个属性和方法呢？可以看看在 Fieldref 和 Methodref 常量中都含有哪些信息。

如前面的代码中常量 2 "0900100011" 就是一个 Fieldref 类型的常量，可以用图 5-3 清楚地表示。

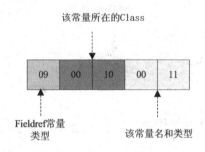

图 5-3　Fieldref 类型常量

前一个字节表示这个常量是 Fieldref 类型，所以是 09。后面两个字节表示的是该 Fieldref 是哪个类中的 Field，存储的值是第几个常量的位置。后面两个字节表示的是这个 Fieldref 常量的 Name 和 Type，同样它也是指向 NameAndType 类型常量的索引。

Methodref 也和 Fieldref 有类似的定义，第一个字节表示的是常量类型 10，后面的两个字节表示的是该方法属于哪个类，后面两个字节表示的是该方法的 NameAndType。

5.3.3　Class 常量类型

Class 常量表示的是该类的名称，它会指向另外一个 UTF8 类型的常量，该常量存储的是该类的具体名称，Class 常量类型的结构如图 5-4 所示。

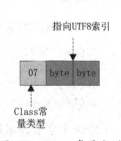

图 5-4　Class 常量类型

如在前面的代码中的常量 4 "070013" 所示，07 表示的是 Class 类型的常量，后面两个字节表示的是第 19 个常量，而第 19 个常量正是一个 UTF8 类型的常量，该常量存储的是 "java/lang/Object"，也就是该类的名称。

5.3.4　NameAndType 常量类型

NameAndType 常量类型是为了表示 Methodref 和 Fieldref 的名称和类型描述做进一步说明而存在的，名称通常又由 UTF8 常量类型来表示，而类型描述也由 UTF8 来表示，所以 NameAndType 类型是由一个字节的类型表示加上两个字节的 UTF8 的位置索引组成的，如图 5-5 所示。

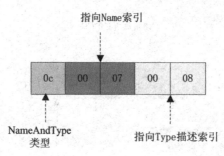

图 5-5　NameAndType 类型

图 5-5 表示的是前面代码中第 15 个常量"0c00070008"的内容，"0007"指向的是第 7 个常量，表示的是这个 Methodref 或者 Fieldref 的名称，而"0008"表示的是 Methodref 的返回类型或者 Fieldref 的参数类型。

5.4　类信息

常量列表的后面就是关于这个类本身的信息描述了，如这个类的访问控制、名称和类型，以及是否有父类或是否实现了某些接口等描述信息。

对应到前面的类中，这些信息如下所示：

```
000161 0021                access_flags = 33
000163 0006                this = #6
000165 0004                super = #4
000167 0000                0 interfaces
```

由两个字节表示这个类的访问控制描述，这两个字节的描述如图 5-6 所示。

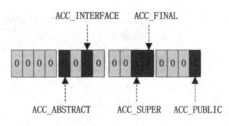

图 5-6 类访问控制

类访问控制的两个字节中实际上只使用了 5 个 bit，对其他的 bit 还没有定义，在这 5 个 bit 中的第 1 个 bit 表示的是该类是否是 public 类的，为 1 的话就是 public 类，否则就是 private 类。所以对类的访问修饰只有两种，要么是 public 要么是 private，这下你理解了为什么对类的描述只有两种了吧，因为它只是用一个 bit 来表示的。

第 5 个 bit 表示的是该类是否是 final 类的，1 表示是，0 表示否。

第 6 个 bit 描述该类是否含有 invokespecial，也就是是否继承其他类，在 Java 中所有的类默认都继承了 Object 类。

第 10 个 bit 描述了该类是否是接口类，0 表示不是接口类，1 表示是接口类。

第 12 个 bit 表示该类是否是抽象类，0 表示不是抽象类，1 表示是抽象类。

后面两个字节 "0006" 是该类的类名称，它指向的是第 6 个常量，"0004"表示的是该父类的类名称，它指向的是第 4 个常量定义的名称，后面的 "0000" 表示该类没有实现接口类。

5.5 Fields 和 Methods 定义

类信息描述后面就是每个 Fields 和 Methods 的具体定义了，如下字节块所示：

```
000169 0000                 0 fields
00016b 0002                 2 methods
                            Method 0:
00016d 0001                   access flags = 1
00016f 0007                   name = #7<<init>>
000171 0008                   descriptor = #8<()V>
000173 0001                   1 field/method attributes:
```

```
                                  field/method attribute 0
000175 0009                       name = #9<Code>
000177 0000001d                   length = 29
00017b 0001                       max stack: 1
00017d 0001                       max locals: 1
00017f 00000005                   code length: 5
000183 2a                         0 aload_0
000184 b70001                     1 invokespecial #1
000187 b1                         4 return
000188 0000                       0 exception table entries:
00018a 0001                       1 code attributes:
                                  code attribute 0:
00018c 000a                         name = #10<LineNumberTable>
00018e 00000006                     length = 6
                                    Line number table:
000192 0001                         length = 1
000194 00000007                       start pc: 0 line number: 7
                           Method 1:
000198 0009                   access flags = 9
00019a 000b                   name = #11<main>
00019c 000c                   descriptor = #12<([Ljava/lang/String;)V>
00019e 0001                   1 field/method attributes:
                              field/method attribute 0
0001a0 0009                     name = #9<Code>
0001a2 0000002a                 length = 42
0001a6 0003                     max stack: 3
0001a8 0001                     max locals: 1
0001aa 0000000e                 code length: 14
0001ae b20002                   0 getstatic #2
0001b1 1203                     3 ldc #3
0001b3 03                       5 iconst_0
0001b4 bd0004                   6 anewarray #4
0001b7 b60005                   9 invokevirtual #5
0001ba 57                      12 pop
0001bb b1                      13 return
0001bc 0000                     0 exception table entries:
0001be 0001                     1 code attributes:
                                code attribute 0:
0001c0 000a                       name = #10<LineNumberTable>
0001c2 0000000a                   length = 10
```

```
                                    Line number table:
0001c6 0002                         length = 2
0001c8 00000009                         start pc: 0 line number: 9
0001cc 000d000a                         start pc: 13 line number: 10
```

前 4 个字节分别表示在该类中定义了多少个属性和多少个方法，接下来就分别是这些属性和方法的具体定义了。下面看看方法是如何定义的。

方法和属性与类一样也都有访问控制，同样是由两个字节定义的，如图 5-7 所示。

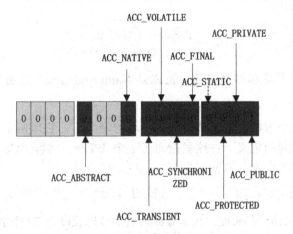

图 5-7　方法和属性的访问控制

从图 5-7 中可以看出前 4 个 bit 描述的都是该方法或属性是被什么访问修饰符描述的，它们分别表示如下信息。

第 1 个 bit：是否是 public。

第 2 个 bit：是否是 private。

第 3 个 bit：是否是 protected。

第 4 个 bit：表示的是否是 static。

后面的 4 个 bit 分别定义是哪种类型的方法或属性，它们分别表示如下信息。

第 5 个 bit：有没有被定义成 final。

第 6 个 bit：有没有被定义成 synchronized。

第 7 个 bit：有没有被定义成 volatile。

第 8 个 bit：有没有被定义成 transient。

再后面的 1 个字节使用了两个 bit，分别表示如下信息。

第 9 个 bit：是否是 native 方法。

第 12 个 bit：是否是 abstract 方法。

接下来的 4 个字节：

```
00016f 0007                         name = #7<<init>>
000171 0008                         descriptor = #8<()V>
```

定义的是这个方法的名称和类型描述，也就是 NameAndType，分别指向两个 UTF8 常量类型。

在这之后就是这个方法内部具体的代码实现的定义了，它以两个字节的 name 表示接下来是方法的什么方面的定义。在这里指向了一个 UTF8 常量，"Code" 下面表示是对这个方法的具体的代码的定义。再接下来是：

```
000177 0000001d                     length = 29
```

4 个字节表示这个方法的代码长度，这些编译后的字节码长度是 29 个字节，注意这里是由 4 个字节表示的，也就是一个方法编译后的字节码最长也就 2^{32} 个字节，虽然这里表示可以有 4GB 的代码长度，但是由于有其他的限制（如后面段落描述的表示行号长度的只有两个字节 2^16），实际上整个 Java 源的长度只有 64K 的字节长度可以表示（感谢 yyi.mailer@gmail.com 指出的错误）。当然这里所说的 64K 长度并不是说在 Java 源码中该方法的长度不能超过 64K，而是编译后的字节码的长度不能超过 64K。

接下来：

```
00017b 0001                         max stack: 1
00017d 0001                         max locals: 1
```

定义了该方法使用的最大的栈的深度及本地常量的最大个数，这两个定义在 JVM 加载这个类的字节码到内存的验证阶段做检查，如果发现超过了这两个值，JVM 会拒绝加载这个类。

下面的代码：

```
00017f 00000005                     code length: 5
000183 2a                           0 aload_0
```

```
000184 b70001                          1 invokespecial #1
000187 b1                              4 return
```

表示的是在这个方法中的代码对应的 JVM 指令，"00000005"定义了在方法中的命令有 5
个字节。下面定义了在这个方法中使用的异常：

```
000188 0000                            0 exception table entries:
```

这里表示这个方法没有定义抛出的异常。

　　再接下来是在这个方法中存在的一些代码属性描述，这些代码属性描述的是代码本身
的一些额外信息，如用于调试的信息。我们知道调试时执行的代码与源码是通过行号关联
在一起的。

　　如下面的代码所示：

```
00018a 0001                            1 code attributes:
                                       code attribute 0:
00018c 000a                              name = #10<LineNumberTable>
00018e 00000006                          length = 6
                                         Line number table:
000192 0001                              length = 1
000194 00000007                            start pc: 0 line number: 7
```

　　上面显示的只有一个代码属性描述，这个代码描述正是 LineNumberTable，后面紧跟
的 6 个字节都属于这个代码属性描述。"0001"表示只有一行对应关系，这个对应关系就
是"0000"和"0007"，前两个字节对应到运行时的行指针，而后两个字节表示的是在源
码中的行号，这两个行号都是两个字节，可想而知，对应到 Java 源码中的行总数最多只
能有 65535 行，而字节码的总字节数也只能有 65535 个，超过的话就不能表示了。

5.6　类属性描述

　　与 Field 和 Method 一样，Class 同样也有附加属性描述，如下代码所示：

```
0001d0 0001                            1 classfile attributes
                                       Attribute 0:
0001d2 000d                              name = #13<SourceFile>
0001d4 00000002                          length = 2
0001d8 000e                              sourcefile index = #14
```

在 Java 语言规范中目前定义了一种属性描述，就是上面的 name 为 SourceFile 的描述。Class 的属性长度由 4 个字节表示，这里只有两个字节，"000e"指向一个 UTF8 常量，这个常量在调试时用来查找关联到哪个源码文件中，这里 UTF8 指向的是 Message.java，那么就是寻找这个文件来与之关联。

5.7 Javap 生成的 class 文件结构

上面是通过 Oolong 生成的原始的 class 文件的二进制表示，还可以通过 JDK 自带的 Javap 来生成 class 文件格式，这个文件格式更加容易理解。通过 javap -verbose Message > message.txt 命令可以输出 class 的结构信息到 message.txt 中，内容如下：

```
Compiled from "Message.java"
public class compile.Message extends java.lang.Object
  SourceFile: "Message.java"
  minor version: 0
  major version: 51
  Constant pool:
const #1 = Method     #4.#20; //  java/lang/Object."<init>":()V
const #2 = Field      #21.#22;//  java/lang/System.out:Ljava/io/PrintStream;
const #3 = String     #23;    //  junshan say:Hello Word!
const #4 = class      #24;    //  java/lang/Object
const #5 = Method     #25.#26;//  java/io/PrintStream.printf:(Ljava/lang/St
ring;[Ljava/lang/Object;)Ljava/io/PrintStream;
const #6 = class      #27;    //  compile/Message
const #7 = Asciz      <init>;
const #8 = Asciz      ()V;
const #9 = Asciz      Code;
const #10 = Asciz     LineNumberTable;
const #11 = Asciz     LocalVariableTable;
const #12 = Asciz     this;
const #13 = Asciz     Lcompile/Message;;
const #14 = Asciz     main;
const #15 = Asciz     ([Ljava/lang/String;)V;
const #16 = Asciz     args;
const #17 = Asciz     [Ljava/lang/String;;
const #18 = Asciz     SourceFile;
const #19 = Asciz     Message.java;
```

```
    const #20 = NameAndType #7:#8;// "<init>":()V
    const #21 = class  #28;    // java/lang/System
    const #22 = NameAndType #29:#30;// out:Ljava/io/PrintStream;
    const #23 = Asciz  junshan say:Hello Word!;
    const #24 = Asciz  java/lang/Object;
    const #25 = class  #31;    // java/io/PrintStream
    const #26 = NameAndType #32:#33;// printf:(Ljava/lang/String;
[Ljava/lang/Object;)Ljava/io/PrintStream;
    const #27 = Asciz  compile/Message;
    const #28 = Asciz  java/lang/System;
    const #29 = Asciz  out;
    const #30 = Asciz  Ljava/io/PrintStream;;
    const #31 = Asciz  java/io/PrintStream;
    const #32 = Asciz  printf;
    const #33 = Asciz   (Ljava/lang/String;[Ljava/lang/Object;]Ljava/io/
PrintStream;;

    {
    public compile.Message();
      Code:
      Stack=1, Locals=1, Args_size=1
      0:    aload_0
      1:    invokespecial  #1; //Method java/lang/Object."<init>":()V
      4:    return
      LineNumberTable:
      line 9: 0

      LocalVariableTable:
      Start  Length  Slot  Name    Signature
      0      5       0     this       Lcompile/Message;

    public static void main(java.lang.String[]);
      Code:
      Stack=3, Locals=1, Args_size=1
      0:    getstatic   #2; //Field java/lang/System.out:Ljava/io/PrintStream;
      3:    ldc #3; //String junshan say:Hello Word!
      5:    iconst_0
      6:    anewarray   #4; //class java/lang/Object
      9:    invokevirtual   #5;   //Method java/io/PrintStream.printf:(Ljava/
```

```
lang/String;[Ljava/lang/Object;)Ljava/io/PrintStream;
    12:  pop
    13:  return
  LineNumberTable:
   line 11: 0
   line 12: 13


  LocalVariableTable:
   Start  Length  Slot  Name   Signature
    0      14      0    args      [Ljava/lang/String;



}
```

这个文件的信息比较好理解，有两个地方需要解释一下，一个是 LineNumberTable，另一个是 LocalVariableTable。

5.7.1 LineNumberTable

在 LineNumberTable 下面包含多个 line a:b，每个 line 表示这个方法中的一行。其中 a 表示的是在这个方法中的一行代码在这个类文件中的第几行，而 b 是指这行代码的第一条 JVM 指令的 pc 偏移量。如在上面的 main 方法中有两行代码，如图 5-8 所示。

```
 9     public class Message {
10         public static void main(String[] args) {
11             System.out.printf("junshan say:Hello Word!");
12         }
13     }
```

图 5-8 main 方法

分别对应到：

```
LineNumberTable:
 line 11: 0
 line 12: 13
```

其中 11 就是行号，而冒号后面的 0 是这行代码的第一个 JVM 指令的偏移地址，一般一个方法的第一行代码对应的偏移地址都是 0。这个方法的所有指令的偏移地址如下：

```
public static void main(java.lang.String[]);
  Code:
```

```
Stack=3, Locals=1, Args_size=1
 0:    getstatic    #2; //Field java/lang/System.out:Ljava/io/PrintStream;
 3:    ldc #3; //String junshan say:Hello Word!
 5:    iconst_0
 6:    anewarray    #4; //class java/lang/Object
 9:    invokevirtual    #5;    //Method    java/io/PrintStream.printf:(Ljava/
lang/String;[Ljava/lang/Object;)Ljava/io/PrintStream;
 12:   pop
 13:   return
```

从 0～12 都是 System.out.printf("junshan say:Hello Word!")一行代码对应的指令，而第 12 行冒号后面的 13 对应的指令就是 return。

5.7.2　LocalVariableTable

LineNumberTable 包含 5 个属性，分别是 Start、Length、Slot、Name 和 Signature。其中，Start 和 Length 表示该变量的有效作用域的偏移地址；Start 表示该变量被赋值到某个 Slot 中的指令（xstore_x 指令）的下一条指令的偏移地址；Length 表示该变量作用域总共占用的指令数对应的偏移量，所以一个变量的作用域就是[Start，Start+Length]；Slot 和 Name 分别表示该变量占用的 Slot 编号和该变量的名称，Signature 表示该变量的类型。下面结合一个例子（如图 5-9 所示）再介绍一下它们的含义。

```
12        public void stack(String[] arg) {
13            String str = "junshan";
14            if (str.equals("junshan")) {
15                int i = 3;
16                while (i > 0) {
17                    long j = 1;
18                    i--;
19                }
20            } else {
21                char b = 'a';
22                System.out.println(b);
23            }
24        }
```

图 5-9　stack 方法

图 5-9 对应的字节码和 LineNumberTable 如下：

```
public void stack(java.lang.String[]);
  Code:
  Stack=2, Locals=6, Args_size=2
   0:    ldc #3; //String junshan
```

```
2:    astore_2
3:    aload_2
4:    ldc #3; //String junshan
6:    invokevirtual  #4; //Method java/lang/String.equals:(Ljava/lang/
Object;)Z
9:    ifeq   30
12:   iconst_3
13:   istore_3
14:   iload_3
15:   ifle   27
18:   lconst_1
19:   lstore 4
21:   iinc   3, -1
24:   goto   14
27:   goto   40
30:   bipush 97
32:   istore_3
33:   getstatic   #5; //Field java/lang/System.out:Ljava/io/PrintStream;
36:   iload_3
37:   invokevirtual   #6; //Method java/io/PrintStream.println:(C)V
40:   return
LocalVariableTable:
Start  Length  Slot  Name   Signature
21     3       4     j      J
14     13      3     i      I
33     7       3     b      C
0      41      0     this      Lheap/StackSize;
0      41      1     arg       [Ljava/lang/String;
3      38      2     str       Ljava/lang/String;
```

在这个方法中有 6 个变量，共使用了 4 个 Slot。变量 j 在 lstore 4 这条指令中被首次赋值，所以它的 Start 从下一条指令开始，也就是 iinc 3, -1 指令的偏移量是 21，而 Length 是 3，说明这个变量的作用域是[21，24]，偏移量 24 对应的指令是 goto 14，从源码看变量 j 的有效范围与在 while 循环体内是吻合的。

从上面的 LocalVariableTable 中还能发现，变量 i 和 b 使用的都是 Slot 3，它们为什么能公用 Slot 区？变量 i 的作用域是[14，27]，变量 b 的作用域是[33，40]，可以发现它们的作用域是不重合的，而 Slot 的使用规则正是当变量作用域不重合时可以重复使用。这也解释了为什么有 6 个本地变量，但是实际上只使用了 4 个 Slot。

5.8　总结

本章介绍了与 class 字节码相近的 Oolong 汇编语言，接着将一个类实例转变成字节码，并详细分析这些字节码所代表的意思，也就是分析了 class 文件的组织结构，以便于我们更好地理解 class 文件的组织形式，也帮助我们理解 Java 中的一些限制，如方法的总长度和行数的限制等。

第6章

深入分析 ClassLoader
工作机制

ClassLoader 顾名思义就是类加载器，负责将 Class 加载到 JVM 中，它就好比开会时门口的接待员，负责给进入会场的嘉宾发放入会证明，入会的嘉宾分为 VIP 会员、黄金会员、白金会员和普通会员等。对应的接待室也会分为 VIP 会员接待室、黄金会员接待室、白金会员接待室和普通接待室，不同等级的会员会被分到不同的接待室接待。所有的会员要想进入会场得有入会证明才行，一旦会员进入会场就会根据接待室的等级标识他们，也就是会员的身份由接待室决定。如果你是一位大佬但是你不是 VIP 接待室接待的，那么对不起，你仍然不是 VIP 会员。当然对你是不是 VIP 会员会有严格的审查规定，如果你是也不会冤枉你，但是如果你想混进来那就另当别论了。

事实上，ClassLoader 除了能将 Class 加载到 JVM 中之外，还有一个重要的作用就是审查每个类应该由谁加载，它是一种父优先的等级加载机制，为何是这种加载机制我们将在后面详细分析。ClassLoader 除了上述两个作用外还有一个任务就是将 Class 字节码重新解析成 JVM 统一要求的对象格式。

本章主要分析 CLassLoader 的前两个作用，也就是 ClassLoader 的加载机制和加载类的过程，另外还将着重介绍在 Java Web 中常用的 ClassLoader 是如何实现的，理解它们将帮助我们在日常的开发过程中更好在理解程序是如何工作的。

6.1　ClassLoader 类结构分析

我们经常会用到或扩展 ClassLoader，主要会用到如图 6-1 所示的几个方法，以及它们的重载方法。

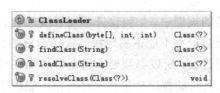

图 6-1　ClassLoader 类主要结构信息

其中 defineClass 方法用来将 byte 字节流解析成 JVM 能够识别的 Class 对象，有了这个方法意味着我们不仅仅可以通过 class 文件实例化对象，还可以通过其他方式实例化对象，如我们通过网络接收到一个类的字节码，拿这个字节码流直接创建类的 Class 对象形式实例化对象。注意，如果直接调用这个方法生成类的 Class 对象，这个类的 Class 对象还没有 resolve，这个 resolve 将会在这个对象真正实例化时才进行。

defineClass 通常是和 findClass 方法一起使用的，我们通过直接覆盖 ClassLoader 父类的 findClass 方法来实现类的加载规则，从而取得要加载类的字节码。然后调用 defineClass 方法生成类的 Class 对象，如果你想在类被加载到 JVM 中时就被链接（Link），那么可以接着调用另外一个 resolveClass 方法，当然你也可以选择让 JVM 来解决什么时候才链接这个类。

如果你不想重新定义加载类的规则，也没有复杂的处理逻辑，只想在运行时能够加载自己指定的一个类，那么你可以用 this.getClass().getClassLoader().loadClass("class")调用 ClassLoader 的 loadClass 方法以获取这个类的 Class 对象，这个 loadClass 还有重载方法，你同样可以决定在什么时候解析这个类。

ClassLoader 是个抽象类，它还有很多子类，我们如果要实现自己的 ClassLoader，一般都会继承 URLClassLoader 这个子类，因为这个类已经帮我们实现了大部分工作，我们只需要在适当的地方做些修改就好了，就像我们要实现 Servlet 时通常会直接继承 HttpServlet 一样。

前面介绍的这几个方法都是我们在扩展 ClassLoader 时需要用到的，ClassLoader 还提供了另外一些辅助方法，如获取 class 文件的方法 getResource、getResourceAsStream 等，还有就是获取 SystemClassLoader 的方法等。对这些方法我们在后面再详细介绍。

6.2 ClassLoader 的等级加载机制

在前面的会员进入会场的规则中，如何保证不同等级的会员通过不同的会员接待室进入会场？因为可能有些会员自己并不能正确地找到接待自己的接待室，也有可能有些会员会冒充更高级的会员身份混进去，所以必须要有机制能够保证所有会员都被正确的接待室接待进入会场，而且一个会员只能被一个接待室接待，不能出现被两个接待室重复接待的情况，也就是不能同时拿到两个入场证明，从而保证接待的一致性。如何设计这个接待规则呢？

ClassLoader 就设计了这样一种接待机制，这个机制就是上级委托接待机制。它是这样的：任何一个会员到达任何一个会员接待室时，这个接待室首先会检查这个会员是否已经被自己接待过，如果已经接待过，则拒绝本次接待，也就是不再发入会证明了，如果没有接待过，那么会向上询问这个会员是否应该在上一级的更高级别的接待室接待，上级接待室会根据它们的接待规则，检查这个会员是否已经被接待过，如果已经接待过，同样的处理方法，将已经接待的结果反馈给下一级，如果也没有接待过，再向更高一级（如果有更高一级的话）接待室转发接待请求，更高一级也是同样的处理方法，直到有一级接待室接待或者告诉它下一级这个会员不是自己接待的这个结果；如果这个会员来到的这个接待室得到它上一级的接待室反馈认为这个会员没有被接待，并且也不应该由它们接待，这个接待室将会正式接待这个会员，并发给它入会证明，这个会员就被定义为这个接待室等级的会员。

这种接待规则看上去有点麻烦，但是它却能够保证所有的会员都被正确的接待室接待，会员的身份也不会错，也不存在冒充身份的会员。

整个 JVM 平台提供三层 ClassLoader，这三层 ClassLoader 可以分为两种类型，可以理解为为接待室服务的接待室和为会员服务的接待室两种。

（1）Bootstrap ClassLoader，这个 ClassLoader 就是接待室服务自身的，它主要加载 JVM 自身工作需要的类，这个 ClassLoader 完全是由 JVM 自己控制的，需要加载哪个类、怎么加载都由 JVM 自己控制，别人也访问不到这个类，所以这个 ClassLoader 是不遵守前面介绍的加载规则的，它仅仅是一个类的加载工具而已，既没有更高一级的父加载器，也没有子加载器。

（2）ExtClassLoader，这个类加载器有点特殊，它是 JVM 自身的一部分，但是它的血统也不是很纯正，它并不是 JVM 亲自实现的，我们可以理解为这个类加载器是那些与这个大会合作单位的员工会员，这些会员既不是 JVM 内部的，也和普通的外部会员不同，所以就由这个类加载器来加载。它服务的特定目标在 System.getProperty("java.ext.dirs")目录下。

（3） AppClassLoader， 这个类加载器就是专门为接待会员服务的， 它的父类是 ExtClassLoader。它服务的目标是广大普通会员，所有在 System.getProperty("java.class.path")目录下的类都可以被这个类加载器加载，这个目录就是我们经常用到的 classpath。

如果我们要实现自己的类加载器，不管你是直接实现抽象类 ClassLoader，还是继承 URLClassLoader 类，或者其他子类，它的父加载器都是 AppClassLoader，因为不管调用哪个父类构造器， 创建的对象都必须最终调用 getSystemClassLoader()作为父加载器。而 getSystemClassLoader()方法获取到的正是 AppClassLoader。

通常一个应用中的类加载器的等级结构如图 6-2 所示。

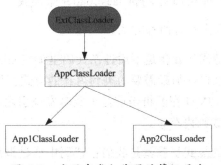

图 6-2　应用中类加载器的等级层次

很多文章在介绍 ClassLoader 的等级结构时把 Bootstrap ClassLoader 也列在 ExtClassLoader 的上一级中， 其实 Bootstrap ClassLoader 并不属于 JVM 的类等级层次，因为 Bootstrap ClassLoader 并没有遵守 ClassLoader 的加载规则。另外 Bootstrap ClassLoader 并没有子类，

ExtClassLoader 的父类也不是 Bootstrap ClassLoader，ExtClassLoader 并没有父类，我们在应用中能提取到的顶层父类是 ExtClassLoader。

ExtClassLoader 和 AppClassLoader 都位于 sun.misc.Launcher 类中，它们是 Launcher 类的内部类，如图 6-3 所示。

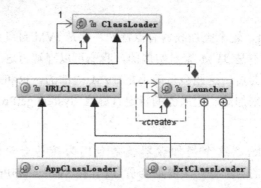

图 6-3　ClassLoader 的类层次结构

ExtClassLoader 和 AppClassLoader 都继承了 URLClassLoader 类，而 URLClassLoader 又实现了抽象类 ClassLoader，在创建 Launcher 对象时首先会创建 ExtClassLoader，然后将 ExtClassLoader 对象作为父加载器创建 AppClassLoader 对象，而通过 Launcher. getClassLoader()方法获取的 ClassLoader 就是 AppClassLoader 对象。所以如果在 Java 应用中没有定义其他 ClassLoader，那么除了 System.getProperty("java.ext.dirs")目录下的类是由 ExtClassLoader 加载外，其他类都由 AppClassLoader 来加载。

JVM 加载 class 文件到内存有两种方式。

◎ 隐式加载：所谓隐式加载就是不通过在代码里调用 ClassLoader 来加载需要的类，而是通过 JVM 来自动加载需要的类到内存的方式。例如，当我们在类中继承或者引用某个类时，JVM 在解析当前这个类时发现引用的类不在内存中，那么就会自动将这些类加载到内存中。

◎ 显式加载：相反的显式加载就是我们在代码中通过调用 ClassLoader 类来加载一个类的方式，例如，调用 this.getClass.getClassLoader().loadClass()或者 Class. forName()，或者我们自己实现的 ClassLoader 的 findClass()方法等。

其实这两种方式是混合使用的，例如，我们通过自定义的 ClassLoader 显示加载一个类时，这个类中又引用了其他类，那么这些类就是隐式加载的。

6.3　如何加载 class 文件

前面分析 ClassLoader 的结构信息时也分析了 ClassLoader 的加载机制，下面我们看看它是如何将 class 文件加载在 JVM 中的。

如图 6-4 所示是 ClassLoader 加载一个 class 文件到 JVM 时需要经过的步骤。

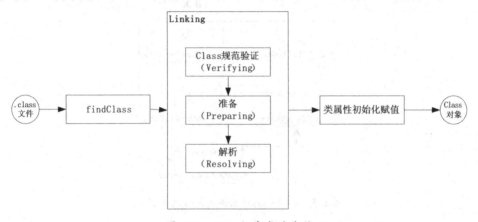

图 6-4　JVM 加载类的阶段

第一个阶段是找到.class 文件并把这个文件包含的字节码加载到内存中。

第二个阶段又可以分为三个步骤，分别是字节码验证、Class 类数据结构分析及相应的内存分配和最后的符号表的链接。

第三个阶段是类中静态属性和初始化赋值，以及静态块的执行等。

6.3.1　加载字节码到内存

其实在抽象类 ClassLoader 中并没有定义如何去加载，如何去找到指定类并且把它的字节码加载到内存需要的子类中去实现，也就是要实现 findClass() 方法。我们看一下子类 URLClassLoader 是如何实现 findClass() 的，在 URLClassLoader 中通过一个 URLClassPath 类帮助取得要加载的 class 文件字节流，而这个 URLClassPath 定义了到哪里去找这个 class 文件，如果找到了这个 class 文件，再读取它的 byte 字节流，通过调用 defineClass() 方法来创建类对象。

这个实现机制如同在第 2 章中介绍的 InputStream 和 OutputStream 一样，只是定义了读取文件的机制和形式，并没有定义从哪里和如何读取它。

我们再看看 URLClassLoader 类的构造函数，如图 6-5 所示，我们可以发现必须要指定一个 URL 数据才能够创建 URLClassLoader 对象，也就是必须要指定这个 ClassLoader 默认到哪个目录下去查找 class 文件。

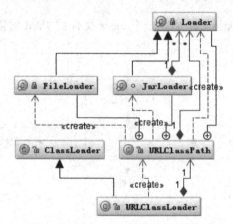

图 6-5　URLClassLoader 类的构造函数

这个 URL 数组也是创建 URLClassPath 对象的必要条件。从 URLClassPath 的名字中就可以发现它是通过 URL 的形式来表示 ClassPath 路径的。

在创建 URLClassPath 对象时会根据传过来的 URL 数组中的路径来判断是文件还是 jar 包，根据路径的不同分别创建 FileLoader 或者 JarLoader，或者使用默认的加载器。当 JVM 调用 findClass 时由这几个加载器来将 class 文件的字节码加载到内存中。

如何设置每个 ClassLoader 的搜索路径呢？如表 6-1 所示是 Bootstrap ClassLoader、ExtClassLoader 和 AppClassLoader 的参数形式。

表 6-1　三个 ClassLoader 类型的参数形式

ClassLoader 类型	参数选项	说　明
Bootstrap ClassLoader	-Xbootclasspath:	设置 Bootstrap ClassLoader 的搜索路径
	-Xbootclasspath/a:	把路径添加到已存在 Bootstrap ClassLoader 搜索路径的后面
	-Xbootclasspath/p:	把路径添加到已存在 Bootstrap ClassLoader 搜索路径的前面
ExtClassLoader	–Djava.ext.dirs	设置 ExtClassLoader 的搜索路径

续表

ClassLoader 类型	参 数 选 项	说　　明
AppClassLoader	–Djava.class.path= -cp 或 -classpath	设置 AppClassLoader 的搜索路径

在上面的参数设置中，最常用到的就是设置 classpath 的环境变量，因为通常都是让 Java 运行指定的程序。如果在通过命令行执行一个类时出现 NoClassDefFoundError 错误，那么很可能是没有指定 classpath 所致，或者指定了 classpath 但是没有指明包名，关于 ClassLoader 的出错分析在后面会详细介绍。

6.3.2　验证与解析

◎　字节码验证，类装入器对于类的字节码要做许多检测，以确保格式正确、行为正确。

◎　类准备，在这个阶段准备代表每个类中定义的字段、方法和实现接口所必需的数据结构。

◎　解析，在这个阶段类装入器装入类所引用的其他所有类。可以用许多方式引用类，如超类、接口、字段、方法签名、方法中使用的本地变量。

6.3.3　初始化 Class 对象

在类中包含的静态初始化器都被执行，在这一阶段末尾静态字段被初始化为默认值。

6.4　常见加载类错误分析

在执行 Java 程序时经常会碰到 ClassNotFoundException 和 NoClassDefFoundError 两个异常，它们都和类加载有关，下面详细分析一下出现这两个异常的原因。

6.4.1　ClassNotFoundException

ClassNotFoundException 异常恐怕是 Java 程序员经常碰到的异常，尤其是对初学者来说，简直让人崩溃，明明那个类就在那里，为啥就是找不到呢？无数个 Java 程序员都这样问过自己。

这个异常通常发生在显式加载类的时候，例如，用如下方式调用加载一个类时就报这个错了：

```
public class notfountexception {
    public static void main(String[] args) {
        try {
            Class.forName("notFountClass");
        } catch (ClassNotFoundException e) {
            e.printStackTrace();
        }
    }
}
```

显式加载一个类通常有如下方式：

◎ 通过类 Class 中的 forName() 方法。

◎ 通过类 ClassLoader 中的 loadClass() 方法。

◎ 通过类 ClassLoader 中的 findSystemClass() 方法。

出现这类错误也很好理解，就是当 JVM 要加载指定文件的字节码到内存时，并没有找到这个文件对应的字节码，也就是这个文件并不存在。解决的办法就是检查在当前的 classpath 目录下有没有指定的文件存在。如果不知道当前的 classpath 路径，就可以通过如下命令来获取：

```
this.getClass().getClassLoader().getResource("").toString()
```

6.4.2 NoClassDefFoundError

NoClassDefFoundError 是另外一个经常遇到的异常，这个异常在第一次使用命令行执行 Java 类时很可能会碰到，如下面这种情况：

```
java -cp example.jar Example
```

在这个 jar 包里面只有一个类，这个类是 net.xulingbo.Example，可能让你感到郁闷的是，明明在这个 jar 包里有这个类为啥会报如下错误呢？

```
Exception in thread "main" java.lang.NoClassDefFoundError: example/jar
Caused by: java.lang.ClassNotFoundException: example.jar
        at java.net.URLClassLoader$1.run(URLClassLoader.java:200)
        at java.security.AccessController.doPrivileged(Native Method)
        at java.net.URLClassLoader.findClass(URLClassLoader.java:188)
        at java.lang.ClassLoader.loadClass(ClassLoader.java:306)
        at sun.misc.Launcher$AppClassLoader.loadClass(Launcher.java:276)
        at java.lang.ClassLoader.loadClass(ClassLoader.java:251)
        at java.lang.ClassLoader.loadClassInternal(ClassLoader.java:319)
```

这是因为你在命令行中没有加类的包名，正确的写法是这样的：

```
java -cp example.jar net.xulingbo.Example
```

这里同时报了 NoClassDefFoundError 和 ClassNotFoundException 异常，原因是 Java 虚拟机隐式加载 example.jar 后再显式加载 Example 时没有找到这个类，所以是 ClassNotFoundException 引发了 NoClassDefFoundError 异常。

在 JVM 的规范中描述了出现 NoClassDefFoundError 可能的情况就是使用 new 关键字、属性引用某个类、继承了某个接口或类，以及方法的某个参数中引用了某个类，这时会触发 JVM 隐式加载这些类时发现这些类不存在的异常。

解决这个错误的办法就是确保每个类引用的类都在当前的 classpath 下面。

6.4.3　UnsatisfiedLinkError

这个异常倒不是很常见，但是出错的话，通常是在 JVM 启动的时候，如果一不小心将在 JVM 中的某个 lib 删除了，可能就会报这个错误了，代码如下：

```
public class NoLibException {
    public native void nativeMethod();
    static {
        System.loadLibrary("NoLib");
    }
    public static void main(String[] args) {
        new NoLibException().nativeMethod();
    }
}
```

这个错误通常是在解析 native 标识的方法时 JVM 找不到对应的本机库文件时出现，代码如下：

```
     Exception in thread "main" java.lang.UnsatisfiedLinkError: no NoLib in
java.library.path
        at java.lang.ClassLoader.loadLibrary(ClassLoader.java:1864)
        at java.lang.Runtime.loadLibrary0(Runtime.java:840)
        at java.lang.System.loadLibrary(System.java:1084)
        at  EmptyProject.classloader.NoLibException.<clinit>(NoLibException.
java:12)
        at java.lang.Class.forName0(Native Method)
        at java.lang.Class.forName(Class.java:186)
        at com.intellij.rt.execution.application.AppMain.main(AppMain.java:107)
```

6.4.4 ClassCastException

这个错误也很常见，通常在程序中出现强制类型转换时出现这个错误，如下面这段代码所示：

```
public class CastException {
    public static Map m = new HashMap(){{
        put("a","2");
    }};
    public static void main(String[] args) {
        Integer isInt = (Integer)m.get("a");
        System.out.print(isInt);
    }
}
```

当强制将本来不是 Integer 类型的字符串转成 Integer 类型时会报如下错误：

```
Exception in thread "main" java.lang.ClassCastException: java.lang.String
cannot be cast to java.lang.Integer
        at EmptyProject.classloader.CastException.main(CastException.java:17)
        at sun.reflect.NativeMethodAccessorImpl.invoke0(Native Method)
        at  sun.reflect.NativeMethodAccessorImpl.invoke(NativeMethodAccessor-
Impl.java:57)
        at  sun.reflect.DelegatingMethodAccessorImpl.invoke(DelegatingMethod-
AccessorImpl.java:43)
        at java.lang.reflect.Method.invoke(Method.java:613)
        at
```

```
com.intellij.rt.execution.application.AppMain.main(AppMain.java:110)
```

JVM 在做类型转换时会按照如下规则进行检查：

◎ 对于普通对象，对象必须是目标类的实例或目标类的子类的实例。如果目标类是接口，那么会把它当作实现了该接口的一个子类。

◎ 对于数组类型，目标类必须是数组类型或 java.lang.Object、java.lang.Cloneable、java.io.Serializable。

如果不满足上面的规则，JVM 就会报这个错误了。要避免这个错误有两种方式：

◎ 在容器类型中显式地指明这个容器所包含的对象类型，如在上面的 Map 中可以写为 Map<String,Integer> m = new HashMap<String,Integer>()，这样上面的代码在编译阶段就会检查通过。

◎ 先通过 instanceof 检查是不是目标类型，然后再进行强制类型转换。

6.4.5　ExceptionInInitializerError

这个错误在 JVM 规范中是这样定义的：

◎ 如果 Java 虚拟机试图创建类 ExceptionInInitializerError 的新实例，但是因为出现 Out-Of-Memory-Error 而无法创建新实例，那么就抛出 OutOfMemoryError 对象作为代替。

◎ 如果初始化器抛出一些 Exception，而且 Exception 类不是 Error 或者它的某个子类，那么就会创建 ExceptionInInitializerError 类的一个新实例，并用 Exception 作为参数，用这个实例代替 Exception。

将上面的代码例子稍微改一下：

```java
public class CastException {
    public static Map m = new HashMap(){{
        m.put("a","2");
    }};
    public static void main(String[] args) {
        Integer isInt = (Integer)m.get("a");
        System.out.print(isInt);
```

```
        }
    }
```

这段代码在执行时就会报如下错误：

```
Exception in thread "main" java.lang.ExceptionInInitializerError
    at java.lang.Class.forName0(Native Method)
    at java.lang.Class.forName(Class.java:186)
    at com.intellij.rt.execution.application.AppMain.main(AppMain.java:107)
Caused by: java.lang.NullPointerException
    at      EmptyProject.classloader.CastException$1.<init>(CastException.
java:14)
    at      EmptyProject.classloader.CastException.<clinit>(CastException.
java:13)
    ... 3 more
```

在初始化这个类时，给静态属性 m 赋值时出现了异常导致抛出错误 ExceptionInInitializerError。

6.5 常用的 ClassLoader 分析

前面分析了 ClassLoader 的工作机制，我们下面再看看一些开源的框架是如何根据这种工作机制来设置自己的 ClassLoader 的，它们为何要设置这种 ClassLoader 呢？

我们创建一个简单的 Web 应用，里面只有一个 HelloWorldServlet，然后在这个 Servlet 中打印加载它的 ClassLoader，代码如下：

```
public class HelloWorldServlet extends HttpServlet {

    public void doGet(HttpServletRequest request,
                HttpServletResponse response)
        throws IOException, ServletException {
    ClassLoader classLoader = this.getClass().getClassLoader();
    while(classLoader != null){
        System.out.print(classLoader.getClass().getCanonicalName());
        classLoader = classLoader.getParent();
    }
    }
}
```

将这个应用通过<context/>方式配置在 server.xml 中，代码如下：

```
<Host name="localhost" appBase="webapps" unpackWARs="true" autoDeploy=
"true">
<Context path="/examples" docBase="D:\devtools\apache-tomcat-7.0.0-src\
examples" reloadable="true" />
</Host>
```

注意，不要将这个应用直接放在 Tomcat 的 webapps 目录下，因为直接放在 webapps 目录下，Tomcat 使用的 ClassLoader 会不一样，这个在后面会介绍。

上面这段代码打印出来的结果如下：

```
org.apache.catalina.loader.WebappClassLoader
org.apache.catalina.loader.StandardClassLoader
sun.misc.Launcher$AppClassLoader
sun.misc.Launcher$ExtClassLoader
```

可见这个 Servlet 的 ClassLoader 等级结构如图 6-6 所示。

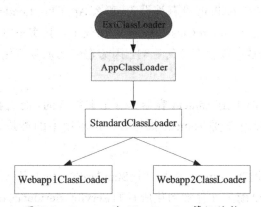

图 6-6　Tomcat 的 ClassLoader 等级结构

下面看看 Tomcat 是在什么时候创建这些 ClassLoader 的，首先看看 StandardClassLoader 的创建过程。

StandardClassLoader 是在 Bootstrap 类的 initClassLoaders 方法中创建的，Bootstrap 调用 ClassLoaderFactory 的 createClassLoader()方法创建 StandardClassLoader 对象。如果没有指定 StandardClassLoader 类的父 ClassLoader，就默认设置 getSystemClassLoader()方法返回的 ClassLoader 作为其父类，getSystemClassLoader()返回的 ClassLoader 通常就是 AppClassLosder。

如果 StandardClassLoader 创建成功，将设置到 Bootstrap 的 catalinaLoader 属性作为整个 Tomcat 的根 ClassLoader。接下来 Tomcat 将以 StandardClassLoader 来加载 org.apache.catalina.startup.Catalina 类并创建对象，最终也将 StandardClassLoader 设置到 Catalina 的 parentClassLoader 属性中。后面整个 Tomcat 容器的加载 ClassLoader 都将是 StandardClassLoader。

这里有一点一定要说明下，我们前面说 Tomcat 容器的加载 ClassLoader 是 StandardClassLoader，但是如果你调用 Tomcat 中任何一个类，如 StandardContext 类，通过 getClass().getClassLoader()方法返回的 ClassLoader 并不是 StandardClassLoader，而是 AppClassLoader，为什么呢？原因是 StandardClassLoader 虽然是加载 StandardContext 的类，但是可以看一下 StandardClassLoader 的实现方法，可以发现 StandardClassLoader 只是一个代理类，并没有覆盖 ClassLoader 的 loadClass()方法，StandardClassLoader 仍然沿用委托加载器，它首先会用父加载器来加载，所以真正加载类仍然是通过其父类 AppClassLoader 来完成的，加载 Tomcat 容器本身的仍然是 AppClassLoader。

但是如果 Tomcat 的 ClassPath 没有被设置，那么 AppClassLoader 就将加载不到 Tomcat 容器的类，这时就要通过 StandardClassLoader 来加载了。其实不管是 StandardClassLoader 还是 AppClassLoader 加载，都没有任何影响，因为它们的加载规则一模一样，唯一不同的就是加载的路径不同。

其实我们真正关心的不是 Tomcat 容器本身是谁加载的，而是我们的应用是怎么加载的，也就是一个 Web 应用需要 Tomcat 执行时，这应用中的类是通过什么规则加载起来的？

我们知道，一个应用在 Tomcat 中由一个 StandardContext 表示，由 StandardContext 来解释 Web 应用的 web.xml 配置文件实例化所有的 Servlet。Servlet 的 class 是由<servlet-class>来指定的，所以可想而知，每个 Servlet 类的加载肯定是通过显式加载方法加载到 Tomcat 容器中的。

那么 Servlet 是如何被加载的呢？先看看 StandardContext 类的 startInternal()方法，在 StandardContext 初始化时将会检查 loader 属性是否存在，不存在就将创建它。看如下代码：

```
if (getLoader() == null) {
        WebappLoader webappLoader = new WebappLoader(getParentClass-
Loader());
```

```
        webappLoader.setDelegate(getDelegate());
        setLoader(webappLoader);
    }
```

这段代码清楚地表示将创建 WebappLoader 对象，而 WebappLoader 对象将创建 WebappClassLoader 作为其 ClassLoader。再翻阅 StandardWrapper 类的 loadServlet()方法可以发现，所有的 Servlet 都是 InstanceManager 实例化的，那么 InstanceManager 类使用的 ClassLoader 是不是 WebappClassLoader 呢？

再看一下 InstanceManager 构造函数，代码如下：

```
public DefaultInstanceManager(Context context, Map<String, Map<String, String>> injectionMap,org.apache.catalina.Context catalinaContext, ClassLoader containerClassLoader) {
        classLoader = catalinaContext.getLoader().getClassLoader();
        privileged = catalinaContext.getPrivileged();
        this.containerClassLoader = containerClassLoader;
    …
    }
```

InstanceManager 对象的 ClassLoader 也获取 StandardContext 的 Loader 中的 ClassLoader，也就是前面设置的 WebappClassLoader，所以 Servlet 的 ClassLoader 是 WebappClassLoader。

WebappClassLoader 不像 StandardClassLoader 那么简单，它覆盖了父类的 loadClass 方法，使用自己的加载机制，这个加载机制有点复杂，大体分为以下几个步骤：

（1）首先检查在 WebappClassLoader 中是否已经加载过了，如果请求的类以前是被 WebappClassLoader 加载的，那么肯定在 WebappClassLoader 的缓存容器 resourceEntries 中。

（2）如果不在 WebappClassLoader 的 resourceEntries 中，则继续检查在 JVM 虚拟机中是否已经加载过，也就是调用 ClassLoader 的 findLoadedClass 方法。

（3）如果在前两个缓存中都没有，则先调用 SystemClassLoader 加载请求的类，SystemClassLoader 在这里是 AppClassLoader，也就是在当前的 JVM 的 ClassPath 路径下查找请求的类。

（4）检查请求的类是否在 packageTriggers 定义的包名下，如果在这个设置的包目录下，则将通过 StandardClassLoader 类来加载。

（5）如果仍然没有找到，将由 WebappClassLoader 来加载，WebappClassLoader 将会在这个应用的 WEB-INF/classes 目录下查找请求的类文件的字节码。找到后将创建一个 ResourceEntry 对象保存这个类的元信息，并把它保存在 WebappClassLoader 的 resourceEntries 容器中便于下次查找。接着将调用 defineClass 方法生成请求类的 Class 对象并返回给 InstanceManager 来创建实例。Servlet 的创建过程将在后面的章节中详细介绍。

从上面的分析来看，Tomcat 仍然沿用了 JVM 的类加载规范，也就是委托式加载，保证核心类通过 AppClassLoader 来加载。但是 Tomcat 会优先检查 WebappClassLoader 已经加载的缓存，而不是 JVM 的 findLoadedClass 缓存，这一点需要注意。

这也说明了如果你将一个 Web 应用直接放到 webapp 目录下，那么 Tomcat 就通过 StandardClassLoader 直接加载，而不是通过 WebappClassLoader 来加载。

6.6　如何实现自己的 ClassLoader

通过前面的分析，ClassLoader 能够完成的事情无非有以下几种情况。

◎ 在自定义路径下查找自定义的 class 类文件，也许我们需要的 class 文件并不总是在已经设置好的 ClassPath 下面，那么我们必须想办法来找到这个类，在这种情况下我们需要自己实现一个 ClassLoader。

◎ 对我们自己的要加载的类做特殊处理，如保证通过网络传输的类的安全性，可以将类经过加密后再传输，在加载到 JVM 之前需要对类的字节码再解密，这个过程就可以在自定义的 ClassLoader 中实现。

◎ 可以定义类的实现机制，如果我们可以检查已经加载的 class 文件是否被修改，如果修改了，可以重新加载这个类，从而实现类的热部署。

下面就这几种情况来创建自己的 ClassLoader。

6.6.1　加载自定义路径下的 class 文件

我们自己实现一个 ClassLoader，并指定这个 ClassLoader 的加载路径可以通过如下方式来实现，如下面的代码所示：

```
public class PathClassLoader extends ClassLoader{
    private String classPath;

    public PathClassLoader(String classPath) {
        this.classPath = classPath;
    }

    protected Class<?> findClass(String name) throws ClassNotFoundException {
        if (packageName.startsWith(name)) {
            byte[] classData = getData(name);
            if (classData == null) {
                throw new ClassNotFoundException();
            } else {
                return defineClass(name, classData, 0, classData.length);
            }
        }else{
            return super.loadClass(name);
        }
    }
    private byte[] getData(String className) {
        String path = classPath + File.separatorChar+ className.replace
('.', File.separatorChar) + ".class";
        try {
            InputStream is = new FileInputStream(path);
            ByteArrayOutputStream stream = new ByteArrayOutputStream();
            byte[] buffer = new byte[2048];
            int num = 0;
            while ((num = is.read(buffer)) != -1) {
                stream.write(buffer, 0, num);
            }
            return stream.toByteArray();
        } catch (IOException e) {
            e.printStackTrace();
        }
        return null;
    }
}
```

在上面这段代码中到 classPath 目录下去加载指定包名的 class 文件，如果不是
"net.xulingbo.classloader"，仍然使用父类加载器去加载。

还有一种方式是继承 **URLClassLoader** 类，然后设置自定义路径的 URL 来加载 URL 下的类，这种方式更加常见，如下面的代码所示：

```
public class URLPathClassLoader extends URLClassLoader{
    private String packageName = "net.xulingbo.classloader";

    public URLPathClassLoader(URL[] classPath,ClassLoader parent) {
        super(classPath,parent);
    }

    protected Class<?> findClass(String name) throws ClassNotFoundException {
        Class<?> aClass = findLoadedClass(name);
        if(aClass != null){
            return aClass;
        }
        if (!packageName.startsWith(name)) {
            return super.loadClass(name);
        }else{
            return findClass(name);
        }
    }
}
```

我们将指定的目录转化成 URL 路径，然后作为参数创建 URLPathClassLoader 对象，那么这个 ClassLoader 在加载时就在 URL 指定的目录下查找指定的类文件。

6.6.2　加载自定义格式的 class 文件

假设我们通过网络从远处主程上下载一个 class 文件的字节码，但是为了安全性，在传输之前对这个字节码进行了简单的加密处理，然后再通过网络传输。当客户端接收到这个类的字节码后需要经过解密才能还原成原始的类格式，然后再通过 ClassLoader 的 defineClass()方法创建这个类的实例，最后完成类的加载工作，如下代码所示：

```
public class NetClassLoader extends ClassLoader {
    private String classPath;
    private String packageName = "net.xulingbo.classloader";

    public NetClassLoader(String classPath) {
        this.classPath = classPath;
```

```
    }

    protected Class<?> findClass(String name) throws ClassNotFoundException {
        Class<?> aClass = findLoadedClass(name);
        if (aClass != null) {
            return aClass;
        }
        if (packageName.startsWith(name)) {
            byte[] classData = getData(name);
            if (classData == null) {
                throw new ClassNotFoundException();
            } else {
                return defineClass(name, classData, 0, classData.length);
            }
        } else {
            return super.loadClass(name);
        }
    }


    private byte[] getData(String className) {
        String path = classPath + File.separatorChar + className.replace('.',
File.separatorChar) + ".class";
        try {
            URL url = new URL(path);
            InputStream is = url.openStream();
            ByteArrayOutputStream stream = new ByteArrayOutputStream();
            byte[] buffer = new byte[2048];
            int num = 0;
            while ((num = is.read(buffer)) != -1) {
                stream.write(buffer, 0, num);
            }
            return stream.toByteArray();
        } catch (Exception e) {
            e.printStackTrace();
        }
        return null;
    }

    private byte[] deCode(byte[] src) {
        byte[] decode = null;
```

```
        //对 src 字节码进行解码处理
        return decode;
    }
}
```

在方法 deCode()中可以对从网络传输过来的字节码进行某种解密处理，然后返回正确的 class 字节码，调用 defineClass()来创建类对象。

6.7　实现类的热部署

我们知道，JVM 在加载类之前会检查请求的类是否已经被加载过来，也就是要调用 findLoadedClass()方法查看是否能够返回类实例。如果类已经加载过来，再调用 loadClass() 将会导致类冲突。但是 JVM 表示一个类是否是同一个类会有两个条件。一是看这个类的完整类名是否一样，这个类名包括类所在的包名。二是看加载这个类的 ClassLoader 是否是同一个，这里所说的同一个是指 ClassLoader 的实例是否是同一个实例。即使是同一个 ClassLoader 类的两个实例，加载同一个类也会不一样。所以要实现类的热部署可以创建不同的 ClassLoader 的实例对象，然后通过这个不同的实例对象来加载同名的类，如下面的代码所示：

```
public class ClassReloader extends ClassLoader {
    private String classPath;
    String classname = "compile.Yufa";

    public ClassReloader(String classPath) {
        this.classPath = classPath;
    }

    protected Class<?> findClass(String name) throws ClassNotFoundException {
        byte[] classData = getData(name);
        if (classData == null) {
            throw new ClassNotFoundException();
        } else {
            return defineClass(classname, classData, 0, classData.length);
        }
    }
```

```
    private byte[] getData(String className) {
        String path = classPath + className;
        try {
            InputStream is = new FileInputStream(path);
            ByteArrayOutputStream stream = new ByteArrayOutputStream();
            byte[] buffer = new byte[2048];
            int num = 0;
            while ((num = is.read(buffer)) != -1) {
                stream.write(buffer, 0, num);
            }
            return stream.toByteArray();
        } catch (IOException e) {
            e.printStackTrace();
        }
        return null;
    }

    public static void main(String[] args) {
        try {
            String path = "D:/devtools/compile/target/classes/compile/";
            ClassReloader reloader = new ClassReloader(path);
            Class r = reloader.findClass("Yufa.class");
            System.out.println(r.newInstance());
            ClassReloader reloader2 = new ClassReloader(path);
            Class r2 = reloader2.findClass("Yufa.class");
            System.out.println(r2.newInstance());
        } catch (Exception e) {
            e.printStackTrace();
        }
    }
}
```

运行上面代码打印出来的是两个不同的类实例对象，如果不是创建了两个不同的
ClassReloader 对象，如将上面的 main 方法改成下面的代码：

```
public static void main(String[] args) {
    try {
        String path = "D:/devtools/compile/target/classes/compile/";
        ClassReloader reloader = new ClassReloader(path);
        Class r = reloader.findClass("Yufa.class");
        System.out.println(r.newInstance());
```

```
        Class r2 = reloader.findClass("Yufa.class");
        System.out.println(r2.newInstance());
    } catch (Exception e) {
        e.printStackTrace();
    }
}
```

那么重复加载一个类会抛出 java.lang.LinkageError，出错信息如下：

```
Exception in thread "main" java.lang.LinkageError: loader (instance of
classloader/ClassReloader):attempted  duplicate class definition for name:
"compile/Yufa"
    at java.lang.ClassLoader.defineClass1(Native Method)
    at java.lang.ClassLoader.defineClass(ClassLoader.java:796)
    at java.lang.ClassLoader.defineClass(ClassLoader.java:638)
    at classloader.ClassReloader.findClass(ClassReloader.java:24)
    at classloader.ClassReloader.main(ClassReloader.java:52)
```

　　使用不同的 Classloader 实例加载同一个类，会不会导致 JVM 的 PermGen 区无限增大？答案是否定的，因为我们的 Classloader 对象也会和其他对象一样，当没有对象再引用它以后，也会被 JVM 回收。但是需要注意的一点是，被这个 Classloader 加载的类的字节码会保存在 JVM 的 PermGen 区，这个数据一般只是在执行 Full GC 时才会被回收的，所以如果在你的应用中都是大量的动态类加载，Full GC 又不是太频繁，也要注意 PermGen 区的大小，防止内存溢出。

6.8　Java 应不应该动态加载类

　　我想大家都知道用 Java 有一个痛处，就是修改一个类，必须要重启一遍，很费时。于是就想能不能来个动态类的加载而不需要重启 JVM，如果你了解 JVM 的工作机制，就应该放弃这样的念头。

　　Java 的优势正是基于共享对象的机制，达到信息的高度共享，也就是通过保存并持有对象的状态而省去类信息的重复创建和回收。我们知道对象一旦被创建，这个对象就可以被人持有和利用。

　　假如，我只是说假如，如我们能够动态加载一个对象进入 JVM，但是如何做到 JVM

中对象的平滑过渡？几乎不可能！虽然在 JVM 中对象只有一份，在理论上可以直接替换这个对象，然后更新 Java 栈中所有对原对象的引用关系。看起来好像对象可以被替换了，但是这仍然不可行，因为它违反了 JVM 的设计原则，对象的引用关系只有对象的创建者持有和使用，JVM 不可以干预对象的引用关系，因为 JVM 并不知道对象是怎么被使用的，这就涉及 JVM 并不知道对象的运行时类型而只知道编译时类型。

假如一个对象的属性结构被修改，但是在运行时其他对象可能仍然引用该属性。

虽然完全的无障碍的替换是不现实的，但是如果你非要那样做，也还是有一些"旁门左道"的。前面的分析造成不能动态提供类对象的关键是，对象的状态被保存了，并且被其他对象引用了，一个简单的解决办法就是不保存对象的状态，对象被创建使用后就被释放掉，下次修改后，对象也就是新的了。

这种方式是不是就很好呢？这就是 JSP，它难道不是可以动态加载类吗？也许你已经想到了，所有其他解释型语言都是如此。

6.9　总结

本章介绍了 ClassLoader 的基本工作机制，同时也介绍了 Tomcat 等框架的 ClassLoader 的实现原理，最后介绍了如何创建自己的 ClassLoader。

第 7 章

JVM 体系结构与工作方式

JVM 能够跨计算机体系结构来执行 Java 字节码，主要是由于 JVM 屏蔽了与各个计算机平台相关的软件或者硬件之间的差异，使得与平台相关的耦合统一由 JVM 提供者来实现。本章将主要介绍 JVM 的总体设计的体系结构，接着介绍 JVM 的执行引擎是如何工作的，最后介绍执行引擎如何模拟执行 JVM 指令。

7.1　JVM 体系结构

前面的章节在分析了 class 文件的结构后，又接着分析了 class 是如何被加载到 JVM 中的，下面看看 JVM 的体系结构是如何设计的，这里只能从宏观角度做分析，让大家了解一下最基本的 JVM 结构和工作模式。

7.1.1　何谓 JVM

JVM 的全称是 Java Virtual Machine（Java 虚拟机），它通过模拟一个计算机来达到一个计算机所具有的计算功能。我们先来看看一个真实的计算机如何才能具备计算的功能。

以计算为中心来看计算机的体系结构可以分为如下几个部分。

◎　指令集，这个计算机所能识别的机器语言的命令集合。

◎　计算单元，即能够识别并且控制指令执行的功能模块。

◎　寻址方式，地址的位数、最小地址和最大地址范围，以及地址的运行规则。

◎　寄存器定义，包括操作数寄存器、变址寄存器、控制寄存器等的定义、数量和使用方式。

◎　存储单元，能够存储操作数和保存操作结构的单元，如内核级缓存、内存和磁盘等。

在上面这几个部分中与我们所说的代码执行最密切的还是指令集部分，下面详细说明一下在计算机中指令集是如何定义的。

什么是指令集？有何作用？所谓指令集就是在 CPU 中用来计算和控制计算机系统的一套指令的集合，每一种新型的 CPU 在设计时都规定了一系列与其他硬件电路相配合的指令系统。而指令集的先进与否也关系到 CPU 的性能发挥，它是体现 CPU 性能的一个重要标志。

在当前计算机中有哪些指令集？从主流的体系结构上分为精简指令集（Reduced Instruction Set Computing，RISC）和复杂指令集（Complex Instruction Set Computing，CISC）。当前我们普遍使用的桌面操作系统中基本上使用的都是 CISC，如 x86 架构的 CPU 都使用复杂指令集。除了这两种指令集之外 Intel 和 AMD 公司还在它们的基础上开发出了很多扩展指令集，如 MMX（Multi Media eXtension，多媒体扩展指令）使得在处理多媒体数据时性能更强，还有 AMD 公司为提高 3D 处理性能开发的 3DNow!指令集等。

指令集与汇编语言有什么关系？指令集是可以直接被机器识别的机器码，也就是它必须以二进制格式存在于计算机中。而汇编语言是能够被人识别的指令，汇编语言在顺序和逻辑上是与机器指令一一对应的。换句话说，汇编语言是为了让人能够更容易地记住机器指令而使用的助记符。每一条汇编指令都可以直接翻译成一个机器指令，如 MOV AX,1234H 这条汇编语言对应的机器指令码为 B83412。当然也不是所有的汇编语言都有对应的机器指令，如 nop 指令。

指令集与 CPU 架构有何联系？如 Intel 与 AMD 的 CPU 的指令集是否兼容？也就是 CPU 的架构是否会影响指令集？答案都是肯定的。学过汇编语言的人都知道在汇编语言中都是对寄存器和段的直接操作的命令，这些寄存器和段等芯片都是架构的一部分，所以不同的芯片架构设计一定会对应到不同的机器指令集合。但是现在不同的芯片厂商往往都会采用兼容的方式来兼容其他不同架构的指令集。如 AMD 会兼容 32 位 Intel 的 x86 系统架构的 CPU，而当 AMD 开发出了支持 64 位指令的 x86-64 架构时，Intel 又迫于压力不得不兼容这种架构而起了另外一个名字 EM64T。这种压力来自什么地方？当然是垄断了操作系统的微软，由于现在操作系统是管理计算机的真正入口，几乎所有的程序都要通过操作系统来调用，所以如果操作系统不支持某种芯片的指令集，用户的程序是不可能执行的。这种情况也存在于我们国家自己设计的龙芯 CPU，龙芯 CPU 不得不使用基于 MIPS 架构的指令集（是 RISC 指令集），因为目前有直接支持 MIPS 架构的操作系统（Linux 操作系统，目前 Windows 不支持）。如果没有操作系统和应用软件，再好的 CPU 也没有使用价值。当然在一些很少用到的大型机方面不存在这个问题。

那么我们如何使得不同的 CPU 架构来支持不同的指令集呢？在 Windows 下可以通过 CPU-z 软件来查看这个 CPU 都支持哪些指令集，如图 7-1 所示。

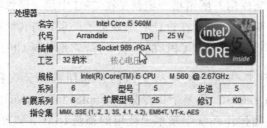

图 7-1　CPU-z 界面

最下面一行就是这个 CPU 支持的指令集，可以看出该 CPU 支持 6 种指令集。

回到 JVM 的主题中来，JVM 和实体机到底有何不同呢？大体有如下几点。

◎　一个抽象规范，这个规范就约束了 JVM 到底是什么，它有哪些组成部分，这些抽象的规范都在 *The Java Virtual Machine Specification* 中详细描述了。

◎　一个具体的实现，所谓具体的实现就是不同的厂商按照这个抽象的规范用软件或者软件和硬件结合的方式在相同或者不同的平台上的具体的实现。

◎　一个运行中的实例，当用其运行一个 Java 程序时，它就是一个运行中的实例，每个运行中的 Java 程序都是一个 JVM 实例。

JVM 和实体机一样也必须有一套合适的指令集，这个指令集能够被 JVM 解析执行。

这个指令集我们称为 JVM 字节码指令集，符合 class 文件规范的字节码都可以被 JVM 执行。

7.1.2　JVM 体系结构详解

下面我们再看看除了指令集之外，JVM 还需要哪些组成部分。如图 7-2 所示，JVM 的结构基本上由 4 部分组成。

◎　类加载器，在 JVM 启动时或者在类运行时将需要的 class 加载到 JVM 中。

◎　执行引擎，执行引擎的任务是负责执行 class 文件中包含的字节码指令，相当于实际机器上的 CPU。

◎　内存区，将内存划分成若干个区以模拟实际机器上的存储、记录和调度功能模块，如实际机器上的各种功能的寄存器或者 PC 指针的记录器等。

◎　本地方法调用，调用 C 或 C++实现的本地方法的代码返回结果。

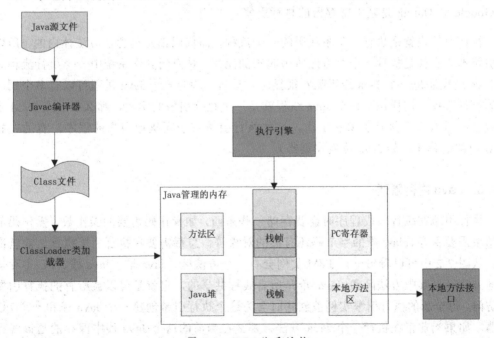

图 7-2　JVM 体系结构

1. 类加载器

在深入分析 ClassLoader 时我们详细分析了 ClassLoader 的工作机制,这里需要说明的是,每个被 JVM 装载的类型都有一个对应的 java.lang.Class 类的实例来表示该类型,该实例可以唯一表示被 JVM 装载的 class 类,要求这个实例和其他类的实例一样都存放在 Java 的堆中。

2. 执行引擎

执行引擎是 JVM 的核心部分,执行引擎的作用就是解析 JVM 字节码指令,得到执行结果。在《Java 虚拟机规范》中详细地定义了执行引擎遇到每条字节码指令时应该处理什么,并且应该得到什么结果。但是并没有规定执行引擎应该如何或采取什么方式处理而得到这个结果。因为执行引擎具体采取什么方式由 JVM 的实现厂家自己去实现,是直接解释执行还是采用 JIT 技术转成本地代码去执行,还是采用寄存器这个芯片模式去执行都可以。所以执行引擎的具体实现有很大的发挥空间,如 SUN 的 hotspot 是基于栈的执行引擎,而 Google 的 Dalvik 是基于寄存器的执行引擎。

执行引擎也就是执行一条条代码的一个流程,而代码都是包含在方法体内的,所以执行引擎本质上就是执行一个个方法所串起来的流程,对应到操作系统中一个执行流程是一个 Java 进程还是一个 Java 线程呢?很显然是后者,因为一个 Java 进程可以有多个同时执行的执行流程。这样说来每个 Java 线程就是一个执行引擎的实例,那么在一个 JVM 实例中就会同时有多个执行引擎在工作,这些执行引擎有的在执行用户的程序,有的在执行 JVM 内部的程序(如 Java 垃圾收集器)。

3. Java 内存管理

执行引擎在执行一段程序时需要存储一些东西,如操作码需要的操作数,操作码的执行结果需要保存。class 类的字节码还有类的对象等信息都需要在执行引擎执行之前就准备好。从图 7-2 中可以看出一个 JVM 实例会有一个方法区、Java 堆、Java 栈、PC 寄存器和本地方法区。其中方法区和 Java 堆是所有线程共享的,也就是可以被所有的执行引擎实例访问。每个新的执行引擎实例被创建时会为这个执行引擎创建一个 Java 栈和一个 PC 寄存器,如果当前正在执行一个 Java 方法,那么在当前的这个 Java 栈中保存的是该线程中方法调用的状态,包括方法的参数、方法的局部变量、方法的返回值以及运算的中间结果等。而 PC 寄存器会指向即将执行的下一条指令。

如果是本地方法调用，则存储在本地方法调用栈中或者特定实现中的某个内存区域中。

7.2　JVM 工作机制

前面简单分析了 JVM 的基本结构，下面再简单分析一下 JVM 是如何执行字节码命令的，也就是前面介绍的执行引擎是如何工作的。

7.2.1　机器如何执行代码

在分析 JVM 的执行引擎如何工作之前，我们不妨先看看在普通的实体机上程序是如何执行的。前面已经分析了计算机只接受机器指令，其他高级语言首先必须经过编译器编译成机器指令才能被计算机正确执行，所以从高级语言到机器语言之间必须要有个翻译的过程。我们知道机器语言一般都是和硬件平台密切相关的，而高级语言一般都是屏蔽所有底层的硬件平台甚至包括软件平台（如操作系统）的。高级语言之所以能屏蔽这些底层硬件架构的差异就是因为有中间的一个转换环节，这个转换环节就是编译，与硬件耦合的麻烦就交给了编译器，所以不同的硬件平台通常需要的编译器也是不同的。在当前这种环境下我们所说的不同的硬件平台已经被更上一层的软件平台所代替了，这个软件平台就是操作系统，与其说不同的硬件平台的差异还不如说操作系统之间的差异，因为现在的操作系统几乎完全向用户屏蔽了硬件，所以我们说编译器和操作系统的关系非常密切会更加容易让人理解。如 C 语言在 Windows 下的编译器为 Microsoft C，而在 Linux 下通常是 gcc，当然还有很多不同厂家的编译器，这些编译器都和操作系统关系不大，只是在实现上有些差异。

通常一个程序从编写到执行会经历以下一些阶段：

源代码（source code）→ 预处理器（preprocessor）→ 编译器（compiler）→ 汇编程序（assembler）→ 目标代码（object code）→ 链接器（Linker）→ 可执行程序（executables）

除了源代码和最后的可执行程序，中间的所有环节都是由现代意义上的编译器统一完成的，如在 Linux 平台下我们通常安装一个软件需要经过 configure、make、make install、 make clean 这 4 个步骤来完成。configure 为这个程序在当前的操作系统环境下选择合适的编译器来编译这个程序代码，也就是为这个程序代码选择合适的编译器和一些环境参数；make 自然就是对程序代码进行编译操作了，它会将源码编译成可执行的目标文件。make install 将已经编译好的可执行文件安装到操作系统指定或者默认的安装目录下。最后的make clean 用于删除编译时临时产生的目录或文件。

值得注意的是，我们通常所说的编译器都是将某种高级语言直接编译成可执行的目标机器语言（实际上在某种操作系统中是需要动态链接的目标二进制文件：在 Windows 下是dynamic link library，DLL；在 Linux 下是 Shared Library，SO 库）。但是实际上还有一些编译器是将一种高级语言编译成另一种高级语言，或者将低级语言编译成高级语言（反编译），或者将高级语言编译成虚拟机目标语言，如 Java 编译器等。

再回到如何让机器（不管是实体机还是虚拟机）执行代码的主题，不管是何种指令集都只有几种最基本的元素：加、减、乘、求余、求模等。这些运算又可以进一步分解成二进制位运算：与、或、异或等。这些运算又通过指令来完成，而指令的核心目的就是确定需要运算的种类（操作码）和运算需要的数据（操作数），以及从哪里（寄存器或栈）获取操作数、将运算结果存放到什么地方（寄存器或是栈）等。这种不同的操作方式又将指令划分成：一地址指令、二地址指令、三地址指令和零地址指令等 n 地址指令。相应的指令集会有对应的架构实现，如基于寄存器的架构实现或者基于栈的架构实现，这里的基于寄存器或者栈都是指在一个指令中的操作数是如何存取的。

7.2.2　JVM 为何选择基于栈的架构

JVM 执行字节码指令是基于栈的架构，也就是所有的操作数必须先入栈，然后根据指令中的操作码选择从栈顶弹出若干个元素进行计算后再将结果压入栈中。在 JVM 中操作数可以存放在每一个栈帧中的一个本地变量集中，即在每个方法调用时就会给这个方法分配一个本地变量集，这个本地变量集在编译时就已经确定，所以操作数入栈可以直接是常量入栈或者从本地变量集中取一个变量压入栈中。这和一般的基于寄存器的操作有所不同，一个操作需要频繁地入栈和出栈，如进行一个加法运算，如果两个操作数都在本地变量中，那么一个加法操作就要有 5 次栈操作，分别是将两个操作数从本地变量入栈（2 次入栈操作），再将两个操作数出栈用于加法运算（2 次出栈），再将加法结果压入栈顶（1

次入栈）。如果是基于寄存器的话，一般只需要将两个操作数存入寄存器进行加法运算后再将结果存入其中一个寄存器即可，不需要这么多的数据移动的操作。那么为什么 JVM 还要基于栈来设计呢？

JVM 为何要基于栈来设计有几个理由。一个是 JVM 要设计成与平台无关的，而平台无关性就是要保证在没有或者有很少的寄存器的机器上也要同样能正确地执行 Java 代码。例如，在 80x86 的机器上寄存器就是没有规律的，很难针对某一款机器设计通用的基于寄存器的指令，所以基于寄存器的架构很难做到通用。在手机操作系统方面，Google 的 Android 平台上的 Dalvik VM 就是基于特定芯片（ARM）设计的基于寄存器的架构，这样在特定芯片上实现基于寄存器的架构可能更多考虑性能，但是也牺牲了跨平台的移植性，当然在当前的手机上这个需求还不是最迫切的。

还有一个理由是为了指令的紧凑性，因为 Java 的字节码可能在网络上传输，所以 class 文件的大小也是设计 JVM 字节码指令的一个重要因素，如在 class 文件中字节码除了处理两个表跳转的指令外，其他都是字节对齐的，操作码可以只占一个字节大小，这都是为了尽量让编译后的 class 文件更加紧凑。为了提高字节码在网络上的传输效率，Sun 设计了一个 Jar 包的压缩工具 Pack200，它可以将多个 class 文件中的重复的常量池的信息进行合并，如一般在每个 class 文件中都含有 "Ljava/lang/String;"，那么多个 class 文件中的常量就可以共用，从而起到减少数据量的作用。

7.2.3　执行引擎的架构设计

了解了 Java 以栈为架构的原因后，再详细看一下 JVM 是如何设计 Java 的执行部件的，如图 7-3 所示。

每当创建一个新的线程时，JVM 会为这个线程创建一个 Java 栈，同时会为这个线程分配一个 PC 寄存器，并且这个 PC 寄存器会指向这个线程的第一行可执行代码。每当调用一个新方法时会在这个栈上创建一个新的栈帧数据结构，这个栈帧会保留这个方法的一些元信息，如在这个方法中定义的局部变量、一些用来支持常量池的解析、正常方法返回及异常处理机制等。

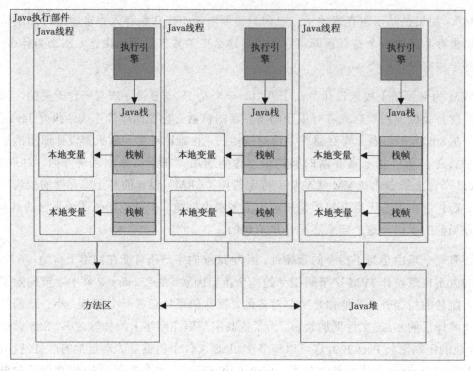

图 7-3 Java 执行部件

JVM 在调用某些指令时可能需要使用到常量池中的一些常量,或者是获取常量代表的数据或者这个数据指向的实例化的对象,而这些信息都存储在所有线程共享的方法区和Java 堆中。

7.2.4 执行引擎的执行过程

下面以一个具体的例子来看一下执行引擎是如何将一段代码在执行部件上执行的,代码如下:

```
public class Math {
    public static void main(String[] args) {
        int a=1;
        int b=2;
        int c = (a+b)*10;
    }
```

```
                                                                                 }
```

其中 main 的字节码指令如下：

```
偏移量      指令        说明
0:       iconst_1 常数1入栈
1:       istore_1 将栈顶元素移入本地变量1存储
2:       iconst_2 常数2入栈
3:       istore_2 将栈顶元素移入本地变量2存储
4:       iload_1  本地变量1入栈
5:       iload_2  本地变量2入栈
6:       iadd 弹出栈顶两个元素相加
7:       bipush  10    将10入栈
9:       imul 栈顶两个元素相乘
10:      istore_3 栈顶元素移入本地变量3存储
11:      return   返回
```

对应到执行引擎的各执行部件如图 7-4 所示。

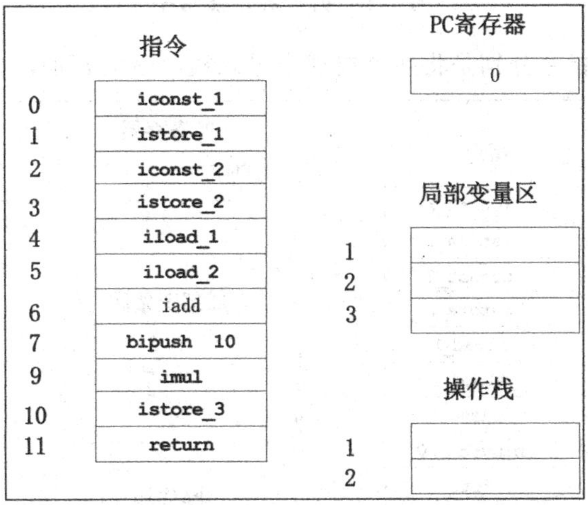

图 7-4　执行代码之前

在开始执行方法之前，PC 寄存器存储的指针是第 1 条指令的地址，局部变量区和操作栈都没有数据。从第 1 条到第 4 条指令分别将 a、b 两个本地变量赋值，对应到局部变量区就是 1 和 2 分别存储常数 1 和 2，如图 7-5 所示。

前 4 条指令执行完后，PC 寄存器当前指向的是下一条指令地址，也就是第 5 条指令，这时局部变量区已经保存了两个局部变量（也就是变量 a 和 b 的值），而操作栈里仍然没有值，因为两次常数入栈后又分别出栈了。

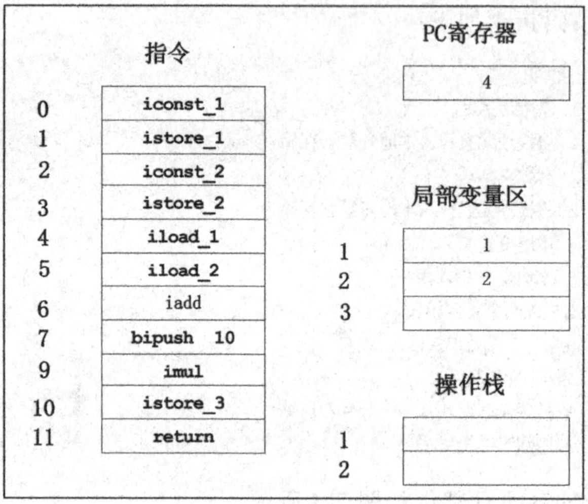

图 7-5　执行前 4 条指令

第 5 条和第 6 条指令分别是将两个局部变量入栈，然后相加，如图 7-6 所示。

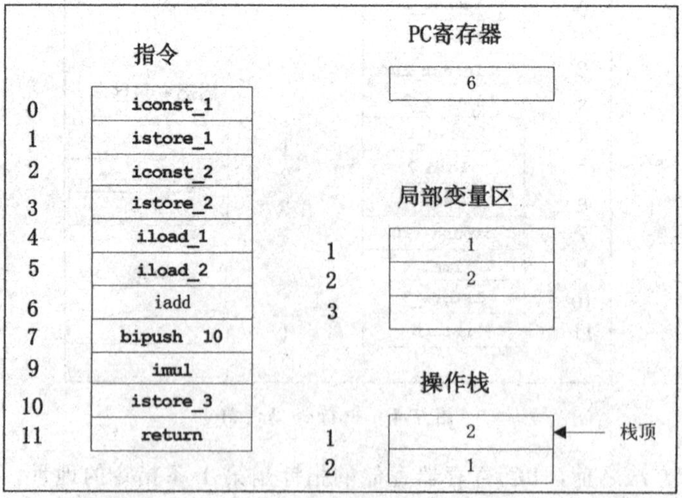

图 7-6　第 5 条和第 6 条指令执行结果

1 先入栈 2 后入栈，栈顶元素是 2，第 7 条指令是将栈顶的两个元素弹出后相加，将结果再入栈，这时整个部件状态如图 7-7 所示。

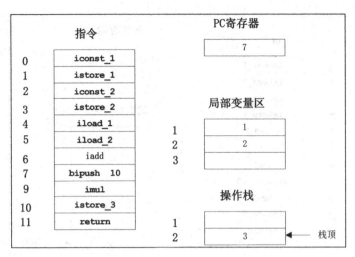

图 7-7　第 7 条指令执行结果

可以看出，变量 a 和 b 相加的结果 3 存在当前栈的栈顶中，接下来是第 8 条指令将 10 入栈，如图 7-8 所示。

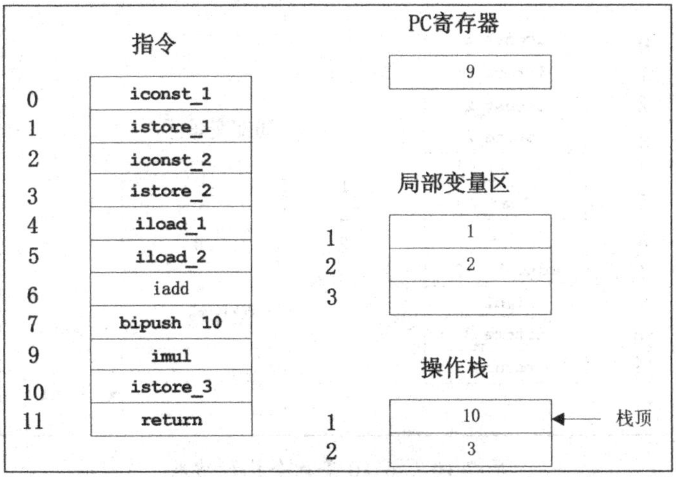

图 7-8　第 8 条指令执行结果

当前 PC 寄存器执行的地址是 9，下一个操作是将当前栈的两个操作数弹出进行相乘并把结果压入栈中，如图 7-9 所示。

第 10 条指令是将当前的栈顶元素存入局部变量 3 中，这时状态如图 7-10 所示。

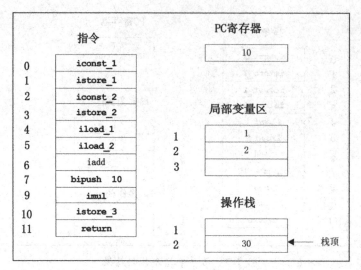

图 7-9　第 9 条指令执行结果

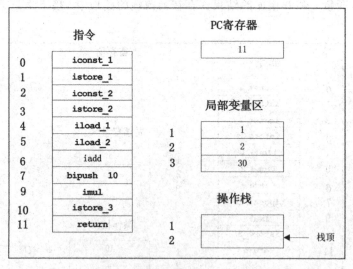

图 7-10　第 10 条指令执行结果

第 10 条指令执行完后栈中元素出栈，出栈的元素存储在局部变量区 3 中，对应的是变量 c 的值。最后一条指令是 return，这条指令执行完后当前的这个方法对应的这些部件会被 JVM 回收，局部变量区的所有值将全部释放，PC 寄存器会被销毁，在 Java 栈中与这个方法对应的栈帧将消失。

7.2.5　JVM 方法调用栈

JVM 的方法调用分为两种：一种是 Java 方法调用，另一种是本地方法调用。本地方法调用由于各个虚拟机的实现不太相同，所以这里主要介绍 Java 的方法调用情况。

如下面一段方法调用的代码：

```
public class Math {
    public static void main(String[] args) {
        int a=1;
        int b=2;
        int c = math(a,b)/10;
    }
    public static int math(int a,int b){
        return (a+b)*10;
    }
}
```

其中两个方法对应的字节码分别如下：

```
public static void main(java.lang.String[]);
  Code:
   0:   iconst_1
   1:   istore_1
   2:   iconst_2
   3:   istore_2
   4:   iload_1
   5:   iload_2
   6:   invokestatic    #2; //Method math:(II)I
   9:   bipush  10
   11:  idiv
   12:  istore_3
   13:  return

public static int math(int, int);
  Code:
   0:   iload_0
   1:   iload_1
   2:   iadd
   3:   bipush  10
```

```
5:    imul
6:    ireturn
```

当 JVM 执行 main 方法时，首先将两个常数 1 和 2 分别存储到局部变量区 1 和 2 中，然后调用静态 math 方法。从 math 的字节码指令可以看出，math 方法的两个参数也存储在其对应的方法栈帧中的局部变量区 0 和 1 中，先将这两个局部变量分别入栈，然后进行相加操作再和常数 10 相乘，最后将结果返回。

下面看一下实际的执行部件中是如何操作的，如图 7-11 所示。

图 7-11 执行到第 5 条指令

上图 7-11 是 JVM 执行到第 5 条指令时，执行引擎各部件的状态图，PC 寄存器指向的是下一条执行 math 方法的地址。当执行 invokestatic 指令时 JVM 会为 math 方法创建一个新的栈帧，并且将两个参数存在 math 方法对应的栈帧的前两个局部变量区中，这时 PC 寄存器会清零，并且会指向 math 方法对应栈帧的第一条指令地址，这时的状态如图 7-12 所示。

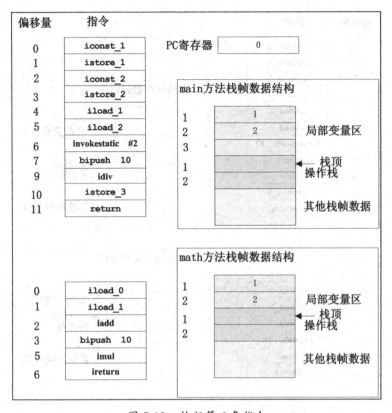

图 7-12　执行第 6 条指令

执行 invokestatic 指令时，创建了一个新的栈帧，这时栈帧中的局部变量区中已经有两个变量了，这两个变量是从 main 方法的栈帧中的操作栈中传过来的。当执行 math 方法时，math 方法对应的栈帧成为当前的活动栈帧，PC 寄存器保存的是当前这个栈帧中的下一条指令地址，所以是 0。

math 方法先将 a、b 两个变量相加，再乘以 10，最后返回这个结果执行到第 5 条指令的状态，如图 7-13 所示。

math 的操作栈中的栈顶元素相乘的结果是 30，最后一条指令是 ireturn，这条指令是将当前栈帧中的栈顶元素返回到调用这个方法的栈中，而这个栈帧也将撤销，PC 寄存器的值恢复调用栈的下一条指令地址，如图 7-14 所示。

图 7-13　执行 math 方法的第 5 条指令

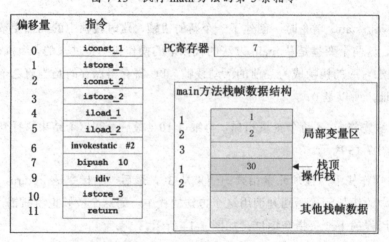

图 7-14　执行 main 方法的第 7 条指令

main 方法将 math 方法返回的结果再除以 10 存放在局部变量区 3 中,这时的状态如图 7-15 所示。

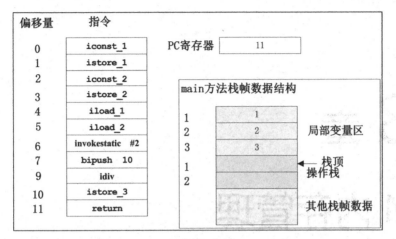

图 7-15　执行 main 方法的第 10 条指令

当执行 return 指令时 main 方法对应的栈帧也将撤销,如果当前线程对应的 Java 栈中没有栈帧,这个 Java 栈也将被 JVM 撤销,整个 JVM 退出。

7.3　总结

本章主要介绍了 JVM 的体系结构,以及 JVM 的执行引擎执行 JVM 指令的过程,实际上 JVM 的设计非常复杂,包括 JVM 在执行字节码时如何来自动优化这些字节码,并将它们再编译成本地代码,也就是 JIT 技术,这个技术在我们执行测试时可能会有影响,如果你的程序没有经过充分的"预热",那么得出的结果可能会不准确。例如,JVM 在执行程序时会记录某个方法的执行次数,如果执行的次数到一个阈值(客户端一般是 1500 次,服务器一般是 10000 次)时 JIT 就会编译这个方法为本地代码。

第8章

JVM 内存管理

与其他高级语言（如 C 和 C++）不太一样，在 Java 中我们基本上不会显式地调用分配内存的函数，我们甚至不用关心到底哪些程序指令需要分配内存、哪些不需要分配内存。因为在 Java 中，分配内存和回收内存都由 JVM 自动完成了，很少会遇到像 C++ 程序中那样令人头疼的内存泄漏问题。

虽然 Java 语言的这些特点很容易"惯坏"开发人员，使得我们不需要太关心到底程序是怎么使用内存的，使用了多少内存。但是我们最好也了解 Java 是如何管理内存的，当我们真的遇到 OutOfMemoryError 时不会奇怪地问，为什么 Java 也有内存泄漏。要快速地知道到底什么地方导致了 OutOfMemoryError，并能根据错误日志快速地定位出错原因。

本章首先从操作系统层面简单介绍物理内存的分配和 Java 运行的内存分配之间的关系，也就是先搞明白在 Java 中使用的内存与物理内存有何区别。其次介绍 Java 如何使用从物理内存申请下来的内存，以及如何来划分它们，后面还会介绍 Java 的核心技术：如何分配和回收内存。最后通过一些例子介绍如何解决 OutOfMemoryError，并提供一些处理这类问题的常用手段。

8.1　物理内存与虚拟内存

所谓物理内存就是我们通常所说的 RAM（随机存储器）。在计算机中，还有一个存储单元叫寄存器，它用于存储计算单元执行指令（如浮点、整数等运算时）的中间结果。寄存器的大小决定了一次计算可使用的最大数值。

连接处理器和 RAM 或者处理器和寄存器的是地址总线，这个地址总线的宽度影响了物理地址的索引范围，因为总线的宽度决定了处理器一次可以从寄存器或者内存中获取多少个 bit。同时也决定了处理器最大可以寻址的地址空间，如 32 位地址总线可以寻址的范围为 0x0000 0000~0xffff ffff。这个范围是 2^{32}=4 294 967 296 个内存位置，每个地址会引用一个字节，所以 32 位总线宽度可以有 4GB 的内存空间。

通常情况下，地址总线和寄存器或者 RAM 有相同的位数，因为这样更容易传输数据，但是也有不一致的情况，如 x86 的 32 位寄存器宽度的物理地址可能有两种大小，分别是 32 位物理地址和 36 位物理地址，拥有 36 位物理地址的是 Pentium Pro 和更高型号。

除了在学校的编译原理的实践课或者要开发硬件程序的驱动程序时需要直接通过程序访问存储器外，我们大部分情况下都调用操作系统提供的接口来访问内存，在 Java 中甚至不需要写和内存相关的代码。

不管是在 Windows 系统还是 Linux 系统下，我们要运行程序，都要向操作系统先申请内存地址。通常操作系统管理内存的申请空间是按照进程来管理的，每个进程拥有一段独立的地址空间，每个进程之间不会相互重合，操作系统也会保证每个进程只能访问自己的内存空间。这主要是从程序的安全性来考虑的，也便于操作系统来管理物理内存。

其实上面所说的进程的内存空间的独立主要是指逻辑上独立，也就是这个独立是由操作系统来保证的，但是真正的物理空间是不是只能由一个进程来使用就不一定了。因为随着程序越来越庞大和设计的多任务性，物理内存无法满足程序的需求，在这种情况下就有了虚拟内存的出现。

虚拟内存的出现使得多个进程在同时运行时可以共享物理内存，这里的共享只是空间上共享，在逻辑上它们仍然是不能相互访问的。虚拟地址不但可以让进程共享物理内存、提高内存利用率，而且还能够扩展内存的地址空间，如一个虚拟地址可能被映射到一段物理内存、文件或者其他可以寻址的存储上。一个进程在不活动的情况下，操作系统将这个物理内存中的数据移到一个磁盘文件中（也就是通常 Windows 系统上的页面文件，或者 Linux 系统上的交换分区），而真正高效的物理内存留给正在活动的程序使用。在这种情况下，在我们重新唤醒一个很长时间没有使用的程序时，磁盘会吱吱作响，并且会有一个短暂的停顿得到印证，这时操作系统又会把磁盘上的数据重新交互到物理内存中。但是我们必须要避免这种情况的经常出现，如果操作系统频繁地交互物理内存的数据和磁盘数据，则效率将会非常低，尤其是在 Linux 服务器上，我们要关注 Linux 中 swap 的分区的活跃度。如果 swap 分区被频繁使用，系统将会非常缓慢，很可能意味着物理内存已经严重不足或者某些程序没有及时释放内存。

8.2　内核空间与用户空间

一个计算机通常有一定大小的内存空间，如使用的计算机是 4GB 的地址空间，但是程序并不能完全使用这些地址空间，因为这些地址空间被划分为内核空间和用户空间。程序只能使用用户空间的内存，这里所说的使用是指程序能够申请的内存空间，并不是程序真正访问的地址空间。

内核空间主要是指操作系统运行时所使用的用于程序调度、虚拟内存的使用或者连接硬件资源等的程序逻辑。为何需要内存空间和用户空间的划分呢？很显然和前面所说的每个进程都独立使用属于自己的内存一样，为了保证操作系统的稳定性，运行在操作系统中的用户程序不能访问操作系统所使用的内存空间。这也是从安全性上考虑的，如访问硬件资源只能由操作系统来发起，用户程序不允许直接访问硬件资源。如果用户程序需要访问硬件资源，如网络连接等，可以调用操作系统提供的接口来实现，这个调用接口的过程也就是系统调用。每一次系统调用都会存在两个内存空间的切换，通常的网络传输也是一次系统调用，通过网络传输的数据先是从内核空间接收到远程主机的数据，然后再从内核空间复制到用户空间，供用户程序使用。这种从内核空间到用户空间的数据复制很费时，虽然保住了程序运行的安全性和稳定性，但是也牺牲了一部分效率。但是现在已经出现了很多其他技术能够减少这种从内核空间到用户空间的数据复制的方式，如 Linux 系统提供了 sendfile 文件传输方式。

内核空间和用户空间的大小如何分配也是一个问题，是更多地分配给用户空间供用户程序使用，还是首先保住内核有足够的空间来运行，这要平衡一下。如果是一台登录服务器，很显然，要分配更多的内核空间，因为每一个登录用户操作系统都会初始化一个用户进程，这个进程大部分都在内核空间里运行。在当前的 Windows 32 位操作系统中默认内核空间和用户空间的比例是 1:1（2GB 的内核空间，2GB 的用户空间），而在 32 位 Linux 系统中默认的比例是 1:3（1GB 的内核空间，3GB 的用户空间）。

8.3　在 Java 中哪些组件需要使用内存

Java 启动后也作为一个进程运行在操作系统中，那么这个进程有哪些部分需要分配内存空间呢？

8.3.1　Java 堆

Java 堆是用于存储 Java 对象的内存区域，堆的大小在 JVM 启动时就一次向操作系统申请完成，通过 -Xmx 和 -Xms 两个选项来控制大小，Xmx 表示堆的最大大小，Xms 表示初始大小。一旦分配完成，堆的大小就将固定，不能在内存不够时再向操作系统重新申请，同时当内存空闲时也不能将多余的空间交还给操作系统。

在 Java 堆中内存空间的管理由 JVM 来控制，对象创建由 Java 应用程序控制，但是对象所占的空间释放由管理堆内存的垃圾收集器来完成。根据垃圾收集（GC）算法的不同，内存回收的方式和时机也会不同。

8.3.2　线程

JVM 运行实际程序的实体是线程，当然线程需要内存空间来存储一些必要的数据。每个线程创建时 JVM 都会为它创建一个堆栈，堆栈的大小根据不同的 JVM 实现而不同，通常在 256KB～756KB 之间。

线程所占空间相比堆空间来说比较小。但是如果线程过多，线程堆栈的总内存使用量可能也非常大。当前有很多应用程序根据 CPU 的核数来分配创建的线程数，如果运行的应用程序的线程数量比可用于处理它们的处理器数量多，效率通常很低，并且可能导致比较差的性能和更高的内存占用率。

8.3.3　类和类加载器

在 Java 中的类和加载类的类加载器本身同样需要存储空间，在 Sun JDK 中它们也被存储在堆中，这个区域叫做永久代（PermGen 区）。

需要注意的一点是 JVM 是按需来加载类的，曾经有个疑问：JVM 如果要加载一个 jar 包是否把这个 jar 包中的所有类都加载到内存中？显然不是的。JVM 只会加载那些在你的应用程序中明确使用的类到内存中。要查看 JVM 到底加载了哪些类，可以在启动参数上加上-verbose:class。

理论上使用的 Java 类越多，需要占用的内存也会越多，还有一种情况是可能会重复加载同一个类。通常情况下 JVM 只会加载一个类到内存一次，但是如果是自己实现的类加载器会出现重复加载的情况，如果 PermGen 区不能对已经失效的类做卸载，可能会导致 PermGen 区内存泄漏。所以需要注意 PermGen 区的内存回收问题。通常一个类能够被卸载，有如下条件需要被满足。

◎　在 Java 堆中没有对表示该类加载器的 java.lang.ClassLoader 对象的引用。

◎　Java 堆没有对表示类加载器加载的类的任何 java.lang.Class 对象的引用。

◎　在 Java 堆上该类加载器加载的任何类的所有对象都不再存活（被引用）。

需要注意的是，JVM 所创建的 3 个默认类加载器 Bootstrap ClassLoader、ExtClassLoader 和 AppClassLoader 都不可能满足这些条件，因此，任何系统类（如 java.lang.String）或通过应用程序类加载器加载的任何应用程序类都不能在运行时释放。

8.3.4　NIO

Java 在 1.4 版本以后添加了新 I/O（NIO）类库，引入了一种基于通道和缓冲区来执行 I/O 的新方式。就像在 Java 堆上的内存支持 I/O 缓冲区一样，NIO 使用 java.nio.ByteBuffer. allocateDirect() 方法分配内存，这种方式也就是通常所说的 NIO direct memory。ByteBuffer.allocateDirect() 分配的内存使用的是本机内存而不是 Java 堆上的内存，这也进一步说明每次分配内存时会调用操作系统的 os::malloc()函数。另外一方面直接 ByteBuffer 产生的数据如果和网络或者磁盘交互都在操作系统的内核空间中发生，不需要将数据复制到 Java 内存中，很显然执行这种 I/O 操作要比一般的从操作系统的内核空间到 Java 堆上的切换操作快得多，因为它们可以避免在 Java 堆与本机堆之间复制数据。如果你的 I/O 频繁地发送很小的数据，这种系统调用的开销可能会抵消数据在内核空间和用户空间复制带来的好处。

直接 ByteBuffer 对象会自动清理本机缓冲区，但这个过程只能作为 Java 堆 GC 的一部分来执行，因此它们不会自动响应施加在本机堆上的压力。GC 仅在 Java 堆被填满，以至于无法为堆分配请求提供服务时发生，或者在 Java 应用程序中显示请求时发生。当前在很多 NIO 框架中都在代码中显式地调用 System.gc() 来释放 NIO 持有的内存。但是这种方式会影响应用程序的性能，因为会增加 GC 的次数，一般情况下通过设置 -XX:+DisableExplicitGC 来控制 System.gc() 的影响，但是又会导致 NIO direct memory 内存泄漏问题。

8.3.5　JNI

JNI 技术使得本机代码（如 C 语言程序）可以调用 Java 方法，也就是通常所说的 native memory。实际上 Java 运行时本身也依赖于 JNI 代码来实现类库功能，如文件操作、网络 I/O 操作或者其他系统调用。所以 JNI 也会增加 Java 运行时的本机内存占用。

8.4　JVM 内存结构

前面介绍了内存的不同形态：物理内存和虚拟内存。介绍了内存的使用形式：内核空间和用户空间。接着又介绍了 Java 有哪些组件需要使用内存。下面着重介绍在 JVM 中是如何使用内存的。

JVM 是按照运行时数据的存储结构来划分内存结构的，JVM 在运行 Java 程序时，将它们划分成几种不同格式的数据，分别存储在不同的区域，这些数据统一称为运行时数据（Runtime Data）。运行时数据包括 Java 程序本身的数据信息和 JVM 运行 Java 程序需要的额外数据信息，如要记录当前程序指令执行的指针（又称为 PC 指针）等。

在 Java 虚拟机规范中将 Java 运行时数据划分为 6 种，分别为：

◎　PC 寄存器数据；

◎ Java 栈；

◎ 堆；

◎ 方法区；

◎ 本地方法区；

◎ 运行时常量池。

8.4.1 PC 寄存器

PC 寄存器严格来说是一个数据结构，它用于保存当前正常执行的程序的内存地址。同时 Java 程序是多线程执行的，所以不可能一直都按照线性执行下去，当有多个线程交叉执行时，被中断线程的程序当前执行到哪条的内存地址必然要保存下来，以便于它被恢复执行时再按照被中断时的指令地址继续执行下去。这很好理解，它就像一个记事员一样记录下哪个线程当前执行到哪条指令了。

但是 JVM 规范只定义了 Java 方法需要记录指针信息，而对于 Native 方法，并没有要求记录执行的指针地址。

8.4.2 Java 栈

Java 栈总是和线程关联在一起，每当创建一个线程时，JVM 就会为这个线程创建一个对应的 Java 栈，在这个 Java 栈中又会含有多个栈帧（Frames），这些栈帧是与每个方法关联起来的，每运行一个方法就创建一个栈帧，每个栈帧会含有一些内部变量（在方法内定义的变量）、操作栈和方法返回值等信息。

每当一个方法执行完成时，这个栈帧就会弹出栈帧的元素作为这个方法的返回值，并清除这个栈帧，Java 栈的栈顶的栈帧就是当前正在执行的活动栈，也就是当前正在执行的方法，PC 寄存器也会指向这个地址。只有这个活动的栈帧的本地变量可以被操作栈使用，当在这个栈帧中调用另外一个方法时，与之对应的一个新的栈帧又被创建，这个新创建的栈帧又被放到 Java 栈的顶部，变为当前的活动栈帧。同样现在只有这个栈帧的本地变量才能被使用，当在这个栈帧中所有指令执行完成时这个栈帧移出 Java 栈，刚才的那个栈帧又变为活动栈帧，前面的栈帧的返回值又变为这个栈帧的操作栈中的一个操作数。如果前面的栈帧没有返回值，那么当前的栈帧的操作栈的操作数没有变化。

由于 Java 栈是与 Java 线程对应起来的，这个数据不是线程共享的，所以我们不用关心它的数据一致性问题，也不会存在同步锁的问题。

8.4.3　堆

堆是存储 Java 对象的地方，它是 JVM 管理 Java 对象的核心存储区域，堆是 Java 程序员最应该关心的，因为它是我们的应用程序与内存关系最密切的存储区域。

每一个存储在堆中的 Java 对象都会是这个对象的类的一个副本，它会复制包括继承自它父类的所有非静态属性。

堆是被所有 Java 线程所共享的，所以对它的访问需要注意同步问题，方法和对应的属性都需要保证一致性。

8.4.4　方法区

JVM 方法区是用于存储类结构信息的地方，如在第 7 章介绍的将一个 class 文件解析成 JVM 能识别的几个部分，这些不同的部分在这个 class 被加载到 JVM 时，会被存储在不同的数据结构中，其中的常量池、域、方法数据、方法体、构造函数，包括类中的专用方法、实例初始化、接口初始化都存储在这个区域。

方法区这个存储区域也属于后面介绍的 Java 堆中的一部分，也就是我们通常所说的 Java 堆中的永久区。这个区域可以被所有的线程共享，并且它的大小可以通过参数来设置。

这个方法区存储区域的大小一般在程序启动后的一段时间内就是固定的了，JVM 运行一段时间后，需要加载的类通常都已经加载到 JVM 中了。但是有一种情况是需要注意的，那就是在项目中如果存在对类的动态编译，而且是同样一个类的多次编译，那么需要观察方法区的大小是否能满足类存储。

方法区这个区域有点特殊，由于它不像其他 Java 堆一样会频繁地被 GC 回收器回收，它存储的信息相对比较稳定，但是它仍然占用了 Java 堆的空间，所以仍然会被 JVM 的 GC 回收器来管理。在一些特殊的场合下，有时通常需要缓存一块内容，这个内容也很少变动，但是如果把它置于 Java 堆中它会不停地被 GC 回收器扫描，直到经过很长的时间后会进入

Old 区。在这种情况下，通常是能控制这个缓存区域中数据的生命周期的，我们不希望它被 JVM 内存管理，但是又希望它在内存中。面对这种情况，淘宝正在开发一种技术用于在 JVM 中分配另外一个内存存储区域，它不需要 GC 回收器来回收，但是可以和其他内存中对象一样来使用。

8.4.5 运行时常量池

在 JVM 规范中是这样定义运行时常量池这个数据结构的：Runtime Constant Pool 代表运行时每个 class 文件中的常量表。它包括几种常量：编译期的数字常量、方法或者域的引用（在运行时解析）。Runtime Constant Pool 的功能类似于传统编程语言的符号表，尽管它包含的数据比典型的符号表要丰富得多。每个 Runtime Constant pool 都是在 JVM 的 Method area 中分配的，每个 Class 或者 Interface 的 Constant Pool 都是在 JVM 创建 class 或接口时创建的。

上面的描述可能使你有点迷惑，这个常量池与前面方法区的常量池是否是一回事？答案是肯定的。它是方法区的一部分，所以它的存储也受方法区的规范约束，如果常量池无法分配，同样会抛出 OutOfMemoryError。

8.4.6 本地方法栈

本地方法栈是为 JVM 运行 Native 方法准备的空间，它和前面介绍的 Java 栈的作用是类似的，由于很多 Native 方法都是用 C 语言实现的，所以它通常又叫 C 栈，除了在我们的代码中包含的常规的 Native 方法会使用这个存储空间，在 JVM 利用 JIT 技术时会将一些 Java 方法重新编译为 Native Code 代码，这些编译后的本地代码通常也是利用这个栈来跟踪方法的执行状态的。

在 JVM 规范中没有对这个区域的严格限制，它可以由不同的 JVM 实现者自由实现，但是它和其他存储区一样也会抛出 OutOfMemoryError 和 StackOverflowError。

8.5 JVM 内存分配策略

在分析 JVM 内存分配策略之前我们先介绍一下通常情况下操作系统都是采用哪些策略来分配内存的。

8.5.1 通常的内存分配策略

我想大家都学过操作系统，在操作系统中将内存分配策略分为三种，分别是：

◎ 静态内存分配；

◎ 栈内存分配；

◎ 堆内存分配。

静态内存分配是指在程序编译时就能确定每个数据在运行时的存储空间需求，因此在编译时就可以给它们分配固定的内存空间。这种分配策略不允许在程序代码中有可变数据结构（如可变数组）的存在，也不允许有嵌套或者递归的结构出现，因为它们都会导致编译程序无法计算准确的存储空间需求。

栈式内存分配也可称为动态存储分配，是由一个类似于堆栈的运行栈来实现的。和静态内存分配相反，在栈式内存方案中，程序对数据区的需求在编译时是完全未知的，只有到运行时才能知道，但是规定在运行中进入一个程序模块时，必须知道该程序模块所需的数据区大小才能够为其分配内存。和我们所熟知的数据结构中的栈一样，栈式内存分配按照先进后出的原则进行分配。

在编写程序时除了在编译时能确定数据的存储空间和在程序入口处能知道存储空间外，还有一种情况就是当程序真正运行到相应代码时才会知道空间大小，在这种情况下我们就需要堆这种分配策略。

这几种内存分配策略中，很明显堆分配策略是最自由的，但是这种分配策略对操作系统和内存管理程序来说是一种挑战。另外，这个动态的内存分配是在程序运行时才执行的，它的运行效率也是比较差的。

8.5.2 Java 中的内存分配详解

从前面的 JVM 内存结构的分析我们可知，JVM 内存分配主要基于两种，分别是堆和栈。先来说说 Java 栈是如何分配的。

Java 栈的分配是和线程绑定在一起的，当我们创建一个线程时，很显然，JVM 就会为这个线程创建一个新的 Java 栈，一个线程的方法的调用和返回对应于这个 Java 栈的压栈和出栈。当线程激活一个 Java 方法时，JVM 就会在线程的 Java 堆栈里新压入一个帧，这个帧自然成了当前帧。在此方法执行期间，这个帧将用来保存参数、局部变量、中间计算过程和其他数据。

栈中主要存放一些基本类型的变量数据（int、short、long、byte、float、double、boolean、char）和对象句柄（引用）。存取速度比堆要快，仅次于寄存器，栈数据可以共享。缺点是，存在栈中的数据大小与生存期必须是确定的，这也导致缺乏了其灵活性。

如下面这段代码：

```
public void stack(String[] arg) {
    String str = "junshan";
    if (str.equals("junshan")) {
        int i = 3;
        while (i > 0) {
            long j = 1;
            i--;
        }
    } else {
        char b = 'a';
        System.out.println(b);
    }
}
```

这段代码的 stack 方法中定义了多个变量，这些变量在运行时需要存储空间，同时在执行指令时 JVM 也需要知道操作栈的大小，这些数据都会在 Javac 编译这段代码时就已经确定，下面是这个方法对应的 class 字节码：

```
public void stack(java.lang.String[]);
  Code:
  Stack=2, Locals=6, Args_size=2
  0:    ldc #3; //String junshan
  2:    astore_2
  3:    aload_2
  4:    ldc #3; //String junshan
  6:    invokevirtual   #4; //Method java/lang/String.equals:(Ljava/lang/
Object;)Z
  9:    ifeq    30
```

```
12:   iconst_3
13:   istore_3
14:   iload_3
15:   ifle    27
18:   lconst_1
19:   lstore  4
21:   iinc    3, -1
24:   goto    14
27:   goto    40
30:   bipush  97
32:   istore_3
33:   getstatic   #5; //Field java/lang/System.out:Ljava/io/PrintStream;
36:   iload_3
37:   invokevirtual   #6; //Method java/io/PrintStream.println:(C)V
40:   return
LineNumberTable:
line 15: 0
line 16: 3
line 17: 12
line 18: 14
line 19: 18
line 20: 21
line 21: 24
line 22: 27
line 23: 30
line 24: 33
line 26: 40


LocalVariableTable:
Start  Length  Slot  Name   Signature
21      3       4    j      J
14      13      3    i      I
33      7       3    b      C
0       41      0    this    Lheap/StackSize;
0       41      1    arg     [Ljava/lang/String;
3       38      2    str     Ljava/lang/String;
```

在这个方法的 attribute 中就已经知道了 stack 和 local variable 的大小，分别是 2 和 6。还有一点不得不提，就是这里的大小指定的是最大值，为什么是最大值呢？因为 JVM 在真正执行时分配的 stack 和 local variable 的空间是可以共用的。举例来说，上面的 6 个 local variable 除去变量 0 是 this 指针外，其他 5 个都是在这个方法中定义的，这 6 个变量需要的 Slot 是 1+1+1+1+2+1=7，但是实际上使用的 Slot 只有 4 个，这是因为不同的变量作用范围如果没有重合，Slot 则可以重复使用。

每个 Java 应用都唯一对应一个 JVM 实例，每个实例唯一对应一个堆。应用程序在运行中所创建的所有类实例或数组都放在这个堆中，并由应用程序所有的线程共享。在 Java 中分配堆内存是自动初始化的，所有对象的存储空间都是在堆中分配的，但是这个对象的引用却是在堆栈中分配的。也就是说在建立一个对象时两个地方都分配内存，在堆中分配的内存实际建立这个对象，而在堆栈中分配的内存只是一个指向这个堆对象的指针（引用）而已。

Java 的堆是一个运行时数据区，这些对象通过 new、newarray、anewarray 和 multianewarray 等指令建立，它们不需要程序代码来显式地释放。堆是由垃圾回收来负责的，堆的优势是可以动态地分配内存大小，生存期也不必事先告诉编译器，因为它是在运行时动态分配内存的，Java 的垃圾收集器会自动收走这些不再使用的数据。但缺点是，由于要在运行时动态分配内存，存取速度较慢。

如下代码描述新对象是如何在堆上分配内存的：

```
public static void main(String[] args) {
    String str = new String("hello world!") ;
}
```

上面的代码创建了一个 String 对象，这个 String 对象将会在堆上分配内存，JVM 创建对象的字节码指令如下：

```
public static void main(java.lang.String[]);
  Code:
  Stack=3, Locals=2, Args_size=1
  0:    new #7; //class java/lang/String
  3:    dup
  4:    ldc #8; //String hello world!
  6:    invokespecial   #9; //Method java/lang/String."<init>":(Ljava/lang/
String;)V
  9:    astore_1
  10:   return
  LineNumberTable:
```

```
line 29: 0
line 35: 10

LocalVariableTable:
Start  Length  Slot  Name    Signature
0      11      0     args    [Ljava/lang/String;
10     1       1     str     Ljava/lang/String;
```

先执行 new 指令，这个 new 指令根据后面的 16 位的 "#7" 常量池索引创建指定类型的对象，而该 #7 索引所指向的入口类型首先必须是 CONSTANT_Class_info，也就是它必须是类类型，然后 JVM 会为这个类的新对象分配一个空间，这个新对象的属性值都设置为默认值，最后将执行这个新对象的 objectref 引用压入栈顶。

new 指令执行完成后，得到的对象还没有初始化，所以这个新对象并没有创建完成，这个对象的引用在这时不应该赋值给 str 变量，而应该接下去就调用这个类的构造函数初始化类，这时就必须将 objectref 引用复制一份，在新对象初始化完成后再将这个引用赋值给本地变量。调用构造函数是通过 invokespecial 指令完成的，构造函数如果有参数要传递，则先将参数压栈。构造函数执行完成后再将 objectref 的对象引用赋值给本地变量 1，这样一个新对象才创建完成。

上面的内存分配策略定义从编译原理的教材中总结而来，除静态内存分配之外，都显得很呆板和难以理解，下面撇开静态内存分配，集中比较堆和栈。

从堆和栈的功能和作用来通俗地比较，堆主要用来存放对象，栈主要用来执行程序，这种不同主要是由堆和栈的特点决定的。

在编程中，如 C/C++ 中，所有的方法调用都是通过栈来进行的，所有的局部变量、形式参数都是从栈中分配内存空间的。实际上也不是什么分配，只是从栈顶向上用就行，就好像工厂中的传送带一样，栈指针会自动指引你到放东西的位置，你所要做的只是把东西放下来就行。在退出函数时，修改栈指针就可以把栈中的内容销毁。这样的模式速度最快，当然要用来运行程序了。需要注意的是，在分配时，如为一个即将要调用的程序模块分配数据区时，应事先知道这个数据区的大小，也就说是虽然分配是在程序运行时进行的，但是分配的大小是确定的、不变的，而这个 "大小多少" 是在编译时确定的，而不是在运行时。

堆在应用程序运行时请求操作系统给自己分配内存，由于操作系统管理内存分配，所以在分配和销毁时都要占用时间，因此用堆的效率非常低。但是堆的优点在于，编译器不必知道要从堆里分配多少存储空间，也不必知道存储的数据要在堆里停留多长时间，因此，用堆保存数据时会得到更大的灵活性。事实上，由于面向对象的多态性，堆内存分配是必不可少的，因为多态变量所需的存储空间只有在运行时创建了对象之后才能确定。在 C++ 中，要求创建一个对象时，只需用 new 命令编制相关的代码即可。执行这些代码时，会在堆里自动进行数据的保存。当然，为达到这种灵活性，必然会付出一定的代价——在堆里分配存储空间时会花掉更长的时间。

8.6　JVM 内存回收策略

Java 语言和其他语言的一个很大不同之处就是 Java 开发人员不需要了解内存这个概念，因为在 Java 中没有什么语法和内存直接有联系，不像在 C 或 C++中有 malloc 这种语法直接操作内存。但是程序执行都需要内存空间来支持，不然我们的那些数据存在哪里？Java 语言没有提供直接操作内存的语法，那我们的数据又是如何申请内存的呢？就 Java 语言本身来说，通常显式的内存申请有两种：一种是静态内存分配，另一种是动态内存分配。

8.6.1　静态内存分配和回收

在 Java 中静态内存分配是指在 Java 被编译时就已经能够确定需要的内存空间，当程序被加载时系统把内存一次性分配给它。这些内存不会在程序执行时发生变化，直到程序执行结束时内存才被回收。在 Java 的类和方法中的局部变量包括原生数据类型（int、long、char 等）和对象的引用都是静态分配内存的，如下面这段代码：

```
public void staticData(int arg){
        String s="String";
        long l=1;
        Long lg=1L;
        Object o = new Object();
        Integer i = 0;
}
```

其中参数 arg、l 是原生的数据类型，s、o 和 i 是指向对象的引用。在 Javac 编译时就已经确定了这些变量的静态内存空间。其中 arg 会分配 4 个字节，long 会分配 8 个字节，String、

Long、Object 和 Integer 是对象的类型，它们的引用会占用 4 个字节空间，所以这个方法占用的静态内存空间是 4+4+8+4+4+4=28 字节。

静态内存空间当这段代码运行结束时回收，根据第 7 章的介绍，我们知道这些静态内存空间是在 Java 栈上分配的，当这个方法运行结束时，对应的栈帧也就撤销，所以分配的静态内存空间也就回收了。

8.6.2　动态内存分配和回收

在前面的例子中变量 lg 和 i 存储与值虽然与 l 和 arg 变量一样，但是它们存储的位置是不一样的，后者是原生数据类型，它们存储在 Java 栈中，方法执行结束就会消失，而前者是对象类型，它们存储在 Java 堆中，它们是可以被共享的，也不一定随着方法执行结束而消失。变量 l 和 lg 的内存空间大小显然也是不一样的，l 在 Java 栈中被分配 8 个字节空间，而 lg 被分配 4 个字节的地址指针空间，这个地址指针指向这个对象在堆中的地址。很显然在堆中 long 类型数字 1 肯定不只 8 个字节，所以 Long 代表的数字肯定比 long 类型占用的空间要大很多。

在 Java 中对象的内存空间是动态分配的，所谓的动态分配就是在程序执行时才知道要分配的存储空间大小，而不是在编译时就能够确定的。lg 代表的 Long 对象，只有 JVM 在解析 Long 类时才知道在这个类中有哪些信息，这些信息都是哪些类型，然后再为这些信息分配相应的存储空间存储相应的值。而这个对象什么时候被回收也是不确定的，只有等到这个对象不再使用时才会被回收。

从前面的分析可知内存的分配是在对象创建时发生的，而内存的回收是以对象不再引用为前提的。这种动态内存的分配和回收是和 Java 中一些数据类型关联的，Java 程序员根本不需要关注内存的分配和回收，只需关注这些数据类型的使用就行了。

那么如何确定这个对象什么时候不被使用，又如何来回收它们，这正是 JVM 的一个很重要的组件——垃圾收集器要解决的问题。

8.6.3　如何检测垃圾

垃圾收集器必须能够完成两件事情：一件是能够正确地检测出垃圾对象，另一件是能够释放垃圾对象占用的内存空间。其中如何检测出垃圾是垃圾收集器的关键所在。

从前面的分析已经知道，只要是某个对象不再被其他活动对象引用，那么这个对象就可以被回收了。这里的活动对象指的是能够被一个根对象集合到达的对象，如图 8-1 所示。

在图 8-1 中除了 f 和 h 对象之外，其他都可以称为活动对象，因为它们都可以被根对象集合到达。h 对象虽然也被 f 对象引用，但是 h 对象不能够被根对象集合达到，所以它们都是非活动对象，可以被垃圾收集器回收。

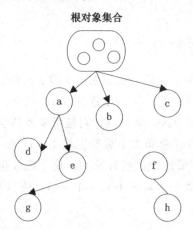

图 8-1　活动对象

那么在这个根对象集合中又都是些什么呢？虽然根对象集合和 JVM 的具体实现也有关系，但是大都会包含如下一些元素。

◎ 在方法中局部变量区的对象的引用：如在前面的 staticData 方法中定义的 lg 和 o 等对象的引用就是根对象集合中的一个根对象，这些根对象直接存储在栈帧的局部变量区中。

◎ 在 Java 操作栈中的对象引用：有些对象是直接在操作栈中持有的，所以操作栈肯定也包含根对象集合。

◎ 在常量池中的对象引用：每个类都会包含一个常量池，这些常用池中也会包含很多对象引用，如表示类名的字符串就保存在堆中，那么常量池中只会持有这个字符串对象的引用。

◎ 在本地方法中持有的对象引用：有些对象被传入本地方法中，但是这些对象还没有被释放。

◎ 类的 Class 对象：当每个类被 JVM 加载时都会创建一个代表这个类的唯一数据类型的 Class 对象，而这个 Class 对象也同样存放在堆中，当这个类不再被使用时，在方法区中类数据和这个 Class 对象同样需要被回收。

JVM 在做垃圾回收时会检查堆中的所有对象是否都会被这些根对象直接或者间接引用，能够被引用的对象就是活动对象，否则就可以被垃圾收集器回收。

8.6.4　基于分代的垃圾收集算法

经过这么长时间的发展，垃圾收集算法已经有很多种，算法各有优缺点，这里将主要介绍在 hotspot 中使用的基于分代的垃圾收集方式。

该算法的设计思路是：把对象按照寿命长短来分组，分为年轻代和年老代，新创建的对象被分在年轻代，如果对象经过几次回收后仍然存活，那么再把这个对象划分到年老代。年老代的收集频度不像年轻代那么频繁，这样就减少了每次垃圾收集时所要扫描的对象的数量，从而提高了垃圾回收效率。

这种设计的思路是把堆划分成若干个子堆，每个子堆对应一个年龄代，如图 8-2 所示。

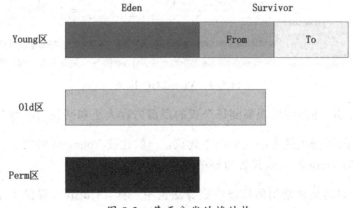

图 8-2　基于分代的堆结构

JVM 将整个堆划分为 Young 区、Old 区和 Perm 区，分别存放不同年龄的对象，这三个区存放的对象有如下区别。

◎ Young 区又分为 Eden 区和两个 Survivor 区，其中所有新创建的对象都在 Eden 区，当 Eden 区满后会触发 minor GC 将 Eden 区仍然存活的对象复制到其中一个

Survivor 区中，另外一个 Survivor 区中的存活对象也复制到这个 Survivor 中，以保证始终有一个 Survivor 区是空的。

◎ Old 区存放的是 Young 区的 Survivor 满后触发 minor GC 后仍然存活的对象，当 Eden 区满后会将对象存放到 Survivor 区中，如果 Survivor 区仍然存不下这些对象，GC 收集器会将这些对象直接存放到 Old 区。如果在 Survivor 区中的对象足够老，也直接存放到 Old 区。如果 Old 区也满了，将会触发 Full GC，回收整个堆内存。

◎ Perm 区存放的主要是类的 Class 对象，如果一个类被频繁地加载，也可能会导致 Perm 区满，Perm 区的垃圾回收也是由 Full GC 触发的。

在 Sun 的 JVM 中提供了一个 visualvm 工具，其中有个 Visual GC 插件可以观察到 JVM 的不同代的垃圾回收情况，如图 8-3 所示。

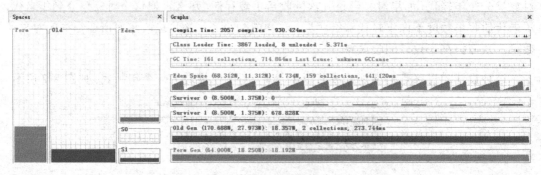

图 8-3　Visual GC 插件

通过 Visual GC 插件可以观察到每个代的当前内存大小和回收的次数等。

Sun 对堆中的不同代的大小也给出了建议，一般建议 Young 区的大小为整个堆的 1/4，而 Young 区中 Survivor 区一般设置为整个 Young 区的 1/8。

GC 收集器对这些区采用的垃圾收集算法也不一样，Hotspot 提供了三类垃圾收集算法，下面详细介绍这三类垃圾收集算法的区别和使用方法。这三类垃圾收集算法分别是：

◎ Serial Collector；

◎ Parallel Collector；

◎ CMS Collector。

1. Serial Collector

Serial Collector 是 JVM 在 client 模式下默认的 GC 方式。可以通过 JVM 配置参数 -XX:+UseSerialGC 来指定 GC 使用该收集算法。我们指定所有的对象都在 Young 区的 Eden 中创建，但是如果创建的对象超过 Eden 区的总大小，或者超过了 PretenureSizeThreshold 配置参数配置的大小，就只能在 Old 区分配了，如-XX:PretenureSizeThreshold= 30720 在实际使用中很少发生。

当 Eden 空间不足时就触发了 Minor GC，触发 Minor GC 时首先会检查之前每次 Minor GC 时晋升到 Old 区的平均对象大小是否大于 Old 区的剩余空间，如果大于，则将直接触发 Full GC，如果小于，则要看 HandlePromotionFailure 参数（-XX:-HandlePromotionFailure）的值。如果为 true，仅触发 Minor GC，否则再触发一次 Full GC。其实这个规则很好理解，如果每次晋升的对象大小都超过了 Old 区的剩余空间，那么说明当前的 Old 区的空间已经不能满足新对象所占空间的大小，只有触发 Full GC 才能获得更多的内存空间。

如这个例子：

```
public static void main2(String[] args) throws Exception {
    int m = 1024 * 1024;
    byte[] b = new byte[2*m];
    byte[] b2 = new byte[2*m];
    byte[] b3 = new byte[2*m];
    byte[] b4 = new byte[2*m];
    byte[] b5 = new byte[2*m];
    byte[] b6 = new byte[2*m];
    byte[] b7 = new byte[2*m];
}
```

Java 参数为 java -Xms20M -Xmx20M -Xmn10M -XX:+UseSerialGC -XX:+PrintGCDetails。

GC 日志如下：

```
  [DefNew: 6979K->305K(9216K), 0.0108985 secs] 6979K->6449K(19456K), 0.0110814
secs] [Times: user=0.02 sys=0.00, real=0.01 secs]
  [Full GC [Tenured: 6144K->8192K(10240K), 0.0182885 secs] 12767K->12594K
(19456K), [Perm : 2555K->2555K(12288K)], 0.0184352 secs] [Times: user=0.00
sys=0.02, real=0.02 secs]
  Heap
  def new generation   total 9216K, used 6587K [0x03ab0000, 0x044b0000,
```

```
0x044b0000)
     eden space 8192K,  80% used [0x03ab0000, 0x0411ee70, 0x042b0000)
     from space 1024K,   0% used [0x043b0000, 0x043b0000, 0x044b0000)
     to   space 1024K,   0% used [0x042b0000, 0x042b0000, 0x043b0000)
    tenured generation    total 10240K, used 8192K [0x044b0000, 0x04eb0000,
0x04eb0000)
      the space 10240K,   80% used  [0x044b0000,  0x04cb0040,  0x04cb0200,
0x04eb0000)
     compacting perm gen  total 12288K, used 2563K [0x04eb0000, 0x05ab0000,
0x08eb0000)
      the space 12288K,   20% used  [0x04eb0000,  0x05130e90,  0x05131000,
0x05ab0000]
```

从 GC 日志可以看出，Minor GC 每晋升到 Old 区的大小为（6979KB-305KB）–（6979KB-6449 KB）=6144 KB，而 Old 区的剩余空间为 10240 KB–6144 KB =4096 KB，显然前者大于后者，所以直接触发了一次 Full GC。

当 Minor GC 时，除了将 Eden 区的非活动对象回收以外，还会把一些老对象也复制到 Old 区中。这个老对象的定义是通过配置参数 MaxTenuringThreshold 来控制的，如 -XX:MaxTenuringThreshold=10，则如果这个对象已经被 Minor GC 回收过 10 次后仍然存活，那么这个对象在这次 Minor GC 后直接放入 Old 区。还有一种情况，当这次 Minor GC 时 Survivor 区中的 To Space 放不下这些对象时，这些对象也将直接放入 Old 区。如果 Old 区或者 Perm 区空间不足，将会触发 Full GC，Full GC 会检查 Heap 堆中的所有对象，清除所有垃圾对象，如果是 Perm 区，会清除已经被卸载的 classloader 中加载的类的信息。

JVM 在做 GC 时由于是串行的，所以这些动作都是单线程完成的，在 JVM 中的其他应用程序会全部停止。

2. Parallel Collector

Parallel GC 根据 Minor GC 和 Full GC 的不同分为三种，分别是 ParNewGC、ParallelGC 和 ParallelOldGC。

1）ParNewGC

可以通过 -XX:+UseParNewGC 参数来指定，它的对象分配和回收策略与 Serial Collector 类似，只是回收的线程不是单线程的，而是多线程并行回收。在 Parallel Collector 中还有一个 UseAdaptiveSizePolicy 配置参数，这个参数是用来动态控制 Eden、From Space

和 To Space 的 TenuringThreshold 大小的，以便于控制哪些对象经过多少次回收后可以直接放入 Old 区。

2）ParallelGC

在 Server 下默认的 GC 方式，可以通过-XX:+UseParallelGC 参数来强制指定，并行回收的线程数可以通过-XX:ParallelGCThreads 来指定，这个值有个计算公式，如果 CPU 和核数小于 8，线程数可以和核数一样，如果大于 8，值为 3+(cpu core*5)/8。

可以通过-Xmn 来控制 Young 区的大小，如-Xman10m，即设置 Young 区的大小为 10MB。在 Young 区内的 Eden、From Space 和 To Space 的大小控制可以通过 SurvivorRatio 参数来完成，如设置成-XX:SurvivorRatio=8，表示 Eden 区与 From Space 的大小为 8:1，如果 Young 区的总大小为 10 MB，那么 Eden、s0 和 s1 的大小分别为 8 MB、1 MB 和 1 MB。但在默认情况下以-XX:InitialSurivivorRatio 设置的为准，这个值默认也为 8，表示的是 Young:s0 为 8:1。

当在 Eden 区中申请内存空间时，如果 Eden 区不够，那么看当前申请的空间是否大于等于 Eden 的一半，如果大于则这次申请的空间直接在 Old 中分配，如果小于则触发 Minor GC。在触发 GC 之前首先会检查每次晋升到 Old 区的平均大小是否大于 Old 区的剩余空间，如大于则再触发 Full GC。在这次触发 GC 后仍然会按照这个规则重新检查一次。也就是如果满足上面这个规则，Full GC 会执行两次。

如下面这个例子：

```
public static void main(String[] args) throws Exception {
    int m = 1024 * 1024;
    byte[] b = new byte[2*m];
    byte[] b2 = new byte[2*m];
    byte[] b3 = new byte[2*m];
    byte[] b4 = new byte[2*m];
    byte[] b5 = new byte[2*m];
    byte[] b6 = new byte[2*m];
    byte[] b7 = new byte[2*m];
}
```

JVM 参数为 java -Xms20M -Xmx20M -Xmn10M -XX:+UseParallelGC -XX:+ PrintGCDetails。

GC 日志如下：

```
[PSYoungGen: 6912K->368K(8960K)] 6912K->6512K(19200K), 0.0054194 secs]
```

```
[Times: user=0.06 sys=0.00, real=0.01 secs]
    [Full GC [PSYoungGen: 368K->0K(8960K)] [PSOldGen: 6144K->6450K(10240K)]
6512K->6450K(19200K) [PSPermGen: 2548K->2548K(12288K)], 0.0142088 secs] [Times:
user=0.01 sys=0.00, real=0.01 secs]
    [Full GC [PSYoungGen: 6227K->4096K(8960K)] [PSOldGen: 6450K->8498K(10240K)]
12677K->12594K(19200K) [PSPermGen: 2554K->2554K(12288K)], 0.0145918 secs]
[Times: user=0.02 sys=0.00, real=0.02 secs]
    Heap
  PSYoungGen      total 8960K, used 6529K [0x084a0000, 0x08ea0000, 0x08ea0000)
   eden space 7680K, 85% used [0x084a0000,0x08b007e8,0x08c20000)
   from space 1280K, 0% used [0x08c20000,0x08c20000,0x08d60000)
   to   space 1280K, 0% used [0x08d60000,0x08d60000,0x08ea0000)
  PSOldGen       total 10240K, used 8498K [0x07aa0000, 0x084a0000, 0x084a0000)
   object space 10240K, 82% used [0x07aa0000,0x082ec850,0x084a0000)
  PSPermGen      total 12288K, used 2563K [0x03aa0000, 0x046a0000, 0x07aa0000)
   object space 12288K, 20% used [0x03aa0000,0x03d20f78,0x046a0000)
```

从 GC 日志可以看出，Minor GC 每次晋升到 Old 区的大小为（6912KB–368 KB）–（6912 KB–6512 KB）= 6144 KB，而 Old 区的剩余空间为 10240 KB–6227 KB =4013 KB，显然前者大于后者，所以直接触发了两次 Full GC。

在 Young 区的对象经过多次 GC 后有可能仍然存活，那么它们晋升到 Old 区的规则可以通过如下参数来控制：AlwaysTenure，默认为 false，表示只要 Minor GC 时存活就晋升到 old；NeverTenure，默认为 false，表示永远晋升到 old 区。如果在上面两个都没设置的情况下设置 UseAdaptiveSizePolicy，启动时以 InitialTenuringThreshold 值作为存活次数的阈值，在每次 GC 后会动态调整，如果不想使用 UseAdaptiveSizePolicy，则以 MaxTenuringThreshold 为准，不使用 UseAdaptiveSizePolicy 可以设置为-XX:- UseAdaptiveSizePolicy。如果 Minor GC 时 To Space 不够，对象也将会直接放到 Old 区。

当 Old 或者 Perm 区空间不足时会触发 Full GC，如果配置了参数 ScavengeBeforeFullGC，在 Full GC 之前会先触发 Minor GC。

3）ParallelOldGC

可以通过-XX:+UseParallelOldGC 参数来强制指定，并行回收的线程数可以通过-XX:ParallelGCThreads 来指定，这个数字的值有个计算公式，如果 CPU 和核数小于 8，线程数可以和核数一样，如果大于 8，值为 3+(cpu core*5)/8。

它与 ParallelGC 有何不同呢？其实不同之处在 Full GC 上，前者 Full GC 进行的动作为清空整个 Heap 堆中的垃圾对象，清除 Perm 区中已经被卸载的类信息，并进行压缩。而后者是清除 Heap 堆中的部分垃圾对象，并进行部分的空间压缩。

GC 垃圾回收都是以多线程方式进行的，同样也将暂停所有的应用程序。

3. CMS Collector

可通过-XX:+UseConcMarkSweepGC 来指定，并发的线程数默认为 4（并行 GC 线程数+3），也可通过 ParallelCMSThreads 来指定。

CMS GC 与上面讨论的 GC 不太一样，它既不是上面所说的 Minor GC，也不是 Full GC，它是基于这两种 GC 之间的一种 GC。它的触发规则是检查 Old 区或者 Perm 区的使用率，当达到一定比例时就会触发 CMS GC，触发时会回收 Old 区中的内存空间。这个比例可以通过 CMSInitiatingOccupancyFraction 参数来指定，默认是 92%，这个默认值是通过 $((100-MinHeapFreeRatio)+(double)(CMSTriggerRatio*MinHeapFreeRatio)/100.0)/100.0$ 计算出来的，其中的 MinHeapFreeRatio 为 40、CMSTriggerRatio 为 80。如果让 Perm 区也使用 CMS GC 可以通过-XX:+CMSClassUnloadingEnabled 来设定，Perm 区的比例默认值也是 92%，这个值可以通过 CMSInitiatingPermOccupancyFraction 设定。这个默认值也是通过一个公式计算出来的：$((100-MinHeapFreeRatio)+(double)(CMSTriggerPermRatio*MinHeapFreeRatio)/100.0)/100.0$，其中 MinHeapFreeRatio 为 40，CMSTriggerPermRatio 为 80。

触发 CMS GC 时回收的只是 Old 区或者 Perm 区的垃圾对象，在回收时和前面所说的 Minor GC 和 Full GC 基本没有关系。

在这个模式下的 Minor GC 触发规则和回收规则与 Serial Collector 基本一致，不同之处只是 GC 回收的线程是多线程而已。

触发 Full GC 是在这两种情况下发生的：一种是 Eden 分配失败，Minor GC 后分配到 To Space，To Space 不够再分配到 Old 区，Old 区不够则触发 Full GC；另外一种情况是，当 CMS GC 正在进行时向 Old 申请内存失败则会直接触发 Full GC。

这里还需要特别提醒一下，在 Hotspot 1.6 中使用这种 GC 方式时在程序中显式地调用了 System.gc，且设置了 ExplicitGCInvokesConcurrent 参数，那么使用 NIO 时可能会引发内存泄漏，这个内存泄漏将在后面介绍。

CMS GC 何时执行 JVM 还会有一些时机选择，如当前的 CPU 是否繁忙等因素，因此它会有一个计算规则，并根据这个规则来动态调整。但是这也会给 JVM 带来另外的开销，如果要去掉这个动态调整功能，禁止 JVM 自行触发 CMS GC，可以通过配置参数 -XX:+UseCMSInitiatingOccupancyOnly 来实现。

4. 组合使用这三种 GC（如表 8-1 所示）

表 8-1　三种 GC

GC 组合	Young 区	Old 区
-XX:+UseSerialGC	串行 GC	串行 GC
-XX:+UseParallelGC	PSGC	并行 MSCGC
-XX:+UseParNewGC	并行 GC	串行 GC
-XX:+UseParallelOldGC	PSGC	并行 CompactingGC
-XX:+UseConcMarkSweepGC	ParNewGC	并发 GC 当出现 concurrentMode failure 时采用串行 GC
-XX:+UseConcMarkSweepGC -XX:-UseParNewGC	串行 GC	并发 GC 当出现 ConcurrentMode failure 或 promotionfailed 时则采用串行 GC
不支持的组合方式	（1）-XX:+UseParNewGC-XX:+UseParallelOldGC （2）-XX:+UseParNewGC-XX:+UseSerialGC	

5. GC 参数列表集合（如表 8-2 所示）

表 8-2　GC 参数列表集合

GC 方式	参数集合
Heap 堆配置	-Xms/堆初始大小
	-Xmx/堆最大值
	-Xmn/Young 区大小
	-XX:PermSize/Perm 区大小
	-XX:MaxPermSize/Perm 区最大值
Serial Collector（串行）	-XX:+UseSerialGC/GC 方式

GC 方式		参 数 集 合
		-XX:SurvivorRatio/默认为 8，代表 eden:s0
		-XX:MaxTenuringThreshold/默认为 15，代表对象在新生代经历多少次 MinorGC 后才晋升到 Old 区，效率高，当 Heap 过大时，应用程度暂停时间较长
Parallel Collector（并行）	ParNewGC	-XX:+UseParNewGC/GC 方式
		-XX:SurvivorRatio/默认为 8，代表 eden:s0
		-XX:MaxTenuringThreshold/默认为 15
		-XX:+UseAdaptiveSizePolicy
Parallel Collector（并行）	ParallelGC	-XX:+UseParallelGC/GC 方式
		-XX:ParallelGCThreads/并发线程数
		-XX:InitialSurivivorRatio/默认为 8，Young:s0 的比值
		-XX:+UseAdaptiveSizePolicy
		-XX:MaxTenuringThreshold/默认为 15
		-XX:+ScavengeBeforeFullGC/FullGC 前触发 MinorGC
	ParallelOldGC	-XX:+UseParallelOldGC/GC 方式，其他同上
CMS Collector（并发）		-XX:+UseConcMarkSweepGC/GC 方式
		-XX:ParallelCMSThreads/设置并发 CMS GC 时的线程数
		-XX:CMSInitiatingOccupancyFraction/当旧生代使用占到多少百分比时触发 CMS GC
		-XX:+UseCMSInitiatingOccupancyOnly/默认为 false，代表允许 hotspot 根据成本来决定什么时候执行 CMSGC
		-XX:+UseCMSCompactAtFullCollection/当 Full GC 时执行压缩
		-XX:CMSMaxAbortablePrecleanTime=5000/设置 preclean 步骤的超时时间，单位为毫秒
		-XX:+CMSClassUnloadingEnabled/PermGen 采用 CMS GC 回收

6. 三种 GC 优缺点对比（如表 8-3 所示）

表 8-3　三种 GC 的优缺点对比

GC	优　点	缺　点
Serial Collector（串行）	在适合内存有限的情况下	回收慢
Parallel Collector（并行）	效率高	当 Heap 过大时，应用程序暂停时间较长
CMS Collector（并发）	Old 区回收暂停时间短	产生内存碎片、整个 GC 耗时较长、比较耗 CPU

8.7　内存问题分析

8.7.1　GC 日志分析

有时候我们可能并不知道何时会发生内存溢出，但是当溢出已经发生时我们却并不知道原因，所以在 JVM 启动时就加上一些参数来控制，当 JVM 出问题时能记下一些当时的情况。还有就是记录下来的 GC 的日志，我们可以观察 GC 的频度以及每次 GC 都回收了哪些内存。

GC 的日志输出如下参数。

◎　-verbose:gc，可以辅助输出一些详细的 GC 信息。

◎　-XX:+PrintGCDetails，输出 GC 的详细信息。

◎　-XX:+PrintGCApplicationStoppedTime，输出 GC 造成应用程序暂停的时间。

◎　-XX:+PrintGCDateStamps，GC 发生的时间信息。

◎　-XX:+PrintHeapAtGC，在 GC 前后输出堆中各个区域的大小。

◎　-Xloggc:[file]，将 GC 信息输出到单独的文件中。

每种 GC 的日志形式如表 8-4 所示。

表 8-4　每种 GC 的日志形式

GC 方式		日 志 形 式
Serial Collector（串行）		[GC [DefNew: 11509K->1138K(14336K), 0.0110060 secs] 11509K->1138K(38912K), 0.0112610 secs] [Times: user=0.00 sys=0.01, real=0.01 secs]
		[Full GC [Tenured: 9216K->4210K(10240K), 0.0066570 secs] 16584K->4210K(19456K), [Perm : 1692K->1692K(16384K)], 0.0067070 secs][Times: user=0.00 sys=0.00, real=0.01 secs]
Parallel Collector（并行）	ParNewGC	[GC [ParNew: 11509K->1152K(14336K), 0.0129150 secs] 11509K->1152K(38912K), 0.0131890 secs] [Times: user=0.05 sys=0.02, real=0.02 secs]
		[GC [ASParNew: 7495K->120K(9216K), 0.0403410 secs] 7495K->7294K(19456K), 0.0406480 secs] [Times: user=0.06 sys=0.15, real=0.04 secs]

GC 方式	日 志 形 式	
Parallel Collector （并行）	ParallelGC	[GC [PSYoungGen: 11509K->1184K(14336K)] 11509K->1184K(38912K), 0.0113360 secs][Times: user=0.03 sys=0.01, real=0.01 secs] [Full GC [PSYoungGen: 1208K->0K(8960K)] [PSOldGen: 6144K->7282K(10240K)] 7352K->7282K(19200K) [PSPermGen: 1686K->1686K(16384K)], 0.0165880 secs] [Times: user=0.01 sys=0.01, real=0.02 secs]
	ParallelOldGC	[Full GC [PSYoungGen: 1224K->0K(8960K)] [ParOldGen: 6144K->7282K(10240K)] 7368K->7282K(19200K) [PSPermGen: 1686K->1685K(16384K)], 0.0223510 secs] [Times: user=0.02 sys=0.06, real=0.03 secs]
CMS Collector （并发）	[GC [1 CMS-initial-mark: 13433K(20480K)] 14465K(29696K), 0.0001830 secs] [Times: user=0.00 sys=0.00, real=0.00 secs] [CMS-concurrent-mark: 0.004/0.004 secs] [Times: user=0.01 sys=0.00, real=0.01 secs] [CMS-concurrent-preclean: 0.000/0.000 secs] [Times: user=0.00 sys=0.00, real=0.00 secs] CMS: abort precleandue to time [CMS-concurrent-abortable-preclean: 0.007/5.042 secs] [Times: user=0.00 sys=0.00, real=5.04 secs] [GC[YG occupancy: 3300 K (9216 K)][Rescan (parallel) , 0.0002740 secs] [weak refs processing, 0.0000090 secs] [1 CMS-remark: 13433K(20480K)] 16734K(29696K), 0.0003710 secs] [Times: user=0.00 sys=0.00, real=0.00 secs] [CMS-concurrent-sweep: 0.000/0.000 secs] [Times: user=0.00 sys=0.00, real=0.00 secs] [CMS-concurrent-reset: 0.000/0.000 secs] [Times: user=0.00 sys=0.00, real=0.00 secs]	

除 CMS 的日志与其他 GC 的日志差别较大外，它们都可以抽象成如下格式：

```
[GC [<collector>: <starting occupancy1> -> <ending occupancy1>(total size1),
<pause time1> secs] <starting occupancy2> -> <ending occupancy2>(total size2),
<pause time2> secs]
```

其中说明如下：

◎ <collector>GC 表示收集器的名称。

◎ <starting occupancy1>表示 Young 区在 GC 前占用的内存。

◎ <ending occupancy1>表示 Young 区在 GC 后占用的内存。

◎ <pause time1>表示 Young 区局部收集时 JVM 暂停处理的时间。

◎ <starting occupancy2>表示 JVM Heap 在 GC 前占用的内存。

◎ <ending occupancy2> 表示 JVM Heap 在 GC 后占用的内存。

◎ <pause time2>表示在 GC 过程中 JVM 暂停处理的总时间。

可以根据日志来判断是否有内存在泄漏，如果 <ending occupancy1>-<starting occupancy1>=<ending occupancy2>-<starting occupancy2>，则表明这次 GC 对象 100%被回收，没有对象进入 Old 区或者 Perm 区。如果等号前面的值大于等号后面的值，那么差值就是这次回收对象进入 Old 区或者 Perm 区的大小。如果随着时间的延长，<ending occupancy2>的值一直在增长，而且 Full GC 很频繁，那么很可能就是内存泄漏了。

除去日志文件分析外，还可以直接通过 JVM 自带的一些工具分析，如 jstat，使用格式为 jstat –gcutil [pid] [intervel] [count]，如下面这个日志：

```
[junshan@tbskip027085 junshan]$ sudo /opt/taobao/java/bin/jstat -gcutil
29723 500 100
    S0     S1     E      O      P    YGC     YGCT    FGC    FGCT    GCT
  0.00   4.05   30.56  39.49  45.22  5401    68.689   66    22.519   91.209
  0.00   4.05   32.79  39.49  45.22  5401    68.689   66    22.519   91.209
  0.00   4.05   35.96  39.49  45.22  5401    68.689   66    22.519   91.209
  0.00   4.05   38.23  39.49  45.22  5401    68.689   66    22.519   91.209
  0.00   4.05   40.45  39.49  45.22  5401    68.689   66    22.519   91.209
  0.00   4.05   43.07  39.49  45.22  5401    68.689   66    22.519   91.209
  0.00   4.05   46.16  39.49  45.22  5401    68.689   66    22.519   91.209
  0.00   4.05   49.05  39.49  45.22  5401    68.689   66    22.519   91.209
  0.00   4.05   50.86  39.49  45.22  5401    68.689   66    22.519   91.209
  0.00   4.05   54.49  39.49  45.22  5401    68.689   66    22.519   91.209
  0.00   4.05   57.27  39.49  45.22  5401    68.689   66    22.519   91.209
  0.00   4.05   59.62  39.49  45.22  5401    68.689   66    22.519   91.209
  0.00   4.05   63.03  39.49  45.22  5401    68.689   66    22.519   91.209
  0.00   4.05   65.81  39.49  45.22  5401    68.689   66    22.519   91.209
  0.00   4.05   68.51  39.49  45.22  5401    68.689   66    22.519   91.209
  0.00   4.05   71.16  39.49  45.22  5401    68.689   66    22.519   91.209
  0.00   4.05   74.38  39.49  45.22  5401    68.689   66    22.519   91.209
  0.00   4.05   76.94  39.49  45.22  5401    68.689   66    22.519   91.209
  0.00   4.05   79.27  39.49  45.22  5401    68.689   66    22.519   91.209
```

0.00	4.05	82.74	39.49	45.22	5401	68.689	66	22.519	91.209
0.00	4.05	85.85	39.49	45.22	5401	68.689	66	22.519	91.209
0.00	4.05	88.35	39.49	45.22	5401	68.689	66	22.519	91.209
0.00	4.05	91.05	39.49	45.22	5401	68.689	66	22.519	91.209
0.00	4.05	93.45	39.49	45.22	5401	68.689	66	22.519	91.209

在上面日志中的参数含义如下：

◎ S0 表示 Heap 上的 Survivor space 0 区已使用空间的百分比。

◎ S1 表示 Heap 上的 Survivor space 1 区已使用空间的百分比。

◎ E 表示 Heap 上的 Eden space 区已使用空间的百分比。

◎ O 表示 Heap 上的 Old space 区已使用空间的百分比。

◎ P 表示 Perm space 区已使用空间的百分比。

◎ YGC 表示从应用程序启动到采样时发生 Young GC 的次数。

◎ YGCT 表示从应用程序启动到采样时 Young GC 所用的时间（单位为秒）。

◎ FGC 表示从应用程序启动到采样时发生 Full GC 的次数。

◎ FGCT 表示从应用程序启动到采样时 Full GC 所用的时间（单位为秒）。

◎ GCT 表示从应用程序启动到采样时用于垃圾回收的总时间（单位为秒）。

8.7.2　堆快照文件分析

可通过命令 jmap –dump:format=b,file=[filename] [pid]来记录下堆的内存快照，然后利用第三方工具（如 mat）来分析整个 Heap 的对象关联情况。

如果内存耗尽那么可能导致 JVM 直接垮掉，可以通过参数：-XX:+HeapDumpOnOutOfMemoryError 来配置当内存耗尽时记录下内存快照，可以通过-XX:HeapDumpPath 来指定文件的路径，这个文件的命名格式如 java_[pid].hprof。

8.7.3　JVM Crash 日志分析

JVM 有时也会因为一些原因而导致直接垮掉，因为 JVM 本身也是一个正在运行的程序，这个程序本身也会有很多情况直接出问题，如 JVM 本身也有一些 Bug，这些 Bug 可能会导致 JVM 异常退出。JVM 退出一般会在工作目录下产生一个日志文件，也可以通过 JVM 参数来设定，如-XX:ErrorFile=/tmp/log/hs_error_%p.log。

下面是一个日志文件：

```
#
# A fatal error has been detected by the Java Runtime Environment:
#
#  SIGSEGV (0xb) at pc=0x00002ab12ba7103a, pid=7748, tid=1363515712
#
# JRE version: 6.0_26-b03
# Java VM: OpenJDK 64-Bit Server VM (20.0-b11-internal mixed mode linux-
amd64 )
# Problematic frame:
# V  [libjvm.so+0x8bf03a]  jni_GetFieldID+0x22a
#
# If you would like to submit a bug report, please visit:
#   http://java.sun.com/webapps/bugreport/crash.jsp
#
--------------- T H R E A D ---------------
Current thread (0x00002aabd0ba5000):  JavaThread "http-0.0.0.0-7001-32"
daemon [_thread_in_vm, id=8192, stack(0x0000000051359000,0x000000005145a000)]

siginfo:si_signo=SIGSEGV: si_errno=0, si_code=1 (SEGV_MAPERR), si_addr=
0x0000000000000010

Registers:
...
Top of Stack: (sp=0x0000000051455620)
...
Instructions: (pc=0x00002ab12ba7103a)
0x00002ab12ba7101a:   01 00 00 48 8b 5f 10 48 8d 43 08 48 3b 47 18 0f
0x00002ab12ba7102a:   87 53 02 00 00 48 89 47 10 48 89 13 48 83 c2 10
0x00002ab12ba7103a:   48 8b 0a 48 89 d7 4c 89 fe 31 c0 ff 51 58 49 8b
0x00002ab12ba7104a:   47 08 48 85 c0 0f 85 f7 01 00 00 48 c7 45 90 00
Register to memory mapping:

RAX=
[error occurred during error reporting (printing register info), id 0xb]
```

```
    Stack: [0x0000000051359000,0x000000005145a000],  sp=0x0000000051455620,
free space=1009k
    Native frames: (J=compiled Java code, j=interpreted, Vv=VM code, C=native
code)
    V [libjvm.so+0x8bf03a] jni_GetFieldID+0x22a
    C    [libocijdbc10.so+0xcc81]   Java_oracle_jdbc_driver_T2CConnection_
t2cDescribeError+0x205
    C    [libocijdbc10.so+0x878b]   Java_oracle_jdbc_driver_T2CConnection_
t2cCreateState+0x193
    j  oracle.jdbc.driver.T2CConnection.t2cCreateState([BI[BI[BI[BISI[S[B[B]I+0
    j  oracle.jdbc.driver.T2CConnection.logon()V+589
    j  oracle.jdbc.driver.PhysicalConnection.<init>(Ljava/lang/String;Ljava/
lang/String;Ljava/lang/String;Ljava/lang/String;Ljava/util/Properties;Loracl
e/jdbc/driver/OracleDriverExtension;)V+370
    j  oracle.jdbc.driver.T2CConnection.<init>(Ljava/lang/String;Ljava/lang/
String;Ljava/lang/String;Ljava/lang/String;Ljava/util/Properties;Loracle/jdb
c/driver/OracleDriverExtension;)V+10
    j  oracle.jdbc.driver.T2CDriverExtension.getConnection(Ljava/lang/String;
Ljava/lang/String;Ljava/lang/String;Ljava/lang/String;Ljava/util/Properties;
)Ljava/sql/Connection;+67
    j  oracle.jdbc.driver.OracleDriver.connect(Ljava/lang/String;Ljava/util/
Properties;)Ljava/sql/Connection;+831
    ...
    --------------- P R O C E S S ---------------

    Java Threads: ( => current thread )
    0x000000004d11e800 JavaThread "IdleRemover" daemon [_thread_blocked,
id=8432, stack(0x00000000584ca000,0x00000000585cb000)]
    =>0x00002aabd0ba5000 JavaThread "http-0.0.0.0-7001-32" daemon [_thread_in_
vm, id=8192, stack(0x0000000051359000,0x000000005145a000)]
    ...
    VM state:not at safepoint (normal execution)

    VM Mutex/Monitor currently owned by a thread: None

    Heap
     par new generation   total 1474560K, used 1270275K [0x00002aaaae0f0000,
0x00002aab120f0000, 0x00002aab120f0000)
      eden space 1310720K,  89% used [0x00002aaaae0f0000, 0x00002aaaf5d634e0,
0x00002aaafe0f0000)
      from space 163840K,  57% used [0x00002aab080f0000, 0x00002aab0dcfd748,
```

```
0x00002aab120f0000)
      to   space 163840K,   0% used [0x00002aaafe0f0000, 0x00002aaafe0f0000,
0x00002aab080f0000)
     concurrent mark-sweep generation total 2555904K,  used  888664K
[0x00002aab120f0000, 0x00002aabae0f0000, 0x00002aabae0f0000)
     concurrent-mark-sweep perm gen total 262144K,  used  107933K
[0x00002aabae0f0000, 0x00002aabbe0f0000, 0x00002aabbe0f0000)

   Code Cache [0x00002aaaab025000, 0x00002aaaabcd5000, 0x00002aaaae025000)
   total_blobs=3985 nmethods=3447 adapters=491 free_code_cache=37205440
largest_free_block=30336

   Dynamic libraries:
   40000000-40009000 r-xp 00000000 ca:06 224241                        /opt/
xxx/install/jdk-1.6.0_26/bin/java
   ...
   --------------- S Y S T E M ---------------

OS:Red Hat Enterprise Linux Server release 5.4 (Tikanga)
```

在这个文件中的信息主要分为 4 种：退出原因分类、导致退出的 Thread 信息、退出时的 Process 状态信息、退出时与操作系统相关信息。

JVM 退出一般有三种主要原因，在上面这个例子中是 SIGSEGV（0xb），这三种原因分别如下。

1. EXCEPTION_ACCESS_VIOLATION

正在运行 JVM 自己的代码，而不是外部的 Java 代码或其他类库代码。这种情况很可能是 JVM 自己的 Bug，遇到这种错误时，可以根据出错信息到 http://bugreport.sun.com/bugreport/index.jsp 去搜索一下已经发行的 Bug。

在大部分情况下是由于 JVM 的内存回收导致的，所以可以观察 Process 部分的信息，查看堆的内存占用情况。

2. SIGSEGV

JVM 正在执行本地或 JNI 的代码，出这种错误很可能是第三方的本地库有问题，可以通过 gbd 和 core 文件来分析出错原因。

3. EXCEPTION_STACK_OVERFLOW

这是个栈溢出的错误，注意 JVM 在执行 Java 线程时出现的栈溢出通常不会导致 JVM 退出，而是抛出 java.lang.StackOverflowError，但是在 Java 虚拟机中，Java 的代码和本地 C 或 C++代码共用相同的栈，这时如果出现栈溢出的话，就有可能直接导致 JVM 退出。建议将 JVM 的栈尺寸调大，主要涉及两个参数：-Xss 和-XX:StackShadowPages=n。

日志文件的 Thread 部分的信息对我们排查这个问题的原因最有帮助，这部分有两个关系信息，包括 Machine Instructions 和 Thread Stack。Mchine Instructions 是当前系统执行的机器指令，是 16 进制的。我们可以将它转成指令，通过 udis86 工具来转换，该工具可以在 http://udis86.sourceforge.net/ 下载，安装在 Linux 中，将上面的 16 进制数字复制到命令行中用如下方式执行转换：

```
[junshan@xxx ~]$ echo "47 08 48 85 c0 0f 85 f7 01 00 00 48 c7 45 90 00" |
udcli -64 -x
0000000000000000 47084885          or [r8-0x7b], r9b
0000000000000004 c00f85            ror byte [rdi], 0x85
0000000000000007 f701000048c7      test dword [rcx], 0xc7480000
000000000000000d 4590              xchg r8d, eax
```

可以得到汇编指令，由于是 64 位机器，所以是 udcli -64 –x，如果是 32 机器，则改成 udcli -32 –x。可以通过这个指令来判断当前正在执行什么指令而导致了垮掉。例如，如果当前在访问寄存器地址，那么这个地址是否合法，以及如果是除法指令，操作数是否合法等。

而 Stack 信息最直接，可以帮助我们看到到底是哪个库的哪行代码出错，如在上面的错误信息中显示的是由于执行 Oracle 的 Java 驱动程序引起出错的。我们还可以通过生成的 core 文件来更详细地看出是执行到哪行代码出错的，如下所示：

```
$gdb /opt/xxx/java/bin/java /home/admin/xxxx/target/core.14595
GNU gdb Fedora (6.8-37.el5)
Copyright (C) 2008 Free Software Foundation, Inc.
License GPLv3+: GNU GPL version 3 or later <http://gnu.org/licenses/
gpl.html>
This is free software: you are free to change and redistribute it.
There is NO WARRANTY, to the extent permitted by law.  Type "show copying"
and "show warranty" for details.
This GDB was configured as "x86_64-redhat-linux-gnu"...
…
```

```
(gdb) bt
#0  0x000000320ea30265 in raise () from /lib64/libc.so.6
#1  0x000000320ea31d10 in abort () from /lib64/libc.so.6
#2  0x00002b4ba59d80e9 in os::abort () from /opt/taobao/install/jdk-1.6.0_
26/jre/lib/amd64/server/libjvm.so
#3  0x00002b4ba59d1e0f in VMError::report_and_die () from /opt/taobao/
install/jdk-1.6.0_26/jre/lib/amd64/server/libjvm.so
…
```

通过 gdb 来调试 core 文件可以看到更详细的信息，还可以通过 frame n 和 info local 组合命令来更进一步地查看这一行所包含的 local 变量值，但这只能是程序使用-g 命名编译的结果，也就是编译后的程序包含 debug 信息。

日志文件的第三部分包含的是 Process 信息，这里详细列出了该程序产生的所有线程，以及线程正处于的状态。由于在同一时刻只能有一个线程具有 CPU 使用权，所以可以看到，其他所有线程的状态都是_thread_blocked，而执行的正是那个出错的线程。

这部分最有价值的部分就是记录下来了当前 JVM 的堆信息，如下所示：

```
Heap
 par new generation   total 1474560K, used 1270275K [0x00002aaaae0f0000,
0x00002aab120f0000, 0x00002aab120f0000)
   eden space 1310720K,  89% used [0x00002aaaae0f0000, 0x00002aaaf5d634e0,
0x00002aaafe0f0000)
   from space 163840K,  57% used [0x00002aab080f0000, 0x00002aab0dcfd748,
0x00002aab120f0000)
   to   space 163840K,   0% used [0x00002aaafe0f0000, 0x00002aaafe0f0000,
0x00002aab080f0000)
   concurrent   mark-sweep   generation   total   2555904K,   used   888664K
[0x00002aab120f0000, 0x00002aabbae0f0000, 0x00002aabbae0f0000)
   concurrent-mark-sweep   perm   gen    total    262144K,    used    107933K
[0x00002aabbae0f0000, 0x00002aabbbe0f0000, 0x00002aabbbe0f0000]
```

通过每个分区当前所使用的空间大小，尤其是 Old 区的空间是否已经满了，可以判断出当前的 GC 是否正常。

还有一个信息也比较有价值，那就是当前 JVM 的启动参数，设置的堆大小和使用的 GC 方式等都可以从这里看出。

最后一部分是 System 信息，这部分主要记录了当前操作系统的状态信息，如操作系统的 CPU 信息和内存情况等。

8.8　实例 1

这里有一个 JVM 内存泄漏的实例，是在淘宝的一个系统中发生的，这个问题是由一个模板引擎导致的，这个模板引擎在后面的章节中再介绍。

当时的情况是系统 load 偏高，达到了 6 左右，而平时基本在 1 左右，整个系统响应较慢，但是重启系统之后就恢复正常。于是查看 GC 的情况，发现 FGC 明显超出正常情况，并且在 GC 过程中出现 concurrent mode failure。如下日志所示：

```
[GC 642473.656: [ParNew: 2184576K->2184576K(2403008K), 0.0000280 secs]
642473.656: [CMS2011-09-30T03:53:22.209+0800: 642473.656: [CMS-concurrent-
abortable-preclean: 0.064/1.953 secs] [Times: user=0.06 sys=0.00, real=1.95
secs]
    (concurrent mode failure): 1408475K->1422713K(1572864K), 6.0568470 secs]
3593051K->1422713K(3975872K), [CMS Perm : 77027K->77005K(200704K)], 6.0570590
secs] [Times: user=6.05 sys=0.00, real=6.06 secs]
```

这说明在 Old 区分配内存时出现分配失败的现象，而且整个内存占用达到了 6GB 左右，超出了平时的 4GB，于是得出可能是有内存泄漏的问题。

通过 jmap –dump:format=b,file=[filename] [pid]命令查看 Heap，再通过 MAT 工具分析，如图 8-4 所示。

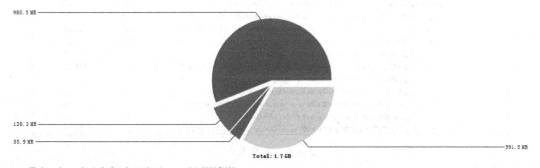

图 8-4　MAT 工具分析

图 8-4 中最大的一个对象占用了 900 多兆内存，这显然有问题。图 8-5 是 MAT 给出的

可能有问题的对象的说明，指出了 Map 集合占用了 55%的空间。

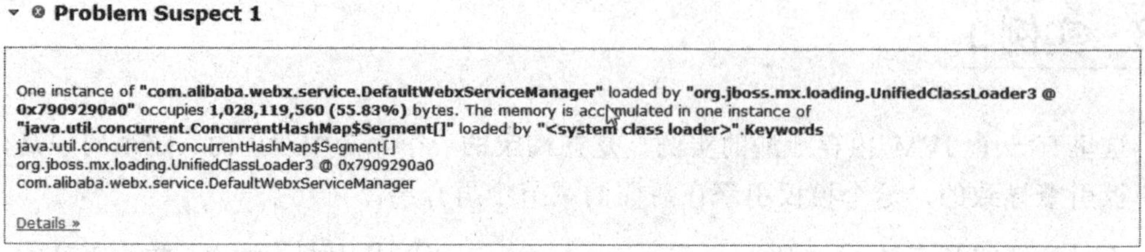

▾ ⓧ **Problem Suspect 1**

One instance of **"com.alibaba.webx.service.DefaultWebxServiceManager"** loaded by **"org.jboss.mx.loading.UnifiedClassLoader3 @ 0x7909290a0"** occupies **1,028,119,560 (55.83%)** bytes. The memory is accumulated in one instance of **"java.util.concurrent.ConcurrentHashMap$Segment[]"** loaded by **"<system class loader>".Keywords**
java.util.concurrent.ConcurrentHashMap$Segment[]
org.jboss.mx.loading.UnifiedClassLoader3 @ 0x7909290a0
com.alibaba.webx.service.DefaultWebxServiceManager

Details »

图 8-5　MAT 对可能有问题的对象的说明

再看一下到底这个对象都持有了哪些对象，如图 8-6 所示。

Class Name	Shallow Heap	Retained Heap
▲ 📋 com.taobao.sketch.compile.SketchCompilationContext @ 0x79aeb8ea0	264	331,952,584
▷ ⓒ **<class>** class com.taobao.sketch.compile.SketchCompilationContext @ 0x7f2d53f	0	0
▷ 📋 **log** com.alibaba.common.logging.spi.log4j.Log4jLogger @ 0x79008bc40	24	24
▷ 📋 **sketchConfig** com.taobao.sketch.runtime.SketchRuntimeServer @ 0x7908f0930	112	1,027,674,056
▷ ⓒ **classLoader** com.taobao.sketch.compile.resource.SketchTemplateJavaLoader @ 0	152	2,528
▷ 📋 **sketchTemplateInstance** com.taobao.sketch.runtime.SketchTemplateInstance @ 0	104	332,231,488
▷ 📋 **staticText** java.util.HashMap @ 0x79bcaa528	64	648
▲ 📋 **reference** java.util.HashMap @ 0x79bcaa558	64	331,308,544
▷ ⓒ **<class>** class java.util.HashMap @ 0x7f00b9080 System Class	24	24
▷ 📋 **entrySet** java.util.HashMap$EntrySet @ 0x79c1a9500	24	24
▲ 📋 **table** java.util.HashMap$Entry[32] @ 0x79c1e68c8	280	331,308,456
▷ ⓒ **<class>** class java.util.HashMap$Entry[] @ 0x7f00bd628	0	0
▷ 📋 **[1]** java.util.HashMap$Entry @ 0x79c2fac40	48	752
▲ 📋 **[2]** java.util.HashMap$Entry @ 0x79c2fac60	48	760
▷ ⓒ **<class>** class java.util.HashMap$Entry @ 0x7f00bd060 System Class	0	0
▷ 📋 **key** java.lang.String @ 0x79c2fb240 _.asq$remove	40	88
▲ 📋 **value** com.taobao.sketch.runtime.RefClass @ 0x79de29ae0	80	624
▷ ⓒ **<class>** class com.taobao.sketch.runtime.RefClass @ 0x7f3a44eb0	0	0
▲ 📋 **obj** com.taobao.hesper.biz.core.query.AuctionSearchQuery @ 0x7982	200	166,014,544
▲ ⓒ **<class>** class com.taobao.hesper.biz.core.query.AuctionSearchQu	152	28,048
▷ ⓒ **<class>** class java.lang.Class @ 0x7f0021390 System Class, Na	48	72
▷ ⓒ **<classloader>** org.jboss.mx.loading.UnifiedClassLoader3 @ 0	216	3,168,520
▷ 📋 **catsForHateDaily** java.lang.Integer[4] @ 0x792cf2880	56	56
▷ 📋 **personalizedCatsDaily** java.util.HashSet @ 0x797ffbfe8	24	288
▷ 📋 **catsForPersonalizedDaily** java.lang.Integer[1] @ 0x797ffc000	32	32
▷ 📋 **validIndex** java.util.HashSet @ 0x797ffc648	24	576
▷ 📋 **AUCTION_ALLOW_PARAMS** java.util.HashSet @ 0x797ffc660	24	19,136

图 8-6　对象大小

在图 8-6 中第一列是类名，第二列 Shallow Heap 表示这个对象本身的大小，所谓对象本身大小就是在这个对象的一些域中直接分配的存储空间，如定义 byte[] byte=new byte[1024]，这个 byte 属性的大小就直接包含在这个对象的 Shallow 中。而如果这个对象的某些属性指向一个对象，那么所指向的那个对象的大小就计算在 Retained Heap 中。

图 8-6 中 SketchCompileContext 对象持有一个 Map 集合，这个 Map 集合所占用的空间很大，仔细查看后发现这个 Map 持有一个 DO 对象，这个对象的确是一个大对象，它的大小并没有超出我们的预期，仔细查看其他集合，没有发现所持有对象有什么不对的地方。但是仔细计算整个对象集合的大小发现，虽然所有的对象都是应该存在的，但是比我们计算的正常大小多了将近一倍，于是我们想到可能是持有了两份同样的对象。

按照这个思路仔细搜索这个 Map 集合中的对象的数值，果然发现同样一个数值有两个不同的 DO 对象对应，但是为什么有两个 DO 对象呢？正常情况应该单一啊，怎么会产生两份 DO 对象？后面仔细检查这个 DO 对象的业务逻辑，原来是这个 DO 要在每天凌晨两点更新一次，更新后老对象会自动释放，但是我们这个新引擎是要保存这些对象，以便于做编译优化，不能及时地释放这个更新后的老对象，所以导致这个大对象在内存中保存了两份。

8.9　实例 2

这个例子和前面介绍的 CMS GC 回收方式的一个 JVM 的 Bug 相关，淘宝的某应用在某天突然导致线上部分机器报警，Java 的内存使用非常严重，达到了 6GB，超过了平时的 4GB，而且有几台机器进行一段时间后导致 OOM、JVM 退出。当时相关人员的第一反应是重启部分机器，保留几台有问题的机器来寻找原因。

观察重启后的机器，发现应用恢复正常，但是发现 JVM 进程占用的内存一直在增长，可以大体推断出是 JVM 有内存泄漏。然后检查最近是否有系统改动，是否是 Java 代码问题导致了内存泄漏。检查后发现最近一周 Java 代码改动很少，而且也没有发现有内存泄漏问题。

同时检查 GC 的日志，发现有问题的机器的 Full GC 没有异常，甚至 Full GC 比平时还少，CMS GC 也很少。从日志中没有发现可能有内存问题。

为了进一步确认 GC 是否正常，我们找出 JVM 的 Heap，用 MAT 分析堆文件，堆的使用情况如图 8-7 所示。

可以看出，整个 Heap 只有不到 1GB 的空间，而且从 Leak Suspects 给出的报告中可以看到占有最大空间的对象是一个 DO 对象，如图 8-8 所示。

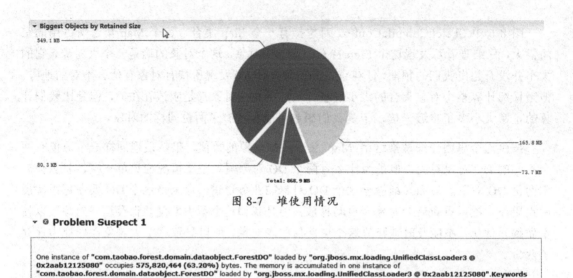

图 8-7　堆使用情况

▼ ⊙ **Problem Suspect 1**

One instance of **"com.taobao.forest.domain.dataobject.ForestDO"** loaded by **"org.jboss.mx.loading.UnifiedClassLoader3 @ 0x2aab12125080"** occupies **575,820,464 (63.20%)** bytes. The memory is accumulated in one instance of **"com.taobao.forest.domain.dataobject.ForestDO"** loaded by **"org.jboss.mx.loading.UnifiedClassLoader3 @ 0x2aab12125080"**.Keywords com.taobao.forest.domain.dataobject.ForestDO
org.jboss.mx.loading.UnifiedClassLoader3 @ 0x2aab12125080

Details »

图 8-8　DO 对象

　　而这个对象的大小也符合我们的预期，所以可以得出判断，不是 JVM 的堆内存有问题。但是既然 JVM 的堆占有的内存并不多，那么 Java 进程为什么占用那么多内存呢？

　　我们于是想到了可能是堆外分配的内存有泄漏，从前面的分析中我们已经知道，JVM 除了堆需要内存外还有很多方面也需要在运行时使用内存，如 JVM 本身 JIT 编译需要内存，JVM 的栈也需要内存，JNI 调用本地代码也需要内存，还有 NIO 方式也会使用 Direct Buffer 来申请内存。

　　从这些因素中我们推断可能是 Direct Buffer 导致的，因为在上次发布中引入过一个 Apache 的 Mina 包，在这个包中肯定使用了 Direct Buffer，但是为什么 Direct Buffer 没有正常回收呢？很奇怪。

　　这时想到了可能是 JVM 的一个 Bug，详见 http://bugs.sun.com/bugdatabase/view_bug.do?bug_id=6919638。外部调用了 System.gc，且设置了 -XX:+DisableExplicitGC，所以导致 System.gc()变成了空调用，而应用 GC 却很少，这里的 GC 包括 CMS GC 和 Full GC。所以 Direct Buffer 对象还没有被及时回收，相应的 native memory 不能被释放。为了验证这一点，相关人员还写了一个工具来检查当前 JVM 中 NIO direct memory 的使用情况，如下

所示：

```
    [sajia@xxx ~]$ sjdirectmem `s pgrep java`
Attaching to process ID 3543, please wait...
WARNING: Hotspot VM version 20.0-b11-internal does not match with SA version
 20.1-b02. You may see unexpected results.
Debugger attached successfully.
Server compiler detected.
JVM version is 20.0-b11-internal
NIO direct memory: (in bytes)
  reserved size = 163.417320 MB (171355480 bytes)
  max size      = 3936.000000 MB (4127195136 bytes)
    [sajia@xxx ~]$ sjdirectmem 25332
Attaching to process ID 25332, please wait...
WARNING: Hotspot VM version 20.0-b11-internal does not match with SA version
 20.1-b02. You may see unexpected results.
Debugger attached successfully.
Server compiler detected.
JVM version is 20.0-b11-internal
NIO direct memory: (in bytes)
  reserved size = 1953.929705 MB (2048843794 bytes)
  max size      = 3936.000000 MB (4127195136 bytes)
```

可以看出一段时间后 NIO direct memory 的确增长了很多，所以可以肯定是 NIO direct memory 没有释放从而导致 Java 进程占用的内存持续增长。

这个问题的解决办法是去掉 -XX:+DisableExplicitGC ，换上 -XX:+ExplicitGCInvokes Concurrent，使得外部的显示 System.gc 调用生效，这样即使 Java GC 不频繁时也可以通过外部主动调用 System.gc 来回收 NIO direct memory 分配的内存。

8.10　实例 3

下面再介绍一个 NIO direct memory 发生内存泄漏的例子。

JVM 的配置参数如下：

```
 -server  -Xms2024m  -Xmx2024m  -XX:NewSize=320m  -XX:MaxNewSize=320m  -XX:
PermSize=96m -XX:MaxPermSize=256m -Djava.awt.headless=true -Xdebug -Xrunjdwp:
```

```
transport=dt_socket,server=y,suspend=n,address=8001
-Djava.net.preferIPv4Stack=true -Dsun.net.client.defaultConnectTimeout=10000
-Dsun.net.client.defaultReadTimeout=30000 -Djava.awt.headless=true -Dcom.sun.
management.jmxremote.port=1090 -Dcom.sun.management.jmxremote.ssl=false -Dcom.
sun.management.jmxremote.authenticate=false -Djava.rmi.server.hostname=v101208.
sqa.cm4 -XX:+UseCompressedOops
```

问题表现如下所述。

（1）一个系统在运行 20～30 分钟后，系统 swap 区突增，直到 swap 区使用率达到 100%，机器死机，如图 8-9 所示。

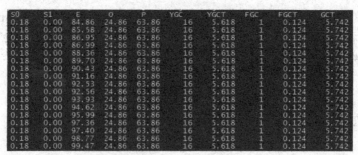

图 8-9　系统资源使用情况图

（2）系统内存已经达到 3.5GB，已经超过了 Heap 堆设置的上线，但是 GC 却很少，如图 8-10 所示。

图 8-10　GC 统计信息

（3）Old 区的空间也几乎没有变化，如图 8-11 所示。

首先 Java 进程内存增长非常迅速，进行压力测试 20 分钟后就将 2GB 内存用光，并且将内存耗光后开始使用 swap 区，很快消耗了 swap 区的空间，最终导致机器死机，所以可以肯定发生了内存泄漏。

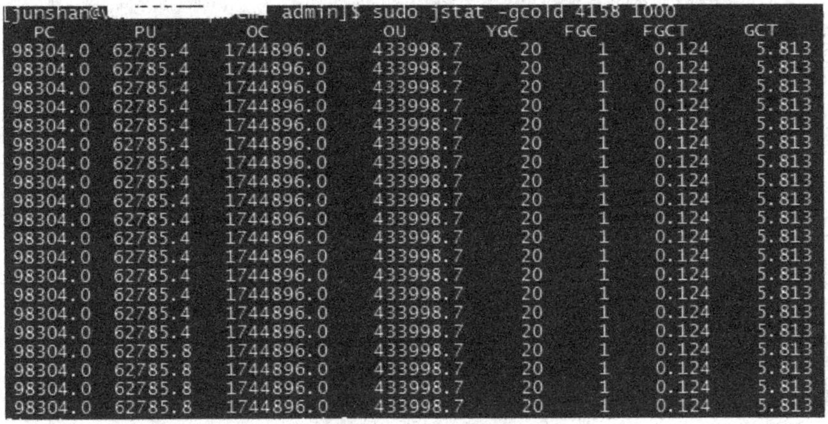

```
[junshan@                  admin]$ sudo jstat -gcold 4158 1000
       PC        PU         OC              OU       YGC      FGC      FGCT       GCT
   98304.0   62785.4   1744896.0      433998.7       20        1     0.124      5.813
   98304.0   62785.4   1744896.0      433998.7       20        1     0.124      5.813
   98304.0   62785.4   1744896.0      433998.7       20        1     0.124      5.813
   98304.0   62785.4   1744896.0      433998.7       20        1     0.124      5.813
   98304.0   62785.4   1744896.0      433998.7       20        1     0.124      5.813
   98304.0   62785.4   1744896.0      433998.7       20        1     0.124      5.813
   98304.0   62785.4   1744896.0      433998.7       20        1     0.124      5.813
   98304.0   62785.4   1744896.0      433998.7       20        1     0.124      5.813
   98304.0   62785.4   1744896.0      433998.7       20        1     0.124      5.813
   98304.0   62785.4   1744896.0      433998.7       20        1     0.124      5.813
   98304.0   62785.4   1744896.0      433998.7       20        1     0.124      5.813
   98304.0   62785.8   1744896.0      433998.7       20        1     0.124      5.813
   98304.0   62785.8   1744896.0      433998.7       20        1     0.124      5.813
   98304.0   62785.8   1744896.0      433998.7       20        1     0.124      5.813
```

图 8-11　JVM 堆统计信息

但是通过 jstat 分析 JVM Heap 堆情况和 GC 统计信息，发现 GC 很少，尤其是 Full GC 几乎没有，如果是 JVM 堆内存被耗光，Full GC 应该非常频繁，所以初步判断这次内存泄漏不在 JVM 堆中。

但是为了进一步排除是 JVM 堆的内存问题，通过 jmap dump 出内存快照，通过 MAT 分析内存数据占用情况，如图 8-12 所示。

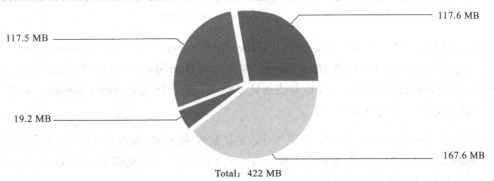

Total：422 MB

图 8-12　MAT 分析结果

这个堆只使用了近 500MB 内存，和 jstat 得出的堆信息是一致的，而两个最大的对象内容如图 8-13 所示。

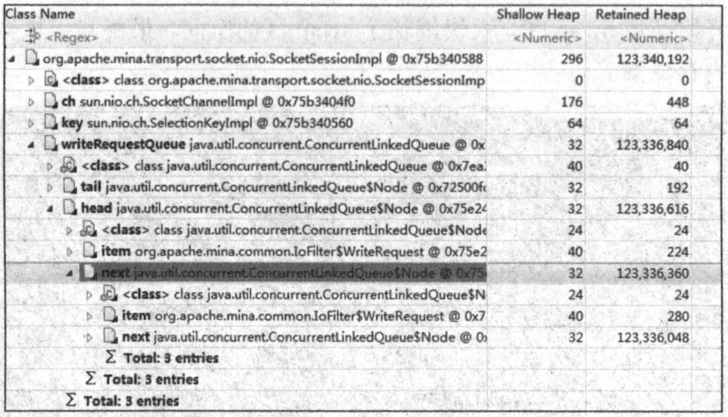

图 8-13　MAT 分析的堆中的对象

两个都是 org.apache.mina.transport.socket.nio.SocketSessionImpl 对象，由于占用的空间不大（100MB）、持有的对象数也不多，没有引起注意。

于是可以得出：要么是 NIO direct memory，要么就是 native memory 泄漏。使用查看 NIO direct memory 的工具检查 direct memory 占用的空间大小，如图 8-14 所示。

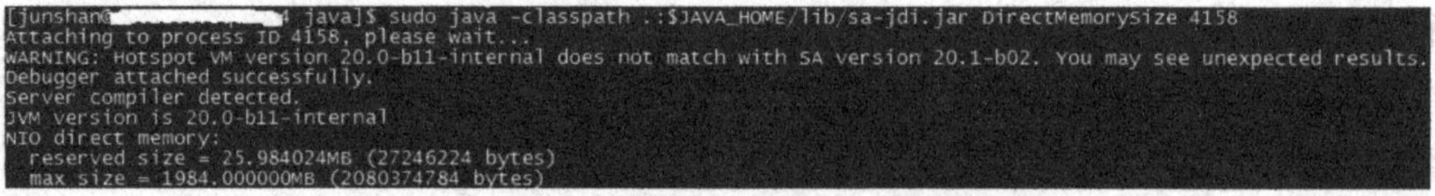

图 8-14　direct memory 统计信息

显示只有 25MB 左右，在这当中还使用了 gcore 命令 dump 出 java 进程的 core 文件，然后通过 jmap 将 core dump 转化成 Heap dump，转化后的 Heap dump 文件和前面的类似。另外通过 jstack dump 出内存也没有发现有线程堵塞情况，所以怀疑是 native memory 出现了泄漏，于是开始往这个方向考虑。

想使用 Oprofiler 热点分析工具分析当前系统执行的热点代码，如果是当前的 native memory 有泄漏，那么肯定会出现分配内存的代码是热点的情况，用 Oprofiler 分析的 CPU 的消耗情况如图 8-15 所示。

如图 8-15 所示，和预想的情况并不吻合，一时找不到更好的办法，于是使用土办法，一部分、一部分地去掉功能模块，看看到底是哪个模块导致的内存泄漏，进一步缩小范围。

```
CPU: CPU with timer interrupt, speed 0 MHz (estimated)
Profiling through timer interrupt
samples  %        app name               symbol name
365070  98.4528  no-vmlinux             /no-vmlinux
1688     0.4552  anon (tgid:15394 range:0x2aaaaec01000-0x2aaaaef92000) anon (tgid:15394 range:0x2aaaaec01000-
305      0.0823  libperl.so             /usr/lib64/perl5/5.8.8/x86_64-linux-thread-multi/CORE/libperl.so
240      0.0647  libzip.so              inflate_fast
121      0.0326  libpthread-2.5.so      __write_nocancel
105      0.0283  anon (tgid:15394 range:0x2aaaaef92000-0x2aaab1c02000) anon (tgid:15394 range:0x2aaaaef92000-
102      0.0275  libzip.so              crc32
92       0.0248  libzip.so              huft_build
89       0.0240  libc-2.5.so            _int_malloc
64       0.0173  libjvm.so
                 CardTableModRefBS::dirty_card_range_after_reset(MemRegion, bool, int)
63       0.0170  libjvm.so              IndexSetIterator::advance_and_next()
52       0.0140  libjvm.so              PhaseChaitin::Split(unsigned int)
41       0.0111  static-python          /home/tops/bin/static-python
40       0.0108  libjvm.so              PhaseChaitin::build_ifg_physical(ResourceArea*)
40       0.0108  libpthread-2.5.so      pthread_getspecific
37       0.0100  libjvm.so              Copy::fill_to_memory_atomic(void*, unsigned long, unsigned char)
35       0.0094  libjvm.so              jni_GetIntField
34       0.0092  libc-2.5.so            memcpy
34       0.0092  libjvm.so              SymbolTable::lookup(int, char const*, int, unsigned int)
32       0.0086  libjvm.so              PhaseChaitin::gather_lrg_masks(bool)
```

图 8-15　Oprofiler 分析结果

通过删除可能会出问题的几个模块后，最后确定是调用 mina 框架给 varnish 发送失效请求时导致的，而且发送的请求数频率越高内存泄漏越严重，但是 mina 框架没有使用 native memory 的地方，于是又陷入僵局。

使用 Perftools 来分析 JVM 的 native Memory 分配情况，通过 Perftools 得到的分析结果如图 8-16 所示。

```
[junshan@v024085 ~]$ cat pf1.txt | sort -n -r -k4 | more
2682.1  99.0%  99.0%  2682.1  99.0% os::malloc
   0.0   0.0% 100.0%  2657.1  98.1% Unsafe_AllocateMemory
   0.0   0.0% 100.0%  2656.9  98.1% 0x00002aaaaec3266
   0.0   0.0% 100.0%  2656.8  98.1% 0x00002aaaaefdfb77
  18.3   0.7%  99.7%    18.3   0.7% zcalloc
   0.0   0.0% 100.0%    17.8   0.7% JavaMain
   0.0   0.0% 100.0%    17.7   0.7% Threads::create_vm
   0.0   0.0% 100.0%    17.7   0.7% JNI_CreateJavaVM
   0.0   0.0% 100.0%    17.6   0.6% init_globals
   0.0   0.0% 100.0%    17.4   0.6% universe_init
   0.0   0.0% 100.0%    17.2   0.6% universe::initialize_heap
   0.0   0.0% 100.0%    17.2   0.6% GenCollectedHeap::initialize
   0.0   0.0% 100.0%    11.5   0.4% CMSCollector::CMSCollector
   0.0   0.0% 100.0%     5.3   0.2% GenerationSpec::init
   0.0   0.0% 100.0%     5.0   0.2% ParNewGeneration::ParNewGeneration
   0.0   0.0% 100.0%     4.2   0.2% Hashtable::new_entry
   0.0   0.0% 100.0%     4.2   0.2% BasicHashtable::new_entry
   3.3   0.1%  99.8%     3.3   0.1% apr_palloc
```

图 8-16　Perftools 分析结果

图 8-16 显示内存的分配和使用都是在操作系统中，没有发现和应用代码相关的情况，也排除了已知的误用 Inflater/Deflater 的 native memory 的问题。还是没有找到问题所在！

于是又回到 Java 代码，这时发现在代码中使用 org.apache.mina.filter.codec.textline. TextLineEncoder 类来发送和序列化发送的数据，并且这个类使用的是 direct memory 内存：

```
ByteBuffer buf = ByteBuffer.allocate(value.length()).setAutoExpand(true);
```

将这个类的代码改成使用 JVM Heap 来存放数据：

```
ByteBuffer.allocate(value.length(),false);
```

按照这个思路，也就是将可能发生的 direct memory 转变成 Heap 堆内存泄漏，如果真是这个代码有问题，必然会导致 JVM Heap 暴涨，这样我们也能通过 MAT 来分析 JVM 堆中的对象情况。

修改代码后再运行，果不其然，当达到 JVM 堆配置的上限时，GC 非常频繁，使用 MAT 分析 dump 下来的堆，如图 8-17 所示。

这时显示堆空间都被 SocketSessionImpl 的 writeRequestQueue 队列持有，这个队列是 mina 的写队列，也就是 mina 不能及时地将数据发送出去，导致数据都堵在了这个队列中，进而导致了内存泄漏。所以根据这个分析认为，还是使用 mina 导致了 direct memory 泄漏。

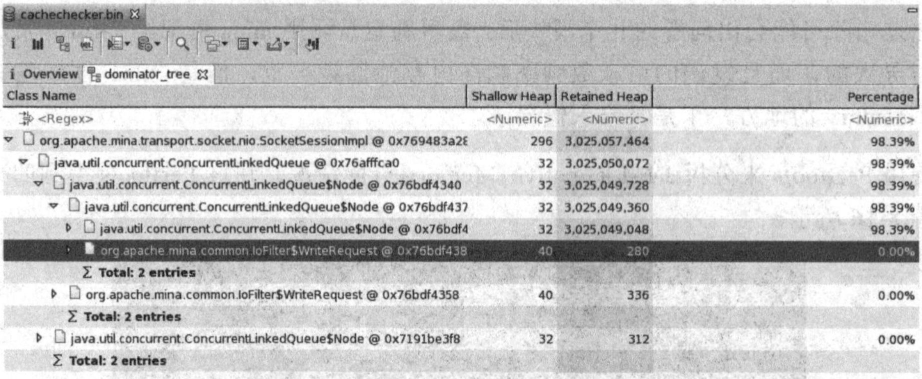

图 8-17　MAT 第二次分析结果

8.11　总结

本章介绍了 JVM 的内存结构、JVM 的内存分配策略、JVM 的内存回收策略及常见的内存问题，最后列举 3 个在实际使用中遇到的 JVM 内存泄漏的例子，并介绍了排查这些问题的方法。

第 9 章

Servlet 工作原理解析

　　Java Web 技术是当今主流的互联网 Web 应用技术之一，而 Servlet 是 Java Web 技术的核心基础。因而掌握 Servlet 的工作原理是成为一名合格的 Java Web 技术开发人员的基本要求。本章将带你认识 Java Web 技术是如何基于 Servlet 工作的，你将知道：Servlet 容器是如何工作的（以 Tomcat 为例）；一个 Web 工程在 Servlet 容器中是如何启动的；Servlet 容器如何解析你在 web.xml 中定义的 Servlet；用户的请求是如何被分配给指定的 Servlet 的；Servlet 容器如何管理 Servlet 生命周期。你还将了解到最新的 Servlet 的 API 类层次结构，以及如何分析 Servlet 中的一些难点问题。

9.1　从 Servlet 容器说起

　　要介绍 Servlet 必须先把 Servlet 容器说清楚，Servlet 与 Servlet 容器的关系有点像枪和子弹的关系，枪是为子弹而生的，而子弹又让枪有了杀伤力。虽然它们是彼此依存的，但是又相互独立发展，这一切都是为了适应工业化生产。从技术角度来说是为了解耦，通过标准化接口来相互协作。既然接口是连接 Servlet 与 Servlet 容器的关键，那我们就从它们的接口说起。

Servlet 容器作为一个独立发展的标准化产品，目前其种类很多，但是它们都有自己的市场定位，各有特点，很难说谁优谁劣。例如，现在比较流行的 Jetty，在定制化和移动领域有不错的发展。我们这里还是以大家最为熟悉的 Tomcat 为例来介绍 Servlet 容器是如何管理 Servlet 的。Tomcat 本身也很复杂，我们从 Servlet 与 Servlet 容器的接口部分开始介绍，关于 Tomcat 的详细介绍可以参考本书相关章节。

在 Tomcat 的容器等级中，Context 容器直接管理 Servlet 在容器中的包装类 Wrapper，所以 Context 容器如何运行将直接影响 Servlet 的工作方式。Tomcat 容器模型如图 9-1 所示。

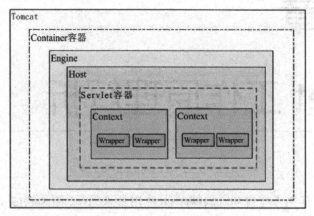

图 9-1　Tomcat 容器模型

从图 9-1 可以看出，Tomcat 的容器分为 4 个等级，真正管理 Servlet 的容器是 Context 容器，一个 Context 对应一个 Web 工程，在 Tomcat 的配置文件中可以很容易地发现这一点，如下所示：

```
<Context path="/projectOne " docBase="D:\projects\projectOne" reloadable="true" />
```

下面详细介绍 Tomcat 解析 Context 容器的过程，包括如何构建 Servlet。

9.1.1　Servlet 容器的启动过程

Tomcat 7 也开始支持嵌入式功能，增加了一个启动类 org.apache.catalina.startup.Tomcat。创建一个实例对象并调用 start 方法就可以很容易地启动 Tomcat。我们还可以通过这个对象来增加和修改 Tomcat 的配置参数，如可以动态增加 Context、Servlet 等。下面我们就利用这个 Tomcat 类来管理一个新增的 Context 容器，选择 Tomcat 7 自带的 examples

Web 工程，并看看它是如何加到这个 Context 容器中的。

```
Tomcat tomcat = getTomcatInstance();
     File appDir = new File(getBuildDirectory(), "webapps/examples");
     tomcat.addWebapp(null, "/examples", appDir.getAbsolutePath());
     tomcat.start();
     ByteChunk res = getUrl("http://localhost:" + getPort() +
              "/examples/servlets/servlet/HelloWorldExample");
     assertTrue(res.toString().indexOf("<h1>Hello World!</h1>") > 0);
```

这段代码创建了一个 Tomcat 实例并新增了一个 Web 应用，然后启动 Tomcat 并调用其中的一个 HelloWorldExample Servlet，看看有没有正确返回预期的数据。

Tomcat 的 addWebapp 方法的代码如下：

```
public Context addWebapp(Host host, String url, String path) {
     silence(url);
     Context ctx = new StandardContext();
     ctx.setPath( url );
     ctx.setDocBase(path);
     if (defaultRealm == null) {
         initSimpleAuth();
     }
     ctx.setRealm(defaultRealm);
     ctx.addLifecycleListener(new DefaultWebXmlListener());
     ContextConfig ctxCfg = new ContextConfig();
     ctx.addLifecycleListener(ctxCfg);
     ctxCfg.setDefaultWebXml("org/apache/catalin/startup/NO_DEFAULT_XML");
     if (host == null) {
         getHost().addChild(ctx);
     } else {
         host.addChild(ctx);
     }
     return ctx;
}
```

前面已经介绍了一个 Web 应用对应一个 Context 容器，也就是 Servlet 运行时的 Servlet 容器。添加一个 Web 应用时将会创建一个 StandardContext 容器，并且给这个 Context 容器设置必要的参数，url 和 path 分别代表这个应用在 Tomcat 中的访问路径和这个应用实际的物理路径，这两个参数与 Tomcat 配置中的两个参数是一致的。其中最重要的一个配置是 ContextConfig，这个类将会负责整个 Web 应用配置的解析工作，后面将会对其进行详细介绍。最后将这个 Context 容器加到父容器 Host 中。

接下来将会调用 Tomcat 的 start 方法启动 Tomcat。如果你清楚 Tomcat 的系统架构，那么会很容易理解 Tomcat 的启动逻辑。Tomcat 的启动逻辑是基于观察者模式设计的，所有的容器都会继承 Lifecycle 接口，它管理着容器的整个生命周期，所有容器的修改和状态的改变都会由它去通知已经注册的观察者（Listener）。Tomcat 启动的时序图如图 9-2 表示。

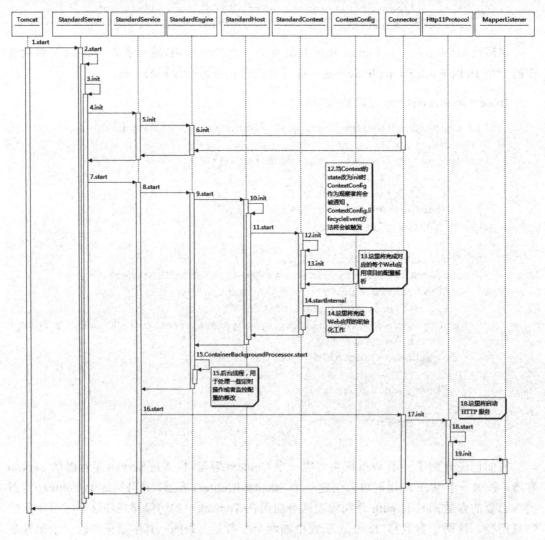

图 9-2　Tomcat 主要类的启动时序图

图 9-2 描述了在 Tomcat 的启动过程中主要类之间的时序关系，下面我们将会重点关注添加 examples 应用所对应的 StandardContext 容器的启动过程。

当 Context 容器初始化状态设为 init 时，添加到 Contex 容器的 Listener 将会被调用。ContextConfig 继承了 LifecycleListener 接口，它是在调用 Tamcat.addWebapp 时被加入到 StandardContext 容器中的。ContextConfig 类会负责整个 Web 应用的配置文件的解析工作。

ContextConfig 的 init 方法将会主要完成以下工作。

◎　创建用于解析 XML 配置文件的 contextDigester 对象。

◎　读取默认的 context.xml 配置文件，如果存在则解析它。

◎　读取默认的 Host 配置文件，如果存在则解析它。

◎　读取默认的 Context 自身的配置文件，如果存在则解析它。

◎　设置 Context 的 DocBase。

ContextConfig 的 init 方法完成后，Context 容器就会执行 startInternal 方法，这个方法的启动逻辑比较复杂，主要包括如下几部分。

◎　创建读取资源文件的对象。

◎　创建 ClassLoader 对象。

◎　设置应用的工作目录。

◎　启动相关的辅助类，如 logger、realm、resources 等。

◎　修改启动状态，通知感兴趣的观察者（Web 应用的配置）。

◎　子容器的初始化。

◎　获取 ServletContext 并设置必要的参数。

◎　初始化"load on startup"的 Servlet。

9.1.2　Web 应用的初始化工作

Web 应用的初始化工作是在 ContextConfig 的 configureStart 方法中实现的，应用的初始化主要是解析 web.xml 文件，这个文件描述了一个 Web 应用的关键信息，也是一个 Web 应用的入口。

Tomcat 首先会找 globalWebXml，这个文件的搜索路径是 engine 的工作目录下的 org/apache/catalina/startup/NO_DEFAULT_XML 或 conf/web.xml。接着会找 hostWebXml，这个文件可能会在 System.getProperty("catalina.base")/conf/${EngineName}/${HostName}/ web.xml.default 中，接着寻找应用的配置文件 examples/WEB-INF/web.xml。web.xml 文件中的各个配置项将会被解析成相应的属性保存在 WebXml 对象中。如果当前的应用支持 Servlet 3.0，解析还将完成额外的 9 项工作，这额外的 9 项工作主要是 Servlet 3.0 新增的特性（包括 jar 包中的 META-INF/web-fragment.xml）的解析及对 annotations 的支持。

接下来会将 WebXml 对象中的属性设置到 Context 容器中，这里包括创建 Servlet 对象、filter、listener 等，这段代码在 WebXml 的 configureContext 方法中。下面是解析 Servlet 的代码片段：

```java
for (ServletDef servlet : servlets.values()) {
        Wrapper wrapper = context.createWrapper();
        String jspFile = servlet.getJspFile();
        if (jspFile != null) {
            wrapper.setJspFile(jspFile);
        }
        if (servlet.getLoadOnStartup() != null) {
            wrapper.setLoadOnStartup(servlet.getLoadOnStartup().intValue());
        }
        if (servlet.getEnabled() != null) {
            wrapper.setEnabled(servlet.getEnabled().booleanValue());
        }
        wrapper.setName(servlet.getServletName());
        Map<String,String> params = servlet.getParameterMap();
        for (Entry<String, String> entry : params.entrySet()) {
            wrapper.addInitParameter(entry.getKey(), entry.getValue());
        }
        wrapper.setRunAs(servlet.getRunAs());
        Set<SecurityRoleRef> roleRefs = servlet.getSecurityRoleRefs();
        for (SecurityRoleRef roleRef : roleRefs) {
            wrapper.addSecurityReference(
                    roleRef.getName(), roleRef.getLink());
        }
        wrapper.setServletClass(servlet.getServletClass());
        MultipartDef multipartdef = servlet.getMultipartDef();
        if (multipartdef != null) {
            if (multipartdef.getMaxFileSize() != null &&
```

```
                              multipartdef.getMaxRequestSize()!= null &&
                              multipartdef.getFileSizeThreshold() != null) {
                         wrapper.setMultipartConfigElement(new  MultipartConfig-
Element(
                              multipartdef.getLocation(),
                              Long.parseLong(multipartdef.getMaxFileSize()),
                              Long.parseLong(multipartdef.getMaxRequestSize()),
                              Integer.parseInt(
                                   multipartdef.getFileSizeThreshold())));
                    } else {
                         wrapper.setMultipartConfigElement(new  MultipartConfig-
Element(
                              multipartdef.getLocation()));
                    }
               }
               if (servlet.getAsyncSupported() != null) {
                    wrapper.setAsyncSupported(
                         servlet.getAsyncSupported().booleanValue());
               }
               context.addChild(wrapper);
          }
```

　　这段代码清楚地描述了如何将 Servlet 包装成 Context 容器中的 StandardWrapper，这里有个疑问，为什么要将 Servlet 包装成 StandardWrapper 而不直接包装成 Servlet 对象？这里 StandardWrapper 是 Tomcat 容器中的一部分，它具有容器的特征，而 Servlet 作为一个独立的 Web 开发标准，不应该强耦合在 Tomcat 中。

　　除了将 Servlet 包装成 StandardWrapper 并作为子容器添加到 Context 中外，其他所有的 web.xml 属性都被解析到 Context 中，所以说 Context 容器才是真正运行 Servlet 的 Servlet 容器。一个 Web 应用对应一个 Context 容器，容器的配置属性由应用的 web.xml 指定，这样我们就能理解 web.xml 到底起什么作用了。

9.2　创建 Servlet 实例

　　前面已经完成了 Servlet 的解析工作，并且被包装成 StandardWrapper 添加在 Contcxt 容器中，但是它仍然不能为我们工作，它还没有被实例化。下面我们将介绍 Servlet 对象是如何创建的，以及是如何被初始化的。

9.2.1 创建 Servlet 对象

如果 Servlet 的 load-on-startup 配置项大于 0，那么在 Context 容器启动时就会被实例化，前面提到在解析配置文件时会读取默认的 globalWebXml，在 conf 下的 web.xml 文件中定义了一些默认的配置项，其中定义了两个 Servlet，分别是 org.apache.catalina.servlets.DefaultServlet 和 org.apache.jasper.servlet.JspServlet。它们的 load-on-startup 分别是 1 和 3，也就是当 Tomcat 启动时这两个 Servlet 就会被启动。

创建 Servlet 实例的方法是从 Wrapper. loadServlet 开始的。loadServlet 方法要完成的就是获取 servletClass，然后把它交给 InstanceManager 去创建一个基于 servletClass.class 的对象。如果这个 Servlet 配置了 jsp-file，那么这个 servletClass 就是在 conf/web.xml 中定义的 org.apache.jasper.servlet.JspServlet 了。

创建 Servlet 对象的相关类结构如图 9-3 所示。

9.2.2 初始化 Servlet

初始化 Servlet 在 StandardWrapper 的 initServlet 方法中，这个方法很简单，就是调用 Servlet 的 init() 方法，同时把包装了 StandardWrapper 对象的 StandardWrapperFacade 作为 ServletConfig 传给 Servlet。对于 Tomcat 容器为何要传 StandardWrapperFacade 给 Servlet 对象将在后面做详细解析。

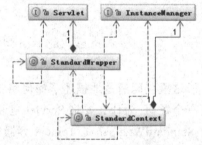

图 9-3　创建 Servlet 对象的相关类结构

如果该 Servlet 关联的是一个 JSP 文件，那么前面初始化的就是 JspServlet，接下来会模拟一次简单请求，请求调用这个 JSP 文件，以便编译这个 JSP 文件为类，并初始化这个类。

这样 Servlet 对象就初始化完成了，事实上 Servlet 从被 web.xml 解析到完成初始化，这个过程非常复杂，中间有很多过程，包括各种容器状态的转化引起的监听事件的触发、各种访问权限的控制和一些不可预料的错误发生的判断行为等。我们在这里只抓了一些关键环节进行阐述，以便于让大家有个总体脉络。

图 9-4 是这个过程的一个完整的时序图，在其中也省略了一些细节。

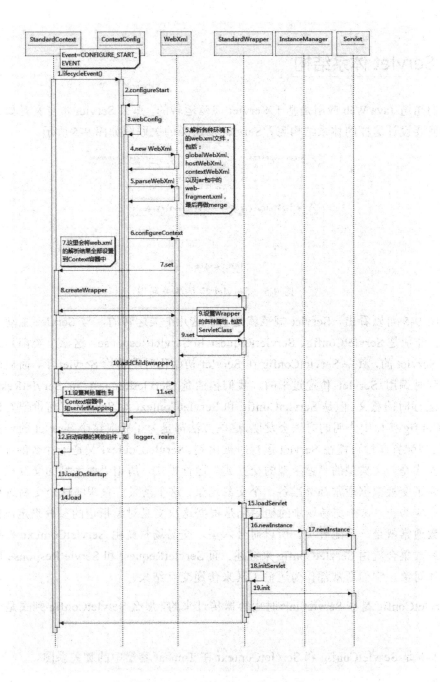

图 9-4　初始化 Servlet 的时序图

9.3 Servlet 体系结构

我们知道 Java Web 应用是基于 Servlet 规范运转的,那么 Servlet 本身又是如何运转的呢? 为何要设计这样的体系结构呢? Servlet 顶层类的关联图如图 9-5 所示。

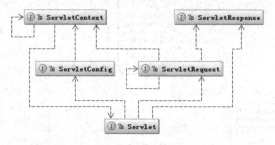

图 9-5 Servlet 顶层类关联图

从图 9-5 可以看出,Servlet 规范就是基于这几个类运转的, 与 Servlet 主动关联的是三个类,分别是 ServletConfig、ServletRequest 和 ServletResponse。这三个类都是通过容器传递给 Servlet 的,其中 ServletConfig 在 Servlet 初始化时就传给 Servlet 了,而后两个是在请求达到时调用 Servlet 传递过来的。我们很清楚 ServletRequest 和 ServletResponse 在 Servlet 运行时的意义,但是 ServletConfig 和 ServletContext 对 Servlet 有何价值? 仔细查看 ServletConfig 接口中声明的方法会发现,这些方法都是为了获取这个 Servlet 的一些配置属性,而这些配置属性可能在 Servlet 运行时被用到。ServletContext 又是干什么的呢? Servlet 的运行模式是一个典型的"握手型的交互式"运行模式。所谓"握手型的交互式"就是两个模块为了交换数据通常都会准备一个交易场景,这个场景一直跟随这个交易过程直到这个交易完成为止。这个交易场景的初始化是根据这次交易对象指定的参数来定制的,这些指定参数通常就是一个配置类。所以对号入座,交易场景就由 ServletContext 来描述,而定制的参数集合就由 ServletConfig 来描述。而 ServletRequest 和 ServletResponse 就是要交互的具体对象,它们通常都作为运输工具来传递交互结果。

ServletConfig 是在 Servlet init 时由容器传过来的,那么 ServletConfig 到底是个什么对象呢?

图 9-6 是 ServletConfig 和 ServletContext 在 Tomcat 容器中的类关系图。

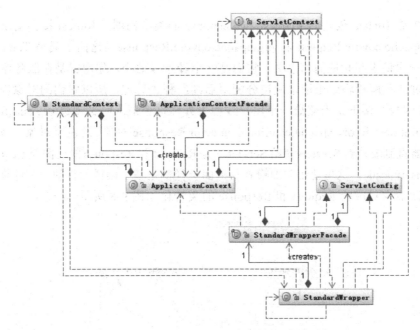

图 9-6　ServletConfig 在容器中的类关联图

可以看出，StandardWrapper 和 StandardWrapperFacade 都实现了 ServletConfig 接口，而 StandardWrapperFacade 是 StandardWrapper 门面类。所以传给 Servlet 的是 Standard WrapperFacade 对象，这个类能够保证从 StandardWrapper 中拿到 ServletConfig 所规定的数据，而又不把 ServletConfig 不关心的数据暴露给 Servlet。

同样 ServletContext 也与 ServletConfig 有类似的结构，在 Servlet 中能拿到的 ServletContext 的实际对象也是 ApplicationContextFacade 对象。ApplicationContextFacade 同样保证 ServletContext 只能从容器中拿到它该拿的数据，它们都起到对数据的封装作用，它们使用的都是门面设计模式。

通过 ServletContext 可以拿到 Context 容器中的一些必要信息，如应用的工作路径、容器支持的 Servlet 最小版本等。

在 Servlet 中定义的两个 ServletRequest 和 ServletResponse 实际的对象又是什么呢？我们在创建自己的 Servlet 类时通常使用的都是 HttpServletRequest 和 HttpServletResponse，它们继承了 ServletRequest 和 ServletResponse。为何 Context 容器传过来的 ServletRequest、ServletResponse 可以被转化为 HttpServletRequest 和 HttpServletResponse 呢？

图 9-7 是 Tomcat 创建的 Request 和 Response 的类结构图。Tomcat 接到请求首先将会创建 org.apache.coyote.Request 和 org.apache.coyote.Response，这两个类是 Tomcat 内部使用的描述一次请求和相应的信息类，它们是一个轻量级的类，作用就是在服务器接收到请求后，经过简单解析将这个请求快速分配给后续线程去处理，所以它们的对象很小，很容易被 JVM 回收。接下来当交给一个用户线程去处理这个请求时又创建 org.apache.catalina.connector.Request 和 org.apache.catalina.connector.Response 对象。这两个对象一直贯穿整个 Servlet 容器直到要传给 Servlet，传给 Servlet 的是 Request 和 Response 的门面类 RequestFacade 和 ResponsetFacade，这里使用门面模式与前面一样都是基于同样的目的——封装容器中的数据。一次请求对应的 Request 和 Response 的类转化如图 9-8 所示。

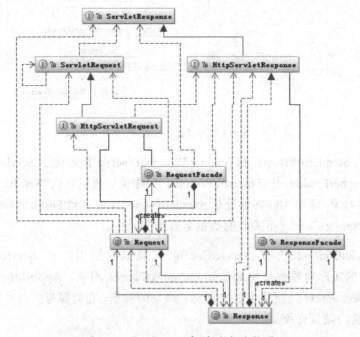

图 9-7　与 Request 相关的类结构图

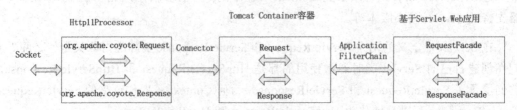

图 9-8　Request 和 Response 的转变过程

9.4　Servlet 如何工作

我们已经清楚了 Servlet 是如何被加载的、如何被初始化的，以及 Servlet 的体系结构，现在的问题就是它是如何被调用的？

用户从浏览器向服务器发起的一个请求通常会包含如下信息：http://hostname: port /contextpath/servletpath，hostname 和 port 用来与服务器建立 TCP 连接，后面的 URL 才用来选择在服务器中哪个子容器服务用户的请求。服务器是如何根据这个 URL 来到达正确的 Servlet 容器中的呢？

在 Tomcat 7 中这件事很容易解决，因为这种映射工作由专门一个的类来完成，这个类就是 org.apache.tomcat.util.http.mapper，这个类保存了 Tomcat 的 Container 容器中的所有子容器的信息，org.apache.catalina.connector.Request 类在进入 Container 容器之前，Mapper 将会根据这次请求的 hostnane 和 contextpath 将 host 和 context 容器设置到 Request 的 mappingData 属性中，如图 9-9 所示。所以当 Request 进入 Container 容器之前，对于它要访问哪个子容器就已经确定了。

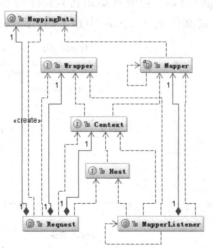

图 9-9　Request 的 Mapper 类关系图

可能你有疑问，在 Mapper 中怎么会有容器的完整关系？这要回到图 9-2 中第 19 步 MapperListener 类的初始化过程，下面是 MapperListener 的 init 方法的代码：

```
public void init() {
```

```
        findDefaultHost();
        Engine engine = (Engine) connector.getService().getContainer();
        engine.addContainerListener(this);
        Container[] conHosts = engine.findChildren();
        for (Container conHost : conHosts) {
            Host host = (Host) conHost;
            if (!LifecycleState.NEW.equals(host.getState())) {
                host.addLifecycleListener(this);
                registerHost(host);
            }
        }
    }
```

这段代码的作用就是将 MapperListener 类作为一个监听者加到整个 Container 容器的每个子容器中，这样只要任何一个容器发生变化，MapperListener 都将会被通知到，相应的保存容器关系的 MapperListener 的 mapper 属性也会被修改。在 for 循环中就是将 host 及下面的子容器注册到 mapper 中。

图 9-10 描述了一次 Request 请求是如何到达最终的 Wrapper 容器的，我们现在知道了请求如何到达正确的 Wrapper 容器，但是在请求达到最终的 Servlet 前还要完成一些步骤，必须要执行 Filter 链，以及通知你在 web.xml 中定义的 listener。

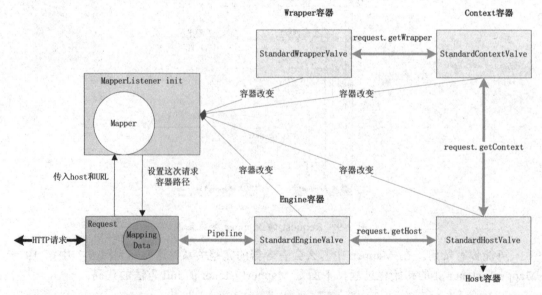

图 9-10　Request 在容器中的路由图

接下来就要执行 Servlet 的 service 方法了。通常情况下，我们自己定义的 servlet 并不直接去实现 javax.servlet.servlet 接口，而是去继承更简单的 HttpServlet 类或者 GenericServlet 类，我们可以有选择地覆盖相应的方法去实现要完成的工作。

Servlet 的确已经能够帮我们完成所有的工作了，但是现在的 Web 应用很少直接将交互的全部页面用 Servlet 来实现，而是采用更加高效的 MVC 框架来实现。这些 MVC 框架的基本原理是将所有的请求都映射到一个 Servlet，然后去实现 service 方法，这个方法也就是 MVC 框架的入口。

当 Servlet 从 Servlet 容器中移除时，也就表明该 Servlet 的生命周期结束了，这时 Servlet 的 destroy 方法将被调用，做一些扫尾工作。

9.5　Servlet 中的 Listener

在整个 Tomcat 服务器中，Listener 使用得非常广泛，它是基于观察者模式设计的，Listener 的设计为开发 Servlet 应用程序提供了一种快捷的手段，能够方便地从另一个纵向维度控制程序和数据。目前在 Servlet 中提供了 6 种两类事件的观察者接口，它们分别是：EventListeners 类型的 ServletContextAttributeListener、ServletRequestAttributeListener、ServletRequestListener、HttpSessionAttributeListener 和 LifecycleListeners 类型的 ServletContextListener、HttpSessionListener，如图 9-11 所示。

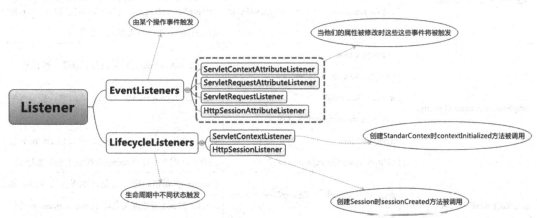

图 9-11　Servlet 中的 Listener

实际上，这 6 个 Listener 都继承了 EventListener 接口，每个 Listener 各自定义了需要实现的接口，这些接口如表 9-1 所示。

表 9-1　Listener 需要实现的接口及说明

Listener 类	含有的接口	接 口 说 明
ServletContextAttributeListener	AttributeAdded（ServletContextAttributeEvent scab）	当调用 servletContex.setAttribute 方法时触发这个接口
	AttributeRemoved（ServletContextAttributeEvent scab）	当调用 servletContex.removeAttribute 方法时触发这个接口
	AttributeReplaced（ServletContextAttributeEvent scab）	如果在调用 servletContex.setAttribute 之前该 attribute 已经存在，则替换这个 attribute 时，这个接口被触发
ServletRequestAttributeListener	AttributeAdded（ServletRequestAttributeEvent srae）	当调用 request.setAttribute 方法时触发这个接口
	AttributeRemoved（ServletRequestAttributeEvent srae）	当调用 request.removeAttribute 方法时触发这个接口
	AttributeReplaced（ServletRequestAttributeEvent srae）	如果在调用 request.setAttribute 之前该 attribute 已经存在，则替换这个 attribute 时这个接口被触发
ServletRequestListener	requestInitialized（ServletRequestEvent sre）	当 HttpServletRequest 对象被传递到用户的 Servlet 的 service 方法之前该方法被触发
	requestDestroyed（ServletRequestEvent sre）	当 HttpServletRequest 对象在调用完用户的 Servlet 的 service 方法之后该方法被触发
HttpSessionAttributeListener	attributeAdded（HttpSessionBindingEvent se）	session.setAttribute 方法被调用时该接口被触发
	attributeRemoved（HttpSessionBindingEvent se）	session.removeAttribute 方法被调用时该接口被触发
	attributeReplaced（HttpSessionBindingEvent se）	如果在调用 session.setAttribute 之前该 attribute 已经存在，则替换这个 attribute 时这个接口被触发
ServletContextListener	contextInitialized（ServletContextEvent sce）	Context 容器初始化时触发，在所有的 Filter 和 Servlet 的 init 方法调用之前 contextInitialized 接口先被调用

续表

Listener 类	含有的接口	接 口 说 明
ServletContextListener	contextDestroyed （ServletContextEvent sce）	Context 容器销毁，在所有的 Filter 和 Servlet 的 destroy 方法调用之后 contextDestroyed 接口被调用
HttpSessionListener	SessionCreated（HttpSessionEvent se）	当一个 session 对象被创建时触发
	SessionDestroyed（HttpSessionEvent se）	当一个 session 对象被失效时触发

它们基本上涵盖了整个 Servlet 生命周期中你感兴趣的每种事件。这些 Listener 的实现类可以配置在 wen.xml<listener>标签中。当然也可以在应用程序中动态添加 Listener，需要注意的是 ServletContextListener 在容器启动之后就不能再添加新的，因为它所监听的事件已经不会再出现了。掌握这些 Listener 的使用方法，能够让我们的程序设计得更加灵活。

如 Spring 的 org.springframework.web.context.ContextLoaderListener 就实现了一个 ServletContextListener，当容器加载时启动 Spring 容器。ContextLoaderListener 在 contextInitialized 方法中初始化 Spring 容器，有几种办法可以加载 Spring 容器，通过在 web.xml 的 <context-param> 标签中配置 Spring 的 applicationContext.xml 路径，文件名可以任意取，如果没有配置，将在/WEB-INF/路径下查找默认的 applicationContext.xml 文件。ContextLoaderListener 的 contextInitialized 方法代码如下：

```
public void contextInitialized(ServletContextEvent event) {
    this.contextLoader = createContextLoader();
    if (this.contextLoader == null) {
        this.contextLoader = this;
    }
    this.contextLoader.initWebApplicationContext(event.getServlet-
Context());
}
```

9.6　Filter 如何工作

Filter 也是在 web.xml 中另外一个常用的配置项，可以通过<filter>和<filter-mapping>组合来使用 Filter。实际上 Filter 可以完成与 Servlet 同样的工作，甚至比 Servlet 使用起来更加灵活，因为它除了提供了 request 和 response 对象外，还提供了一个 FilterChain 对象，这个对象可以让我们更加灵活地控制请求的流转。下面看一下与 Filter 相关的类结构图，如图 9-12 所示。

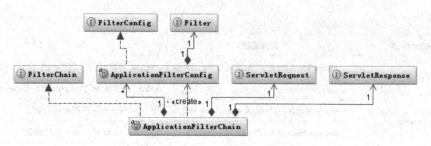

图 9-12　Filter 相关的类结构图

在 Tomcat 容器中，FilterConfig 和 FilterChain 的实现类分别是 ApplicationFilterConfig 和 ApplicationFilterChain，而 Filter 的实现类由用户自定义，只要实现 Filter 接口中定义的三个接口就行，这三个接口与在 Servlet 中的类似。只不过还有一个 ApplicationFilterChain 类，这个类可以将多个 Filter 串联起来，组成一个链，这个链与 Jetty 中的 Handler 链有异曲同工之妙。下面详细看一下 Filter 类中的三个接口方法。

◎　init(FilterConfig)：初始化接口，在用户自定义的 Filter 初始化时被调用，它与 Servlet 的 init 方法的作用是一样的，FilterConfig 与 ServletConfig 也类似，除了都能取到容器的环境类 ServletContext 对象之外，还能获取在<filter>下配置的<init-param>参数值。

◎　doFilter (ServletRequest, ServletResponse, FilterChain)：在每个用户的请求进来时这个方法都会被调用，并在 Servlet 的 service 方法之前被调用。而 FilterChain 就代表当前的整个请求链，所以通过调用 FilterChain.doFilter 可以将请求继续传递下去。如果想拦截这个请求，可以不调用 FilterChain.doFilter，那么这个请求就直接返回了。所以 Filter 是一种责任链设计模式。

◎　destroy：当 Filter 对象被销毁时，这个方法被调用。注意，当 Web 容器调用这个方法之后，容器会再调用一次 doFilter 方法。

Filter 类的核心还是传递的 FilterChain 对象，这个对象保存了到最终 Servlet 对象的所有 Filter 对象，这些对象都保存在 ApplicationFilterChain 对象的 filters 数组中。在 FilterChain 链上每执行一个 Filter 对象，数组的当前计数都会加 1，直到计数等于数组的长度，当 FilterChain 上所有的 Filter 对象执行完成后，就会执行最终的 Servlet。所以在 Application FilterChain 对象中会持有 Servlet 对象的引用。图 9-13 是 Filter 对象的执行时序图。

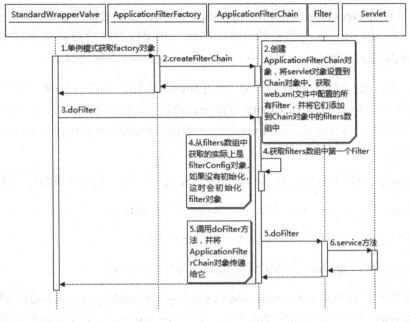

图 9-13　Filter 执行时序图

　　Filter 存在的意义就好比是你要去北京，它是你的目的地，但是提供一个机制让你在去的途中可以做一些拦截工作，如可以将你的一些行李包存放在某个"存放处"，当你返回时你可以再从这个地方取回。总之它可以在你的途中增加一些东西，或者减少一些东西。

9.7　Servlet 中的 url-pattern

　　在 web.xml 中<servlet-mapping>和<filter-mapping>都有<url-pattern>配置项，它们的作用都是匹配一次请求是否会执行这个 Servlet 或者 Filter，那么这个 URL 是怎么匹配的，又是何时匹配的呢？

　　先看看 Servlet 是何时匹配的。在 9.4 节中介绍了一个请求最终被分配到一个 Servlet 中是通过 org.apache.tomcat.util.http.Mapper 类完成的，这个类会根据请求的 URL 来匹配在每个 Servlet 中配置的<url-pattern>，所以它在一个请求被创建时就已经匹配了。

Filter 的 url-pattern 匹配是在创建 ApplicationFilterChain 对象时进行的，它会把所有定义的 Filter 的 url-pattern 与当前的 URL 匹配，如果匹配成功就将这个 Filter 保存到 ApplicationFilterChain 的 filters 数组中，然后在 FilterChain 中依次调用。

在 web.xml 加载时，会首先检查<url-pattern>配置是否符合规则，这个检查是在 StandardContext 的 validateURLPattern 方法中检查的，如果检查不成功，Context 容器启动会失败，并且会报 java.lang.IllegalArgumentException:Invalid<url-pattern> /a/*.htm in Servlet mapping 错误。

<url-pattern>的解析规则，对 Servlet 和 Filter 是一样的，匹配的规则有如下三种。

◎ 精确匹配：如/foo.htm 只会匹配 foo.htm 这个 URL。

◎ 路径匹配：如/foo/*会匹配以 foo 为前缀的 URL。

◎ 后缀匹配：如*.htm 会匹配所有以.htm 为后缀的 URL。

Servlet 的匹配规则在 org.apache.tomcat.util.http.mapper.Mapper.internalMapWrapper 中定义，对 Servlet 的匹配来说如果同时定义了多个<url-pattern>，那么到底匹配那个 Servlet 呢？这个匹配顺序是：首先精确匹配，如定义了两个 Servlet，Servlet1 为/foo.htm，Servlet2 是/*，请求 URL 为 http://localhost/foo.htm，那么只有 Servlet1 匹配成功；如果精确匹配不成功，那么会使用第二个原则"最长路径匹配"，如 Servlet1 为/foo/*，Servlet2 为/*，这时请求的 URL 为 http://localhost/foo/foo.htm，那么 Servlet1 匹配成功；最后根据后缀进行匹配，但是一次请求只会成功匹配到一个 Servlet。

Filter 的匹配规则在 ApplicationFilterFactory.matchFiltersURL 方法中定义。Filter 的匹配原则和 Servlet 有些不同，只要匹配成功，这些 Filter 都会在请求链上被调用。<url-pattern>的其他写法（如/foo/、 /*.htm 和 */foo）都是不对的。

9.8 总结

本章从 Servlet 容器的启动、Servlet 的初始化及 Servlet 的体系结构等内容中选出一些重点来讲述，目的是让读者有一个总体的完整结构图，同时本章也详细分析了其中的一些难点问题，希望对大家有所帮助。

第 10 章

深入理解 Session 与 Cookie

Session 与 Cookie 不管是对 Java Web 的初学者还是熟练使用者来说都是一个令人头疼的问题。在初入职场时恐怕很多程序员在面试时都被问过这个问题。其实这个问题回答起来既简单又复杂，简单是因为它们本身只是 HTTP 中的一个配置项，在 Servlet 规范中也只是对应到一个类而已；说它复杂原因在于当我们的系统大到需要用到很多 Cookie 时，我们不得不考虑 HTTP 对 Cookie 数量和大小的限制，那么如何才能解决这个瓶颈呢？Session 也会有同样的问题，当我们的一个应用系统有几百台服务器时，如何解决 Session 在多台服务器之间共享的问题？它们还有一些安全问题，如 Cookie 被盗、Cookie 伪造等问题应如何避免。本章将详细解答这些问题，同时也将分享淘宝在解决这些问题时总结的一些经验。

Session 与 Cookie 的作用都是为了保持访问用户与后端服务器的交互状态。它们有各自的优点，也有各自的缺陷，然而具有讽刺意味的是它们的优点和它们的使用场景又是矛盾的。例如，使用 Cookie 来传递信息时，随着 Cookie 个数的增多和访问量的增加，它占用的网络带宽也很大，试想假如 Cookie 占用 200 个字节，如果一天的 PV 有几亿，那么它要占用多少带宽？所以有大访问量时希望用 Session，但是 Session 的致命弱点是不容易在多台服务器之间共享，这也限制了 Session 的使用。

10.1　理解 Cookie

Cookie 的作用我想大家都知道，通俗地说就是当一个用户通过 HTTP 访问一个服务器时，这个服务器会将一些 Key/Value 键值对返回给客户端浏览器，并给这些数据加上一些限制条件，在条件符合时这个用户下次访问这个服务器时，数据又被完整地带回给服务器。

这个作用就像你去超市购物时，第一次给你办张购物卡，在这个购物卡里存放了一些你的个人信息，下次你再来这个连锁超市时，超市会识别你的购物卡，下次直接购物就好了。

当初 W3C 在设计 Cookie 时实际上考虑的是为了记录用户在一段时间内访问 Web 应用的行为路径。由于 HTTP 是一种无状态协议，当用户的一次访问请求结束后，后端服务器就无法知道下一次来访问的还是不是上次访问的用户。在设计应用程序时，我们很容易想到两次访问是同一人访问与不同的两个人访问对程序设计和性能来说有很大的不同。例如，在一个很短的时间内，如果与用户相关的数据被频繁访问，可以针对这个数据做缓存，这样可以大大提高数据的访问性能。Cookie 的作用正是如此，由于是同一个客户端发出的请求，每次发出的请求都会带有第一次访问时服务端设置的信息，这样服务端就可以根据 Cookie 值来划分访问的用户了。

10.1.1　Cookie 属性项

当前 Cookie 有两个版本：Version 0 和 Version 1，它们有两种设置响应头的标识，分别是 "Set-Cookie" 和 "Set-Cookie2"。这两个版本的属性项有些不同，表 10-1 和表 10-2 是对这两个版本的属性介绍。

表 10-1　Version 0 属性项介绍

属　性　项	属性项介绍
NAME=VALUE	键值对，可以设置要保存的 Key/Value，注意这里的 NAME 不能和其他属性项的名字一样
Expires	过期时间，在设置的某个时间点后该 Cookie 就会失效，如 expires=Wednesday, 09-Nov-99 23:12:40 GMT
Domain	生成该 Cookie 的域名，如 domain="xulingbo.net"
Path	该 Cookie 是在当前哪个路径下生成的，如 path=/wp-admin/
Secure	如果设置了这个属性，那么只会在 SSH 连接时才会回传该 Cookie

表 10-2　Version 1 属性项介绍

属　性　项	属性项介绍
NAME=VALUE	与 Version 0 相同
Version	通过 Set-Cookie2 设置的响应头创建必须符合 RFC2965 规范，如果通过 Set-Cookie 响应头设置，则默认值为 0；如果要设置为 1，则该 Cookie 要遵循 RFC 2109 规范
Comment	注释项，用户说明该 Cookie 有何用途
CommentURL	服务器为此 Cookie 提供的 URI 注释
Discard	是否在会话结束后丢弃该 Cookie 项，默认为 fasle
Domain	类似于 Version 0
Max-Age	最大失效时间，与 Version 0 不同的是这里设置的是在多少秒后失效
Path	类似于 Version 0
Port	该 Cookie 在什么端口下可以回传服务端，如果有多个端口，则以逗号隔开，如 Port="80,81,8080"
Secure	类似于 Version 0

在以上两个版本的 Cookie 中设置的 Header 头的标识符是不同的，我们常用的是 Set-Cookie：userName="junshan"；Domain="xulingbo.net"，这是 Version 0 的形式。针对 Set-Cookie2 是这样设置的：Set-Cookie2：userName="junshan"；Domain="xulingbo.net"；Max-Age=1000。但是在 Java Web 的 Servlet 规范中并不支持 Set-Cookie2 响应头，在实际应用中 Set-Cookie2 的一些属性项却可以设置在 Set-Cookie 中，如这样设置：Set-Cookie：userName="junshan"；Version="1";Domain="xulingbo.net";Max-Age=1000。

10.1.2　Cookie 如何工作

当我们用如下方式创建 Cookie 时：

```
String getCookie(Cookie[] cookies, String key) {
    if (cookies != null) {
        for (Cookie cookie : cookies) {
            if (cookie.getName().equals(key)) {
                return cookie.getValue();
            }
        }
    }
    return null;
}
```

```
@Override
public void doGet(HttpServletRequest request,
                  HttpServletResponse response)
     throws IOException, ServletException {
   Cookie[] cookies = request.getCookies();
   String userName = getCookie(cookies, "userName");
   String userAge = getCookie(cookies, "userAge");
   if (userName == null) {
      response.addCookie(new Cookie("userName", "junshan"));
   }
   if (userAge == null) {
      response.addCookie(new Cookie("userAge", "28"));
   }
   response.getHeaders("Set-Cookie");
}
```

Cookie 是如何加到 HTTP 的 Header 中的呢？当我们用 Servlet 3.0 规范来创建一个 Cookie 对象时，该 Cookie 既支持 Version 0 又支持 Version 1，如果你设置了 Version 1 中的配置项，即使你没有设置版本号，Tomcat 在最后构建 HTTP 响应头时也会自动将 Version 的版本设置为 1。下面看一下 Tomcat 是如何调用 addCookie 方法的，图 10-1 是 Tomcat 创建 Set-Cookie 响应头的时序图。

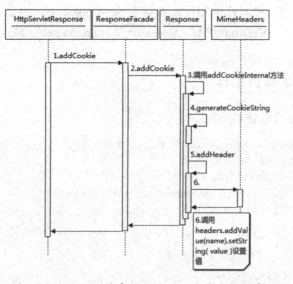

图 10-1　Tomcat 创建 Set-Cookie 响应头的时序图

从图 10-1 中可以看出，真正构建 Cookie 是在 org.apache.catalina.connector.Response 类中完成的，调用 generateCookieString 方法将 Cookie 对象构造成一个字符串，构造的字符串的格式如 userName="junshan";Version="1"; Domain="xulingbo.net"; Max-Age=1000。然后将这个字符串命名为 Set-Cookie 添加到 MimeHeaders 中。

在这里有以下几点需要注意。

◎ 所创建 Cookie 的 NAME 不能和 Set-Cookie 或者 Set-Cookie2 的属性项值一样，如果一样会抛出 IllegalArgumentException 异常。

◎ 所创建 Cookie 的 NAME 和 VALUE 的值不能设置成非 ASSIC 字符，如果要使用中文，可以通过 URLEncoder 将其编码，否则会抛出 IllegalArgumentException 异常。

◎ 当 NAME 和 VALUE 的值出现一些 TOKEN 字符（如 "\"、"," 等）时，构建返回头会将该 Cookie 的 Version 自动设置为 1。

◎ 当在该 Cookie 的属性项中出现 Version 为 1 的属性项时，构建 HTTP 响应头同样会将 Version 设置为 1。

不知道你有没有注意到一个问题，就是当我们通过 response.addCookie 创建多个 Cookie 时，这些 Cookie 最终是在一个 Header 项中的还是以独立的 Header 存在的，通俗地说也就是我们每次创建 Cookie 时是否都是创建一个以 NAME 为 Set-Cookie 的 MimeHeaders？答案是肯定的。从上面的时序图中可以看出每次调用 addCookie 时，最终都会创建一个 Header，但是我们还不知道最终在请求返回时构造的 HTTP 响应头是否将相同 Header 标识的 Set-Cookie 值进行合并。

我们找到 Tomcat 最终构造 Http 响应头的代码，这段代码位于 org.apache.coyote.http11. Http11Processor 类的 prepareResponse 方法中，如下所示：

```
int size = headers.size();
for (int i = 0; i < size; i++) {
    outputBuffer.sendHeader(headers.getName(i), headers.getValue(i));
}
```

这段代码清楚地表示，在构建 HTTP 返回字节流时是将 Header 中所有的项顺序地写出，而没有进行任何修改。所以可以想象浏览器在接收 HTTP 返回的数据时是分别解析每一个 Header 项的。

另外，目前很多工具都可以观察甚至可以修改浏览器中的 Cookie 数据。例如，在 Firefox

中可以通过 HttpFox 插件来查看返回的 Cookie 数据，如图 10-2 所示。

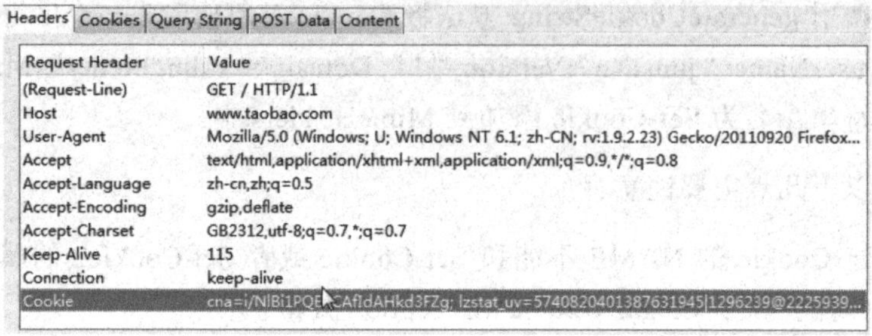

图 10-2　HttpFox 插件展示的 Header 数据

在 Cookie 项中可以详细查看 Cookie 属性项，如图 10-3 所示。

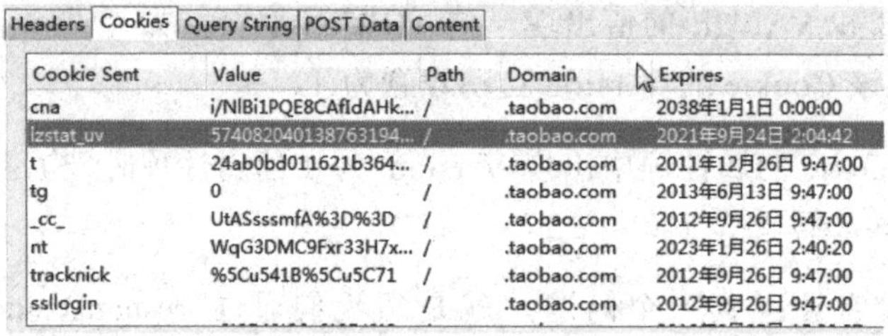

图 10-3　HttpFox 插件展示的 Cookie 数据

前面主要介绍了在服务端如何创建 Cookie，下面看一下如何从客户端获取 Cookie。

当我们请求某个 URL 路径时，浏览器会根据这个 URL 路径将符合条件的 Cookie 放在 Request 请求头中传回给服务端，服务端通过 request.getCookies() 来取得所有 Cookie。

10.1.3　使用 Cookie 的限制

Cookie 是 HTTP 头中的一个字段，虽然 HTTP 本身对这个字段并没有多少限制，但是 Cookie 最终还是存储在浏览器里，所以不同的浏览器对 Cookie 的存储都有一些限制，表 10-3 是一些通常的浏览器对 Cookie 的大小和数量的限制。

表 10-3　浏览器对 Cookie 的大小和数量的限制

浏览器版本	Cookie 的数量限制	Cookie 的总大小限制
IE6	20 个/每个域名	4095 个字节
IE7	50 个/每个域名	4095 个字节

续表

浏览器版本	Cookie 的数量限制	Cookie 的总大小限制
IE8	50 个/每个域名	4095 个字节
IE9	50 个/每个域名	4095 个字节
Chrome	50 个/每个域名	大于 80000
FireFox	50 个/每个域名	4097 个字

10.2　理解 Session

前面已经介绍了 Cookie 可以让服务端程序跟踪每个客户端的访问，但是每次客户端的访问都必须传回这些 Cookie，如果 Cookie 很多，则无形地增加了客户端与服务端的数据传输量，而 Session 的出现正是为了解决这个问题。

同一个客户端每次和服务端交互时，不需要每次都传回所有的 Cookie 值，而是只要传回一个 ID，这个 ID 是客户端第一次访问服务器时生成的，而且每个客户端是唯一的。这样每个客户端就有了一个唯一的 ID，客户端只要传回这个 ID 就行了，这个 ID 通常是 NANE 为 JSESIONID 的一个 Cookie。

10.2.1　Session 与 Cookie

下面详细讲一下 Session 是如何基于 Cookie 来工作的。实际上有以下三种方式可以让 Session 正常工作。

◎　基于 URL Path Parameter，默认支持。

◎　基于 Cookie，如果没有修改 Context 容器的 Cookies 标识，则默认也是支持的。

◎　基于 SSL，默认不支持，只有 connector.getAttribute("SSLEnabled")为 TRUE 时才支持。

在第一种情况下，当浏览器不支持 Cookie 功能时，浏览器会将用户的 SessionCookieName 重写到用户请求的 URL 参数中，它的传递格式如/path/Servlet;name=value;name2=value2? Name3=value3，其中"Servlet;"后面的 K-V 就是要传递的 Path Parameters，服务器会从这个 Path Parameters 中拿到用户配置的 SessionCookieName。关于这个 SessionCookieName，

如果在 web.xml 中配置 session-config 配置项，其 cookie-config 下的 name 属性就是这个 SessionCookieName 的值。如果没有配置 session-config 配置项，默认的 SessionCookieName 就是大家熟悉的"JSESSIONID"。需要说明的一点是，与 Session 关联的 Cookie 与其他 Cookie 没有什么不同。接着 Request 根据这个 SessionCookieName 到 Parameters 中拿到 Session ID 并设置到 request.setRequestedSessionId 中。

请注意，如果客户端也支持 Cookie，则 Tomcat 仍然会解析 Cookie 中的 Session ID，并会覆盖 URL 中的 Session ID。

如果是第三种情况，则会根据 javax.servlet.request.ssl_session 属性值设置 Session ID。

10.2.2　Session 如何工作

有了 Session ID，服务端就可以创建 HttpSession 对象了，第一次触发通过 request.getSession()方法。如果当前的 Session ID 还没有对应的 HttpSession 对象，那么就创建一个新的，并将这个对象加到 org.apache.catalina. Manager 的 sessions 容器中保存。Manager 类将管理所有 Session 的生命周期，Session 过期将被回收，服务器关闭，Session 将被序列化到磁盘等。只要这个 HttpSession 对象存在，用户就可以根据 Session ID 来获取这个对象，也就做到了对状态的保持。

与 Session 相关的类图如图 10-4 所示。

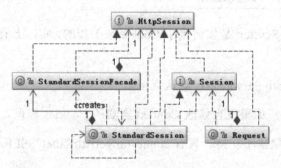

图 10-4　Session 相关类图

从图 10-4 中可以看出，从 request.getSession 中获取的 HttpSession 对象实际上是 StandardSession 对象的门面对象，这与前面的 Request 和 Servlet 是一样的原理。图 10-5 是 Session 工作的时序图。

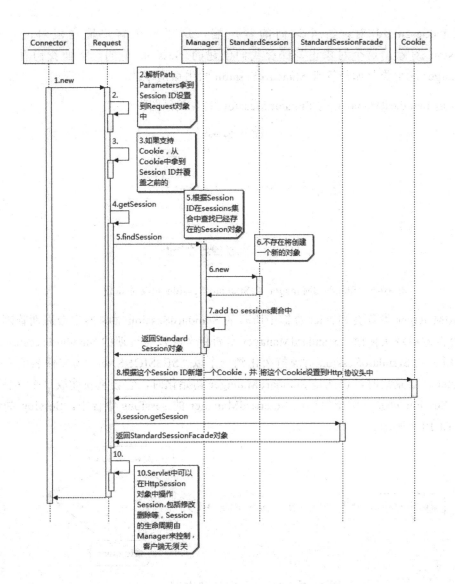

图 10-5　Session 工作的时序图

从时序图中可以看出，从 Request 中获取的 Session 对象保存在 org.apache. catalina.Manager 类中，它的实现类是 org.apache.catalina.session.StandardManager，通过 requestedSessionId 从 StandardManager 的 sessions 集合中取出 StandardSession 对象。由于

一个 requestedSessionId 对应一个访问的客户端，所以一个客户端也就对应一个 StandardSession 对象，这个对象正是保存我们创建的 Session 值的。下面我们看一下 StandardManager 这个类是如何管理 StandardSession 的生命周期的。

图 10-6 是 StandardManager 与 StandardSession 的类关系图。

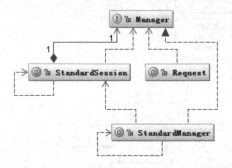

图 10-6 StandardManager 与 StandardSession 的类关系图

StandardManager 类负责 Servlet 容器中所有的 StandardSession 对象的生命周期管理。当 Servlet 容器重启或关闭时，StandardManager 负责持久化没有过期的 StandardSession 对象，它会将所有的 StandardSession 对象持久化到一个以 "SESSIONS.ser" 为文件名的文件中。到 Servlet 容器重启时，也就是 StandardManager 初始化时，它会重新读取这个文件，解析出所有 Session 对象，重新保存在 StandardManager 的 sessions 集合中。Session 的恢复状态图如图 10-7 所示。

图 10-7 Session 恢复状态图

当 Servlet 容器关闭时 StandardManager 类会调用 unload 方法将 sessions 集合中的 StandardSession 对象写到 "SESSIONS.ser" 文件中，然后在启动时再按照上面的状态图重新恢复，注意要持久化保存 Servlet 容器中的 Session 对象，必须调用 Servlet 容器的 stop 和 start 命令，而不能直接结束（kill）Servlet 容器的进程。因为直接结束进程，Servlet 容器没有机会调用 unload 方法来持久化这些 Session 对象。

　　另外，在 StandardManager 的 sessions 集合中的 StandardSession 对象并不是永远保存的，否则 Servlet 容器的内存将很容易被消耗尽，所以必须给每个 Session 对象定义一个有效时间，超过这个时间则 Session 对象将被清除。在 Tomcat 中这个有效时间是 60s（maxInactiveInterval 属性控制），超过 60s 该 Session 将会过期。检查每个 Session 是否失效是在 Tomcat 的一个后台线程中完成的（backgroundProcess()方法中）。过期 Session 的状态图如图 10-8 所示。

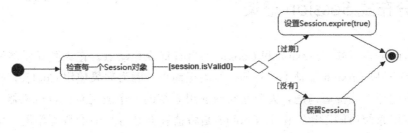

图 10-8　过期 Session 状态图

　　除了后台进程检查 Session 是否失效外，当调用 request.getSession()时也会检查该 Session 是否过期。值得注意的是，request.getSession()方法调用的 StandardSession 永远都会存在，即使与这个客户端关联的 Session 对象已经过期。如果过期，则又会重新创建一个全新的 StandardSession 对象，但是以前设置的 Session 值将会丢失。如果你取到了 Session 对象，但是通过 session.getAttribute 取不到前面设置的 Session 值，请不要奇怪，因为很可能它已经失效了，请检查一下 <Manager pathname="" maxInactiveInterval="60" /> 中 maxInactiveInterval 配置项的值，如果不想让 Session 过期则可以设置为-1。但是你要仔细评估一下，网站的访问量和设置的 Session 的大小，防止将你的 Servlet 容器内存撑爆。如果不想自动创建 Session 对象，也可以通过 request.getSession(boolean create)方法来判断与该客户端关联的 Session 对象是否存在。

10.3　Cookie 安全问题

　　虽然 Cookie 和 Session 都可以跟踪客户端的访问记录，但是它们的工作方式显然是不同的，Cookie 通过把所有要保存的数据通过 HTTP 的头部从客户端传递到服务端，又从服务端再传回到客户端，所有的数据都存储在客户端的浏览器里，所以这些 Cookie 数据可以被访问到，就像我们前面通过 Firefox 的插件 HttpFox 可以看到所有的 Cookie 值。不仅可以查看 Cookie，甚至可以通过 Firecookie 插件添加、修改 Cookie，所以 Cookie 的安全性受到了很大的挑战。

相比较而言 Session 的安全性要高很多，因为 Session 是将数据保存在服务端，只是通过 Cookie 传递一个 SessionID 而已，所以 Session 更适合存储用户隐私和重要的数据。

10.4　分布式 Session 框架

从前面的分析可知，Session 和 Cookie 各自有优点和缺点。在大型互联网系统中，单独使用 Cookie 和 Session 都是不可行的，原因很简单。因为如果使用 Cookie，则可以很好地解决应用的分布式部署问题，大型互联网应用系统的一个应用有上百台机器，而且有很多不同的应用系统协同工作，由于 Cookie 是将值存储在客户端的浏览器里，用户每次访问都会将最新的值带回给处理该请求的服务器，所以也就解决了同一个用户的请求可能不在同一台服务器处理而导致的 Cookie 不一致的问题。

10.4.1　存在哪些问题

这种"谁家的孩子谁抱走"的处理方式的确是大型互联网的一个比较简单但的确可以解决问题的处理方式，但是这种处理方式也会带来了很多其他问题，如下所述。

◎ 客户端 Cookie 存储限制。随着应用系统的增多，Cookie 数量也快速增加，但浏览器对于用户 Cookie 的存储是有限制的。例如，对 IE7 之前的 IE 浏览器，Cookie 个数的限制是 20 个；而对后续的版本，包括 Firefox 等，Cookie 个数的限制都是 50 个，总大小不超过 4KB，超过限制就会出现丢弃 Cookie 的现象，这会严重影响应用系统的正常使用。

◎ Cookie 管理的混乱。在大型互联网应用系统中，如果每个应用系统都自己管理每个应用使用的 Cookie，则会导致混乱，由于通常应用系统都在同一个域名下，Cookie 又有上面一条提到的限制，所以没有统一管理很容易出现 Cookie 超出限制的情况。

◎ 安全令人担忧。虽然可以通过设置 HttpOnly 属性防止一些私密 Cookie 被客户端访问，但是仍然不能保证 Cookie 无法被篡改。为了保证 Cookie 的私密性通常会对 Cookie 进行加密，但是维护这个加密 Key 也是一件麻烦的事情，无法保证定期更新加密 Key 也是带来安全性问题的一个重要因素。

当我们对以上问题不能再容忍下去时，就不得不想其他办法处理了。

10.4.2　可以解决哪些问题

既然 Cookie 有以上问题，Session 也有它的好处，那么为何不结合使用 Session 和 Cookie 呢？下面是分布式 Session 框架可以解决的问题。

◎　Session 配置的统一管理。

◎　Cookie 使用的监控和统一规范管理。

◎　Session 存储的多元化。

◎　Session 配置的动态修改。

◎　Session 加密 key 的定期修改。

◎　充分的容灾机制，保持框架的使用稳定性。

◎　Session 各种存储的监控和报警支持。

◎　Session 框架的可扩展性，兼容更多的 Session 机制如 wapSession。

◎　跨域名 Session 与 Cookie 如何共享的问题。现在同一个网站可能存在多个域名，如何将 Session 和 Cookie 在不同的域名之间共享是一个具有挑战性的问题。

10.4.3　总体实现思路

分布式 Session 框架的架构图如图 10-9 所示。

为了达成上面所说的几个目标，我们需要一个服务订阅服务器，在应用启动时可以从这个订阅服务器订阅这个应用需要的可写 Session 项和可写 Cookie 项，这些配置的 Session 和 Cookie 可以限制这个应用能够使用哪些 Session 和 Cookie，甚至可以控制 Session 和 Cookie 可读或者可写。这样可以精确地控制哪些应用可以操作哪些 Session 和 Cookie，可以有效控制 Session 的安全性和 Cookie 的数量。

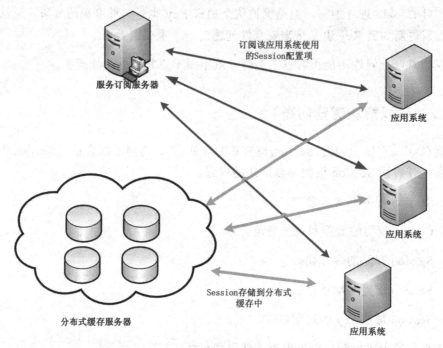

图 10-9　Session 框架的架构图

如 Session 的配置项可以为如下形式：

```
<session>
    <key>sessionID</key>
    <cookiekey>sessionID</cookiekey >
    <lifeCycle>9000</lifeCycle>
    <base64>true</base64>
</session >
```

Cookie 的配置可以为如下形式：

```
<cookie>
    <key>cookie</key>
    <lifeCycle></lifeCycle>
    <type>1</type>
    <path>/wp</path>
    <domain>xulingbo.net</ domain>
```

```
    <decrypt>false</decrypt>
    <httpOnly>false</ httpOnly >
</cookie>
```

　　统一通过订阅服务器推送配置可以有效地集中管理资源，所以可以省去每个应用都来配置 Cookie，简化 Cookie 的管理。如果应用要使用一个新增的 Cookie，则可以通过一个统一的平台来申请，申请通过才将这个配置项增加到订阅服务器。如果是一个所有应用都要使用的全局 Cookie，那么只需将这个 Cookie 通过订阅服务器统一推送过去就行了，省去了要在每个应用中手动增加 Cookie 的配置。

　　关于这个订阅服务器现在有很多开源的配置服务器，如 Zookeeper 集群管理服务器，可以统一管理所有服务器的配置文件。

　　由于应用是一个集群，所以不可能将创建的 Session 都保存在每台应用服务器的内存中，因为如果每台服务器有几十万的访问用户，那么服务器的内存肯定不够用，即使内存够用，这些 Session 也无法同步到这个应用的所有服务器中。所以要共享这些 Session 必须将它们存储在一个分布式缓存中，可以随时写入和读取，而且性能要很好才能满足要求。当前能满足这个要求的系统有很多，如 MemCache 或者淘宝的开源分布式缓存系统 Tair 都是很好的选择。

　　解决了配置和存储问题，下面看一下如何存取 Session 和 Cookie。

　　既然是一个分布式 Session 的处理框架，必然会重新实现 HttpSession 的操作接口，使得应用操作 Session 的对象都是我们实现的 InnerHttpSession 对象，这个操作必须在进入应用之前完成，所以可以配置一个 filter 拦截用户的请求。

　　先看一下如何封装 HttpSession 对象和拦截请求，图 10-10 是时序图。

　　我们可以在应用的 web.xml 中配置一个 SessionFilter，用于在请求到达 MVC 框架之前封装 HttpServletRequest 和 HttpServletResponse 对象，并创建我们自己的 InnerHttpSession 对象，把它设置到 request 和 response 对象中。这样应用系统通过 request.getHttpSession() 返回的就是我们创建的 InnerHttpSession 对象了，我们可以拦截 response 的 addCookies 设置的 Cookie。

　　在时序图中，应用创建的所有 Session 对象都会保存在 InnerHttpSession 对象中，当用户的这次访问请求完成时，Session 框架将会把这个 InnerHttpSession 的所有内容再更新到分布式缓存中，以便于这个用户通过其他服务器再次访问这个应用系统。另外，为了保证一些应用对 Session 稳定性的特殊要求，可以将一些非常关键的 Session 再存储到 Cookie 中，如当分布式缓存存在问题时，可以将部分 Session 存储到 Cookie 中，这样即使分布式缓存出现问题也不会影响关键业务的正常运行。

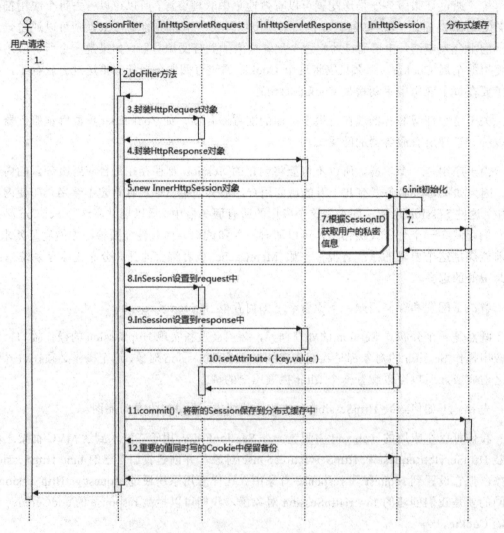

图 10-10　HttpSession 拦截请求时序图

还有一个非常重要的问题就是如何处理跨域名来共享 Cookie 的问题。我们知道 Cookie 是有域名限制的，也就是在一个域名下的 Cookie 不能被另一个域名访问，所以如果在一个域名下已经登录成功, 如何访问到另外一个域名的应用且保证登录状态仍然有效, 对这个问题大型网站应该经常会遇到。如何解决这个问题呢? 下面介绍一种处理方式, 如图 10-11 所示。

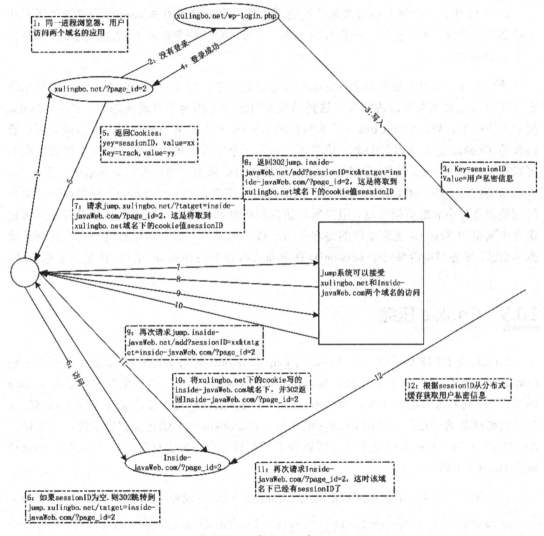

图 10-11　跨域名同步 session

从图中可以看出, 要实现 Session 同步, 需要另外一个跳转应用, 这个应用可以被一个或者多个域名访问, 它的主要功能是从一个域名下取得 sessionID, 然后将这个 sessionID 同步到另外一个域名下。这个 sessionID 其实就是一个 Cookie, 相当于我们经常遇到的

JSESSIONID，所以要实现两个域名下的 Session 同步，必须要将同一个 sessionID 作为
Cookie 写到两个域名下。

总共 12 步，一个域名不用登录就取到了另外一个域名下的 Session，当然这中间有些
步骤还可以简化，也可以做一些额外的工作，如可以写一些需要的 Cookie，而不仅仅是传
一个 sessionID。

除此之外，该框架还能处理 Cookie 被盗取的问题。如你的密码没有丢失，但是你的
账号却有可能被别人登录的情况，这种情况很可能就是因为你登录成功后，你的 Cookie
被别人盗取了，盗取你的 Cookie 的人将你的 Cookie 加入到他的浏览器，然后他就可以通
过你的 Cookie 正常访问你的个人信息了，这是一个非常严重的问题。在这个框架中我们
可以设置一个 Session 签名，当用户登录成功后我们根据用户的私密信息生成的一个签名，
以表示当前这个唯一的合法登录状态，然后将这个签名作为一个 Cookie 在当前这个用户
的浏览器进程中和服务器传递，用户每次访问服务器都会检查这个签名和从服务端分布式
缓存中取得的 Session 重新生成的签名是否一致，如果不一致，则显然这个用户的登录状
态不合法，服务端将清除这个 sessionID 在分布式缓存中的 Session 信息，让用户重新登录。

10.5　Cookie 压缩

Cookie 在 HTTP 的头部，所以通常的 gzip 和 deflate 针对 HTTP Body 的压缩不能压缩
Cookie，如果 Cookie 的量非常大，则可以考虑将 Cookie 也做压缩，压缩方式是将 Cookie
的多个 k/v 对看成普通的文本，做文本压缩。压缩算法同样可以使用 gzip 和 deflate 算法，
但是需要注意的一点是，根据 Cookie 的规范，在 Cookie 中不能包含控制字符，仅能包含
ASCII 码为 34～126 的可见字符。所以要将压缩后的结果再进行转码，可以进行 Base32
或者 Base64 编码。

可以配置一个 Filter 在页面输出时对 Cookie 进行全部或者部分压缩，如下代码所示：

```java
private void compressCookie(Cookie c, HttpServletResponse res) {
    try {
        ByteArrayOutputStream bos = null;
        bos = new ByteArrayOutputStream();
        DeflaterOutputStream dos = new DeflaterOutputStream(bos);
        dos.write(c.getValue().getBytes());
```

```
        dos.close();
        System.out.println("before compress length:" + c.getValue().
getBytes().length);
        String compress = new sun.misc.BASE64Encoder().encode(bos.
toByteArray());
        res.addCookie(new Cookie("compress", compress));
        System.out.println("after compress length:" + compress.getBytes().
length);
    } catch (IOException e) {
        e.printStackTrace();
    }
}
```

上面的代码是用 DeflaterOutputStream 对 Cookie 进行压缩的，Deflater 压缩后再进行 BASE64 编码，相应地用 InflaterInputStream 进行解压。

```
private void unCompressCookie(Cookie c) {
    try {
        ByteArrayOutputStream out = new ByteArrayOutputStream();
        byte[] compress = new sun.misc.BASE64Decoder().decodeBuffer(new
String(c.getValue().getBytes()));
        ByteArrayInputStream bis = new ByteArrayInputStream(compress);
        InflaterInputStream inflater = new InflaterInputStream(bis);
        byte[] b = new byte[1024];
        int count;
        while ((count = inflater.read(b)) >= 0) {
            out.write(b, 0, count);
        }
        inflater.close();
        System.out.println(out.toByteArray());;
    } catch (Exception e) {
        e.printStackTrace();
    }
}
```

2KB 大小的 Cookie 在压缩前与压缩后的字节数相差 20%左右，如果你的网站的 Cookie 在 2～3KB 左右，一天有 1 亿的 PV，那么一天就能够产生 4TB 的带宽流量了，从节省带宽成本来说压缩还是很有必要的。

10.6   表单重复提交问题

在网站中有很多地方都存在表单重复提交的问题，如用户在网速慢的情况下可能会重复提交表单，又如恶意用户通过程序来发送恶意请求等，这时都需要设计一个防止表单重复提交的机制。

要防止表单重复提交，就要标识用户的每一次访问请求，使得每一次访问对服务端来说都是唯一确定的。为了标识用户的每次访问请求，可以在用户请求一个表单域时增加一个隐藏表单项，这个表单项的值每次都是唯一的 token，如：

```
<form id="form" method="post">
<input type=hidden name="crsf_token" value="xxxx" />
</form>
```

当用户在请求时生成这个唯一的 token 时，同时将这个 token 保存在用户的 Session 中，等用户提交请求时检查这个 token 和当前的 Session 中保存的 token 是否一致。如果一致，则说明没有重复提交，否则用户提交上来的 token 已经不是当前这个请求的合法 token。其工作过程如图 10-12 所示。

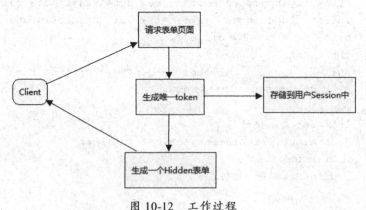

图 10-12   工作过程

图 10-12 是用户发起的对表单页面的请求过程，生成唯一的 token 需要一个算法，最简单的就是可以根据一个种子作为 key 生成一个随机数，并保存在 Session 中，等下次用户提交表单时做验证。验证表单的过程如图 10-13 所示。

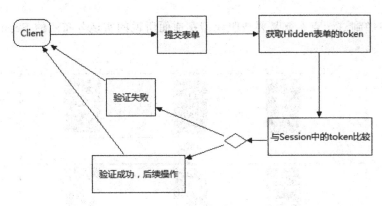

图 10-13　验证表单的过程

当用户提交表单时会将请求时生成的 token 带回来，这样就可以和在 Session 中保存的 token 做对比，从而确认这次表单验证是否合法。

10.7　多终端 Session 统一

当前大部分网站都有了无线端，对无线端的 Cookie 如何处理也是很多程序员必须考虑的问题。

在无线端发展初期，后端的服务系统未必和 PC 的服务系统是统一的，这样就涉及在一端调用多个系统时如何做到服务端 Session 共享的问题了。有两个明显的例子：一个是在无线端可能会通过手机访问无线服务端系统，同时也会访问 PC 端的服务系统，如果它们两个的登录系统没有统一的话，将会非常麻烦，可能会出现二次登录的情况；另一个是在手机上登录以后再在 PC 上同样访问服务端数据，Session 能否共享就决定了客户端是否要再次登录。

针对这两种情况，目前都有理想的解决方案。

1）多端共享 Session

多端共享 Session 必须要做的工作是不管是无线端还是 PC 端，后端的服务系统必须统一会话架构，也就是两边的登录系统必须要基于一致的会员数据结构、Cookie 与 Session 的统一。也就是不管是 PC 端登录还是无线端登录，后面对应的数据结构和存储要统一，写到客户端的 Cookie 也必须一样，这是前提条件。

那么如何做到这一点？就是要按照我们在前面所说的实现分布式的 Session 框架。如下图 10-14 所示。

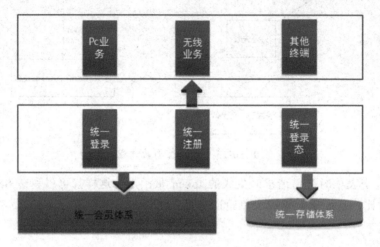

图 10-14　服务端统一 Session 示意图

上面服务端统一 Session 后，在同一个终端上不管是访问哪个服务端都能做到登录状态统一。例如不管是 Native 还是内嵌 Webview，都可以拿统一的 Session ID 去服务端验证登录状态。

2）多终端登录

目前很多网站都会出现无线端和 PC 端多端登录的情况，例如可以通过扫码登录等。这些是如何实现的呢？其实比较简单，如图 10-15 所示。

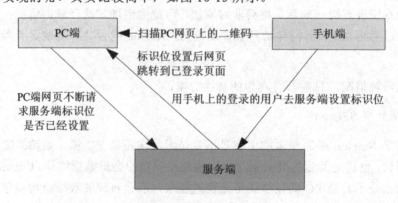

图 10-15　多终端登录示意图

　　这里手机端在扫码之前必须是已经登录的状态，因为这样才能获取到底是谁将要登录的信息，同时扫码的二维码也带有一个特定的标识，标识是这个客户端通过手机端登录了。当手机端扫码成功后，会在服务端设置这个二维码对应的标识为已经登录成功，这时 PC 客户端会通过将"心跳"请求发送到服务端，来验证是否已经登录成功，这样就成为一种便捷的登录方式。

10.8　总结

　　Cookie 和 Session 都是为了保持用户访问的连续状态，之所以要保持这种状态，一方面是为了方便业务实现，另一方面就是简化服务端的程序设计，提高访问性能，但是这也带来了另外一些挑战，例如安全问题、应用的分布式部署带来的 Session 的同步问题及跨域名 Session 的同步问题等。本章分析了 Cookie 和 Session 的工作原理，并介绍了一种分布式 Session 的解决方案。

第 11 章

Tomcat 的系统架构与
设计模式

Tomcat 很复杂，不是一章内容就能完全说清楚的，本章主要从 Tomcat 如何分发请求、如何处理多用户同时请求、它的多级容器是如何协调工作的角度来分析它的工作原理，这也是一个 Web 服务器首先要解决的关键问题。同时在 Tomcat 中运用了很多设计模式，本章也分析了几个经典的模式，它能对我们以后的软件设计起到一定的借鉴作用。

11.1 Tomcat 总体设计

本章以 Tomcat 5 为基础，也兼顾最新的 Tomcat 6。Tomcat 的基本设计思路和架构是有一定连续性的。

11.1.1　Tomcat 总体结构

　　Tomcat 的结构很复杂，但是 Tomcat 也非常模块化，找到了 Tomcat 最核心的模块，你就抓住 Tomcat 的"七寸"了。图 11-1 是 Tomcat 的总体结构图。

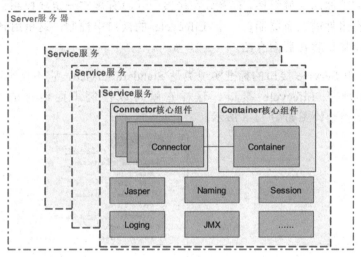

图 11-1　Tomcat 的总体结构

　　从图 11-1 中可以看出，Tomcat 的心脏有两个组件：Connector 和 Container，这两个组件将在后面详细介绍。Connector 组件是可以被替换的，这样可以给服务器设计者提供更多的选择，因为这个组件是如此重要，不仅跟服务器本身的设计相关，而且和不同的应用场景也十分相关，所以一个 Container 可以选择对应多个 Connector。多个 Connector 和一个 Container 就形成了一个 Service，Service 的概念大家都很熟悉了，有了 Service 就可以对外提供服务了。但是 Service 还要有一个生存的环境，必须能给其生命、掌握其生死大权，这时就非 Server 莫属了。所以整个 Tomcat 的生命周期由 Server 控制。

1. 以 Service 作为"婚姻"

　　我们将 Tomcat 中的 Connector、Container 作为一个整体，比作一对情侣，Connector 主要负责对外交流，可以比作男孩，Container 主要处理 Connector 接受的请求，主要处理内部事务，可以比作女孩。那么这个 Service 就是连接这对男女的结婚证了，是 Service 将这对男女连接在一起，共同组成一个家庭。当然要组成一个家庭还要有很多其他元素。

　　说白了，Service 只是在 Connector 和 Container 外面多包一层，把它们组装在一起，向外面提供服务。一个 Service 可以设置多个 Connector，但是只能有一个 Container 容器。这个 Service 接口的方法列表如图 11-2 所示。

　　从 Service 接口中定义的方法可以看出，它主要是为了关联 Connector 和 Container，同时会初始化它下面的其他组件。注意，在接口中并没有规定一定要控制它下面的组件的生命周期。所有组件的生命周期在一个 Lifecycle 的接口中控制，这里用到了一个重要的设计模式，这个接口将在后面介绍。

　　在 Tomcat 中 Service 接口的标准实现类是 StandardService，它不仅实现了 Service 接口，同时还实现了 Lifecycle 接口，这样它就可以控制下面组件的生命周期了。StandardService 类结构图如图 11-3 所示。

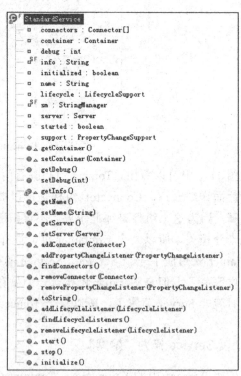

图 11-2　Service 接口的方法列表　　　　图 11-3　StandardService 类结构图

　　从图 11-3 中可以看出，除了 Service 接口的方法的实现以及控制组件生命周期的 Lifecycle 接口的实现，还有几个方法用于实现事件监听方法。不仅是这个 Service 组件，在 Tomcat 中其他组件也同样有这几个方法，这也是一个典型的设计模式。

下面看一下在 StandardService 中的几个主要方法的实现代码，首先看 setContainer 方法的源码：

```
public void setContainer(Container container) {
    Container oldContainer = this.container;
    if ((oldContainer != null) && (oldContainer instanceof Engine))
        ((Engine) oldContainer).setService(null);
    this.container = container;
    if ((this.container != null) && (this.container instanceof Engine))
        ((Engine) this.container).setService(this);
    if (started && (this.container != null) && (this.container instanceof
Lifecycle)) {
        try {
            ((Lifecycle) this.container).start();
        } catch (LifecycleException e) {
            ;
        }
    }
    synchronized (connectors) {
        for (int i = 0; i < connectors.length; i++)
            connectors[i].setContainer(this.container);
    }
    if (started && (oldContainer != null) && (oldContainer instanceof
Lifecycle)) {
        try {
            ((Lifecycle) oldContainer).stop();
        } catch (LifecycleException e) {
            ;
        }
    }
    support.firePropertyChange("container", oldContainer, this.container);
}
```

这段代码很简单，其实就是先判断当前的这个 Service 有没有已经关联了 Container，如果已经关联了，那么去掉这个关联关系——oldContainer.setService(null)。如果这个 oldContainer 已经被启动了，则结束它的生命周期，然后再替换新的关联，再初始化并开始这个新的 Container 的生命周期，最后将这个过程通知感兴趣的事件监听程序。这里值得注意的地方就是，修改 Container 时要将新的 Container 关联到每个 Connector，还好 Container 和 Connector 没有双向关联，不然这个关联关系将会很难维护。

AddConnector 方法的源码如下：

```
public void addConnector(Connector connector) {
    synchronized (connectors) {
        connector.setContainer(this.container);
        connector.setService(this);
        Connector results[] = new Connector[connectors.length + 1];
        System.arraycopy(connectors, 0, results, 0, connectors.length);
        results[connectors.length] = connector;
        connectors = results;
        if (initialized) {
            try {
                connector.initialize();
            } catch (LifecycleException e) {
                e.printStackTrace(System.err);
            }
        }
        if (started && (connector instanceof Lifecycle)) {
            try {
                ((Lifecycle) connector).start();
            } catch (LifecycleException e) {
                ;
            }
        }
        support.firePropertyChange("connector", null, connector);
    }
}
```

这个方法也很简单，首先是设置关联关系，然后是初始化工作，开始新的生命周期。这里值得一提的是，Connector 用的是数组而不是 List 集合，这从性能角度考虑可以理解，有趣的是这里用了数组但是并没有向我们平常那样，一开始就分配一个固定大小的数组，它的实现机制是：重新创建一个当前大小的数组对象，然后将原来的数组对象复制到新的数组中，这种方式实现了类似动态数组的功能，值得我们以后拿来借鉴。

最新的 Tomcat 6 中的 StandardService 也基本没有变化，但是从 Tomcat 5 开始，Service、Server 和容器类都继承了 MBeanRegistration 接口，Mbeans 的管理更加合理了。

2. 以 Server 为"居"

前面说一对情侣因为 Service 而成为一对夫妻，有了能够组成一个家庭的基本条件，但是他们还要有个实体的家，这是他们在社会上的生存之本，有了家他们就可以安心地为人民服务并一起为社会创造财富了。

　　Server 要完成的任务很简单，就是提供一个接口让其他程序能够访问到这个 Service 集合，同时要维护它所包含的所有 Service 的生命周期，包括如何初始化、如何结束服务、如何找到别人要访问的 Service。还有其他的一些次要的任务，类似于你住在这个地方要向当地政府去登记，可能还要配合当地公安机关日常的安全检查等。

　　Server 的类结构图如图 11-4 所示。

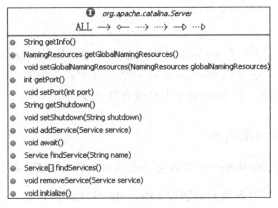

图 11-4　Server 的类结构图

　　它的标准实现类 StandardServer 实现了上面这些方法，同时也实现了 Lifecycle、MbeanRegistration 两个接口的所有方法。下面看一下 StandardServer 的一个重要方法 addService 的实现：

```
public void addService(Service service) {
    service.setServer(this);
    synchronized (services) {
        Service results[] = new Service[services.length + 1];
        System.arraycopy(services, 0, results, 0, services.length);
        results[services.length] = service;
        services = results;
        if (initialized) {
            try {
                service.initialize();
            } catch (LifecycleException e) {
                e.printStackTrace(System.err);
```

```
            }
        }
        if (started && (service instanceof Lifecycle)) {
            try {
                ((Lifecycle) service).start();
            } catch (LifecycleException e) {
                ;
            }
        }
        support.firePropertyChange("service", null, service);
    }
}
```

从代码的第一句就知道了 Service 和 Server 是相互关联的，Server 也是和 Service 管理 Connector 一样管理它，也是将 Service 放在一个数组中，后面的代码也是管理这个新加进来的 Service 的生命周期。在 Tomcat 6 中也没有什么变化。

3. 组件的生命线 "Lifecycle"

前面一直在说 Service 和 Server 管理它下面组件的生命周期，那它们是如何管理的呢？

在 Tomcat 中组件的生命周期是通过 Lifecycle 接口来控制的，组件只要继承这个接口并实现其中的方法就可以统一被拥有它的组件控制了。这样一层一层地直到一个最高级的组件就可以控制 Tomcat 中所有组件的生命周期了，这个最高级的组件就是 Server，而控制 Server 的是 Startup，也就是启动和关闭 Tomcat。

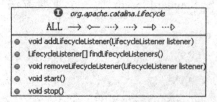

图 11-5 Lifecycle 接口的类结构图

图 11-5 是 Lifecycle 接口的类结构图。

除了控制生命周期的 Start 和 Stop 方法外，还有一个监听机制，在生命周期开始和结束时做一些额外的操作。这个机制在其他框架中也被使用，如在 Spring 中。

Lifecycle 接口的方法的实现都在其他组件中，就像前面说的，组件的生命周期由包含它的父组件控制，所以它的 Start 方法自然就是调用它下面的组件的 Start 方法，Stop 方法也是一样。如在 Server 中 Start 方法就会调用 Service 组件的 Start 方法，Server 的 Start 方法代码如下：

```
public void start() throws LifecycleException {
```

```
    if (started) {
       log.debug(sm.getString("standardServer.start.started"));
       return;
    }
    lifecycle.fireLifecycleEvent(BEFORE_START_EVENT, null);
    lifecycle.fireLifecycleEvent(START_EVENT, null);
    started = true;
    synchronized (services) {
       for (int i = 0; i < services.length; i++) {
          if (services[i] instanceof Lifecycle)
             ((Lifecycle) services[i]).start();
          }
       }
    lifecycle.fireLifecycleEvent(AFTER_START_EVENT, null);
}
```

监听的代码会包围 Service 组件的启动过程，即简单地循环启动所有 Service 组件的 Start 方法，但是所有的 Service 必须要实现 Lifecycle 接口，这样做会更加灵活。

Server 的 Stop 方法代码如下：

```
public void stop() throws LifecycleException {
    if (!started)
       return;
    lifecycle.fireLifecycleEvent(BEFORE_STOP_EVENT, null);
    lifecycle.fireLifecycleEvent(STOP_EVENT, null);
    started = false;
    for (int i = 0; i < services.length; i++) {
       if (services[i] instanceof Lifecycle)
          ((Lifecycle) services[i]).stop();
       }
    lifecycle.fireLifecycleEvent(AFTER_STOP_EVENT, null);
}
```

它要做的事情和 Start 方法差不多。

11.1.2　Connector 组件

Connector 组件是 Tomcat 中的两个核心组件之　，它的主要任务是负责接收浏览器发过来的 TCP 连接请求，创建一个 Request 和 Response 对象分别用于和请求端交换数据。

然后会产生一个线程来处理这个请求并把产生的 Request 和 Response 对象传给处理这个请求的线程，处理这个请求的线程就是 Container 组件要做的事了。

由于这个过程比较复杂，大体的流程可以用如图 11-6 所示的顺序图来解释。

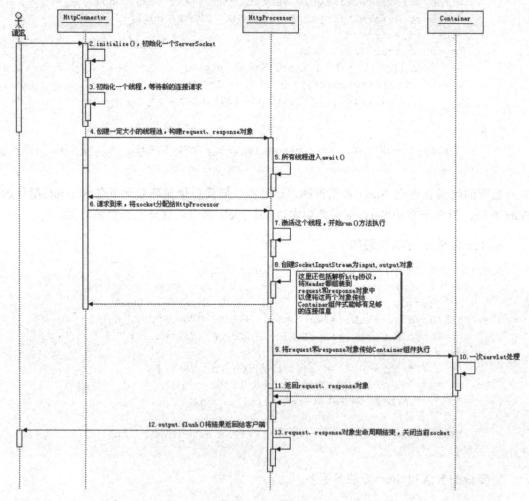

图 11-6　Connector 处理一次请求顺序图

在 Tomcat 5 中默认的 Connector 是 Coyote，这个 Connector 是可以选择替换的。Connector 最重要的功能就是接收连接请求，然后分配线程让 Container 来处理这个请求，所以这必然是多线程的，多线程的处理是 Connector 设计的核心。Tomcat 5 将这个过程更加细化，它将 Connector 划分成 Connector、Processor、Protocol，另外 Coyote 也定义自己的 Request 和 Response 对象。

下面主要看一下在 Tomcat 中如何处理多线程的连接请求，先看一下 Connector 的主要类图，如图 11-7 所示。

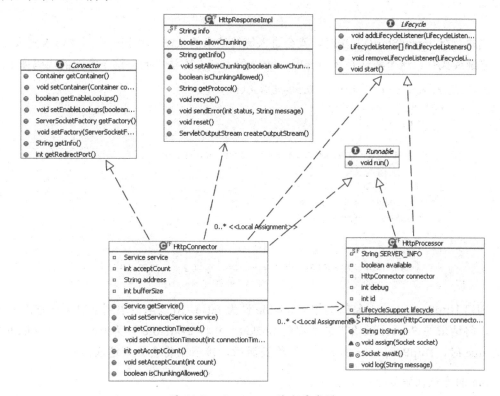

图 11-7　Connector 的主要类图

HttpConnector 的 Start 方法如下：

```
public void start() throws LifecycleException {
    if (started)
        throw new LifecycleException
            (sm.getString("httpConnector.alreadyStarted"));
    threadName = "HttpConnector[" + port + "]";
    lifecycle.fireLifecycleEvent(START_EVENT, null);
    started = true;
    threadStart();
```

```
    while (curProcessors < minProcessors) {
        if ((maxProcessors > 0) && (curProcessors >= maxProcessors))
            break;
        HttpProcessor processor = newProcessor();
        recycle(processor);
    }
}
```

当执行到 threadStart() 方法时，就会进入等待请求的状态，直到一个新的请求到来才会激活它继续执行，这个激活是在 HttpProcessor 的 assign 方法中的，这个方法的代码如下：

```
synchronized void assign(Socket socket) {
    while (available) {
        try {
            wait();
        } catch (InterruptedException e) {
        }
    }
    this.socket = socket;
    available = true;
    notifyAll();
    if ((debug >= 1) && (socket != null))
        log(" An incoming request is being assigned");
}
```

创建 HttpProcessor 对象时会把 available 设为 false，所以当请求到来时不会进入 while 循环，将请求的 Socket 赋给当前处理的 Socket，并将 available 设为 true，当 available 设置为 true 时，HttpProcessor 的 run 方法将被激活，接下来将会处理这次请求。

run 的方法代码如下：

```
public void run() {
    while (!stopped) {
        Socket socket = await();
        if (socket == null)
            continue;
        try {
            process(socket);
        } catch (Throwable t) {
            log("process.invoke", t);
        }
        connector.recycle(this);
```

```
        }
        synchronized (threadSync) {
            threadSync.notifyAll();
        }
    }
```

解析 Socket 的过程在 process 方法中，process 方法的代码片段如下：

```
private void process(Socket socket) {
        boolean ok = true;
        boolean finishResponse = true;
        SocketInputStream input = null;
        OutputStream output = null;
        try {
            input = new SocketInputStream(socket.getInputStream(),connector.
getBufferSize());
        } catch (Exception e) {
            log("process.create", e);
            ok = false;
        }
        keepAlive = true;
        while (!stopped && ok && keepAlive) {
            finishResponse = true;
            try {
                request.setStream(input);
                request.setResponse(response);
                output = socket.getOutputStream();
                response.setStream(output);
                response.setRequest(request);
                ((HttpServletResponse)     response.getResponse()).setHeader
("Server", SERVER_INFO);
            } catch (Exception e) {
                log("process.create", e);
                ok = false;
            }
            try {
                if (ok) {
                parseConnection(socket);
                parseRequest(input, output);
                if        (!request.getRequest().getProtocol().startsWith
("HTTP/0"))
                    parseHeaders(input);
                if (http11) {
```

```
                    ackRequest(output);
                    if (connector.isChunkingAllowed())
                        response.setAllowChunking(true);
                }
            }
        ······
        try {
            ((HttpServletResponse) response).setHeader
("Date", FastHttpDateFormat.getCurrentDate());
            if (ok) {
                connector.getContainer().invoke(request, response);
            }
        ······
        }
        try {
            shutdownInput(input);
            socket.close();
        } catch (IOException e) {
            ;
        } catch (Throwable e) {
            log("process.invoke", e);
        }
        socket = null;
    }
```

当 Connector 将 Socket 连接封装成 Request 和 Response 对象后，接下来的事情就交给
Container 来处理了。

11.1.3　Servlet 容器 Container

Container 是容器的父接口，所有子容器都必须实现这个接口，Container 容器的设计
用的是典型的责任链的设计模式，它由 4 个子容器组件构成，分别是 Engine、Host、Context
和 Wrapper，这 4 个组件不是平行的，而是父子关系，Engine 包含 Host，Host 包含 Context，
Context 包含 Wrapper。通常一个 Servlet class 对应一个 Wrapper，如果有多个 Servlet，则
可以定义多个 Wrapper；如果有多个 Wrapper，则要定义一个更高的 Container，如 Context，
Context 通常对应下面的配置：

```
    <Context    path="/library"    docBase="D:\projects\library\deploy\target\
library.war" reloadable="true"/>
```

1. 容器的总体设计

Context 还可以定义在父容器 Host 中，Host 不是必需的，但是要运行 war 程序，就必须要用 Host，因为在 war 中必有 web.xml 文件，这个文件的解析就需要 Host。如果要有多个 Host 就要定义一个 top 容器 Engine。而 Engine 没有父容器了，一个 Engine 代表一个完整的 Servlet 引擎。

那么这些容器是如何协同工作的呢？它们之间的关系图如图 11-8 所示。

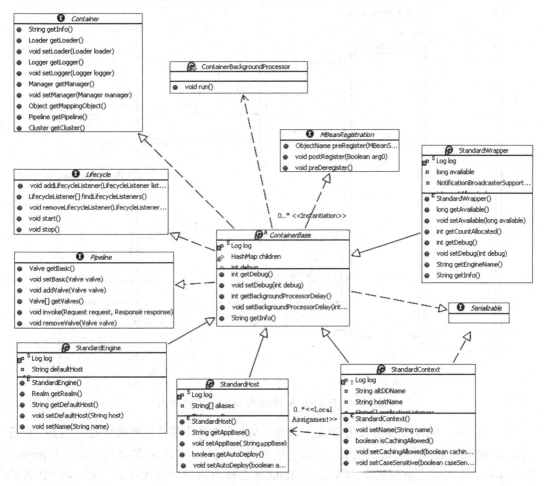

图 11-8　四个容器的关系图

　　当 Connector 接受一个连接请求时，会将请求交给 Container，Container 是如何处理这个请求的？这 4 个组件是怎么分工的？怎么把请求传给特定的子容器的？又是如何将最终的请求交给 Servlet 处理的？图 11-9 是这个过程的时序图。

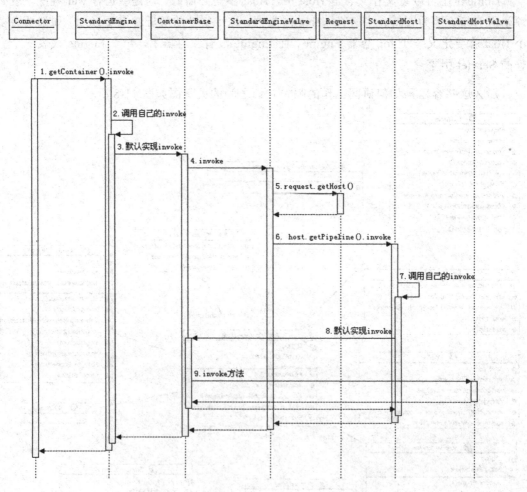

图 11-9　Engine 和 Host 处理请求的时序图

　　这里看到了 Valve，是不是很熟悉？没错，Valve 的设计在其他框架中也有用到，同样 Pipeline 的原理基本上也是相似的。它是一个管道，Engine 和 Host 都会执行这个 Pipeline，你可以在这个管道上增加任意的 Valve，Tomcat 会挨个执行这些 Valve，而且 4 个组件都会有自己的一套 Valve 集合。你怎么才能定义自己的 Valve 呢？在 server.xml 文件中可以添加，如给 Engine 和 Host 增加一个 Valve，代码如下：

```
<Engine defaultHost="localhost" name="Catalina">

    <Valve className="org.apache.catalina.valves.RequestDumperValve"/>
………
    <Host    appBase="webapps"    autoDeploy="true"    name="localhost"
unpackWARs="true" xmlNamespaceAware="false" xmlValidation="false">

    <Valve
className="org.apache.catalina.valves.FastCommonAccessLogValve"
        directory="logs" prefix="localhost_access_log." suffix=".
txt"
        pattern="common" resolveHosts="false"/>
………
    </Host>
    </Engine>
```

StandardEngineValve、StandardHostValve 是 Engine 和 Host 默认的 Valve，最后一个
Valve 负责将请求传给它们的子容器，以继续往下执行。

前面是 Engine 和 Host 容器的请求过程，下面看 Context 和 Wrapper 容器是如何处理
请求的。图 11-10 是处理请求的时序图。

从 Tomcat 5 开始，子容器的路由放在了 request 中，在 request 中保存了当前请求正在
处理的 Host、Context 和 Wrapper。

2. Engine 容器

Engine 容器比较简单，它只定义了一些基本的关联关系，接口类图如图 11-11 所示。

它的标准实现类是 StandardEngine，注意 Engine 没有父容器，如果调用 setParent 方法
将会报错。添加的子容器也只能是 Host 类型的，代码如下：

```
public void addChild(Container child) {
    if (!(child instanceof Host))
        throw new IllegalArgumentException
            (sm.getString("standardEngine.notHost"));
    super.addChild(child);
}
```

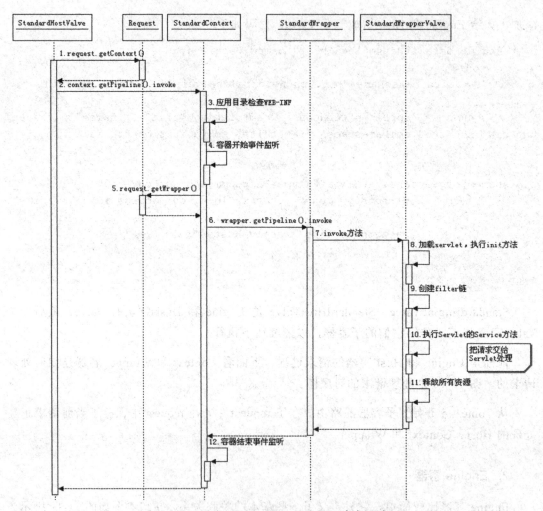

图 11-10　Context 和 Wrapper 的处理请求时序图

ⓘ *Engine*
● String getDefaultHost()
● void setDefaultHost(String defaultHost)
● String getJvmRoute()
● void setJvmRoute(String jvmRouteId)
● Service getService()
● void setService(Service service)
● void addDefaultContext(DefaultContext defaultContext)
● DefaultContext getDefaultContext()
● void importDefaultContext(Context context)

图 11-11　Engine 接口的类结构

```
public void setParent(Container container) {
    throw new IllegalArgumentException
        (sm.getString("standardEngine.notParent"));
}
```

它的初始化方法也就是初始化和它相关联的组件，以及一些事件的监听。

3. Host 容器

Host 是 Engine 的子容器，一个 Host 在 Engine 中代表一个虚拟主机，这个虚拟主机的作用就是运行多个应用，它负责安装和展开这些应用，并且标识这个应用以便能够区分它们。它的子容器通常是 Context，它除了关联子容器外，还保存一个主机应有的信息。

图 11-12 是和 Host 相关的类图。

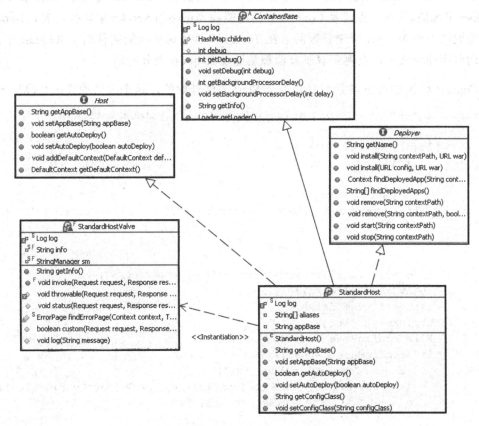

图 11-12　与 Host 相关的类图

从图中可以看出，除了所有容器都继承的 ContainerBase 外，StandardHost 还实现了 Deployer 接口，图 11-12 清楚地列出了这个接口的主要方法，这些方法都可以安装、展开、启动和结束每个 Web 应用。

Deployer 接口的实现是 StandardHostDeployer，这个类实现了最主要的几个方法，Host 可以调用这些方法完成应用的部署等。

4. Context 容器

Context 代表 Servlet 的 Context，它具备了 Servlet 运行的基本环境，理论上只要有 Context 就能运行 Servlet 了。简单的 Tomcat 可以没有 Engine 和 Host。

Context 最重要的功能就是管理它里面的 Servlet 实例，Servlet 实例在 Context 中是以 Wrapper 出现的。还有一点就是 Context 如何才能找到正确的 Servlet 来执行它呢？Tomcat 5 以前是通过一个 Mapper 类来管理的，在 Tomcat 5 以后这个功能被移到了 Request 中，在前面的时序图中就可以发现获取子容器都是通过 Request 来分配的。

Context 准备 Servlet 的运行环境是从 Start 方法开始的，这个方法的代码片段如下：

```
public synchronized void start() throws LifecycleException {
    .........
    if( !initialized ) {
        try {
            init();
        } catch( Exception ex ) {
            throw new LifecycleException("Error initializaing ", ex);
        }
    }
    .........
    lifecycle.fireLifecycleEvent(BEFORE_START_EVENT, null);
    setAvailable(false);
    setConfigured(false);
    boolean ok = true;
    File configBase = getConfigBase();
    if (configBase != null) {
        if (getConfigFile() == null) {
            File file = new File(configBase, getDefaultConfigFile());
            setConfigFile(file.getPath());
            try {
                File appBaseFile = new File(getAppBase());
```

```
            if (!appBaseFile.isAbsolute()) {
                appBaseFile = new File(engineBase(), getAppBase());
            }
            String appBase = appBaseFile.getCanonicalPath();
            String basePath =
                (new File(getBasePath())).getCanonicalPath();
            if (!basePath.startsWith(appBase)) {
                Server server = ServerFactory.getServer();
                ((StandardServer) server).storeContext(this);
            }
        } catch (Exception e) {
            log.warn("Error storing config file", e);
        }
    } else {
        try {
            String canConfigFile =  (new File(getConfigFile())).
getCanonicalPath();
            if (!canConfigFile.startsWith (configBase.getCanonical-
Path())) {
                File file = new File(configBase, getDefaultConfigFile());
                if (copy(new File(canConfigFile), file)) {
                    setConfigFile(file.getPath());
                }
            }
        } catch (Exception e) {
            log.warn("Error setting config file", e);
        }
    }
}
.........
        Container children[] = findChildren();
        for (int i = 0; i < children.length; i++) {
            if (children[i] instanceof Lifecycle)
                ((Lifecycle) children[i]).start();
        }
        if (pipeline instanceof Lifecycle)
            ((Lifecycle) pipeline).start();
.........
    }
```

　　它的主要作用是设置各种资源属性和管理组件，还有一个非常重要的作用就是启动子容器和 Pipeline。

我们知道 Context 的配置文件中有个 reloadable 属性，如下面的配置：

```
<Context     path="/library"     docBase="D:\projects\library\deploy\target\
library.war" reloadable="true" />
```

当这个 reloadable 设为 true 时，war 被修改后 Tomcat 会自动重新加载这个应用。如
何做到这点呢？这个功能是在 StandardContext 的 backgroundProcess 方法中实现的，这个
方法的代码如下：

```java
public void backgroundProcess() {
    if (!started) return;
    count = (count + 1) % managerChecksFrequency;
    if ((getManager() != null) && (count == 0)) {
        try {
            getManager().backgroundProcess();
        } catch ( Exception x ) {
            log.warn("Unable to perform background process on manager",x);
        }
    }
    if (getLoader() != null) {
        if (reloadable && (getLoader().modified())) {
            try {
                Thread.currentThread().setContextClassLoader
                    (StandardContext.class.getClassLoader());
                reload();
            } finally {
                if (getLoader() != null) {
                    Thread.currentThread().setContextClassLoader
                        (getLoader().getClassLoader());
                }
            }
        }
        if (getLoader() instanceof WebappLoader) {
            ((WebappLoader) getLoader()).closeJARs(false);
        }
    }
}
```

它会调用 reload 方法，而 reload 方法会先调用 stop 方法，然后再调用 Start 方法，完
成 Context 的一次重新加载。可以看出，执行 reload 方法的条件是 reloadable 为 true 和应
用被修改，那么这个 backgroundProcess 方法是怎么被调用的呢？

这个方法是在 ContainerBase 类中定义的内部类 ContainerBackgroundProcessor 中被周期调用的，这个类运行在一个后台线程中。它会周期地执行 run 方法，它的 run 方法会周期地调用所有容器的 backgroundProcess 方法，因为所有容器都会继承 ContainerBase 类，所以所有容器都能够在 backgroundProcess 方法中定义周期执行的事件。

5. Wrapper 容器

Wrapper 代表一个 Servlet，它负责管理一个 Servlet，包括 Servlet 的装载、初始化、执行及资源回收。Wrapper 是最底层的容器，它没有子容器了，所以调用它的 addChild 将会报错。

Wrapper 的实现类是 StandardWrapper，StandardWrapper 还实现了拥有一个 Servlet 初始化信息的 ServletConfig，由此看出 StandardWrapper 将直接和 Servlet 的各种信息打交道。

LoadServlet 是一个非常重要的方法，代码片段如下：

```java
public synchronized Servlet loadServlet() throws ServletException {
    .........
    Servlet servlet;
    try {
    .........
    ClassLoader classLoader = loader.getClassLoader();
    .........
    Class classClass = null;
    .........
        servlet = (Servlet) classClass.newInstance();
        if ((servlet instanceof ContainerServlet) &&
            (isContainerProvidedServlet(actualClass) ||
              ((Context)getParent()).getPrivileged() )) {
            ((ContainerServlet) servlet).setWrapper(this);
        }
        classLoadTime=(int) (System.currentTimeMillis() -t1);
        try {
            instanceSupport.fireInstanceEvent(InstanceEvent.BEFORE_
INIT_EVENT,servlet);
            if( System.getSecurityManager() != null) {
                Class[] classType = new Class[]{ServletConfig.class};
                Object[] args = new Object[]{((ServletConfig)facade)};
                SecurityUtil.doAsPrivilege("init",servlet,classType,args);
            } else {
                servlet.init(facade);
```

```
            }
            if ((loadOnStartup >= 0) && (jspFile != null)) {
                .........
                if( System.getSecurityManager() != null) {
                    Class[] classType = new Class[]{ServletRequest.class,
                                            ServletResponse.class};
                    Object[] args = new Object[]{req, res};
                    SecurityUtil.doAsPrivilege("service",servlet,
classType,args);
                } else {
                    servlet.service(req, res);
                }
            }
            instanceSupport.fireInstanceEvent(InstanceEvent.AFTER_
INIT_EVENT,servlet);
            .........
        return servlet;
    }
```

它基本上描述了对 Servlet 的操作，装载了 Servlet 后就会调用 Servlet 的 init 方法，同时会传一个 StandardWrapperFacade 对象给 Servlet，这个对象包装了 StandardWrapper，ServletConfig 与它们的关系如图 11-13 所示。

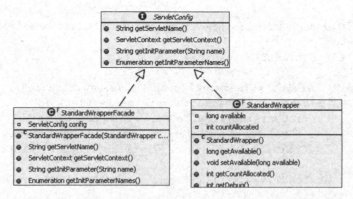

图 11-13　ServletConfig 与 StandardWrapperFacade、StandardWrapper 的关系

Servlet 可以获得的信息都在 StandardWrapperFacade 里封装，这些信息又是在 StandardWrapper 对象中拿到的，所以 Servlet 可以通过 ServletConfig 拿到有限的容器的信息。

当 Servlet 被初始化完成后，就等着 StandardWrapperValve 去调用它的 Service 方法了，调用 Service 方法之前要调用 Servlet 所有的 filter。

11.1.4　Tomcat 中的其他组件

Tomcat 还有其他重要的组件，如安全组件 security、日志组件 logger、session、mbeans、naming 等。这些组件共同为 Connector 和 Container 提供必要的服务。

11.2　Tomcat 中的设计模式

在 Tomcat 中用了很多设计模式，如模板模式、工厂模式和单例模式等一些常用的设计模式，对这些模式大家都比较熟悉，下面介绍一些在 Tomcat 中用到的其他设计模式。

11.2.1　门面设计模式

门面设计模式在 Tomcat 中有多处使用，在 Request 和 Response 对象封装、从 StandardWrapper 到 ServletConfig 封装、从 ApplicationContext 到 ServletContext 封装中都用到了这种设计模式。

1. 门面设计模式的原理

这么多场合都用到了这种设计模式，那这种设计模式究竟能有什么作用呢？顾名思义，就是将一个东西封装成一个门面，好与大家更容易地进行交流，就像一个国家的外交部一样。

这种设计模式主要用在在一个大的系统中有多个子系统时，这时多个子系统肯定要相互通信，但是每个子系统又不能将自己的内部数据过多地暴露给其他系统，不然就没有必要划分子系统了。每个子系统都会设计一个门面，把别的系统感兴趣的数据封装起来，通过这个门面来进行访问。这就是门面设计模式存在的意义。

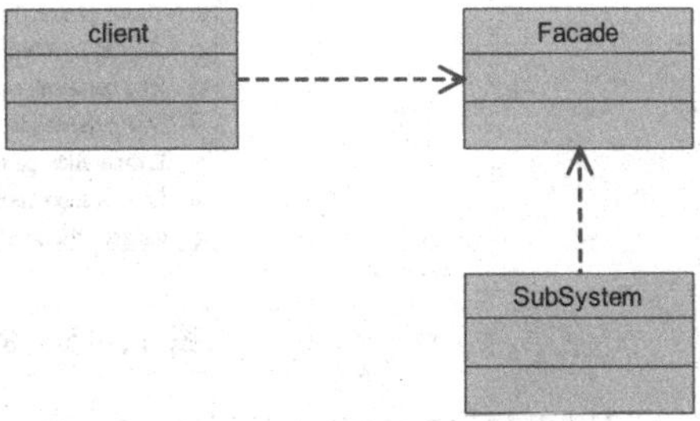

门面设计模式的示意图如图 11-14 所示。

图 11-14　门面设计模式示意图

Client 只能访问 Façade 中提供的数据是门面设计模式的关键，至于 Client 如何访问

Façade 和 Subsystem、如何提供 Façade 门面设计模式并没有规定得很严格。

2. Tomcat 的门面设计模式示例

在 Tomcat 中门面设计模式使用得很多，因为在 Tomcat 中有很多组件，每个组件要相互交互数据，用门面设计模式隔离数据是个很好的方法。

在 Request 上使用的门面设计模式类图如图 11-15 所示。

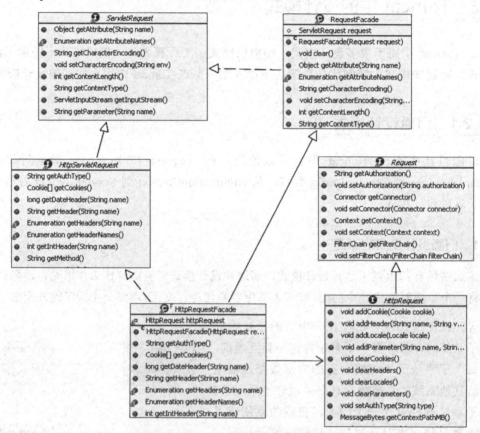

图 11-15　Request 的门面设计模式类图

从图 11-15 中可以看出，HttpRequestFacade 类封装了 HttpRequest 接口，能够提供数据，通过 HttpRequestFacade 访问到的数据都被代理到 HttpRequest 中，通常被封装的对象都被设为 Private 或者 Protected，以防止在 Façade 中被直接访问。

11.2.2　观察者设计模式

这种设计模式也是常用的设计方法，通常也叫发布-订阅模式，也就是事件监听机制。通常在某个事件发生的前后会触发一些操作。

1. 观察者模式的原理

观察者模式的原理也很简单，就是你在做事时旁边总有一个人盯着你，当你做的事情是他感兴趣的事情时，他就会跟着做另外一些事情。但是盯着你的人必须要到你那里登记，不然你无法通知他。观察者模式通常包含下面几个角色。

◎　Subject 抽象主题：它负责管理所有观察者的引用，同时定义主要的事件操作。

◎　ConcreteSubject 具体主题：它实现了抽象主题定义的所有接口，当自己发生变化时，会通知所有观察者。

◎　Observer 观察者：监听主题发生变化的操作接口。

2. Tomcat 的观察者模式示例

在 Tomcat 中观察者模式也有多处使用，前面讲的控制组件生命周期的 Lifecycle 就是这种模式的体现，还有对 Servlet 实例的创建、Session 的管理、Container 等都是同样的原理。下面主要看一下 Lifecycle 的具体实现。

Lifecycle 的观察者模式结构如图 11-16 所示。

在上面的结构图中，LifecycleListener 代表的是抽象观察者，它定义了一个 lifecycleEvent 方法，这个方法就是当主题变化时要执行的方法。ServerLifecycleListener 代表的是具体的观察者，它实现了 LifecycleListener 接口的方法，就是这个具体的观察者具体的实现方式。Lifecycle 接口代表的是抽象主题，它定义了管理观察者的方法和它要做的其他方法。而 StandardServer 代表的是具体主题，它实现了抽象主题的所有方法。这里 Tomcat 对观察者做了扩展，增加了另外两个类：LifecycleSupport 和 LifecycleEvent，它们作为辅助类扩展了观察者的功能。LifecycleEvent 可以定义事件类别，对不同的事件可区别处理，更加灵活。LifecycleSupport 类代理了主题对多观察者的管理，将这个管理抽出来统一实现，以后如果修改只要修改 LifecycleSupport 类就可以了，不需要去修改所有的具体主题，因为所有具体主题对观察者的操作都被代理给 LifecycleSupport 类了。这可以认为是观察者模式的改进版。

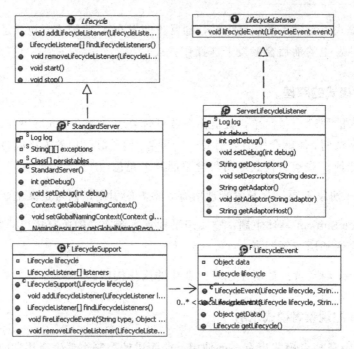

图 11-16　Lifecycle 的观察者模式结构图

LifecycleSupport 调用观察者的方法代码如下：

```
public void fireLifecycleEvent(String type, Object data) {
    LifecycleEvent event = new LifecycleEvent(lifecycle, type, data);
    LifecycleListener interested[] = null;
    synchronized (listeners) {
        interested = (LifecycleListener[]) listeners.clone();
    }
    for (int i = 0; i < interested.length; i++)
        interested[i].lifecycleEvent(event);
}
```

主题是怎么通知观察者的呢？代码如下：

```
public void start() throws LifecycleException {
    lifecycle.fireLifecycleEvent(BEFORE_START_EVENT, null);
```

```
    lifecycle.fireLifecycleEvent(START_EVENT, null);
    started = true;
    synchronized (services) {
        for (int i = 0; i < services.length; i++) {
            if (services[i] instanceof Lifecycle)
                ((Lifecycle) services[i]).start();
        }
    }
    lifecycle.fireLifecycleEvent(AFTER_START_EVENT, null);
}
```

11.2.3　命令设计模式

Connector 是通过命令模式调用 Container 的。

1. 命令模式的原理

命令模式的主要作用就是封装命令，把发出命令的责任和执行命令的责任分开，也是一种功能的分工。不同的模块可以对同一个命令做出不同的解释。

命令模式通常包含下面几个角色。

◎　Client：创建一个命令，并决定接受者。

◎　Command：命令接口，定义一个抽象方法。

◎　ConcreteCommand：具体命令，负责调用接受者的相应操作。

◎　Invoker：请求者，负责调用命令对象执行请求。

◎　Receiver：接受者，负责具体实施和执行一次请求。

2. Tomcat 中命令模式的示例

在 Tomcat 中命令模式在 Connector 和 Container 组件之间有体现，Tomcat 作为一个应用服务器，无疑会接收到很多请求，如何分配和执行这些请求是必须的功能。

下面看一下 Tomcat 是如何实现命令模式的，图 11-17 是 Tomcat 命令模式的结构图。

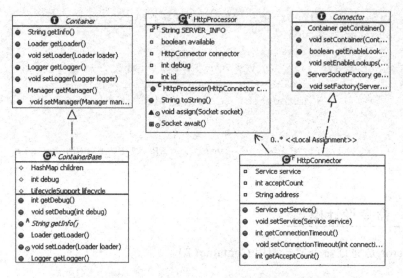

图 11-17　Tomcat 命令模式的结构图

Connector 作为抽象请求者，HttpConnector 作为具体请求者，HttpProcessor 作为命令，Container 作为命令的抽象接受者，ContainerBase 作为具体的接受者，客户端就是应用服务器 Server 组件了。Server 首先创建命令请求者 HttpConnector 对象，然后创建命令 HttpProcessor 对象，再把命令对象交给命令接受者 ContainerBase 容器来处理。命令最终是被 Tomcat 的 Container 执行的。命令可以以队列的方式进来，Container 也可以以不同的方式来处理请求，如 HTTP1.0 和 HTTP1.1 的处理方式就不同。

11.2.4　责任链设计模式

在 Tomcat 中一个最容易发现的设计模式就是责任链设计模式，这个设计模式也是在 Tomcat 中 Container 设计的基础，整个容器就是通过一个链连接在一起的，这个链一直将请求正确地传递给最终处理请求的那个 Servlet。

1. 责任链模式的原理

责任链模式就是很多对象由每个对象对其下家的引用而连接起来形成一条链，请求在这条链上传递，直到链上的某个对象处理此请求，或者每个对象都可以处理请求，并传给"下家"，直到最终链上每个对象都处理完。这样可以不影响客户端而能够在链上增加任意的处理节点。

通常责任链模式包含下面几个角色。

◎　Handler（抽象处理者）：定义一个处理请求的接口。

◎　ConcreteHandler（具体处理者）：处理请求的具体类，或者传给"下家"。

2. Tomcat 中的责任链模式示例

在 Tomcat 中这种设计模式几乎被完整地使用了，Tomcat 的容器设置就是责任链模式，从 Engine 到 Host 再到 Context 一直到 Wrapper 都通过一个链传递请求。

Tomcat 中的责任链模式的类结构图如图 11-18 所示。

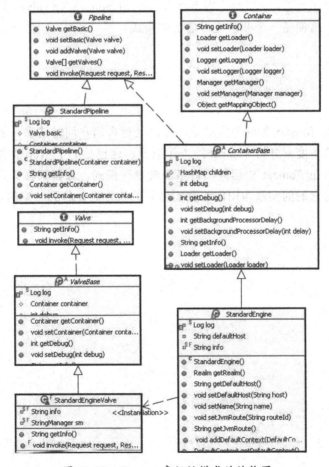

图 11-18　Tomcat 责任链模式的结构图

上图基本上描述了 4 个子容器使用责任链模式的类结构图，在对应的责任链模式的角色中 Container 扮演抽象处理者角色，具体处理者由 StandardEngine 等子容器扮演。与标准的责任链不同的是，这里引入了 Pipeline 和 Valve 接口，它们有什么作用呢？

实际上 Pipeline 和 Valve 扩展了这个链的功能，使得在链向下传递的过程中，能够接收外界的干预。Pipeline 就是连接每个子容器的管子，里面传递的 Request 和 Response 对象好比管子里流的水，而 Valve 就是在这个管子上开的一个个小口子，让你有机会接触到里面的水，做一些额外的事情。

为了防止水被引出来而不流到下一个容器中，在每一段管子最后总有一个节点保证它一定能流到下一个子容器，所以每个容器都有一个 StandardXXXValve。只要涉及这样一种链式的处理流程，这便是一个非常值得借鉴的模式。

11.3　总结

本章将主要从 Tomcat 如何分发请求、如何处理多用户同时请求，还有它的多级容器是如何协调工作的角度来分析 Tomcat 的工作原理，这也是一个 Web 服务器首要解决的关键问题。另外分析在 Tomcat 中运用的许多经典设计模式，如模版模式、工厂模式和单例模式等。通过学习它们的实践运用能给我们以后的软件设计起到一定的借鉴作用。

第12章

Jetty 的工作原理解析

Jetty 应该是目前最活跃也很有前景的一个 Servlet 引擎。本章将介绍 Jetty 的基本架构与基本工作原理，你将了解到 Jetty 的基本体系结构、Jetty 的启动过程以及 Jetty 如何接受和处理用户的请求。还将了解到 AJP 的一些细节，包括 Jetty 是如何基于 AJP 工作的，以及 Jetty 如何集成到 JBoss。最后会比较两个 Servlet 引擎 Tomcat 和 Jetty 的优缺点。

12.1 Jetty 的基本架构

Jetty 目前是一个比较被看好的 Servlet 引擎，它的架构比较简单，也是一个可扩展性强且非常灵活的应用服务器。它有一个基本的数据模型，这个数据模型就是 Handler，所有可以被扩展的组件都可以作为一个 Handler 添加到 Server 中，Jetty 将帮你管理这些 Handler。

12.1.1 Jetty 基本架构简介

图 12-1 是 Jetty 的基本架构图，整个 Jetty 的核心由 Server 和 Connector 两个组件构成，整个 Server 组件是基于 Handler 容器工作的，它类似于 Tomcat 的 Container 容器，对 Jetty

与 Tomcat 的比较将在后面详细介绍。在 Jetty 中另外一个必不可少的组件是 Connector，它负责接受客户端的连接请求，并将请求分配给一个处理队列去执行。

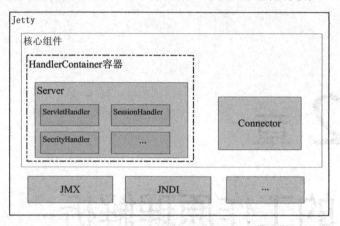

图 12-1　Jetty 的基本架构

在 Jetty 中还有一些可有可无的组件，可以在它上面做扩展。如 JMX，我们可以定义一些 Mbean 把它加到 Server 中，当 Server 启动时，这些 Bean 就会一起工作。

从图 12-2 可以看出，整个 Jetty 的核心围绕着 Server 类来构建，Server 类继承了 Handler，关联了 Connector 和 Container，Container 是管理 Mbean 的容器。Jetty 的 Server 的扩展主要是实现了一个个 Handler 并将 Handler 加到 Server 中，在 Server 中提供了调用这些 Handler 的访问规则。

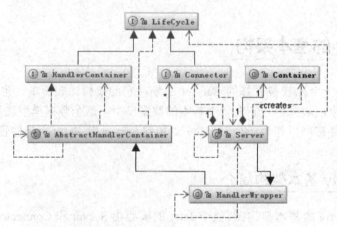

图 12-2　Jetty 的主要组件的类图

整个 Jetty 的所有组件的生命周期管理是基于观察者模板设计的，它和 Tomcat 的管理是类似的。图 12-3 是 LifeCycle 的类关系图。

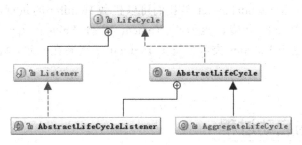

图 12-3　LifeCycle 的类关系图

每个组件都会持有一个观察者（在这里是 Listener 类，这个类通常对应到观察者模式中常用的 Observer 角色，关于观察者模式可以参考第 11 章中关于观察者模式的讲解）集合，当 start、fail 或 stop 等事件被触发时，这些 Listener 将会被调用，这是最简单的一种设计方式，相比 Tomcat 的 LifeCycle 要简单得多。

12.1.2　Handler 的体系结构

如前面所述，Jetty 主要是基于 Handler 来设计的，Handler 的体系结构影响着整个 Jetty 的方方面面。Handler 的种类及作用如图 12-4 所示。

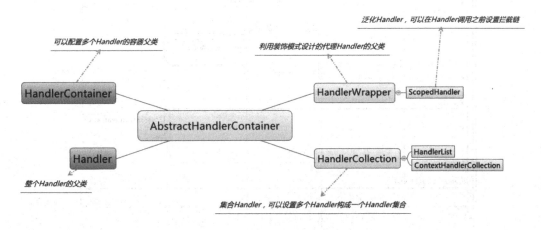

图 12-4　Handler 的种类及作用

　　主要有两种 Handler 类型。一种是 HandlerWrapper，它可以将一个 Handler 委托给另外一个类去执行，如我们要将一个 Handler 加到 Jetty 中，那么就必须将这个 Handler 委托给 Server 去调用。配合 ScopeHandler 类我们可以拦截 Handler 的执行，在调用 Handler 之前或之后可以做另外一些事情，类似于 Tomcat 中的 Valve。另一种 Handler 类型是 HandlerCollection，这个 Handler 类可以将多个 Handler 组装在一起，构成一个 Handler 链，方便我们做扩展。

12.2　Jetty 的启动过程

　　Jetty 的入口是 Server 类，Server 类启动完成了，就代表 Jetty 能为你提供服务了。它到底能提供哪些服务，就要看 Server 类启动时都调用了其他哪些组件的 start 方法。从 Jetty 的配置文件我们可以发现，配置 Jetty 的过程就是将那些类配置到 Server 的过程。图 12-5 是 Jetty 的启动时序图。

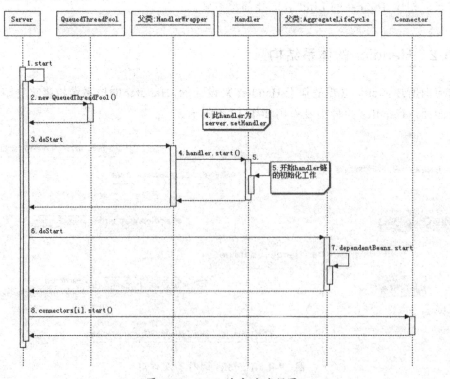

图 12-5　Jetty 的启动时顺图

因为在 Jetty 中所有的组件都会继承 LifeCycle，所以 Server 的 start 方法就会调用所有已经注册到 Server 的组件，Server 启动其他组件的顺序是：首先启动设置到 Server 的 Handler，通常这个 Handler 会有很多子 Handler，这些 Handler 将组成一个 Handler 链，Server 会依次启动这个链上的所有 Handler，接着会启动注册在 Server 上 JMX 的 Mbean，让 Mbean 也一起工作，最后会启动 Connector，打开端口，接受客户端请求。启动逻辑非常简单。

12.3　接受请求

Jetty 作为一个独立的 Servlet 引擎，可以独立提供 Web 服务，但是它也可以与其他 Web 应用服务器集成，所以它可以基于两种协议工作，一种是 HTTP，另一种是 AJP。如果将 Jetty 集成到 JBoss 或者 Apache，那么就可以让 Jetty 基于 AJP 模式工作。下面分别介绍 Jetty 是如何基于这两种协议工作的，以及它们是如何建立连接和接受请求的。

12.3.1　基于 HTTP 工作

如果在前端没有其他 Web 服务器，那么 Jetty 应该基于 HTTP 工作。也就是当 Jetty 接收到一个请求时，必须按照 HTTP 解析请求和封装返回的数据。那么 Jetty 是如何接收一个连接又是如何处理这个连接的呢？

我们设置 Jetty 的 Connector 实现类为 org.eclipse.jetty.server.bi.SocketConnector，让 Jetty 以 BIO 的方式工作。Jetty 在启动时将会创建 BIO 的工作环境，它会创建 HttpConnection 类来解析和封装 HTTP 1.1 的协议，ConnectorEndPoint 类是以 BIO 的处理方式处理连接请求的，ServerSocket 用于建立 Socket 连接以接受和传送数据，Executor 用于处理连接的线程池，它负责处理每一个请求队列中的任务。acceptorThread 监听连接请求，一有 Socket 连接，它便将进入下面的处理流程。

当 Socket 被真正执行时，HttpConnection 将被调用，这里定义了如何将请求传递到 Servlet 容器里，以以如何将请求最终路由到目的 Servlet，关于这个细节可以参考第 9 章。

图 12-9 是 Jetty 启动创建连接的时序图。

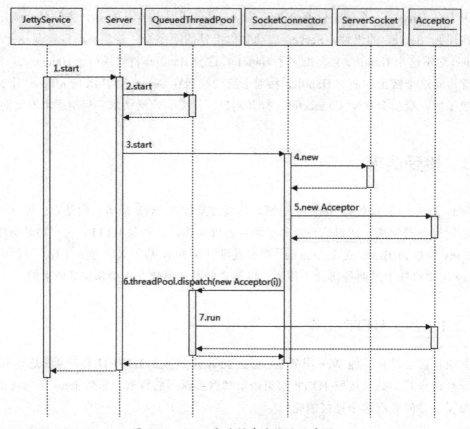

图 12-6　Jetty 启动创建连接的时序图

Jetty 创建接收连接的环境需要以下三个步骤。

（1）创建一个队列线程池，用于处理每个建立连接的任务，这个线程池可以由用户来指定，这和 Tomcat 是类似的。

（2）创建 ServerSocket，用于准备接收客户端的 Socket 请求，以及客户端用来包装这个 Socket 的一些辅助类。

（3）创建一个或多个监听线程，用来监听访问端口是否有连接进来。

相比 Tomcat 创建连接的环境，Jetty 的逻辑更加简单，牵涉的类更少，执行的代码量也更少。

当建立连接的环境已经准备好时,就可以接收 HTTP 请求了,当 Acceptor 接收到 Socket 连接后将转入如图 12-7 所示的流程执行。

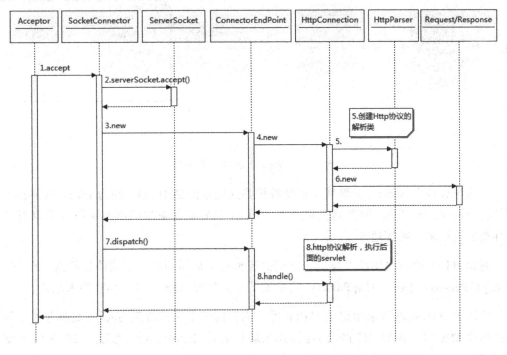

图 12-7　处理连接时序图

Accetptor 线程将会为这个请求创建 ConnectorEndPoint,HttpConnection 用来表示这个连接是一个 HTTP 的连接,它会创建 HttpParse 类解析 HTTP,并且会创建符合 HTTP 的 Request 和 Response 对象。接下来就是将这个线程交给队列线程池去执行了。

12.3.2　基于 AJP 工作

通常一个 Web 服务站点的后端服务器不是将 Java 的应用服务器直接暴露给服务访问者,而是在应用服务器(如 Jboss)的前面再加一个 Web 服务器(如 Apache 或者 Nginx),对原因大家应该很容易理解,如做日志分析、负载均衡、权限控制、防止恶意请求以及静态资源预加载等。

图 12-8 是通常的 Web 服务端的架构图。

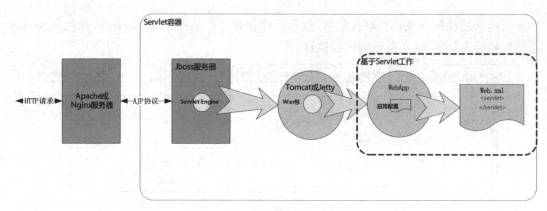

图 12-8　Web 服务端的架构图

在这种架构下 Servlet 引擎就不需要解析和封装返回的 HTTP，因为 HTTP 的解析工作已经在 Apache 或 Nginx 服务器上完成了，JBoss 只要基于更加简单的 AJP 工作就行了，这样能加快请求的响应速度。

对比 HTTP 的时序图可以发现，它们的逻辑几乎是相同的，不同的是替换了一个类，即 Ajp13Parserer 替换了 HttpParser，它定义了如何处理 AJP 及需要哪些类来配合。

实际上 AJP 处理请求相比于 HTTP 唯一的不同就是在读取到 Socket 数据包时如何来转换这个数据包，按照 HTTP 的包格式来解析就是 HttpParser，按照 AJP 来解析就是 Ajp13Parserer。封装返回的数据也是如此。

让 Jetty 工作在 AJP 下，需要配置 connector 的实现类为 Ajp13SocketConnector，这个类继承了 SocketConnector 类，覆盖了父类的 newConnection 方法，为的是创建 Ajp13Connection 对象而不是 HttpConnection。如图 12-9 所示的是 Jetty 创建连接环境的时序图。

与 HTTP 方式唯一不同的地方就是将 SocketConnector 类替换成了 Ajp13SocketConnector 类，改成 Ajp13SocketConnector 的目的就是可以创建 Ajp13Connection 类，表示当前这个连接使用的是 AJP，所以需要用 Ajp13Parser 类来解析 AJP，处理连接的逻辑都是一样的。A$_{jp}$Parser 类解析 AJP 的时序图如图 12-10 所示。

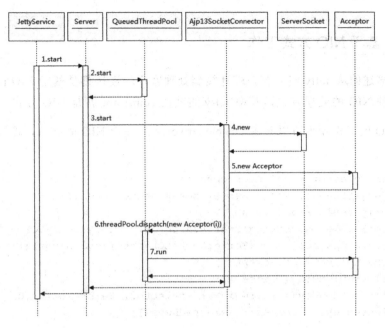

图 12-9　Jetty 创建连接环境的时序图

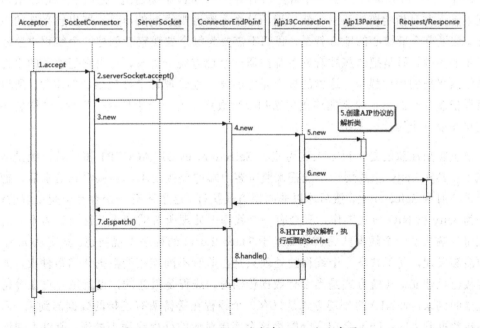

图 12-10　AJP13Parser 类解析 AJP 的时序图

12.3.3 基于 NIO 方式工作

前面所描述的从 Jetty 建立客户端连接到处理客户端连接都是基于 BIO 的方式，它也支持另外一种 NIO 的处理方式，其中 Jetty 的默认 connector 就是 NIO 方式。

关于 NIO 的工作原理可以参考 Developerworks 上关于 NIO 的文章，通常 NIO 的工作原型如下：

```
Selector selector = Selector.open();
ServerSocketChannel ssc = ServerSocketChannel.open();
ssc.configureBlocking( false );
SelectionKey key = ssc.register( selector, SelectionKey.OP_ACCEPT );
ServerSocketChannel ss = (ServerSocketChannel)key.channel();
SocketChannel sc = ss.accept();
sc.configureBlocking( false );
SelectionKey newKey = sc.register( selector, SelectionKey.OP_READ );
Set selectedKeys = selector.selectedKeys();
```

创建一个 Selector 相当于一个观察者打开一个 Server 端通道，把这个 Server 通道注册到观察者上并且指定监听事件，然后遍历这个观察者观察到的事件，取出感兴趣的事件再处理。这里有个最核心的地方就是，我们不需要为每个被观察者创建一个线程来监控它随时发生的事件，而是把这些被观察者都注册一个地方统一管理，再由它把触发的事件统一发送给感兴趣的程序模块。这里的核心是能够统一地管理每个被观察者的事件，所以我们就可以把服务端的每个建立的连接传送和接受数据作为一个事件统一管理，这样就不必每个连接需要一个线程来维护了。

这里需要注意的是，很多人认为监听 SelectionKey.OP_ACCEPT 事件就已经是非阻塞方式了，其实 Jetty 仍然用一个线程来监听客户端的连接请求，当接收到请求后，把这个请求再注册到 Selector 上，然后才以非阻塞方式执行。这里还有一个容易引起误解的地方，即认为 Jetty 以 NIO 方式工作，只会有一个线程来处理所有的请求，甚至认为不同的用户会在服务端共享一个线程从而会导致基于 ThreadLocal 的程序出现问题。其实从 Jetty 的源码中能够发现，真正共享一个线程的处理只是在监听不同连接的数据传送事件上，如有多个连接已经建立，传统方式是当没有数据传输时，线程是阻塞的，也就是一直在等待下一个数据的到来，而 NIO 的处理方式是只有一个线程在等待所有连接的数据的到来，而当某个连接数据到来时，Jetty 会把它分配给这个连接对应的处理线程去处理，所以不同连接的处理线程仍然是独立的。

　　Jetty 的 NIO 处理方式和 Tomcat 的几乎一样，唯一不同的地方是如何把监听到的事件分配给对应的连接处理。从测试效果来看，Jetty 的 NIO 处理方式更加高效。图 12-11 是 Jetty 的 NIO 处理方式的时序图。

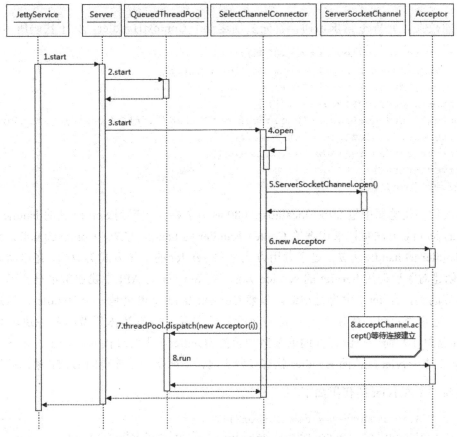

图 12-11　Jetty 的 NIO 处理方式的时序图

12.4　处理请求

　　下面看一下 Jetty 是如何处理一个 HTTP 请求的。

实际上 Jetty 的工作方式非常简单，当 Jetty 接收到一个请求时，Jetty 就把这个请求交给在 Server 中注册的代理 Handler 去执行，如何执行注册的 Handler 同样由你规定，Jetty 要做的就是调用你注册的第一个 Handler 的 handle(String target, Request baseRequest, HttpServletRequest request, HttpServletResponse response)方法，接下来要怎么做，完全由你决定。

要能接收一个 Web 请求访问，首先要创建一个 ContextHandler，如下代码所示：

```
Server server = new Server(8080);
ContextHandler context = new ContextHandler();
context.setContextPath("/");
context.setResourceBase(".");
context.setClassLoader(Thread.currentThread().getContextClassLoader());
server.setHandler(context);
context.setHandler(new HelloHandler());
server.start();
server.join();
```

当我们在浏览器中输 http://localhost:8080 时请求将会代理到 Server 类的 handle 方法，Server 的 handle 方法将请求代理给 ContextHandler 的 handle 方法，ContextHandler 又调用 HelloHandler 的 handle 方法。这个调用方式是和 Servlet 的工作方式类似的，在启动之前初始化，创建对象后调用 Servlet 的 service 方法。在 Servlet 的 API 中我通常也只实现它的一个包装好的类，在 Jetty 中也是如此。虽然 ContextHandler 也只是一个 Handler，但是这个 Handler 通常由 Jetty 帮你实现，我们一般只要实现一些与具体要做的业务逻辑有关的 Handler 就好了，而一些流程性的或某些规范的 Handler，我们直接用就好了。如下面的关于 Jetty 支持 Servlet 规范的 Handler 就有多种实现，下面是一个简单的 HTTP 请求的流程。

访问一个 Servlet 的代码如下：

```
        Server server = new Server();
        Connector connector = new SelectChannelConnector();
        connector.setPort(8080);
        server.setConnectors(new Connector[]{ connector });
        ServletContextHandler root = new
ServletContextHandler(null,"/",ServletContextHandler.SESSIONS);
        server.setHandler(root);
        root.addServlet(new ServletHolder(new
 org.eclipse.jetty.embedded.HelloServlet("Hello")),"/");
```

```
server.start();
server.join();
```

在这段代码中创建一个 ServletContextHandler 并给这个 Handler 添加一个 Servlet，这里的 ServletHolder 是 Servlet 的一个装饰类，它十分类似于 Tomcat 中的 StandardWrapper。图 12-12 是请求这个 Servlet 的时序图。

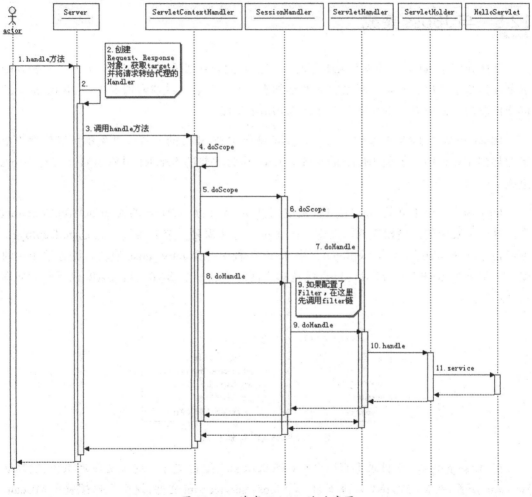

图 12-12　请求 Servlet 的时序图

从图中可以看出，Jetty 处理请求的过程就是 Handler 链上 handle 方法的执行过程。这里需要解释的一点是 ScopeHandler 的处理规则，ServletContextHandler、SessionHandler 和

ServletHandler 都继承了 ScopeHandler，那么这三个类组成一个 Handler 链，它们的执行规则是 ServletContextHandler.handle→ServletContextHandler.doScope→SessionHandler.doScope→ServletHandler.doScope→ServletContextHandler.doHandle→SessionHandler.doHandle→ServletHandler.doHandle，它这种机制使得我们可以在 doScope 阶段做一些额外工作。

12.5   与 JBoss 集成

前面介绍了 Jetty 可以基于 AJP 工作，在正常的企业级应用中，Jetty 作为一个 Servlet 引擎都是基于 AJP 工作的，所以它前面必然有一个服务器，在通常情况下与 JBoss 集成的可能性非常大，所以这里介绍一下如何与 JBoss 集成。

JBoss 是基于 JMX 的架构，所以只要是符合 JMX 规范的系统或框架都可以作为一个组件加到 JBoss 中，扩展 JBoss 的功能。Jetty 作为主要的 Servlet 引擎当然支持与 JBoss 集成。

Jetty 作为一个独立的 Servlet 引擎集成到 JBoss 需要继承 JBoss 的 AbstractWebContainer 类，这个类实现的是模板模式，其中有一个抽象方法需要子类去实现，它是 getDeployer，可以指定创建 Web 服务的 Deployer。在 Jetty 工程中有个 jetty-jboss 模块，编译这个模块就会产生一个 SAR 包，或者可以直接从官方网站下载一个 SAR 包。SAR 包解压后如图 12-13 所示。

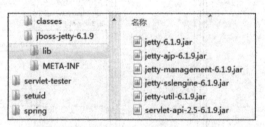

图 12-13   SAR 包解压后

在 jboss-jetty-6.1.9 目录下有一个 webdefault.xml 配置文件，这个文件是 Jetty 的默认 Web.xml 配置，在 META-INF 目录下有一个 jboss-service.xml 文件，这个文件配置了 MBean，代码如下：

```
<mbean code="org.jboss.jetty.JettyService"
       name="jboss.web:service=WebServer">
```

```
xmbean-dd="META-INF/webserver-xmbean.xml">
```

同样这个 org.jboss.jetty.JettyService 类也继成了 org.jboss.web.AbstractWebContainer 类，覆盖了父类的 startService 方法，这个方法直接调用 jetty.start，启动 Jetty。

12.6　与 Tomcat 的比较

Tomcat 和 Jetty 作为 Servlet 引擎应用得比较广泛，虽然 Jetty 成长为一个优秀的 Servlet 引擎，但是目前 Tomcat 的地位仍然难以撼动。相比较来看，它们都有各自的优、缺点。

Tomcat 经过长时间的发展，已经广泛地被市场接受和认可，相对 Jetty 来说，Tomcat 比较稳定和成熟，尤其在企业级应用方面，Tomcat 仍然是第一选择。但是随着 Jetty 的发展，Jetty 的市场份额也在不断提高，主要原因要归功于 Jetty 的很多优点，而这些优点也是因为 Jetty 在技术上的优势体现出来的。

12.6.1　架构比较

从架构上来说，显然 Jetty 比 Tomcat 更加简单。

Jetty 的架构从前面的分析可知，它的所有组件都是基于 Handler 来实现的，当然它也支持 JMX。但是主要的功能扩展都可以用 Handler 来实现。可以说 Jetty 是面向 Handler 的架构，就像 Spring 是面向 Bean 的架构，iBATIS 是面向 Statement 的一样，而 Tomcat 是以多级容器构建起来的，它们的架构设计必然都有一个"元神"，所有以这个"元神"构建的其他组件都是肉身。

从设计模板角度来看，Handler 的设计实际上就是一个责任链模式，接口类 HandlerCollection 可以帮助开发者构建一个链，而另一个接口类 ScopeHandler 可以帮助开发者控制这个链的访问顺序。另外一个用到的设计模板就是观察者模式，用这个设计模式控制了整个 Jetty 的生命周期，只要继承了 LifeCycle 接口，对象就可以交给 Jetty 来统一管理了。所以扩展 Jetty 非常简单，也很容易让人理解。整体架构上的简单也带来了无比的好处，Jetty 可以很容易地被扩展和裁剪。

相比之下，Tomcat 臃肿很多，Tomcat 的整体设计很复杂，前面说了 Tomcat 的核心是它的容器的设计，从 Server 到 Service 再到 engine 等 container 容器。作为一个应用服务器，这样设计无口厚非，容器的分层设计也是为了更好地扩展，但是这种扩展的方式将应用服务器的内部结构暴露给外部使用者，使得如果想扩展 Tomcat，开发人员必须要首先了解 Tomcat 的整体设计结构，然后才能知道如何按照它的规范来做扩展。这样就无形增加了对 Tomcat 的学习成本。不仅仅是容器，实际上 Tomcat 也有基于责任链的设计方式，像串联 Pipeline 的 Valve 设计，也是与 Jetty 的 Handler 类似的方式，要自己实现一个 Valve 与写一个 Handler 的难度不相上下。从表面上看，Tomcat 的功能要比 Jetty 强大，因为 Tomcat 已经帮你做了很多工作，而 Jetty 只告诉你能怎么做，如何做由你去实现。

打个比方，就像小孩子学数学，Tomcat 告诉你 1+1=2、1+2=3、2+2=4 这个结果，然后你可以根据这个方式得出 1+1+2=4，你要计算其他数必须根据它给你的公式才能计算，而 Jetty 是告诉你加、减、乘、除的算法规则，然后你就可以根据这个规则自己做运算了。所以你一旦掌握了 Jetty，Jetty 将变得异常强大。

12.6.2　性能比较

单纯比较 Tomcat 与 Jetty 的性能意义不是很大，只能说在某种使用场景下它们表现得各有差异，因为它们面向的使用场景不尽相同。从架构上来看 Tomcat 在处理少数非常繁忙的连接上更有优势，也就是说连接的生命周期如果短，Tomcat 的总体性能更高。

而 Jetty 刚好相反，Jetty 可以同时处理大量连接而且可以长时间保持这些连接。例如，一些 Web 聊天应用非常适合用 Jetty 做服务器，淘宝的 Web 旺旺就用 Jetty 作为 Servlet 引擎。

由于 Jetty 的架构非常简单，作为服务器它可以按需加载组件，这样，不需要的组件就可以去掉，无形中可以减少服务器本身的内存开销，处理一次请求也可以减少产生的临时对象，这样性能也会提高。另外，Jetty 默认使用的是 NIO 技术，在处理 I/O 请求上更占优势，Tomcat 默认使用的是 BIO，在处理静态资源时，Tomcat 的性能较差。

12.6.3　特性比较

作为一个标准的 Servlet 引擎，它们都支持标准的 Servlet 规范，还有 Java EE 的规范也都支持，由于 Tomcat 使用得更加广泛，它对这些支持得更加全面一些，有很多特性 Tomcat 都直接集成进来了。但是 Jetty 的应变更加快速，一方面是因为 Jetty 的开发社区更加活跃，另一方面也是因为 Jetty 的修改更加简单，它只要把相应的组件替换就好了。而 Tomcat 在整体结构上要复杂很多，修改功能比较缓慢，所以 Tomcat 对最新的 Servlet 规范的支持总是要比人们预期的晚。

12.7　总结

本章介绍了在目前的 Java 服务端中一个比较流行的应用服务器 Jetty，介绍了它的基本架构和工作原理，以及如何和 JBoss 一起工作，最后与 Tomcat 做了比较。在看本章的时候最好结合前面的两章及这些系统的源代码，耐心地都看一下会让你对 Java 服务端有个总体的了解。

第 13 章

Spring 框架的设计理念与设计模式分析

Spring 作为现在最优秀的框架之一,被广泛地使用并有很多对其分析的文章。本章将从另外一个视角试图剖析出 Spring 框架的作者设计 Spring 框架的骨骼架构的设计理念:有哪几个核心组件?为什么需要这些组件?它们又如何结合在一起构成 Spring 的骨骼架构?Spring 的 AOP 特性是如何利用这些基础的骨骼架构来工作的?在 Spring 中使用了哪些设计模式来完成它的这种设计?它的这种设计理念对我们以后的软件设计有何启示?

13.1 Spring 的骨骼架构

Spring 总共有十几个组件,但是真正核心的组件只有几个,图 13-1 是 Spring 框架的总体架构图。

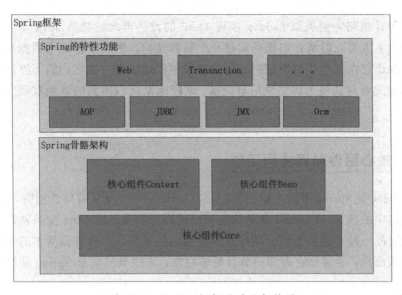

图 13-1　Spring 框架的总体架构图

从图 13-1 中可以看出，在 Spring 框架中的核心组件只有三个：Core、Context 和 Bean。它们构建起了整个 Spring 的骨骼架构，没有它们就不可能有 AOP、Web 等上层的特性功能。下面也将主要从这三个组件入手分析 Spring。

13.1.1　Spring 的设计理念

前面介绍了 Spring 的三个核心组件，如果要在它们三个中选出核心，那就非 Bean 组件莫属了。为何这样说？其实 Spring 就是面向 Bean 的编程（Bean Oriented Programming，BOP），Bean 在 Spring 中才是真正的主角。

Bean 在 Spring 中的作用就像 Object 对 OOP 的意义一样，没有对象的概念就像没有面向对象的编程，在 Spring 中没有 Bean 也就没有 Spring 存在的意义。就像一次演出，舞台都准备好了但是却没有演员一样。为什么要 Bean 这种角色或者 Bean 为何在 Spring 中如此重要，这由 Spring 框架的设计目标决定。Spring 为何如此流行？我们用 Spring 的原因是什么？你会发现原来 Spring 解决了一个非常关键的问题，它可以让你把对象之间的依赖关系转而用配置文件来管理，也就是它的依赖注入机制。而这个注入关系在一个叫 Ioc 的容器中管理，那么在 Ioc 容器中又是什么？就是被 Bean 包裹的对象。Spring 正是通过把对象包装在 Bean 中从而达到管理这些对象及做一系列额外操作的目的的。

它这种设计策略完全类似于 Java 实现 OOP 的设计理念，当然 Java 本身的设计要比 Spring 复杂太多太多，但是它们都是构建一个数据结构，然后根据这个数据结构设计它的生存环境，并让它在这个环境中按照一定的规律不停地运动，在它们的不停运动中设计一个系列与环境或者与其他个体完成信息交换。这样想来我们用到的其他框架大概都是类似的设计理念。

13.1.2 核心组件如何协同工作

前面说 Bean 是 Spring 中的关键因素，那么 Context 和 Core 又有何作用呢？前面把 Bean 比作一场演出中的演员，Context 就是这场演出的舞台背景，而 Core 应该就是演出的道具了。只有它们在一起才能具备演一场好戏的最基本的条件。当然有最基本的条件还不能使这场演出脱颖而出，还需要它表演的节目足够精彩，这些节目就是 Spring 能提供的特色功能了。

我们知道 Bean 包装的是 Object，而 Object 必然有数据，如何给这些数据提供生存环境就是 Context 要解决的问题，对 Context 来说它就是要发现每个 Bean 之间的关系，为它们建立这种关系并且维护好这种关系。所以 Context 就是一个 Bean 关系的集合，这个关系集合又叫 Ioc 容器，一旦建立起这个 Ioc 容器，Spring 就可以为你工作了。Core 组件又有什么用武之地呢？其实 Core 就是发现、建立和维护每个 Bean 之间的关系所需的一系列工具，从这个角度来看，把 Core 组件叫作 Util 更能让你理解。

它们之间的关系可以用图 13-2 来表示。

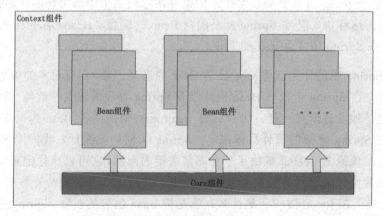

图 13-2 三个组件的关系

13.2　核心组件详解

本节将详细介绍每个组件的内部类的层次关系、它们在运行时的时序顺序及我们在使用 Spring 时应该注意的地方。

13.2.1　Bean 组件

前面已经说明了 Bean 组件对 Spring 的重要性，下面看看 Bean 组件是怎么设计的。Bean 组件在 Spring 的 org.springframework.beans 包下。在这个包下的所有类主要解决了 3 件事：Bean 的定义、Bean 的创建及对 Bean 的解析。对 Spring 的使用者来说唯一需要关心的就是 Bean 的创建，其他两个由 Spring 在内部帮你完成，对你来说是透明的。

Spring Bean 的创建是典型的工厂模式，它的顶级接口是 BeanFactory，图 13-3 是这个工厂的继承层次关系。

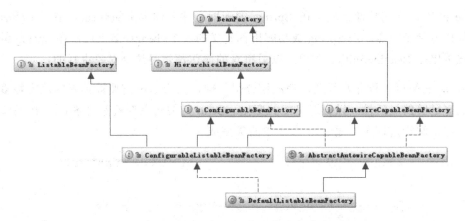

图 13-3　Bean 工厂的继承层次关系

BeanFactory 有 3 个子类：ListableBeanFactory、HierarchicalBeanFactory 和 Autowire CapableBeanFactory。但是从图 13-3 中我们可以发现最终的默认实现类是 DefaultListable BeanFactory，它实现了所有的接口。为何要定义这么多层次的接口呢？查阅这些接口的源码和说明可以发现每个接口都有它使用的场合，它主要是为了区分在 Spring 内部对象的传递和转化过程中，对对象的数据访问所做的限制。例如，ListableBeanFactory 接口表示这些 Bean 是可列表的，而 HierarchicalBeanFactory 表示这些 Bean 是有继承关系的，也就是每个 Bean 有可能有父 Bean，AutowireCapableBeanFactory 接口定义 Bean 的自动装配规则。这 4 个接口共同定义了 Bean 的集合、Bean 之间的关系和 Bean 的行为。

Bean 的定义主要由 BeanDefinition 描述，图 13-4 说明了这些类的层次关系。

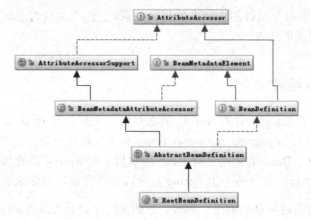

图 13-4　Bean 定义的类层次关系图

Bean 的定义完整地描述了在 Spring 的配置文件中你定义的<bean/>节点中所有的信息，包括各种子节点。当 Spring 成功解析你定义的一个<bean/>节点后，在 Spring 的内部它就被转化成 BeanDefinition 对象，以后所有的操作都是对这个对象进行的。

Bean 的解析过程非常复杂，功能被分得很细，因为这里需要被扩展的地方很多，必须保证有足够的灵活性，以应对可能的变化。Bean 的解析主要就是对 Spring 配置文件的解析，这个解析过程主要通过图 13-5 中的类完成。

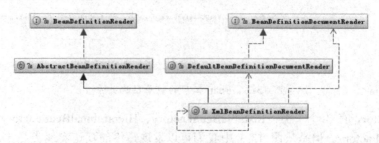

图 13-5　Bean 的解析类

当然还有对 Tag 的具体解析，在这里并没有列出。

13.2.2　Context 组件

Context 在 Spring 的 org.springframework.context 包下，前面已经讲解了 Context 组件在 Spring 中的作用，它实际上就是给 Spring 提供一个运行时的环境，用以保存各个对象的状态。下面看一下这个环境是如何构建的。

ApplicationContext 是 Context 的顶级父类，它除了能标识一个应用环境的基本信息外，还继承了 5 个接口，这 5 个接口主要是扩展了 Context 的功能。图 13-6 是与 Context 相关的类结构图。

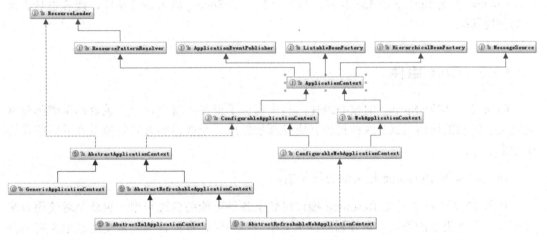

图 13-6　Context 相关的类结构图

从图 13-6 中可以看出，ApplicationContext 继承了 BeanFactory，这也说明了 Spring 容器中运行的主体对象是 Bean。另外 ApplicationContext 继承了 ResourceLoader 接口，使得 ApplicationContext 可以访问到任何外部资源，这些将在 Core 中详细说明。

ApplicationContext 的子类主要包含两个方面：

◎ ConfigurableApplicationContext 表示该 Context 是可修改的，也就是在构建 Context 中，用户可以动态添加或修改已有的配置信息，它下面又有多个子类，其中最经常使用的是可更新的 Context，即 AbstractRefreshableApplicationContext 类。

◎ WebApplicationContext 顾名思义就是为 Web 准备的 Context，它可以直接访问 ServletContext，在通常情况下，这个接口使用得很少。

再往下分就是构建 Context 的文件类型，接着就是访问 Context 的方式。这样一级一级构成了完整的 Context 等级层次。

总体来说 ApplicationContext 必须要完成以下几件事情。

◎ 标识一个应用环境。

◎ 利用 BeanFactory 创建 Bean 对象。

◎ 保存对象关系表。

◎ 能够捕获各种事件。

Context 作为 Spring 的 Ioc 容器，基本上整合了 Spring 的大部分功能，或者说是大部分功能的基础。

13.2.3　Core 组件

Core 组件作为 Spring 的核心组件，其中包含了很多关键类，一个重要的组成部分就是定义了资源的访问方式。这种把所有资源都抽象成一个接口的方式很值得在以后的设计中拿来学习。

图 13-7 是与 Resource 相关的类结构图。

从图 13-7 中可以看出 Resource 接口封装了各种可能的资源类型，也就是对使用者来说屏蔽了文件类型的不同。对资源的提供者来说，如何把资源包装起来交给其他人用也是一个问题，我们看到 Resource 接口继承了 InputStreamSource 接口，在这个接口中有个 getInputStream 方法，返回的是 InputStream 类。这样所有的资源都可以通过 InputStream 类来获取，所以也屏蔽了资源的提供者。另外还有一个加载资源的问题，也就是资源的加载者要统一，从图 13-7 中可以看出这个任务是由 ResourceLoader 接口完成的，它屏蔽了所有的资源加载者的差异，只需要实现这个接口就可以加载所有的资源，它的默认实现是 DefaultResourceLoader。

下面看一下 Context 和 Resource 是如何建立关系的。首先看一下它们的类关系图，如图 13-8 所示。

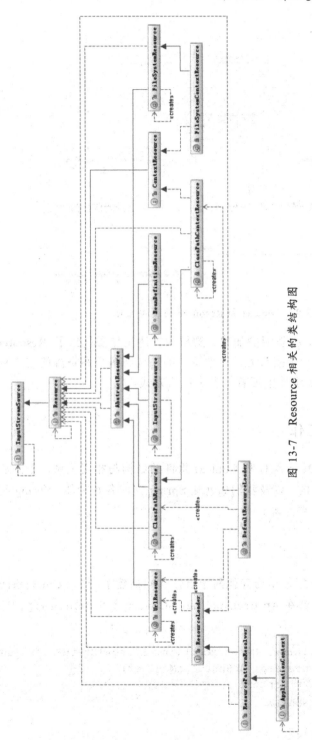

图 13-7　Resource 相关的类结构图

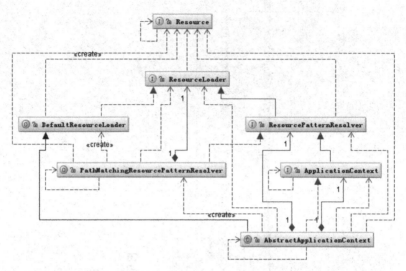

图 13-8　Context 和 Resource 的类关系图

从图中可以看出，Context 把资源的加载、解析和描述工作委托给了 ResourcePattern Resolver 类来完成，它相当于一个接头人，它把资源的加载、解析和资源的定义整合在一起便于其他组件使用。在 Core 组件中还有很多类似的方式。

13.2.4　Ioc 容器如何工作

前面介绍了 Core 组件、Bean 组件和 Context 组件的结构与相互关系，下面从使用者的角度看一下它们是如何运行的，以及我们如何让 Spring 完成各种功能、Spring 到底能有哪些功能、这些功能是如何得来的等。

1.　如何创建 BeanFactory 工厂

Ioc 容器实际上是 Context 组件结合其他两个组件共同构建了一个 Bean 关系网，如何构建这个关系网？构建的入口就在 AbstractApplicationContext 类的 refresh 方法中，这个方法的代码如下：

```
public void refresh() throws BeansException, IllegalStateException {
    synchronized (this.startupShutdownMonitor) {
        //为刷新准备新的context
        prepareRefresh();
```

```
        //刷新所有 BeanFactory 子容器
        ConfigurableListableBeanFactory beanFactory = obtainFreshBean-
Factory();
        // 创建 BeanFactory
        prepareBeanFactory(beanFactory);
        try {
            //注册实现了 BeanPostProcessor 接口的 bean
            postProcessBeanFactory(beanFactory);
            //初始化和执行 BeanFactoryPostProcessor beans
            invokeBeanFactoryPostProcessors(beanFactory);
            //初始化和执行 BeanPostProcessor beans
            registerBeanPostProcessors(beanFactory);
            //初始化 MessageSource
            initMessageSource();
            //初始化 event multicaster.
            initApplicationEventMulticaster();
            //刷新由子类实现的方法
            onRefresh();
            //检查注册是事件
            registerListeners();
            //初始化 non-lazy-init 单例 Bean
            finishBeanFactoryInitialization(beanFactory);
            //执行 LifecycleProcessor.onRefresh()和 ContextRefreshed-
            //Event 事件
            finishRefresh();
        }
        catch (BeansException ex) {
            //销毁 beans
            destroyBeans();
            cancelRefresh(ex);
            throw ex;
        }
    }
}
```

这个方法就是构建整个 Ioc 容器过程的完整代码，了解了里面的每一行代码，基本上就了解了大部分 Spring 的原理和功能。

这段代码主要包含这样几个步骤。

（1）构建 BeanFactory，以便于产生所需的"演员"。

（2）注册可能感兴趣的事件。

（3）创建 Bean 实例对象。

（4）触发被监听的事件。

下面就结合代码分析这几个过程。

首先创建和配置 BeanFactory，这里是 refresh，也就是刷新配置。前面介绍了 Context 有可更新的子类，这里正是实现了这个功能，当 BeanFactory 已存在时就更新，如果不存在就新创建。下面是更新 BeanFactory 的方法的代码：

```
protected final void refreshBeanFactory() throws BeansException {
        if (hasBeanFactory()) {
            destroyBeans();
            closeBeanFactory();
        }
        try {
            DefaultListableBeanFactory beanFactory = createBeanFactory();
            beanFactory.setSerializationId(getId());
            customizeBeanFactory(beanFactory);
            loadBeanDefinitions(beanFactory);
            synchronized (this.beanFactoryMonitor) {
                this.beanFactory = beanFactory;
            }
        }
        catch (IOException ex) {
            throw new ApplicationContextException("I/O error parsing bean
definition source for " + getDisplayName(), ex);
        }
    }
```

这个方法实现了 AbstractApplicationContext 的抽象方法 refreshBeanFactory，这段代码清楚地说明了 BeanFactory 的创建过程。注意 BeanFactory 对象的类型的变化，前面介绍了它有很多子类，在什么情况下使用子类非常关键。BeanFactory 的原始对象是 DefaultListable BeanFactory，这非常关键，因为它涉及后面对这个对象的多种操作，下面看一下这个类的继承关系图，如图 13-9 所示。

从图 13-9 中可以发现，除了与 BeanFactory 相关的类外，还发现了与 Bean 的 register 相关的类。这在 refreshBeanFactory 方法的 loadBeanDefinitions(beanFactory)一行将找到答

案，这个方法将加载、解析 Bean 的定义，也就是把用户定义的数据结构转化为 Ioc 容器中的特定数据结构。

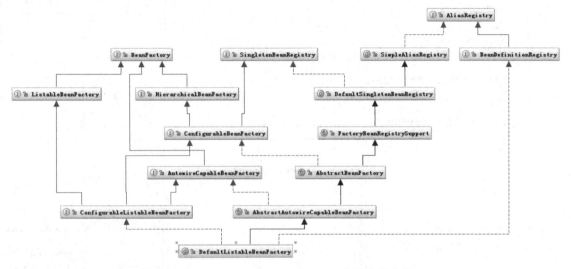

图 13-9　DefaultListableBeanFactory 类继承关系图

这个过程可以用如图 13-10 所示的时序图解释。

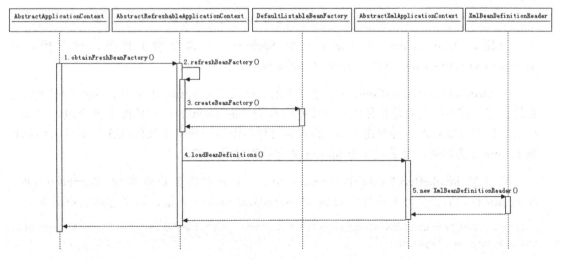

图 13-10　创建 BeanFactory 的时序图

Bean 的解析和登记流程时序图如图 13-11 所示。

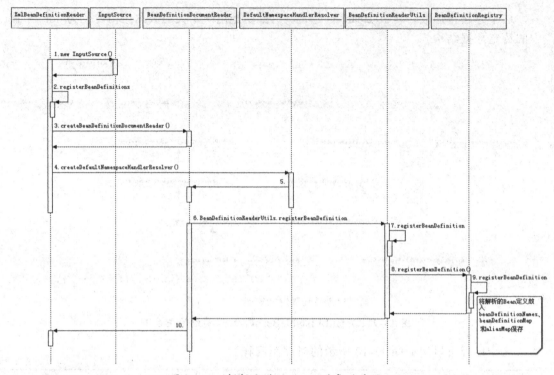

图 13-11　解析和登记 Bean 对象时序图

创建好 BeanFactory 后，添加一些 Spring 本身需要的工具类，这个操作在 AbstractApplicationContext 的 prepareBeanFactory 方法中完成。

在 AbstractApplicationContext 中接下来的 3 行代码对 Spring 的功能扩展性起了至关重要的作用。前两行主要是让你现在可以对已经构建的 BeanFactory 的配置做修改，后面一行就是让你可以对以后再创建 Bean 的实例对象时添加一些自定义的操作。所以它们都扩展了 Spring 的功能，要学习使用 Spring 必须搞清楚这一部分。

其中在 invokeBeanFactoryPostProcessors 方法中主要是获取实现 BeanFactoryPostProcessor 接口的子类，并执行它的 postProcessBeanFactory 方法，这个方法的声明如下：

```
void postProcessBeanFactory(ConfigurableListableBeanFactory beanFactory)
throws BeansException;
```

它的参数是 beanFactory，说明可以对 beanFactory 做修改，这里注意，beanFactory 是 ConfigurableListableBeanFactory 类型的，这也印证了前面介绍的不同 BeanFactory 所使用的场合不同，这里只能是可配置的 BeanFactory，防止一些数据被用户随意修改。

registerBeanPostProcessors 方法也可以获取用户定义的实现了 BeanPostProcessor 接口的子类，并把它们注册到 BeanFactory 对象中的 beanPostProcessors 变量中。在 BeanPostProcessor 中声明了两个方法：postProcessBeforeInitialization 和 postProcessAfterInitialization，分别用于在 Bean 对象初始化时执行，可以执行用户自定义的操作。

后面的几行代码是初始化监听事件和对系统的其他监听者的注册，监听者必须是 ApplicationListener 的子类。

2. 如何创建 Bean 实例并构建 Bean 的关系网

下面就是 Bean 的实例化代码，是从 finishBeanFactoryInitialization 方法开始的。

```
protected void finishBeanFactoryInitialization(ConfigurableListableBean-
Factory beanFactory) {
        //不使用 TempClassLoader
        beanFactory.setTempClassLoader(null);

        //禁止修改当前 Bean 的配置信息
        beanFactory.freezeConfiguration();

        //实例化 non-lazy-init 类型的 bean
        beanFactory.preInstantiateSingletons();
}
```

从上面的代码中可以发现 Bean 的实例化是在 BeanFactory 中发生的。PreInstantiateSingletons 方法的代码如下：

```
public void preInstantiateSingletons() throws BeansException {
        if (this.logger.isInfoEnabled()) {
            this.logger.info("Pre-instantiating singletons in " + this);
        }
        synchronized (this.beanDefinitionMap) {
            for (String beanName : this.beanDefinitionNames) {
                RootBeanDefinition bd = getMergedLocalBeanDefinition(beanName);
                if (!bd.isAbstract() && bd.isSingleton() && !bd.isLazyInit()) {
                    if (isFactoryBean(beanName)) {
                        final FactoryBean factory = (FactoryBean) getBean
(FACTORY_BEAN_PREFIX + beanName);
                        boolean isEagerInit;
                        if (System.getSecurityManager() != null && factory
```

```
instanceof SmartFactoryBean) {
                                isEagerInit = AccessController.doPrivileged
(new PrivilegedAction<Boolean>() {
                                    public Boolean run() {
                                        return ((SmartFactoryBean) factory).
isEagerInit();
                                    }
                                }, getAccessControlContext());
                            }
                            else {
                                isEagerInit = factory instanceof SmartFactoryBean
&& ((SmartFactoryBean) factory).isEagerInit();
                            }
                            if (isEagerInit) {
                                getBean(beanName);
                            }
                        }
                        else {
                            getBean(beanName);
                        }
                    }
                }
            }
        }
```

　　这里出现了一个非常重要的 Bean——FactoryBean，可以说 Spring 有一大半的扩展功能都与这个 Bean 有关，这是个特殊的 Bean。它是个工厂 Bean，可以产生 Bean 的 Bean，这里的产生 Bean 是指 Bean 的实例，如果一个类继承 FactoryBean，用户可以自己定义产生实例对象的方法，只需实现它的 getObject 方法即可。然而在 Spring 内部，这个 Bean 的实例对象是 FactoryBean，通过调用这个对象的 getObject 方法就能获取用户自定义产生的对象，从而为 Spring 提供了很好的扩展性。Spring 获取 FactoryBean 本身的对象是通过在前面加上 & 来完成的。

　　如何创建 Bean 的实例对象及如何构建 Bean 实例对象之间的关联关系是 Spring 中的一个核心，图 13-12 是这个过程的流程图。

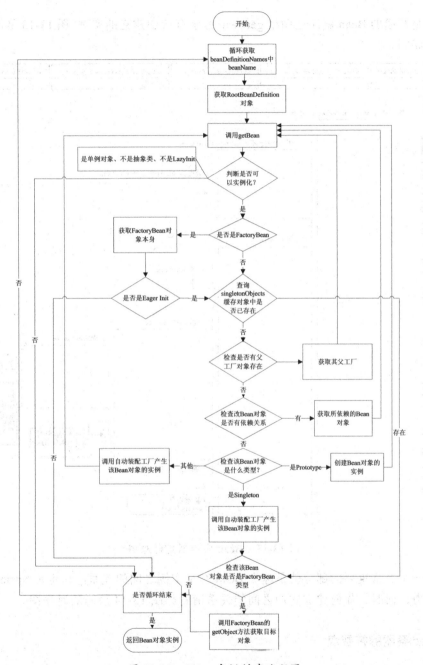

图 13-12　Bean 实例创建流程图

如果是普通的 Bean 就通过调用 getBean 方法直接创建它的实例。图 13-13 是创建 Bean 实例的时序图。

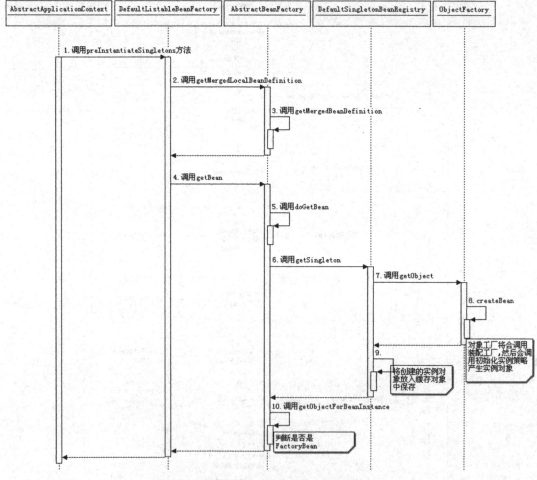

图 13-13　Bean 实例创建时序图

还有一个非常重要的部分就是建立 Bean 对象实例之间的关系，这也是 Spring 框架的核心竞争力，何时、如何建立它们之间的关系请看如图 13-14 所示的时序图。

3. Ioc 容器的扩展点

现在还有一个问题就是如何让这些 Bean 对象有一定的扩展性，也就是如何可以加入用户的一些操作。那么有哪些扩展点呢？Spring 又是如何调用到这些扩展点的？

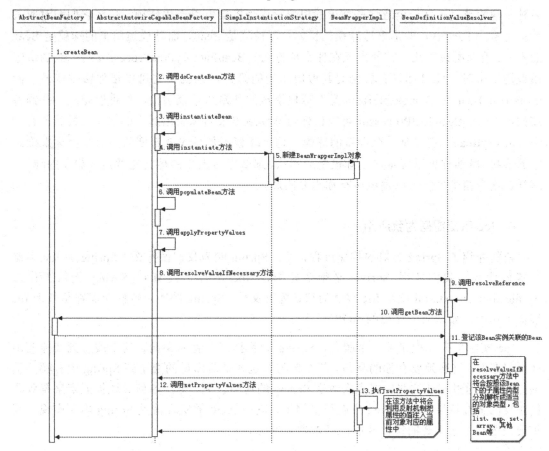

图 13-14　建立 Bean 对象实例关系时序图

对 Spring 的 Ioc 容器来说，主要有 BeanFactoryPostProcessor 和 BeanPostProcessor，它们分别在构建 BeanFactory 和构建 Bean 对象时调用。还有就是 InitializingBean 和 DisposableBean，它们分别在 Bean 实例创建和销毁时被调用。用户可以实现在这些接口中定义的方法，Spring 会在适当的时候调用它们。还有一个是 FactoryBean，它是个特殊的 Bean，这个 Bean 可以被用户更多地控制。

这些扩展点通常也是我们使用 Spring 来完成特定任务的地方，如何精通 Spring 就看你有没有掌握好 Spring 有哪些扩展点，以及如何使用它们。要知道如何使用它们就必须了解它们内在的机理，可以用下面的一个比喻来解释。

把 Ioc 容器比作一个箱子，在这个箱子里有若干个球的模子，可以用这些模子来造很多种不同的球，还有一个造这些球模的机器，这个机器可以产生球模。那么它们的对应关系就是 BeanFactory，即那个造球模的机器，球模就是 Bean，而球模造出来的球就是 Bean 的实例。前面所说的几个扩展点又在什么地方呢？BeanFactoryPostProcessor 对应到当造球模被造出来时，此时你将有机会对其做出适当的修正，也就是它可以帮你修改球模。而 InitializingBean 和 DisposableBean 是在球模造球的开始和结束阶段，你可以完成一些预备和扫尾工作。BeanPostProcessor 可以让你对球模造出来的球做出适当的修正。最后还有一个 FactoryBean，它可是一个神奇的球模。这个球模不是预先就定型的，而是由你来确定它的形状。既然你可以确定这个球模型的形状，那么它造出来的球肯定就是你想要的球了，这样在这个箱子里面可以发现所有你想要的球。

4. Ioc 容器如何为我所用

前面介绍了 Spring 容器的构建过程，那么 Spring 能为我们做什么？Spring 的 Ioc 容器又能做什么？我们使用 Spring 必须要先构建 Ioc 容器，没有它 Spring 无法工作，ApplicatonContext.xml 就是 Ioc 容器的默认配置文件，Spring 的所有特性功能都是基于 Ioc 容器工作的，如后面要介绍的 AOP。

Ioc 实际上为你构建了一个魔方，Spring 为你搭好了骨骼架构，这个魔方到底能变出什么好东西，这必须要有你的参与。怎么参与？这就是前面说的要了解 Spring 中有哪些扩展点，我们通过实现这些扩展点来改变 Spring 的通用行为。至于如何实现扩展点来得到我们想要的个性结果，在 Spring 中有很多例子，其中 AOP 的实现就是 Spring 本身实现了其扩展点达到了它想要的特性功能，可以拿来参考。

13.3　Spring 中 AOP 的特性详解

13.3.1　动态代理的实现原理

要了解 Spring 的 AOP 就必须先了解动态代理的原理，因为 AOP 就是基于动态代理实现的。动态代理要从 JDK 本身说起。

在 JDK 的 java.lang.reflect 包下有个 Proxy 类，它正是构造代理类的入口。这个类的结构如图 13-15 所示。

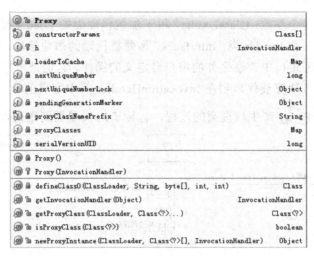

图 13-15　Proxy 类结构

　　从图 13-15 可以发现，最后面 4 个是公有方法，而最后一个方法 newProxyInstance 就是创建代理对象的方法，这个方法的源码如下：

```
public static Object newProxyInstance(ClassLoader loader,
                    Class<?>[] interfaces,
                    InvocationHandler h)
    throws IllegalArgumentException{
    if (h == null) {
        throw new NullPointerException();
    }
    Class cl = getProxyClass(loader, interfaces);
    try {
        Constructor cons = cl.getConstructor(constructorParams);
        return (Object) cons.newInstance(new Object[] { h });
    } catch (NoSuchMethodException e) {
        throw new InternalError(e.toString());
    } catch (IllegalAccessException e) {
        throw new InternalError(e.toString());
    } catch (InstantiationException e) {
        throw new InternalError(e.toString());
    } catch (InvocationTargetException e) {
        throw new InternalError(e.toString());
    }
}
```

这个方法需要 3 个参数：ClassLoader，用于加载代理类的 Loader 类，通常这个 Loader 和被代理的类是同一个 Loader 类；Interfaces，是要被代理的那些接口；InvocationHandler，用于执行除了被代理接口中方法之外的用户自定义的操作，它也是用户需要代理的最终目的。用户调用目标方法都被代理到在 InvocationHandler 类中定义的唯一方法 invoke() 中。

下面还是看看 Proxy 产生代理类的过程，它构造的代理类到底是什么样子？

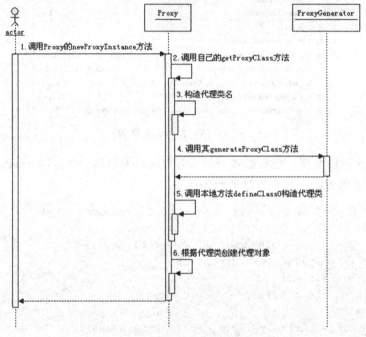

图 13-16   创建代理对象时序图

其实从图 13-16 中可以发现，构造代理类是在 ProxyGenerator 的 generateProxyClass 方法中进行的。ProxyGenerator 类在 sun.misc 包下，感兴趣的话可以看看它的源码。

假如有如下一个接口：

```
public interface SimpleProxy {

    public void simpleMethod1();

    public void simpleMethod2();

}
```

代理生成的类结构则如下：

```
public class $Proxy2 extends java.lang.reflect.Proxy implements SimpleProxy{
    java.lang.reflect.Method m0;
    java.lang.reflect.Method m1;
    java.lang.reflect.Method m2;
    java.lang.reflect.Method m3;
    java.lang.reflect.Method m4;

    int hashCode();
    boolean equals(java.lang.Object);
    java.lang.String toString();
    void simpleMethod1();
    void simpleMethod2();
}
```

在这个类的方法里面将会调用 InvocationHandler 的 invoke 方法，而每个方法也将对应一个属性变量，这个属性变量 m 将传给 invoke 方法中的 Method 参数。整个代理就是这样实现的。

13.3.2　Spring AOP 如何实现

从代理的原理我们知道，代理的目的是调用目标方法时可以转而执行 InvocationHandler 类的 invoke 方法，所以如何在 InvocationHandler 上做文章就是 Spring 实现 AOP 的关键所在。

Spring 的 AOP 实现遵守 AOP 联盟的约定，同时 Spring 又扩展了它，增加了如 Pointcut、Advisor 等一些接口使得其更加灵活。

图 13-17 是 JDK 动态代理的类图。

图 13-17 清楚地显示了 Spring 引用了 Aop Alliance 定义的接口。暂且不讨论 Spring 如何扩展 Aop Alliance，先看看 Spring 是如何实现代理类的。要实现代理类，在 Spring 的配置文件中通常是这样定义一个 Bean 的：

```
<bean id="testBeanSingleton" class="org.springframework.aop.framework.
ProxyFactoryBean">
        <property name="proxyInterfaces">
            <value>org.springframework.aop.framework.PrototypeTarget-
Tests$TestBean</value>
```

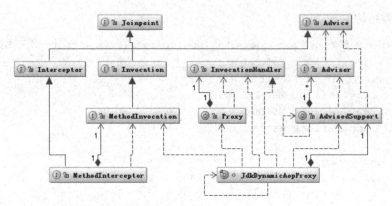

图 13-17　JDK 动态代理的类图

```
        </property>
<property name="target"><ref local="testBeanTarget"></ref> </property>
<property name="singleton"><value>true</value></property>
<property name="interceptorNames">
    <list>
        <value>testInterceptor</value>
        <value>testInterceptor2</value>
    </list>
</property>
</bean>
```

可以看到，要设置被代理的接口和接口的实现类（也就是目标类），以及拦截器（在执行目标方法之前被调用）。这里可以选择使用在 Spring 中定义的各种各样的拦截器。

下面看看 Spring 是如何完成代理的。

前面提到 Spring AOP 是实现其自身的扩展点来完成这个特性的，从这个代理类可以看出它继承了 FactoryBean 的 ProxyFactoryBean，FactoryBean 之所以特别就在于它可以让你自定义对象的创建方法。当然代理对象要通过 Proxy 类来动态生成。

图 13-18 是 Spring 创建代理对象的时序图。

在 Spring 创建了代理对象后，当你调用目标对象上的方法时，都会被代理到 Invocation Handler 类的 invoke 方法中执行，这在前面已经解释了。在这里 JdkDynamicAopProxy 类实现了 InvocationHandler 接口。

下面再看看 Spring 是如何调用拦截器的，图 13-19 是这个过程的时序图。

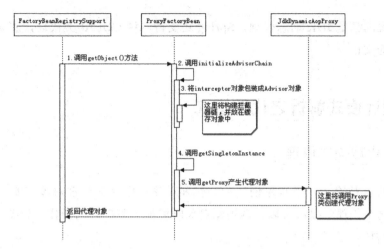

图 13-18　Spring 创建代理对象的时序图

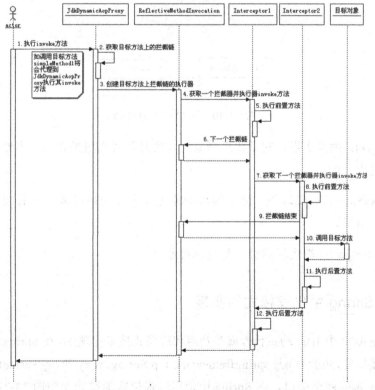

图 13-19　Spring 调用拦截器的时序图

以上所说的都是 JDK 动态代理，Spring 还支持一种 CGLIB 类代理，感兴趣的读者可以查阅相关的文档。

13.4 设计模式解析之代理模式

13.4.1 代理模式原理

代理模式就是给某一个对象创建一个代理对象，由这个代理对象控制对原对象的引用，而创建这个代理对象后可以在调用原对象时增加一些额外的操作。如图 13-20 所示是代理模式的结构。

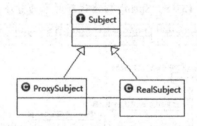

图 13-20　代理模式的结构

◎　Subject：抽象主题，它是代理对象的真实对象要实现的接口，当然可以由多个接口组成。

◎　ProxySubject：代理类，除了实现抽象主题定义的接口外，还必须持有所代理对象的引用。

◎　RealSubject：被代理的类，是目标对象。

13.4.2 Spring 中代理模式的实现

在 Spring AOP 中 JDK 动态代理就是利用代理模式技术实现的。在 Spring 中除了实现被代理对象的接口外，还会有 org.springframework.aop.SpringProxy 和 org.springframework.aop.framework.Advised 两个接口。在 Spring 中使用代理模式的结构图如图 13-21 所示。

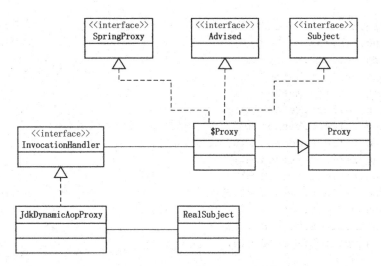

图 13-21　Spring 中使用代理模式的结构图

$Proxy 就是创建的代理对象,而 Subject 是抽象主题,代理对象是通过 InvocationHandler 来持有对目标对象的引用的。

在 Spring 中一个真实的代理对象结构如下:

```
public class $Proxy4 extends java.lang.reflect.Proxy implements org.
springframework.aop.framework.PrototypeTargetTests$TestBean org.springframework.
aop.SpringProxy org.springframework.aop.framework.Advised
{
    java.lang.reflect.Method m16;
    java.lang.reflect.Method m9;
    java.lang.reflect.Method m25;
    java.lang.reflect.Method m5;
    java.lang.reflect.Method m2;
    java.lang.reflect.Method m23;
    java.lang.reflect.Method m18;
    java.lang.reflect.Method m26;
    java.lang.reflect.Method m6;
    java.lang.reflect.Method m28;
    java.lang.reflect.Method m14;
    java.lang.reflect.Method m12;
    java.lang.reflect.Method m27;
    java.lang.reflect.Method m11;
    java.lang.reflect.Method m22;
```

```
    java.lang.reflect.Method m3;
    java.lang.reflect.Method m8;
    java.lang.reflect.Method m4;
    java.lang.reflect.Method m19;
    java.lang.reflect.Method m7;
    java.lang.reflect.Method m15;
    java.lang.reflect.Method m20;
    java.lang.reflect.Method m10;
    java.lang.reflect.Method m1;
    java.lang.reflect.Method m17;
    java.lang.reflect.Method m21;
    java.lang.reflect.Method m0;
    java.lang.reflect.Method m13;
    java.lang.reflect.Method m24;

    int hashCode();
    int indexOf(org.springframework.aop.Advisor);
    int indexOf(org.aopalliance.aop.Advice);
    boolean equals(java.lang.Object);
    java.lang.String toString();
    void sayhello();
    void doSomething();
    void doSomething2();
    java.lang.Class getProxiedInterfaces();
    java.lang.Class getTargetClass();
    boolean isProxyTargetClass();
    org.springframework.aop.Advisor; getAdvisors();
    void    addAdvisor(int,    org.springframework.aop.Advisor)throws    org.
springframework.aop.framework.AopConfigException;
    void addAdvisor(org.springframework.aop.Advisor)throws org.springframework.
aop.framework.AopConfigException;
    void setTargetSource(org.springframework.aop.TargetSource);
    org.springframework.aop.TargetSource getTargetSource();
    void setPreFiltered(boolean);
    boolean isPreFiltered();
    boolean isInterfaceProxied(java.lang.Class);
    boolean removeAdvisor(org.springframework.aop.Advisor);
    void    removeAdvisor(int)throws    org.springframework.aop.framework.
AopConfigException;
    boolean replaceAdvisor(org.springframework.aop.Advisor, org.springframework.
```

```
aop.Advisor)throws org.springframework.aop.framework.AopConfigException;
      void addAdvice(org.aopalliance.aop.Advice)throws org.springframework.
aop.framework.AopConfigException;
      void addAdvice(int, org.aopalliance.aop.Advice)throws org.springframework.
aop.framework.AopConfigException;
      boolean removeAdvice(org.aopalliance.aop.Advice);
      java.lang.String toProxyConfigString();
      boolean isFrozen();
      void setExposeProxy(boolean);
      boolean isExposeProxy();
  }
```

13.5　设计模式解析之策略模式

13.5.1　策略模式原理

策略模式，顾名思义就是做某事的策略，这在编程上通常是指完成某个操作可能有多种方法，这些方法各有千秋，可能有不同的适合的场合，然而这些操作方法都有可能被用到。把各个操作方法都当作一个实现策略，使用者可根据需要选择合适的策略。

如图 13-22 所示是策略模式的结构。

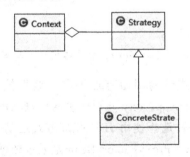

图 13-22　策略模式的结构

◎ **Context**：使用不同策略的环境，它可以根据自身的条件选择不同的策略实现类来完成所要的操作。它持有一个策略实例的引用。创建具体策略对象的方法也可以由它完成。

◎ **Strategy**：抽象策略，定义每个策略都要实现的策略方法。

◎ ConcreteStrategy：具体策略实现类，实现在抽象策略中定义的策略方法。

13.5.2 Spring 中策略模式的实现

在 Spring 中有多个地方使用策略模式，如 Bean 定义对象的创建及代理对象的创建等，这里主要看一下代理对象创建的策略模式的实现。

我们已经了解 Spring 的代理方式有 JDK 动态代理和 CGLIB 代理。对这两种代理方式的使用使用了策略模式，它的结构图如图 13-23 所示。

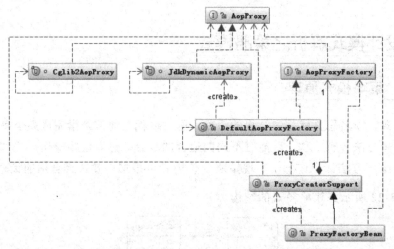

图 13-23 Spring 中策略模式结构图

结构图与标准的策略模式结构稍微有点不同，这里抽象策略是 AopProxy 接口，Cglib2AopProxy 和 JdkDynamicAopProxy 分别代表两种策略的实现方式，ProxyFactoryBean 代表 Context 角色，它根据条件选择使用 JDK 代理方式还是 CGLIB 方式。而另外三个类主要负责创建具体的策略对象，ProxyFactoryBean 是通过依赖的方法来关联具体策略对象的，它通过调用策略对象的 getProxy(ClassLoader classLoader)方法来完成操作。

13.6 总结

本章从 Spring 的几个核心组件入手，找出构建 Spring 框架的骨骼架构，进而分析 Spring

的一些设计理念，从中找出一些好的设计思想，为我们以后的程序设计提供一些思路。接着详细分析了在 Spring 中是如何实现这些理念的，以及在设计模式上是如何使用的。

通过分析 Spring 我得到一个很大的启示，就是这套设计理念其实对我们有很强的借鉴意义，它通过抽象复杂多变的对象，进一步做规范，然后根据它定义的这套规范设计一个容器，在容器中构建它们的复杂关系，其实现在有很多情况都可以用类似的处理方法。

第 **14** 章

Spring MVC 的工作机制与设计模式

当前基于 Java 的 MVC 框架众多，淘宝也有自己的 MVC 框架 Webx，这个框架也已经开源，但是目前市场上主流的 MVC 框架主要还是 SpringMVC 和 Struts。Spring 使用得非常广泛，现在基于所有的 Web 应用都离不开 Spring，而 Spring MVC 与 Spring 框架又是无缝结合的，所以 Spring MVC 也占了很大的市场份额。

本章主要基于 Spring 2.5.6 版本介绍 Spring MVC 框架的工作机制，包括如何实现 MVC 中的 M、V、C 三部分，以及如何基于 Spring 框架来工作，最后也简要介绍了淘宝的 Webx 框架的设计思路，以及它们的对比情况。

14.1　Spring MVC 的总体设计

要使用 Spring MVC，只需在 web.xml 中配置一个 DispatcherServlet，如下所示：

```
    <servlet>
        <servlet-name>dispatcherServlet</servlet-name>
        <servlet-class>org.springframework.web.servlet.DispatcherServlet
</servlet-class>
    </servlet>
    <servlet-mapping>
        <servlet-name>dispatcherServlet</servlet-name>
        <url-pattern>/*</url-pattern>
    </servlet-mapping>
```

再定义一个 dispatcherServlet-servlet.xml 配置文件，如下所示：

```
<beans>
    <!-- 定义 Mapping -->
    <bean id="urlMapping"
        class="org.springframework.web.servlet.handler.SimpleUrlHandler-
Mapping">
        <property name="mappings">
            <props>
                <prop key="demo.htm">demo</prop>
            </props>
        </property>
    <property name="interceptors">
            <list>
                <ref bean="interceptor"/>
            </list>
        </property>
    </bean>
    <bean id="interceptor" class="org.springframework.web.servlet.theme.
ThemeChangeInterceptor"/>
    <!-- 定义 View -->
    <bean id="viewResolver"
        class="org.springframework.web.servlet.view.InternalResource-
ViewResolver">
        <property name="viewClass">
            <value>org.springframework.web.servlet.view.InternalResource-
View</value>
        </property>
    </bean>
    <! 定义 control -->
    <bean id="demo" class="net.xulingbo.mvc.Demo">
```

```
        <property name="viewPage">
            <value>/demo.htm</value>
        </property>
    </bean>
</beans>
```

这样一个简单的基于 Spring MVC 的应用就创建完成了。

实际上 Spring MVC 的使用非常简单，如上面所示我们只要扩展一个路径映射关系；定义一个视图解析器；再定义一个业务逻辑的处理流程规则，Spring MVC 就能够帮你完成所有的 MVC 功能了。要搞清楚 Spring MVC 如何工作，主要看 DispatcherServlet 的代码。与 DispatcherServlet 类相关的结构图如图 14-1 所示。

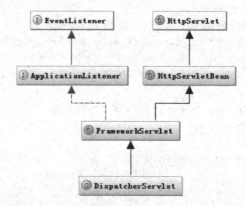

图 14-1   DispatcherServlet 类相关结构图

DispatcherServlet 类继承了 HttpServlet，在 Servlet 的 init 方法调用时 DispatcherServlet 执行 Spring MVC 的初始化工作。DispatcherServlet 初始化什么，可以在其 initStrategies 方法中知道，这个方法如下：

```
protected void initStrategies(ApplicationContext context) {
    initMultipartResolver(context);
    initLocaleResolver(context);
    initThemeResolver(context);
    initHandlerMappings(context);
    initHandlerAdapters(context);
    initHandlerExceptionResolvers(context);
    initRequestToViewNameTranslator(context);
    initViewResolvers(context);
}
```

其要做的 8 件事如下所述。

◎　initMultipartResolver：初始化 MultipartResolver，用于处理文件上传服务，如果有文件上传，那么会将当前的 HttpServletRequest 包装成 DefaultMultipartHttp ServletRequest，并且将每个上传的内容封装成 CommonsMultipartFile 对象。

◎　initLocaleResolver：用于处理应用的国际化问题，通过解析请求的 Locale 和设置响应的 Locale 来控制应用中的字符编码问题。

◎　initThemeResolver：用于定义一个主题，例如，可以根据用户的喜好来设置用户访问的页面的样式，可以将这个样式作为一个 Theme Name 保存，保存在用于请求的 Cookie 中或者保存在服务端的 Session 中，以后每次请求根据这个 Theme Name 返回特定的内容。

◎　initHandlerMappings：用于定义用户设置的请求映射关系，例如，前面示例中的 SimpleUrlHandlerMapping 把用于用户请求的 URL 映射成一个个 Handler 实例。对 HandlerMapping 必须定义，如果没有定义，将获取 DispatcherServlet.properties 文件中默认的两个 HandlerMapping，分别是 BeanNameUrlHandlerMapping 和 DefaultAnnotationHandlerMapping。

◎　initHandlerAdapters：用于根据 Handler 的类型定义不同的处理规则，例如，定义 SimpleControllerHandlerAdapter 处理所有 Controller 的实例对象，在 HandlerMapping 中将 URL 映射成一个 Controller 实例，那么 Spring MVC 在解析时 SimpleController HandlerAdapter 就会调用这个 Controller 实例。同样对 HandlerAdapters 也必须定义，如果没有定义，将获取 DispatcherServlet.properties 文件中默认的 4 个 Handler Adapters，分别是 HttpRequestHandlerAdapter、SimpleControllerHandlerAdapter、ThrowawayControllerHandlerAdapter 和 AnnotationMethodHandlerAdapter。

◎　initHandlerExceptionResolvers：当 Handler 处理出错时，会通过这个 Handler 来统一处理，默认的实现类是 SimpleMappingExceptionResolver，将错误日志记录在 log 文件中，并且转到默认的错误页面。

◎　initRequestToViewNameTranslator：将指定的 ViewName 按照定义的 RequestToVie wNameTranslator 替换成想要的格式，如加上前缀或者后缀等。

◎　initViewResolvers：用于将 View 解析成页面，在 ViewResolvers 中可以设置多个

解析策略，如可以根据 JSP 来解析，或者按照 Velocity 模板解析。默认的解析策略是 InternalResourceViewResolver，按照 JSP 页面来解析。

从上面的初始化策略可以看出，在一个请求中可能需要我们来扩展的地方都定义了扩展点，只要实现相应的接口类，并创建一个 Spring Bean 就能扩展 SpringMVC 框架。

如图 14-2 所示是 Spring MVC 的组件图。

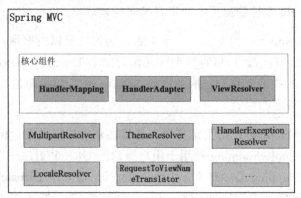

图 14-2　Spring MVC 组件

在 Spring MVC 框架中，有 3 个组件是用户必须要定义和扩展的：定义 URL 映射规则、实现业务逻辑的 Handler 实例对象、渲染模板资源。而连接 Handler 实例对象和模板渲染的纽带就是 Model 模型了。

下面再看看 DispatcherServlet 启动时都做了哪些事情？

HttpServlet 初始化调用了 HttpServletBean 的 init 方法，该方法的作用是获取 Servlet 中的 init 参数，并创建一个 BeanWrapper 对象，然后由子类处真正执行 BeanWrapper 的初始化工作。但是 HttpServletBean 的子类 FrameworkServlet 和 DispatcherServlet 都没有覆盖其 initBeanWrapper(bw)方法，所以创建的 BeanWrapper 对象没有任何作用，Spring 容器也不是通过 BeanWrapper 来创建的。

Spring 容器的创建是在 FrameworkServlet 的 initServletBean()方法中完成的，这个方法会创建 WebApplicationContext 对象，并调用其 refresh()方法来完成配置文件的加载，配置文件的加载同样是先查找 Servlet 的 init-param 参数中设置的路径，如果没有，会根据 namespace+Servlet 的名称来查找 XML 文件。Spring 容器在加载时会调用 DispatcherServlet

的 initStrategies 方法来完成在 DispatcherServlet 中定义的初始化工作。在 initStrategies 方法中会初始化 Spring MVC 框架需要的 8 个组件，这 8 个组件对应的 8 个 Bean 对象都保存在 DispatcherServlet 类中。

Spring MVC 初始化的时序图如图 14-3 所示。

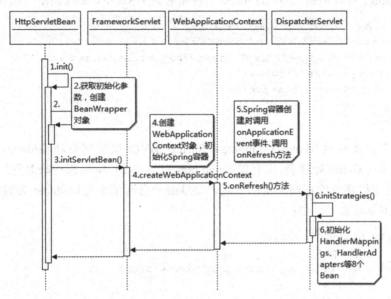

图 14-3　SpringMVC 初始化时序图

这时 DispatcherServlet 已经初始化完成，Spring MVC 也已经初始化完成，可以接受你的 HTTP 请求了。

14.2　Control 设计

Spring MVC 的 Control 主要由 HandlerMapping 和 HandlerAdapters 两个组件提供。HandlerMapping 负责映射用户的 URL 和对应的处理类，HandlerMapping 并没有规定这个 URL 与应用的处理类如何映射，在 HandlerMapping 接口中只定义了根据一个 URL 必须返回一个由 HandlerExecutionChain 代表的处理链，我们可以在这个处理链中添加任意的 HandlerAdapters 实例来处理这个 URL 对应的请求，这种设计思路和在 Servlet 规范中的 Filter 处理是类似的。

14.2.1　HandlerMapping 初始化

Spring MVC 本身也提供了很多 HandlerMapping 的实现，默认使用的是 BeanNameUrl HandlerMapping，可以根据 Bean 的 name 属性映射到 URL 中，如我们定义这样一个 Bean：

```
<alias name="/demo" alias="/demo1"/>
<alias name="/demo" alias="/demo2"/>
<bean id="demo" name="/demo" class="net.xulingbo.mvc.Demo">
    <property name="viewPage">
        <value>/demo.htm</value>
    </property>
</bean>
```

如果没有定义其他 HandlerMapping，Spring MVC 框架则自动将/demo.htm 映射到 net.xulingbo.mvc.Demo 处理类，所有以/demo.htm 为 alias 的 Bean 都被映射到这个 URL 中。这个 Bean 也支持简单的正则匹配的方式，如/demo*会匹配所有以/demo 为前缀的 URL，这种方式其实与前面示例中：

```
<property name="mappings">
        <props>
            <prop key="demo.htm">demo</prop>
        </props>
    </property>
```

是一样的效果，只是这种方式更容易理解一些。Spring MVC 提供的几种 HandlerMapping 实现类基本上都是基于配置的实现方式，也就是 URL 的所有匹配规则都需要我们在配置文件中定义，这种方式既有优点也有缺点。优点是任何人一看配置文件就知道这个应用的 URL 映射关系，缺点是如果需要映射的 URL 很多，会导致配置文件非常庞大，最后 URL 映射关系会很难管理。

前面介绍了 HandlerMapping 的作用就是帮助我们管理 URL 和处理类的映射关系，简单地理解，就是将一个或多个 URL 映射到一个或多个 Spring Bean 中。下面我们以 SimpleUrlHandlerMapping 为 HandlerMapping 的实现类，再仔细看看 Spring MVC 是如何将请求的 URL 映射到我们定义的 Bean 的。

先看看 HandlerMapping 是如何初始化的。Spring MVC 提供了一个 HandlerMapping 的抽象类 AbstractHandlerMapping，AbstractHandlerMapping 同时还实现了 Ordered 接口并继

承了 WebApplicationObjectSupport 类，可以让 HandlerMapping 通过设置 setOrder 方法提高优先级，并通过覆盖 initApplicationContext 方法实现初始化的一些工作。Spring MVC 提供的有关 HandlerMapping 类结构图如图 14-4 所示。

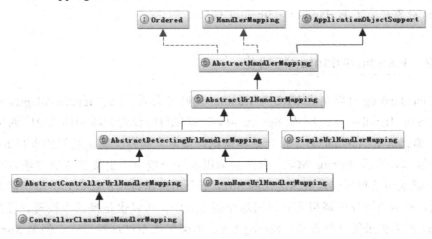

图 14-4　HandlerMapping 相关类结构图

我们可以根据需要继承图 14-4 中的某个类，实现或者覆盖相应的方法，定制我们需要的功能。如图 14-5 所示是 SimpleUrlHandlerMapping 类初始化时进行的操作。

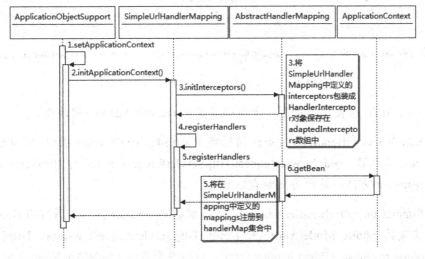

图 14-5　HandlerMapping 初始化时序图

HandlerMapping 的初始化工作完成的两个最重要的工作就是将 URL 与 Handler 的对应关系保存在 handlerMap 集合中，并将所有的 interceptors 对象保存在 adaptedInterceptors 数组中，等请求到来时执行所有的 adaptedInterceptors 数组中的 interceptor 对象。所有的 interceptor 对象必须实现 HandlerInterceptor 接口。

14.2.2　HandlerAdapter 初始化

HandlerMapping 可以完成 URL 与 Handler 的映射关系，那么 HandlerAdapter 就可以帮助自定义各种 Handler 了。因为 Spring MVC 首先帮助我们把特别的 URL 对应到一个 Handler，那么这个 Handler 必定符合某种规则，最常见的办法就是我们的所有 handler 都继承某个接口，然后 Spring MVC 自然就调用在这个接口中定义的特殊方法。在早期的 Struts 1 中就采用这种方式，虽然现在的 Struts 2 不用继承特定的接口，但是仍然要采用固定的方法，然后通过反射调用方式调用这个固定方法，所以也是换汤不换药。现在淘宝使用的 Webx 框架也采用这种方式，Spring MVC 框架也逃不过这种方式，但是 Spring MVC 提供了另外一种方式，可以不固定这个 Handler 接口类，也就是我们的 URL 对应的 Handler 可以实现多个接口，每个接口可以定义不同的方法。如图 14-6 所示为与 HandlerAdapter 相关的类结构图。

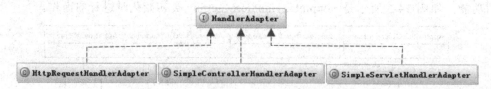

图 14-6　与 Handler Adapter 相关的类结构图

在 Spring MVC 中提供了如下三个典型的简单 HandlerAdapter 实现类。

◎ SimpleServletHandlerAdapter：可以继承 HttpRequestHandler 接口，所有的 Handler 可以实现其 void handleRequest(HttpServletRequest request, HttpServletResponse response)方法，这个方法没有返回值。

◎ SimpleControllerHandlerAdapter：可以继承 Controller 接口，所有的 Handler 可以实现其 public ModelAndView handle(HttpServletRequest request, HttpServletResponse response, Object handler)方法，该方法会返回 ModelAndView 对象，用于后续的模板渲染。

◎ SimpleServletHandlerAdapter：可以直接继承 Servlet 接口，可以将一个 Servlet 作为一个 Handler 来处理这个请求。

Spring MVC 的 HandlerAdapter 机制可以让 Handler 的实现更加灵活，不需要和其他框架一样只能和某个 Handler 接口绑定起来。

HandlerAdapter 的初始化没有什么特别之处，只是简单地创建一个 HandlerAdapter 对象，将这个 HandlerAdapter 对象保存在 DispatcherServlet 的 handlerAdapters 集合中。当 Spring MVC 将某个 URL 对应到某个 Handler 时，在 handlerAdapters 集合中查询那个 handlerAdapter 对象 supports 这个 Handler，handlerAdapter 对象将会被返回，并调用这个 handlerAdapter 接口对应的方法。如果这个 handlerAdapter 对象是 SimpleController HandlerAdapter，则将调用 Controller 接口的 public ModelAndView handle(HttpServletRequest request, HttpServletResponse response, Object handler)方法。

如果用户没有自定义 HandlerAdapter 的实现类，Spring MVC 框架将提供默认的 4 个 HandlerAdapter 实现类。

14.2.3　Control 的调用逻辑

整个 Spring MVC 的调用是从 DispatcherServlet 的 doService 方法开始的，在 doService 方法中会将 ApplicationContext、localeResolver、themeResolver 等对象添加到 request 中以便于在后面使用。接着就是调用 doDispatch 方法，这个方法是主要的处理用户请求的地方。

Control 的处理逻辑关键就是在 DispatcherServlet 的 handlerMappings 集合中根据请求的 URL 匹配每个 HandlerMapping 对象中的某个 Handler，匹配成功后将会返回这个 Handler 的处理链 HandlerExecutionChain 对象，而在这个 HandlerExecutionChain 对象中将会包含用户自定义的多个 HandlerInterceptor 对象。在 HandlerInterceptor 接口中定义的 3 个方法中，preHandle 和 postHandle 分别在 Handler 执行前和执行后执行，afterCompletion 在 View 渲染完成、DispatcherServlet 返回之前执行。这里需要注意的地方是，当 preHandle 返回 false 时，当前的请求将在执行完 afterCompletion 后直接返回，Handler 也将不再执行。

看看 HandlerExecutionChain 类的 getHandler 方法你会发现返回的是 Object 对象，所以在这里 Handler 对象是没有类型的，Handler 的类型是由 HandlerAdapter 决定的。DispatcherServlet 会根据 Handler 对象在其 handlerAdapters 集合中匹配哪个 HandlerAdapter

实例来支持该 Handler 对象，接下来执行 Handler 对象的相应方法，如该 Handler 对象的相应方法返回一个 ModelAndView 对象，接下来就去执行 View 渲染。

Control 的调用逻辑时序图如图 14-7 所示。

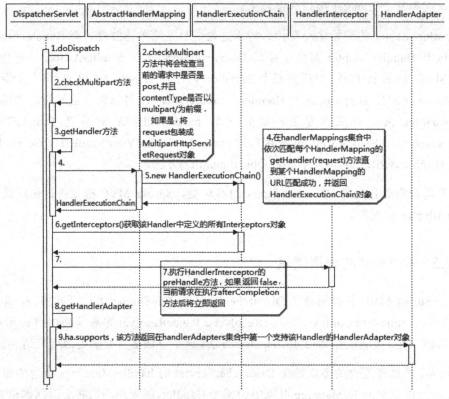

图 14-7　Control 的调用逻辑时序图

14.3　Model 设计

如果 Handler 对象返回了 ModelAndView 对象，那么说明 Handler 需要传一个 Model 实例给 View 去渲染模板。除了渲染页面需要 Model 实例外，在业务逻辑层通常也有 Model 实例，但是这不是本章的重点，本章介绍的 Model 实例是针对模板渲染来说的。

ModelAndView 对象是连接业务逻辑层与 View 展现层的桥梁，对 Spring MVC 来说它也是连接 Handler 与 View 的桥梁。ModelAndView 对象顾名思义会持有一个 ModelMap 对象和一个 View 对象或者 View 的名称。ModelMap 对象就是执行模板渲染时所需要的变量对应的实例，如 JSP 通过 request.getAttribute(String)获取的 JSTL 标签名对应的对象，以及在 Velocity 中 context.get(String)获取的$foo 对应的变量实例。

ModelMap 其实也是个 Map，在 Handler 中将模板中需要的对象存在这个 Map 中，然后传递到 View 对应的 ViewResolvers 中，不同的 ViewResolvers 会对这个 Map 中的对象有不同的处理方式，如 Velocity 中将这个 Map 保存到 org.apache.velocity.VelocityContext 中，而对于 freemarker 模板引擎来说则将 ModelMap 包装成 freemarker.template.TemplateHashModel。对于 JSP 来说，将每个 ModelMap 中的元素分别设置到 request.setAttribute(modelName, modelValue)中。

14.4 View 设计

对 Spring MVC 的 View 模块来说，它由两个组件支持，分别是 RequestToViewName Translator 和 ViewResolver。RequestToViewNameTranslator 支持用户自定义对 ViewName 的解析，如将请求的 ViewName 加上前缀或者后缀，或者替换成特定的字符串等。而 ViewResolver 用于根据用户请求的 ViewName 创建合适的模板引擎来渲染最终的页面，ViewResolver 会根据 ViewName 创建一个 View 对象，调用 View 对象的 void render(Map model, HttpServletRequest request, HttpServletResponse response)方法渲染页面。

viewNameTranslator 的初始化工作比较简单，只是让 Spring 创建的 Bean 的对象保存在 DispatcherServlet 的 viewNameTranslator 属性中。下面看看 ViewResolver 的初始化过程。

ViewResolver 接口有个抽象的实现类 AbstractCachingViewResolver，这个类定义了一个抽象方法 View loadView(String viewName, Locale locale)，根据 viewName 创建 View 对象。与 ViewResolver 相关的类结构图如图 14-8 所示。

UrlBasedViewResolver 类实现了 AbstractCachingViewResolver 抽象类，通过设置 ViewClass 来创建 View 对象。如果使用 FreeMarkerViewResolver 类，则会将 ViewClass 设置为 FreeMarkerView.class；如果使用 VelocityViewResolver 类，则会将 ViewClass 设置为 Velocity View.class。InternalResourceViewResolver 类可以通过注入的方式设置 ViewClass 属性来初始化自定义的 View 对象。

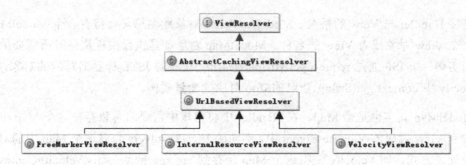

图 14-8　ViewResolver 相关的类结构图

由于 AbstractCachingViewResolver 抽象类也继承了 WebApplicationObjectSupport，所以所有的 AbstractCachingViewResolver 子类可以通过覆盖 initApplicationContext 方法在 Spring MVC 框架启动时完成初始化工作。如 FreeMarkerViewResolver 和 VelocityViewResolver 就是在启动调用 setViewClass 方法时设置 ViewClass 属性的。

下面看一下 Spring MVC 解析 View 的逻辑，如图 14-9 所示是渲染 JSP 页面的时序图。

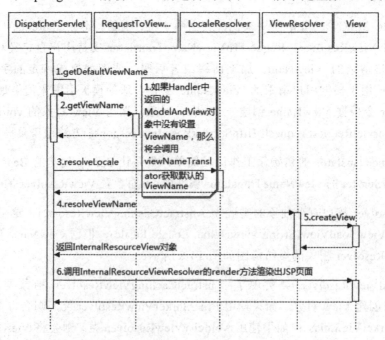

图 14-9　View 执行时序图

JSP 的 ViewResolver 对应的是 InternalResourceViewResolver 类，当调用 resolveView Name 方法时会调用 createView 方法，将 ViewClass 属性对应的 InternalResourceView 类实例化。最后调用 InternalResourceView 的 render 方法渲染 JSP 页面。

14.5　框架设计的思考

14.5.1　为什么需要框架

有一段时间我在想，做框架干什么？为什么要有框架？我们现在要做的事情不用框架同样能够完成，那么有必要用它们吗？这个问题现在来看已经是多余的了，但是我想说的是，一个框架的诞生必须要有它存在的理由，它是来解决什么问题的，或者解决问题的效果是不是比其他的好，不然它的存在就是没有意义的或者很快就会被淘汰。

一般做框架的想法是出于以下几种考虑的。

◎　目前现有的解决方案已经不能有效解决出现的问题，需要一个全新的框架和技术理论来处理。

◎　现在的问题大部分都能解决，但是对于特定的问题还没有方便的处理方式，这是大部分人遇到的情况，我们现在很少遇到不能解决的问题，只是需要一个更好的或者更方便的解决特定问题的方法。

现在大部分开源框架基本上都可以解决很多问题，也就是说在一般情况下根本就不需要自己再设计框架了，设计一个框架也不是每个人或者企业都能做的。现在有些开源框架的扩展性非常好，可以根据需要自己扩展，这类框架本身就是具有通用性的，但是一些有实力的企业也需要自己设计框架来处理一部分问题，在这种情况下，我们需要什么样的框架呢？

14.5.2　需要什么样的框架

前面大体说了做框架的目的：要么做通用的框架，这种框架有非常好的扩展性，能够适应不同的应用场景；要么做一个针对特定应用场景的框架，让框架本身能够集成一些特定服务以简化开发。我个人觉得淘宝就需要后面那种框架，尽量简化开发工作，提高开发的效率。

其实，我希望能有这样一个框架，这个框架可以让开发者做尽量少的与框架本身相关的事情，将所有的精力都用来关注业务逻辑，最好很多重复的代码能够自动生成，框架本身能够提供一个能运行的环境。

14.5.3　框架设计原则

系统设计可以看成一种艺术，说到艺术就有一种非常虚幻的感觉，为什么会有这种感觉呢？我想可能是艺术这东西有一种自有的评价标准，而这种标准是我们平常或者我们这些门外汉无法判断的，也就是说你要去评价一件作品，仅凭你日常的判定标准无法判别，你需要去学习它的一套判断标准，而它的判断标准又是门槛比较高的，不是你简简单单就能掌握的。所以你对它的判断标准都不知道，又如何能做出好的艺术呢？你根本不知道什么才是好的艺术。

14.5.4　"指航灯"

程序设计也同样如此，什么才是好的设计方法？如何才能设计出好的程序架构？你只有掌握了它的判断标准，才能朝着优秀的程序设计之路前进。当然如果是一个新生的事物，在它还没有标准之前，我们要努力地给它制定标准，虽然有时候不一定非常完美，就像我们国家现在努力在世界上参与制定各种标准一样，因为标准就是指航灯，大家都会朝这个方向前进。

那么框架应该朝着哪个方向前进呢？我们有一些最基本的判定标准，即最基本的原则。

14.5.5　最基本的原则

学过软件设计的人都知道，软件有一些基本的设计原则，这也是我们设计软件的基本出发点。

◎ OCP（开闭原则）：对扩展开发，对修改关闭。

◎ LSP（里氏代换原则）：凡是基类能使用的地方，子类也一定能使用。

◎ DIP（依赖倒转原则）：要依赖于抽象，不要依赖于具体。

◎　ISP（接口隔离）：接口尽量单一，只代表一个角色。

◎　CARP（合成/聚合复用）：尽量使用合成/聚合复用，尽量不要使用继承。

◎　LOD（迪米特原则）：一个对象应当对其他对象的细节有尽可能少的了解。

14.6　设计模式解析之模板模式

模板模式被应用得也很多，尤其是在框架的设计中，框架的作用在很大程度上就是为你创造一个方便的开发程序的模板，你只要实现模板中的一些接口就能完成一个复杂的任务。

模板的核心是，大的逻辑已经定义，你要做的就是实现一些具体步骤，不同的人实现这些具体步骤的方法也会有所不同，从而模板的行为也会表现出具体的区别。

例如，公司组织一次旅行，旅行的路线已经确定，但是在路上的每一站都有一些具体的活动，每个人都可以选择自己感兴趣的具体活动，这样大家都参加了同一个活动，但是具体的活动却不一样。

14.6.1　模板模式的结构

模板模式的类结构图如图 14-10 所示。

◎　Abstract（抽象模板）：定义了完整的框架后，方法的调用顺序通常已经确定，但是还会定义一些抽象的方法给子类去实现。

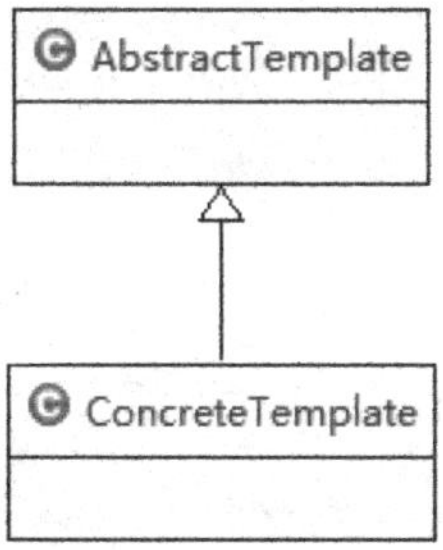

◎　Concrete（具体模板实现类）：实现抽象模板中定义的抽象方法，实现具体的功能，组成一个完整逻辑。

图 14-10　模板模式的类结构图

14.6.2　Spring MVC 中的模板模式示例

模板模式在 Spring MVC 中使用得非常多，如 HandlerMapping 的设计。HandlerMapping 有一个抽象类 AbstractHandlerMapping，在这个抽象类中定义了一个完整的 HandlerMapping

的初始化和获取 Handler 对象的主体流程，但是有一个抽象方法 getHandlerInternal (HttpServletRequest request)留给了子类去实现，只要子类实现了这个方法，那么整个 getHander 的流程就完成了，这种方式就是典型的由抽象父类定义主体执行流程，而由子类去实现这个流程中的单个步骤的模式，这就是模板模式的应用。

Spring MVC 中的 View 设计也同样使用的是模板模式，如图 14-11 所示是 View 的类结构图。

View 只定义了接口方法，AbstractView 类实现了在 View 中定义的所有方法，并留有一个抽象方法 renderMergedOutputModel 给子类去实现。而 AbstractJasperReportsView 和 AbstractTemplateView 抽象类又进一步实现了 AbstractView 的抽象方法 renderMergedOutput Model，并分别进一步细化出 renderReport 抽象方法和 renderMergedTemplateModel 给子类去进一步实现。越往下面的子类需要实现的功能越少，整个模板已经建立，所以模板模式能加快整个程序的开发进度。

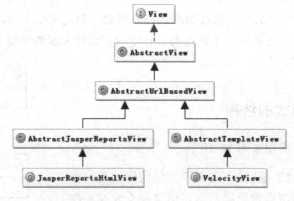

图 14-11　View 类结构图

14.7　总结

本章介绍了 Spring MVC 的总体结构和框架的启动过程，并着重介绍了它的几个核心组件的初始化过程及其中的实现细节，通过本章你应该对 Spring MVC 框架是如何运转的有了一个清楚的认识。

第 15 章

深入分析 iBatis 框架之系统架构与映射原理

iBatis 通过 SQL Map 将 Java 对象映射成 SQL 语句，将结果集再转化成 Java 对象，与其他 ORM 框架相比，既解决了 Java 对象与输入参数和结果集的映射，又能够让用户方便地手写使用 SQL 语句。本章首先介绍了 iBatis 框架的体系结构，接着介绍了 iBatis 的运行流程，以及 iBatis 如何完成 SQL 语句的解析、Java 对象与数据字段映射关系的建立，最后用一个实例说明了 iBatis 是如何帮我们完成工作的。

15.1 iBatis 框架主要的类层次结构

总体来说，iBatis 的系统结构还是比较简单的，它主要完成以下两件事情。

◎ 根据 JDBC 规范建立与数据库的连接。

◎　通过反射打通 Java 对象与数据库参数交互之间相互转化的关系。

iBatis 的框架结构也是按照这种思想来组织类层次结构的，其实它是一种典型的交互式框架。先期准备好交互的必要条件，然后构建一个交互的环境，在交互环境中还划分成会话，每次会话也有一个环境。当这些环境都准备好了以后，剩下的就是交换数据了。其实只要涉及网络通信，一般都会是类似的处理方式。

图 15-1 是 iBatis 框架的主要的类层次结构图。

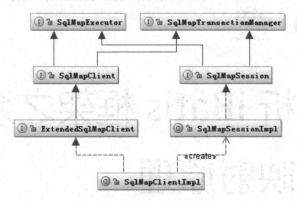

图 15-1　iBatis 框架的主要的类层次结构图

在图 15-1 中左边的 SqlMapClient 接口主要定义了客户端的操作行为，包括 select、insert、update 和 delete。而右边主要定义了当前客户端在当前线程中的执行环境。SqlMapSession可以共享使用，也可以自己创建，如果是自己创建的，在结束时必须调用关闭接口进行关闭。

当使用者持有了 SqlMapClientImpl 对象后，就可以使用 iBatis 来工作了。这里还要提到另外一个类 SqlMapExecutorDelegate，从名字就可以看出这个类是执行代理类。这个类非常重要，因为它耦合了用户端的执行操作行为和执行的环境，它持有执行操作所需要的数据，同时管理着执行操作依赖的环境。所以它是一个强耦合的类，也可以看作一个工具类。

15.2　iBatis 框架的设计策略

iBatis 的主要设计目的还是为了让我们在执行 SQL 时对输入输出的数据的管理更加方便，所以方便地让我们写出 SQL 和方便地获取 SQL 的执行结果才是 iBatis 的核心竞争力。

那么 iBatis 是怎么体现它的核心竞争力的呢？

iBatis 框架的一个重要组成部分就是其 SqlMap 配置文件，SqlMap 配置文件的核心是 Statement 语句包括 CRUD iBatis 通过解析 SqlMap 配置文件得到的所有的 Statement 执行语句，同时会形成 ParameterMap、ResultMap 两个对象，用于处理参数和经过解析后交给数据库处理的 SQL 对象。这样除了数据库的连接，一条 SQL 语句的执行条件已经具备了。

如图 15-2 所示描述了与 Statement 有关的类结构图。

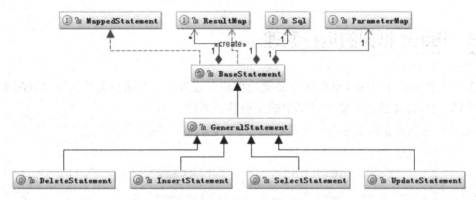

图 15-2　与 Statement 有关的类结构图

图 15-2 给出了围绕 SQL 执行的基本的结构关系，但是还有一个关键的部分就是如何定义 SQL 语句中的参数与 Java 对象之间的关系，这其中还涉及从 Java 类型到数据库类型的转换等一系列问题。

数据映射的大体过程是这样的：根据在 Statement 中定义的 SQL 语句，解析出其中的参数，按照其出现的顺序保存在 Map 集合中，并按照在 Statement 中定义的 ParameterMap 对象类型解析出参数的 Java 数据类型，根据其数据类型构建 TypeHandler 对象，参数值的复制是通过 DateExchange 对象完成的。

图 15-3 是输入参数的映射结构情况，返回结果 ResultMap 的映射情况也是类似的。主要是解决 SQL 语句中的参数和返回结果的列名与在 Statement 中定义的 parameterClass 和 resultClass 中属性的对应关系问题。

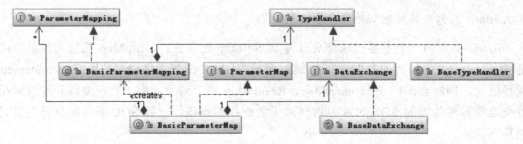

图 15-3　参数映射相关的类结构图

15.3　iBatis 框架的运行原理

前面大体分析了 iBatis 框架的主要类的结构，这里看一下这些类是如何串联起来、如何工作的。图 15-4 描述了整个过程中的主要执行步骤。

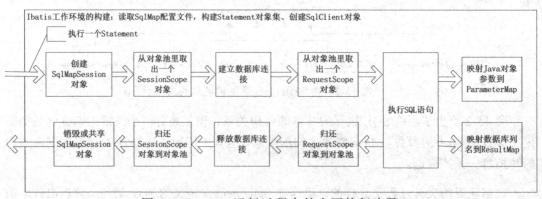

图 15-4　iBatis 运行过程中的主要执行步骤

在图 15-4 中描述的 SqlMapSession 对象的创建和释放根据不同的情况会有所不同，因为 SqlMapSession 负责创建数据库的连接，包括对事务的管理，iBatis 既可以自己管理事务又可以由外部管理，iBatis 自己管理是通过共享 SqlMapSession 对象实现的，多个 Statement 执行时共享一个 SqlMapSession 实例，而且线程都是安全的。如果是外部程序管理就要自己控制 SqlMapSession 对象的生命周期。

图 15-5 是通过 Spring 调用 iBatis 执行一个 Statement 的详细的时序图。

iBatis 的主要工作是连接、交互，所以必须根据不同的交易成本设计不同的交易环境。

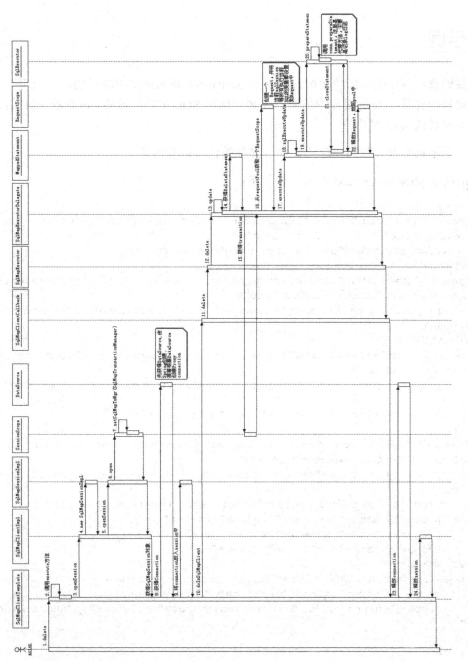

图 15-5　Spring 调用 iBatis 执行一个 Statement 的时序图

15.4 示例

下面我们将根据一个具体的实例解析一个 Statement 是如何完成映射的，我们用一个典型的查询语句看看在 Java 对象中的数据是如何赋给 SQL 中的参数的，再看看 SQL 的查询结果是如何转成 Java 对象的。

先看一下示例的部分代码和配置文件，完整的代码请看附录。

Spring 的 applicationContext 配置文件如下：

```
<beans>
    <bean id="sqlMapTransactionManager" class="org.springframework.jdbc.
datasource.DataSourceTransactionManager">
        <property name="dataSource" ref="dataSource"/>
    </bean>
    <bean id="sqlMapTransactionTemplate" class="org.springframework.
transaction.support.TransactionTemplate">
        <property name="transactionManager" ref="sqlMapTransactionManager"/>
    </bean>
    <!--sql map -->
    <bean id="sqlMapClient" class="org.springframework.orm.ibatis.
SqlMapClientFactoryBean">
        <property name="configLocation" value="com/mydomain/data/SqlMapConfig.
xml"/>
        <property name="dataSource" ref="dataSource"/>
    </bean>
    <bean id="dataSource" name="dataSource" class="org.apache.commons.dbcp.
BasicDataSource" destroy-method="close">
        <property name="driverClassName" value="oracle.jdbc.driver.
OracleDriver"/>
        <property name="url" value="jdbc:oracle:thin:@10.1.5.11:1521:XE"/>
        <property name="username" value="junshan"/>
        <property name="password" value="junshan"/>
        <property name="maxActive" value="20"/>
    </bean>
    <bean id="accountDAO" class="com.mydomain.AccountDAO">
        <property name="sqlMapClient" ref="sqlMapClient"/>
        <property name="sqlMapTransactionTemplate" ref="sqlMapTransaction-
Template"/>
    </bean>
</beans>
```

下面是 Account.xml 的一个 Statement：

```xml
<select id="selectAccount" parameterClass="Account" resultClass="Account">
    select
      ACC_ID,
      ACC_FIRST_NAME as firstName,
      ACC_LAST_NAME as lastName,
      ACC_EMAIL as emailAddress,
      ACC_DATE
    from ACCOUNT
  where ACC_ID = #id:INTEGER# and ACC_FIRST_NAME = #firstName#
</select>
```

下面是 Java 的测试类：

```java
public class SimpleTest {
    public static void main(String[] args) {
        ApplicationContext factory = new ClassPathXmlApplicationContext("/
com/mydomain/data/applicationContext.xml");
        final AccountDAO accountDAO = (AccountDAO) factory.getBean("accountDAO");
        final Account account = new Account();
        account.setId(1);
        account.setFirstName("tao");
        account.setLastName("bao");
        account.setEmailAddress("junshan@taobao.com");
        account.setDate(new Date());
        try {
            accountDAO.getSqlMapTransactionTemplate().execute(new
TransactionCallback(){
                public Object doInTransaction(TransactionStatus status){
                    try{
                        accountDAO.deleteAccount(account.getId());
                        accountDAO.insertAccount(account);
                        //account.setLastName("bobo");
                        //accountDAO.updateAccount(account);
                        Account result = accountDAO.selectAccount(account);
                        System.out.println(result);
                        return null;
                    } catch (Exception e) {
                        status.setRollbackOnly();
                        return false;
                    }
                }
            });
```

```
        //accountDAO.getSqlMapClient().commitTransaction();
    } catch (Exception e) {
        e.printStackTrace();
    }
}
```

15.5　iBatis 对 SQL 语句的解析

这里所说的 SQL 解析只是针对在 iBatis 配置文件中所定义的 SQL 语句。和标准的 SQL 语句不同的是，参数的赋值是"#"包裹的变量名。如何解析这个变量就是 iBatis 要完成的工作。当然 SQL 的表达形式还有很多其他形式，如动态 SQL 等。

当我们执行如下查询方法时：

```
accountDAO.selectAccountById(account)
```

iBatis 将会选择前面那个 Statement 来解析，最终会把它解析成一个标准的 SQL 提交给数据库执行，并且会设置两个选择条件参数。在这个过程中参数映射的细节是什么样子的呢？

前面已经说过了，iBatis 会把 SqlMap 配置文件解析成一个个 Statement，其中包括 ParameterMap、ResultMap，以及解析后的 SQL。当 iBatis 构建好 RequestScope 执行环境后，其要做的工作就是把传过来的对象数据结合 ParameterMap 中的信息提取出一个参数数组，这个数组的顺序对应于 SQL 中参数的顺序，然后会调用 preparedStatement.setXXX(i, parameter)提交参数。

在 Jave 的测试类中，我们给 account 对象的 id 属性和 firstName 属性分别赋值为 1 和 "tao"，当执行查询方法时，iBatis 必须把这两个属性值传给 Statement 的 SQL 语句中对象的参数。这是怎么做到的？其实很简单，前面描述了与 ParameterMap 相关的类的关系，在这些类中都保存了在 SqlMap 配置文件初始化时解析 Statement 的所有必要的信息。

最终的 SQL 语句是：

```
select      ACC_ID,      ACC_FIRST_NAME as firstName,      ACC_LAST_NAME
as lastName,      ACC_EMAIL as emailAddress,      ACC_DATE      from ACCOUNT
where ACC_ID = ? and ACC_FIRST_NAME = ?
```

#id:INTEGER#将被解析成 JDBC 类型是 INTEGER，参数值取 Account 对象的 id 属性。#firstName#同样被解析成 Account 对象的 firstName 属性，而 parameterClass="Account"指明了 Account 的类类型。注意#id:INTEGER#和#firstName#都被替换成了"?"，iBatis 如何保证它们的顺序？在解析过程中，iBatis 会根据"#"分隔符取出合法的变量名构建参数对

象数组，数组的顺序就是在 SQL 中变量出现的顺序。接着 iBatis 会根据这些变量和 parameterClass 指定的类型创建合适的 dataExchange 和 parameterPlan 对象。在 parameterPlan 对象中按照前面的顺序保存了变量的 setter 和 getter 方法列表。

所以 parameter 的赋值就是根据在 parameterPlan 中保存的 getter 方法列表及传进来的 account 对象利用反射机制得到最终的 SQL 语句对应的参数值数组，再将这个数组按照指定的 JDBC 类型提交给数据库。以上这些过程可以用如图 15-6 所示的时序图清楚地描述。

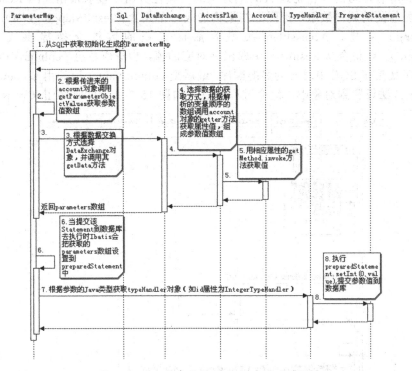

图 15-6 映射参数值到数据库的时序图

在如图 15-6 所示的 8 个步骤中，如果 value 值为空，则会设置 preparedStatement.setNull(i, jdbcType)，如果在 Statemnt 中的变量没有设置 jdbcType 类型，则有可能会出错。

15.6 数据库字段映射到 Java 对象

数据库执行完 SQL 后会返回执行结果，在前面的例子中满足 id 为 1、firstName 为"tao"

的信息有两条，iBatis 如何将这两条记录设置到 account 对象中呢？

和 ParameterMap 类似，填充返回信息需要的资源都已经包含在 ResultMap 中。当有了保存返回结果的 ResultSet 对象后，只需把列名映射到 account 对象的对应属性中。这个过程大体如下。

根据在 ResultMap 中定义的 ResultClass 创建返回对象，这里就是 account 对象。获取这个对象的所有可写的（也就是 setter()方法的）属性数组。接着根据返回 ResultSet 中的列名去匹配前面的属性数组，把匹配结果构造成一个集合（resultMappingList），然后选择 DataExchange 类型、AccessPlan 类型为后面真正的数据交换提供支持。根据 resultMappingList 集合从 ResultSet 中取出列对应的值，构成值数组（columnValues），这个数组的顺序就是在 SQL 中对应列名的顺序。最后把 columnValues 值调用 account 对象的属性的 setter 方法设置到对象中。这个过程可以用如图 15-7 所示的时序图来表示。

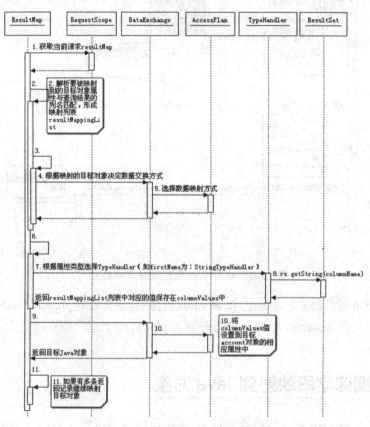

图 15-7　映射返回对象时序图

15.7　示例运行的结果

前两节主要描述了输入参数和输出结果的映射原理,这里再结合 15.4 的示例分析一下执行其中的 Jave 测试类代码的结果。

执行其中的 Jave 测试类所示的代码打印的结果为:

```
Account{id=0, firstName='tao', lastName='bobo', emailAddress='junshan@
taobao.com'}
```

上面的结果和我们预想的结果似乎有所不同,在代码中我们插入数据库的 account 对象各属性值分别为{1,"tao","bao","junshan@taobao.com","时间"},后面调用的查询,返回的应该是一样的才对。id 的结果不对、date 属性值丢失。再仔细看看那个 Statement 可以发现,返回结果的列名分别是{ACC_ID,firstName,lastName,emailAddress,ACC_DATE},其中 id 和 date 并不能映射到 Account 类的属性中。id 被赋了默认数字 0,而 date 没有被赋值。

还有一个值得注意的地方是,在变量 id 后面跟了 JDBC 类型,这个 JDBC 类型有没有用?在通常情况下都用,因此你可以不设,iBatis 会自动选择默认的类型。但是如果你要的这个值可能为空时,如果没有指定 JDBC 类型则可能就有问题了,在 Oracle 中虽然能正常工作但是会引起 Oracle 当前的 SQL 有多次编译现象,因此会影响数据库的性能。另外同一个 Java 类型如果对应多个 JDBC 类型（如 Date 对应的 JDBC 类型有 java.sql.Date、java.sql.Timestamp）,就可以通过指定 JDBC 类型保存不同的值到数据库中。

15.8　设计模式解析之简单工厂模式

通俗来说工厂的作用就是生产产品,工厂生产产品通常都会先制造一个产品的模子或者原型,有了这个模子后,就可以批量生产很多一模一样的备份,只不过这些备份可能会有几个品种,如不同的颜色等。

15.8.1　简单工厂模式的实现原理

简单工厂的原理很简单,就是先给一个模子,然后根据属性的不同生产不同的品种,所以它有如下角色。

◎ Product：抽象产品角色，它定义了这个产品的通用属性，相当于模子，它定义了一些功能，这些功能可以由子类去实现。

◎ ConcreteProduct：具体产品角色，它实现了抽象产品所定义的功能，每一个 ConcreteProduct 相当于一个产品种类。

◎ SimpleFactory：工厂模式类，由它负责创建具体的产品，它根据客户的要求来生产具体的产品，但是这个产品都具有符合抽象产品类定义的功能。

简单工厂模式仅仅根据客户指定的一些属性就可以调用工厂类来生产产品，所以它有如图 15-8 所示的结构图。

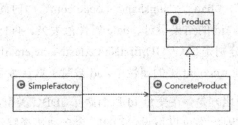

图 15-8　简单工厂结构图

15.8.2　iBatis 中的简单工厂模式示例

在 iBatis 中有多处用到了工厂模式，其中 com.iBatis.sqlmap.engine.exchange. DataExchangeFactory 类使用的就是简单工厂模式，它的相关类结构图如图 15-9 所示。

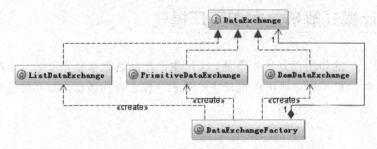

图 15-9　DataExchangeFactory 相关类结构图

其中 DataExchange 类就是抽象产品角色，而 ListDataExchange、DomDataExchange 等

就是具体的产品角色，创建这些产品的工厂就是 **DataExchangeFactory**。创建产品的具体方法如下面的代码所示：

```
public DataExchange getDataExchangeForClass(Class clazz) {
    DataExchange dataExchange = null;
    if (clazz == null) {
      dataExchange = complexDataExchange;
    } else if (DomTypeMarker.class.isAssignableFrom(clazz)) {
      dataExchange = domDataExchange;
    } else if (List.class.isAssignableFrom(clazz)) {
      dataExchange = listDataExchange;
    } else if (Map.class.isAssignableFrom(clazz)) {
      dataExchange = mapDataExchange;
    } else if (typeHandlerFactory.getTypeHandler(clazz) != null) {
      dataExchange = primitiveDataExchange;
    } else {
      dataExchange = new JavaBeanDataExchange(this);
    }
    return dataExchange;
}
```

它根据传递进来的 Class 类型来返回不同的产品，这里产品使用的是单例对象，也可以每次创建一个新对象返回给调用者。与这个类似的还有 com.iBatis.sqlmap.engine.type.TypeHandlerFactory 类，也使用简单工厂模式来创建不同的 TypeHandler 对象。

15.9　设计模式解析之工厂模式

在简单工厂模式中通过指定特定的产品属性来生产不同的具体产品，但是有时我们并不知道要生产的产品有哪些特定的产品属性，但是可能知道哪些工厂生产的产品具有我们需要的产品属性，也就是根据不同的工厂来决定不同的产品。

15.9.1　工厂模式的实现原理

工厂模式与简单工厂模式的角色类似，只是增加了一个抽象工厂角色，如下所述。

◎　**Product**：抽象产品角色，它定义了这个产品的通用属性，相当于模子，它定义了一些功能，这些功能可以由子类去实现。

◎ ConcreteProduct：具体产品角色，它实现了抽象产品所定义的功能，每个 ConcreteProduct 相当于一个产品种类。

◎ Factory：抽象工厂角色，它定义了所有工厂都应该具有的功能。

◎ ConcreteFactory：具体工厂模式类，它实现了抽象工厂定义的所有功能，负责创建具体的产品，它根据这个工厂的具体实现来生产具体的产品，但是这个产品也都具有符合抽象产品类定义的功能。

工厂模式对应的结构图如图 15-10 所示。

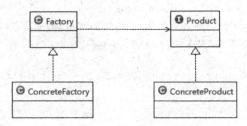

图 15-10　工厂模式结构图

15.9.2　iBatis 中的工厂模式示例

iBatis 中的资源加载使用的就是工厂模式，对应的类是 DataSourceFactory，它就是抽象工厂类，相关的类结构图如图 15-11 所示。

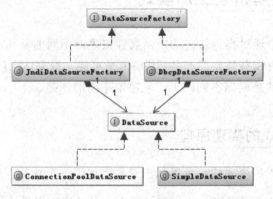

图 15-11　DataSourceFactory 相关类结构图

DataSource 是抽象产品角色，它的子类 ConnectionPoolDataSource 和 SimpleDataSource 都是具体产品角色。不同的具体工厂负责生产不同的具体产品，所以要生产不同的产品首先要选择不同的具体工厂，选择了具体工厂也就是选择了具体的产品。

在 DataSourceFactory 接口中有两个方法：initialize 和 getDataSource。具体工厂通过实现 initialize 方法来创建不同的 DataSource 对象。如 DbcpDataSourceFactory 的代码如下：

```java
public class DbcpDataSourceFactory implements DataSourceFactory {
  private DataSource dataSource;
  public void initialize(Map map) {
    DbcpConfiguration dbcp = new DbcpConfiguration(map);
    dataSource = dbcp.getDataSource();
  }
  public DataSource getDataSource() {
    return dataSource;
  }
}
```

15.10　总结

如果要用最简洁的话来总结 iBatis 主要完成了哪些功能，我想下面几行代码足以概括：

```java
Class.forName("oracle.jdbc.driver.OracleDriver");
Connection conn= DriverManager.getConnection(url,user,password);
java.sql.PreparedStatement  st = conn.prepareStatement(sql);
st.setInt(0,1);
st.execute();
java.sql.ResultSet rs =  st.getResultSet();
while(rs.next()){
    String result = rs.getString(colname);
}
```

iBatis 就是将上面的几行代码分解包装，但是最终执行的仍然是这几行代码。前两行是对数据库的数据源的管理，包括事务管理，第 3、4 行是 iBatis 通过配置文件来管理 SQL 及输入参数的映射，第 6、7、8 行是 iBatis 获取返回结果到 Java 对象的映射，它也通过配置文件管理。

将配置文件对应到相应代码，如图 15-12 所示。

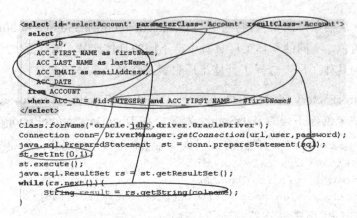

```
<select id="selectAccount" parameterClass="Account" resultClass="Account">
  select
    ACC_ID,
    ACC_FIRST_NAME as firstName,
    ACC_LAST_NAME as lastName,
    ACC_EMAIL as emailAddress,
    ACC_DATE
  from ACCOUNT
  where ACC_ID = #id:INTEGER# and ACC_FIRST_NAME = #firstName#
</select>
Class.forName("oracle.jdbc.driver.OracleDriver");
Connection conn= DriverManager.getConnection(url,user,password);
java.sql.PreparedStatement  st = conn.prepareStatement(sql);
st.setInt(0,1);
st.execute();
java.sql.ResultSet rs = st.getResultSet();
while(rs.next()){
    String result = rs.getString(colname);
}
```

图 15-12　配置文件与相应代码的对应关系

　　iBatis 要达到的目的就是把用户关心的和容易变化的数据放到配置文件中配置，方便用户管理，而把流程性的、固定不变的功能交给 iBatis 来实现。这样可使用户操作数据库简单、方便，这也是 iBatis 的价值所在。

第 16 章

Velocity 工作原理解析

在 MVC 开发模式下，View 离不开模板引擎，在 Java 语言中模板引擎使用最多的是 JSP、Velocity 和 FreeMarker。在 MVC 编程开发模式中，必不可少的一部分是 V 部分。V 部分负责前端的页面展示，也就是负责生产最终的 HTML，它通常会对应一个编码引擎，当前众多的 MVC 框架都已经可以将 V 部分独立开来，可以与众多的模板引擎集成。

目前在针对 Java 的模板引擎中主要有 JSP、Freemark 和 Velocity，这些模板各有自己的优缺点，本章将着重介绍 Velocity，为何要介绍 Velocity？因为 Velocity 自面世以来就以语法简单而著称，还有它的写法非常接近 Java 的语法，由 Java 开发人员来开发 Velocity 模板几乎没有学习成本。另外非常重要的一点就是 Velocity 的简单语法同样给开发者带来了非常大的自由度，它不像其他模板引擎一样封装很多标签，在很多情况下开发人员都可以自由发挥，这一点也是淘宝选择 Velocity 作为模板引擎的一个重要原因，因为淘宝的页面非常复杂，很难用一些 JSF 中的标签来满足它的需要。

本章将先介绍 Velocity 的整体架构设计，你将了解到 JavaCC 编译器的知识、Velocity 执行 JJTree 语法树的渲染过程、Velocity 的事件处理机制以及 Velocity 的一些常用的优化技巧，最后比较一下与其他模板引擎的区别。

16.1　Velocity 总体架构

我们先从总体上来看一下 Velocity 的架构设计，以它的 1.6.4 版本为例来分析，相比较来说这个版本还是比较稳定的。截至写稿时实际上 Velocity 官方已经出了 1.7 版本，但是并没有什么大的改动，增加的功能也都是一些鸡肋，实际上在我看来，目前 1.6.4 这个版本的好多功能已经是多余的了，我们选择 Velocity 就是看中它的简单、易扩展，增加一些多余的功能只会提高使用的门槛，也会导致更加复杂、混乱的模板设计。

从代码结构上看，Velocity 主要分为 app、context、runtime 和一些辅助 util 几个部分，它们的总体架构如图 16-1 所示。

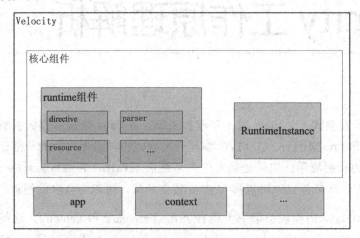

图 16-1　总体架构图

其中 app 主要封装了一些接口，暴露给使用者使用。主要有两个类，分别是 Velocity 和 VelocityEngine，前者主要封装了一些静态接口，可以直接调用，帮助你渲染模板，只要传给 Velocity 一个模板和在模板中对应的变量值就可以直接渲染，如下面的调用方式：

```
try {
        Velocity.init();//初始化 velocity
        VelocityContext context = new VelocityContext();//创建 context
        String templateFile = "example.vm";
        Mode mode = new Mode();
        mode.setUser("junshan");
```

```
        mode.setPasswd("taobao");
        context.put("mode", mode);

        StringWriter writer = new StringWriter();//创建输出流
        Template template = Velocity.getTemplate(templateFile);
                                                //获取模板实例
        template.merge(context, writer);//渲染模板
        System.out.print(writer.toString());
    } catch (Exception e) {
        e.printStackTrace();
    }
```

VelocityEngine 类主要是供一些框架开发者调用的，它提供了更加复杂的接口供调用者选择，如我们在 MVC 框架中调用 Velocity 可以这样初始化一个 VelocityEngine 实例：

```
    public VelocityEngine createVelocityEngine() throws IOException, Velocity-
Exception {
        VelocityEngine velocityEngine = newVelocityEngine();
        Map<String, Object> props = new HashMap<String, Object>();
        //读取 config 配置文件
        if (this.configLocation != null) {
            if (logger.isInfoEnabled()) {
                logger.info("Loading Velocity config from [" + this.config-
Location + "]");
            }
            CollectionUtils.mergePropertiesIntoMap(PropertiesLoaderUtils
.loadProperties(this.configLocation), props);
        }
        //合并两个配置文件
        if (!this.velocityProperties.isEmpty()) {
            props.putAll(this.velocityProperties);
        }
        //设置 resource loader path
        if (this.resourceLoaderPath != null) {
            initVelocityResourceLoader(velocityEngine, this.resourceLoaderPath);
        }
        //设置 Commons Logging
        if (this.overrideLogging) {
            velocityEngine.setProperty(RuntimeConstants.RUNTIME_LOG_LOGSY
STEM, new CommonsLoggingLogSystem());
```

```
    }
    //将配置文件信息设置到 velocityEngine 中
    for (Map.Entry<String, Object> entry : props.entrySet()) {
        velocityEngine.setProperty(entry.getKey(), entry.getValue());
    }
    postProcessVelocityEngine(velocityEngine);
    try {
        //初始化 velocityEngine
        velocityEngine.init();
    }
    catch (IOException ex) {
        ...
    }
    return velocityEngine;
}
```

以上是 Spring MVC 创建 Velocity 模板引擎的 VelocityEngine 实例的代码段，先创建一个 VelocityEngine 实例，再将配置参数设置到 VelocityEngine 的 Property 中，最终调用 init 方法初始化。

Context 模块主要封装了模板渲染需要的变量，它的主要作用有以下两点。

◎ 便于与其他框架集成，起到一个适配器的作用，如 MVC 框架内部保存的变量往往在一个 Map 中，这样 MVC 框架就需要将这个 Map 适配到 Velocity 的 context 中。

◎ Velocity 在内部做数据隔离，数据进入 Velocity 内部的不同模块需要对数据做不同的处理，封装不同的数据接口有利于模块之间的解耦。

Context 的主要类结构如图 16-2 所示。

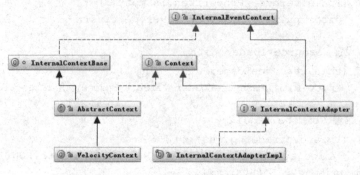

图 16-2　Context 的主要类结构

　　Context 类是外部框架需要向 Velocity 传输数据必须实现的接口，具体实现时可以集成抽象类 AbstractContext，例如，在 Spring MVC 中直接继承了 VelocityContext，调用构造函数创建 Velocity 需要的数据结构：

```
public VelocityContext(Map context)
    {
        this(context, null);
    }
```

　　另外一个接口 InternetEventContext 主要是为扩展 Velocity 事件处理准备的数据接口，当你扩展了事件处理、需要操作数据时可以实现这个接口，并且处理你需要的数据。

　　整个 Velocity 的核心模块在 runtime package 下，这里会将加载的模板解析成 JavaCC 语法树，Velocity 调用 mergeTemplate 方法时会渲染整棵树，并输出最终的渲染结果。渲染过程将在后面详细介绍。

　　RuntimeInstance 类为整个 Velocity 渲染提供了一个单例模式，它也是 Velocity 的一个门面，封装了渲染模板需要的所有接口，拿到了这个实例就可以完成渲染过程了。它与 VelocityEngine 不同，VelocityEngine 代表了整个 Velocity 引擎，它不仅包括模板渲染，还包括参数设置及数据的封装规则，RuntimeInstance 仅仅代表一个模板的渲染状态。

　　这两个类包含了 Velocity 的大部分功能，如果要学习 Velocity，不妨先从这两个类开始，一步一步地你将观察到 Velocity 的全貌。

16.2　JJTree 渲染过程解析

　　要搞清楚 JJTree 的渲染过程，不妨从一个例子开始，下面是一段 Velocity 的模板代码：

```
#foreach ($i in [0..10])
    #if ($i % 2 == 0)
        #set ($str = "偶数")
    #else
        #set ($str = "奇数")
    #end
    $i 是 $str
#end
```

这段代码解析成的语法树如图 16-3 所示。

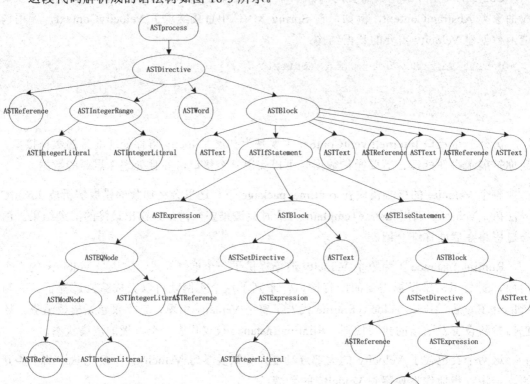

图 16-3　foreach 代码对应的语法树

Velocity 渲染这段代码将从根节点 ASTproces 开始，按照深度优先遍历算法开始遍历整棵树，遍历的代码如下所示：

```
public boolean render( InternalContextAdapter context, Writer writer)
        throws IOException, MethodInvocationException, ParseErrorException,
ResourceNotFoundException
    {
        int i, k = jjtGetNumChildren();

        for (i = 0; i < k; i++)
            jjtGetChild(i).render(context, writer);
```

```
    return true;
}
```

如前面的代码所示，依次执行当前节点的所有子节点的 render 方法，每个节点的渲染规则都在 render 方法中实现，对应到上面的 vm 代码，#foreach 节点对应到 ASTDirective。这种类型的节点是一个特殊的节点，它可以通过 directiveName 来表示不同类型的节点，目前 ASTDirective 已经有多个，如#break、#parse、#include、#define 等都是 ASTDirective 类型的节点。这种类型的节点通常都有一个特点，就是它们的定义类似于一个函数的定义，在一个 directiveName 后面跟着一对括号，在括号里含有参数和一些关键词，如#foreach，directiveName 是 foreach，括号中的$i 是 ASTReference 类型，in 是关键词 ASTWord 类型，[1 ..10] 是一个数组类型 ASTIntegerRange，在 #foreach 和 #end 之间的所有内容都由 ASTBlock 表示。

Velocity 的语法相对简单，所以它的语法节点并不是很多，总共有 50 多个，它们可以划分为如下类型。

◎　块节点类型：主要用来表示一个代码块，它们本身并不表示某个具体的语法节点，也不会有什么渲染规则。这种类型的节点主要由 ASTReference、ASTBlock 和 ASTExpression 等组成。

◎　扩展节点类型：这些节点可以被扩展，也可以自己去实现，如我们上面提到的 #foreach，它就是一个扩展类型的 ASTDirective 节点，我们同样可以自己再扩展一个 ASTDirective 类型的节点。

◎　中间节点类型：位于树的中间，它的下面有子节点，它的渲染依赖于子节点才能完成，如 ASTIfStatement 和 ASTSetDirective 等。

◎　叶子节点：它位于树的叶子上，没有子节点，这种类型的节点要么直接输出值，要么写到 writer 中，如 ASTText 和 ASTTrue 等。

Velocity 读取 vm 模板根据 JavaCC 语法分析器将不同类型的节点按照上面的几个类型解析成一个完整的语法树，这个语法树如图 16-3 所示。

这些节点的渲染都是执行同一个 render 方法，既然都是同一个 render 方法，所以它们的参数格式都是一样的，即 ASTReference 对应变量的实际值在容器 contex 中并将渲染结果写到 writer 中。每个节点是如何渲染的？可以查看每个节点对应的 render 方法的实现。

图 16-4 是渲染过程的时序图。

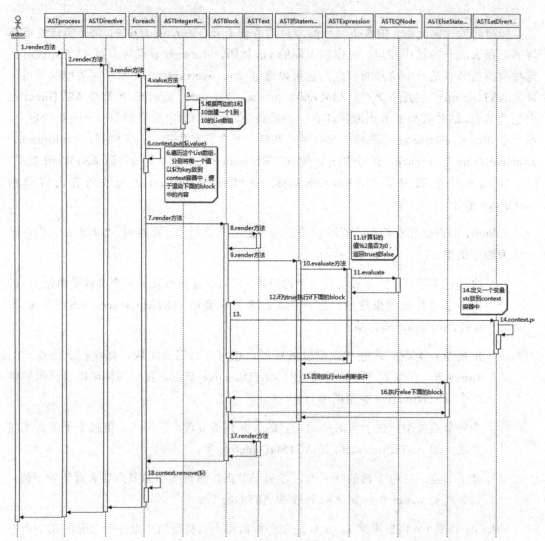

图 16-4　foreach 代码对应渲染过程的时序图

在调用 render 方法之前，Velocity 会调用整个节点树上所有节点的 init 方法来对节点做一些预处理，如变量解析、配置信息获取等。这非常类似于在 Servlet 实例化时调用 init 方法。Velocity 在加载一个模板时也只会调用 init 方法一次，每次渲染时调用 render 方法就如同调用 Servlet 的 service 方法一样。

　　下面我们详细看一下在 Velocity 中最常用的几个语法节点的渲染过程，这能帮助我们了解 Velocity 是如何执行渲染的，也能帮助我们更好地理解 Velocity。

16.2.1　#set 语法

　　#set 语法可以创建一个 Velocity 的变量，你是否知道通过#set 创建的变量的有效范围呢？如果在#if 和#end 之间通过#set 创建一个变量，那么这个变量是否只在#if 这个代码块中有效呢？我们看一下 Velocity 是如何创建这个#set 的就知道了。

　　#set 语法对应的 Velocity 语法树是 ASTSetDirective 类，翻开这个类的代码，可以发现它有两个子节点：RightHandSide 和 LeftHandSide，它们分别代表 "=" 两边的表达式的值。与 Java 语言的赋值操作有点不一样的是，左边的 LeftHandSide 可能是一个变量标识符，也可能是一个 set 方法调用。对变量标识符很好理解，如前面的#set($var="偶数")，另外是一个 set 方法调用，如#set($person.name="junshan")，这实际上相当于 Java 中 person.setName("junshan")方法的调用。

　　#set 语法如何区分左边是变量标识符还是 set 方法调用？看一下 ASTSetDirective 类的render 方法：

```
Object value = right.value(context);
 ...
 if ( value == null && !strictRef){
   ...
   if (left.jjtGetNumChildren() == 0){
      context.remove( leftReference );
   }else{
      left.setValue(context, null);
   }
   return false;
 }else{
   if (left.jjtGetNumChildren() == 0){
      context.put( leftReference, value);
   }else{
      left.setValue(context, value);
   }
 }
```

从代码中可以看到，先取得右边表达式的值，然后根据左边是否有子节点判断是变量标识符还是调用 set 方法。回到我们一开始提的问题，通过#set 语法创建的变量是否有有效范围，从代码中可以看到会将这个变量直接放入 context 中，所以这个变量在这个 vm 模板中是一直有效的，它的有效范围和 context 也是一致的。所以在 vm 模板中不管在什么地方通过#set 创建的变量都是一样的，它对整个模板都是可见的，这点务必要注意。

16.2.2　Velocity 的方法调用

前面介绍了 Velocity 的#set 语法的解析规则，介绍了 $person.name="junshan"调用方式与 Java 中 person.setName("junshan")的调用方式是一致的，其实在 Velocity 中也有类似的调用方式：$person.setName("junshan")。

Velocity 的方法调用方式有多种，它和我们熟悉的 Java 的方法调用还是有一些区别的，如果你不熟悉，可能会产生一些误解，下面我们举例介绍一下。

Velocity 通过 ASTReference 类来表示一个变量和变量的方法调用，ASTReference 类如果有子节点，就表示这个变量有方法调用，方法调用同样是通过 "." 来区分的，每一个点后面会对应一个方法调用。ASTReference 有两种类型的子节点：ASTIdentifier 和 ASTMethod，它们分别代表两种类型的方法调用，其中 ASTIdentifier 主要表示隐式的 "get" 和 "set" 类型的方法调用。而 ASTMethod 表示所有其他类型的方法调用，如所有带括号的方法调用都会被解析成 ASTMethod 类型的节点。

所谓隐式方法调用在 Velocity 中通常有如下几种。

1．Set 类型，如#set($person.name="junshan")，如下所示：

◎　person.setName("junshan")

◎　person.setname("junshan")

◎　person.put("name","junshan")

2．Get 类型，如#set($name=$person.name)中的 $person.name，如下所示：

◎　person.getName()

◎　person.getname()

◎　person.get("name")

◎　person.isname()

◎　person.isName()

以上几种方法调用都是在查找 person 对象可能存在的与 name 相关的方法，看起来很智能，这就是动态解析语言的好处，不像 Java 语言那样定义严格。虽然动态解析用起来很方便，但是也带来了性能上的损耗，由于 Velocity 的方法调用是通过反射执行的，虽然 Velocity 将模板中可能存在的类和类的方法都已经缓存起来了，不用每次加载这个类及解析这个类定义的方法，但是方法的反射执行仍然很耗时，这也是 Velocity 的弱点，我们将在后面介绍如何优化 Velocity。

除去隐式的方法调用，你可以像在 Java 中一样直接调用类的方法，如$person. setName("junshan")或$person.getName("junshan")，它同样能通过反射找到 person 对象对应的方法。我们再深入看一下 Velocity 是如何反射调用的。

Velocity 针对不同类型的方法调用分别对它们做了一次封装，针对 Set 类型的方法调用有几种类型，如图 16-5 所示。

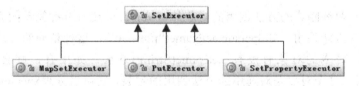

图 16-5　Set 类型方法调用的封装

当 Velocity 在解析#set($person.name="junshan")时，它会找到$person 对应的对象，然后创建一个 SetPropertyExecutor 对象并查找这个对象是否有 setname(String)方法，如果没有，则再查找 setName(String)方法，如果再没有，那么再创建 MapSetExecutor 对象，看看$person 对应的对象是不是一个 Map。如果是 Map，就调用 Map 的 put 方法，如果不是 Map，则再创建一个 PutExecutor 对象，检查一下$person 对应的对象有没有 put(String)方法，如果存在，则调用对象的 put 方法。

在以上的查找顺序中，某个方法找到后就直接返回某种类型的 Executor 对象包装的 Method，然后通过反射调用 Method 的 invoke 方法。Velocity 的反射调用是通过 Introspector 类来完成的，它定义了类对象的方法查找规则。

除去 Set 类型的方法调用，其他方法调用都继承了 AbstractExecutor 类，如图 16-6 所示。

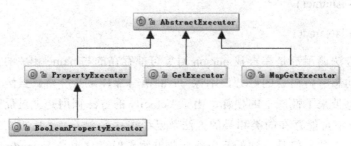

图 16-6　其他类型的方法封装

如在#set($name=$person.name)中解析$person.name 时，创建 PropertyExecutor 对象封装可能存在的 getname(String)或 getName(String)方法，否则创建 MapGetExecutor 检查$person 变量是否是一个 Map 对象。如果不是，则创建 GetExecutor 对象检查$person 变量对应的对象是否有 get("Name")方法。如果没有，则创建 BooleanPropertyExecutor 对象并检查$person 变量对应的对象是否有 isname()或者 isName()方法。找到对应的方法后，将相应的 java.lang.reflect.Method 对象封装在对应的封装对象中。

除去以上对两种隐式的方法调用的封装外，Velocity 还有一种简单的方法调用方式，就是带有括号的方法调用，如$person.setName("junshan")，这种精确的方法调用会直接查找变量$person 对应的对象有没有 setName(String)方法，如果有，则会直接返回一个 VelMethod 对象，这个对象是对通用的方法调用的封装，它可以处理$person 对应的对象是数组类型或静态类时的情况。数组的情况如 string=newString[]{"a","b","c"}，要取得的第二个值在 Java 中可以通过 string[1]来取，但在 Velocity 中可以通过$string.get(1)取得数组的第二个值。为何能这样做呢？可以看一下在 Velocity 中相应的代码：

```
public VelMethod getMethod(Object obj, String methodName, Object[] args,
Info i)
          throws Exception{
...
        Method m = introspector.getMethod(obj.getClass(), methodName, args);
        if (m != null){
            return new VelMethodImpl(m);
        }
        Class cls = obj.getClass();
        //如果该类是数组的话
```

```
    if (cls.isArray()){
        //安装 ArrayListWrapper 类来检查是否有指定的方法
        m = introspector.getMethod(ArrayListWrapper.class,methodName,
args);
        if (m != null){
            return new VelMethodImpl(m, true);
        }
    }
    //检查是否是 static 方法
    else if (cls == Class.class){
        m = introspector.getMethod((Class)obj, methodName, args);
        if (m != null){
            return new VelMethodImpl(m);
        }
    }
    return null;
}
```

从上面的代码中我们可以发现，精确查找方法的规则是查找 $person 对应的对象是否有指定的方法，然后检查该对象是否是数组，如果是数组，则把它封装成 List，然后按照 ArrayListWrapper 类去代理访问数组的相应值。如果 $person 对应的对象是静态类，则可以调用其静态方法。

搞清楚了 Velocity 的方法调用关系，我们再接着介绍一些其他常用语法的解析过程。

16.2.3　#if、#elseif 和#else 语法

#if 和#else 节点是 Velocity 中的逻辑判断节点，它的语法规则几乎和 Java 是一样的，主要的不同点在条件判断上，如在 Velocity 中判断#if($express)为 true 的情况是只要 $express 变量的值不为 null 和 false 就行，而在 Java 中显然不能这样判断。

除单个变量的值判断之外，Velocity 还支持 Java 的各种表达式判断，如">"、"<"、"=="和逻辑判断"&&"、"||"等。每个判断条件都会对应一个节点类，如"=="对应的类为 ASTEQNode，判断两个值是否相等的条件为：先取得等号两边的值，如果是数字，则比较两个数字的大小是否相等，再判断两边的值是否都是 null，都为 null 则相等，否则其中一个为 null，则肯定不等；再次就是取这两个值的 toString()，比较这两个值的字符值是否相等。值得注意的是，在 Velocity 中并不能像在 Java 中那样判断两个变量是否是同一个变

量，也就是 object1==object2 与 object1. equals(object2)在 Velocity 中是一样的效果。

特别要注意的是，很多人在写 Velocity 代码时有类似这样的写法，如#if("$example.user" == "null")和#if("$example.flag" == "true")，其实这些写法都是不正确的，正确的写法是#if($example.user)和#if($example.flag)。

如果有多个#elseif 节点，则 Velocity 会依次判断每个子节点，下面是#if 节点的 render 方法代码：

```
if (jjtGetChild(0).evaluate(context)){
        jjtGetChild(1).render(context, writer);
        return true;
    }
    int totalNodes = jjtGetNumChildren();
    for (int i = 2; i < totalNodes; i++){
        if (jjtGetChild(i).evaluate(context)){
            jjtGetChild(i).render(context, writer);
            return true;
        }
    }
    return true;
}
```

从代码中我们可以看出，第一个子节点就是#if 中的表达式判断，如果这个表达式的值为 true 则执行第二个子节点，第二个子节点就是#if 下面的代码块。如果在#if 中表达式判断为 false，则继续执行后面的子节点，如果存在其他子节点则肯定是#elseif 或者#else 节点，其中任何一个为 true 将会执行这个节点的 render 方法并且会直接返回。

16.2.4 #foreach 语法

Velocity 中的循环语法只有这一种，它与 Java 中的 for 循环的语法糖形式十分类似，如#foreach($child in $person.children) $person.children 表示的是一个集合，它可能是一个 List 集合或者一个数组，而$child 表示的是每个从集合中取出的值。Velocity 是如何模拟 for 循环执行的呢？看一下 render 方法的代码：

```
public boolean render(InternalContextAdapter context,
                      Writer writer, Node node)
    throws IOException, MethodInvocationException, ResourceNotFound-
```

```
Exception,
        ParseErrorException{
        Object listObject = node.jjtGetChild(2).value(context);
        if (listObject == null)
            return false;
        Iterator i = null;
        try{
            i = rsvc.getUberspect().getIterator(listObject, uberInfo);
        }
        ...
        int counter = counterInitialValue;
        boolean maxNbrLoopsExceeded = false;
        Object o = context.get(elementKey);
        Object savedCounter = context.get(counterName);
        Object nextFlag = context.get(hasNextName);
        NullHolderContext nullHolderContext = null;
        while (!maxNbrLoopsExceeded && i.hasNext()){
            put(context, counterName , new Integer(counter));
            Object value = i.next();
            put(context, hasNextName, Boolean.valueOf(i.hasNext()));
            put(context, elementKey, value);
            try{
                if (value == null){
                    ...
                }else{
                    node.jjtGetChild(3).render(context, writer);
                }
            }catch (Break.BreakException ex){
                break;
            }
    counter++;
            maxNbrLoopsExceeded = (counter - counterInitialValue) >=
maxNbrLoops;
        }
        if (savedCounter != null){
            context.put(counterName, savedCounter);
        }else{
            context.remove(counterName);
        }
        if (o != null){
```

```
            context.put(elementKey, o);
        }else{
            context.remove(elementKey);
        }
        if( nextFlag != null ){
            context.put(hasNextName, nextFlag);
        }else{
            context.remove(hasNextName);
        }
        return true;
    }
```

从代码中可以看出，Velocity 首先是取得$person.children 的值，再将这个值封装成 Iterator 集合，然后依次取出这个集合中的每一个值，将这个值以$child 为变量标识符放入 context 中。除此以外需要特别注意的是，Velocity 在循环时还在 context 中放入了另外两个变量，分别是 counterName 和 hasNextName，这两个变量的名称分别在配置文件的配置项 directive.foreach.counter.name 和 directive.foreach.iterator.name 中定义，它们表示当前的循环计数和是否还有下一个值。前者相当于 for(int i=1;i<10;i++)中的 i 值，后者相当于 while(it.hasNext())中的 it.hasNext()的值，这两个值在#foreach 的循环体中都有可能用到。

还有一点要特别注意，由于 elementKey、counterName 和 hasNextName 是在#foreach 中临时创建的，如果在当前的 context 中已经存在这几个变量，则要把原始的变量值保存起来，以便在这个#foreach 执行结束后恢复。如果在 context 中没有这几个变量，那么在 #foreach 执行结束后要删除它们，这与我们前面介绍的#set 语法没有范围限制不同，在 #foreach 中临时产生的变量只在#foreach 中有效，这也很好理解。

16.2.5　#parse 语法

#parse 语法也是 Velocity 中十分常用的语法，它的作用是可以让我们对 Velocity 模板进行模块化，可以将一些重复的模块抽取出来单独放在一个模板中，然后在其他模板中引入这个重用的模板，这样可以增加模板的可维护性。而#parse 语法就提供了引入一个模板的功能，如#parse('head.vm')引入一个公共页头。当然 head.vm 可以由一个变量来表示。

#parse 和#foreach 一样都是通过扩展节点 ASTDirective 来解析的，所以#parse 和 #foreach 一样都共享当前模板执行环境的上下文。虽然#parse 是单独一个模板，但是这个

模板中的变量的值都在#parse 所在的模板中取得。它与 Java 的函数调用还是不一样的，在 Java 中的函数调用的变量取出和定义在函数范围内有效，而在 Velocity 中的#parse 我们可以仅理解为只是将一段 vm 代码放在一个单独的模板中，其他没有任何变化。

虽然前面的分析和#foreach 执行看起来类似，但是#parse 的执行要复杂得多，看一下代码：

```
public boolean render( InternalContextAdapter context,
                    Writer writer, Node node)
    throws IOException, ResourceNotFoundException, ParseErrorException,
        MethodInvocationException{
...
Object value = node.jjtGetChild(0).value( context );
String sourcearg = value.toString();
Template t = null;
try{
    if (!blockinput)
        t = rsvc.getTemplate( arg, getInputEncoding(context) );
}
...
try{
    if (!blockinput) {
        context.pushCurrentTemplateName(arg);
        ((SimpleNode) t.getData()).render( context, writer );
    }
}
...
}
```

从代码中可以看出执行分为三部分，首先取得#parse('head.vm')中的 head.vm 的模板名，然后调用 getTemplate 获取 head.vm 对应的模板对象，再调用该模板对应的整个语法树的 render 方法执行渲染。#parse 语法的执行和其他模板的渲染没有什么区别，只不过模板渲染时共用了父模板的 context 和 writer 对象而已。

16.3　事件处理机制

Velocity 的事件处理机制所涉及的类在 org.apache.velocity.app.event 下面，

EventHandler 是所有类的父接口，EventHandler 类有 5 个子类，分别代表 5 种不同的事件处理类型。

◎ ReferenceInsertionEventHandler：表示针对 Velocity 中变量的事件处理，Velocity 在渲染输出某个 "$" 表示的变量时可以对这个变量做修改，如对这个变量的值做安全过滤以防止恶意 JS 代码出现在页面中等。

◎ NullSetEventHandler：顾名思义是对#set 语法赋值为 null 时的事件做处理。

◎ MethodExceptionEventHandler：这个事件是对 Velocity 在反射执行某个方法调用时出错后，有机会做一些处理，如捕获异常、控制返回一些特殊值等。

◎ InvalidReferenceEventHandler：表示 Velocity 在解析 "$" 变量出现且没有找到对应的对象时如何处理。

◎ IncludeEventHandler：在处理#include 和#parse 时提供了处理、修改和加载外部资源的机会。

Velocity 提供的这些事件处理机制也为我们扩展 Velocity 提供了机会，如果你想扩展 Velocity，则必须对它的事件处理机制有很好的理解。下面详细分析一下 Velocity 是如何实现事件处理机制的。

如何让 Velocity 在渲染的时候可以调用到我们扩展的 EventHandler？Velocity 提供了两种方式：一种是把你新创建的 EventHandler 直接加到 org.apache.velocity.runtime. RuntimeInstance 类的 eventCartridge 属性中；另一种是把自定义的 EventHandler 加到自己创建的 EventCartridge 对象中，然后在渲染时把这个 EventCartridge 对象通过调用 attachToContext 方法加到 context 中，但是这个 context 必须要继承 InternalEventContext 接口，因为只有这个接口才提供了 attachToContext 方法和取得 EventCartridge 的 getEventCartridge 方法。Velocity 在渲染时遇到符合的事件都会检查上面两个地方的 EventCartridge，查找是否有你自定义的 EventHandler 并调用它们。前一种方式适合直接将自定义的 EventHandler 通过配置项 eventCartridge.classes 来设置，Velocity 在初始化 RuntimeInstance 时会解析配置项，然后实例化 EventHandler。第二种方式适合动态地设置 EventHandler，只要将 EventHandler 加到渲染时的 context 中，Velocity 在渲染时就能调用它。Velocity 事件处理相关类图如图 16-7 所示。

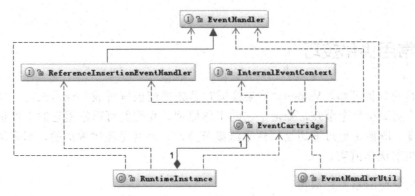

图 16-7　Velocity 事件处理相关类图

从图 16-7 中我们能发现 Velocity 是如何调用事件处理的。在 EventCartridge 中保存了所有的 EventHandler，并且 EventCartridge 把它们分别保存在 5 个不同的属性集合中，分别是 referenceHandlers、nullSetHandlers、methodExceptionHandlers、includeHandlers 和 invalidReferenceHandlers。现在我们清楚了自定义的 EventHandler 保存在什么地方，那么 Velocity 在渲染时如何获取它们呢？这个问题在前面已经提到了，Velocity 在渲染时分别在两个地方检查可能存在的 EventHandler，那就是 RuntimeInstance 对象和渲染时的 context 对象，这两个对象在 Velocity 渲染时随时都能访问到。这些事件处理何时被触发调用呢？在图中还有一个类 EventHandlerUtil，它就负责在合适的事件触发时调用事件处理接口来处理事件。如变量在输出到页面之前会调用 value = EventHandlerUtil.referenceInsert(rsvc, context, literal(), value)来检查是否有 referenceHandlers 需要调用。其他事件也是类似的处理方式。

另外，我们要扩展 Velocity 的事件处理会涉及对 Context 的处理，Velocity 增加了一个 ContextAware 接口，如果你实现的 EventHandler 需要访问 Context，那么可以继承这个接口。Velocity 在调用 EventHandler 之前会把渲染时的 context 设置到你的 EventHandler 中，这样你就可以在 EventHandler 中取到 context 了。如果要访问 RuntimeServices 对象，同样可以继承 RuntimeServicesAware 接口。

Velocity 还支持另外一种扩展方式，就是在渲染某个变量时判断这个变量是不是 Renderable 类的实例，如果是，则将会调用这个实例的 render(InternalContextAdapter context, Writer writer)方法，这种调用是隐式调用，也就是不需要在模板中显式调用 render() 方法。

16.4　常用优化技巧

从前面的分析可知，Velocity 渲染模板时是先把模板解析成一棵语法树，然后去遍历这棵树，分别渲染每个节点，知道了它的工作原理，我们就可以根据它的工作机制来优化渲染的速度。既然是通过遍历这棵树来渲染节点的，而且是顺序遍历的，那么很容易想到有两种办法来优化渲染。

◎　减少树的总节点数量。

◎　减少渲染耗时的节点数量。

下面分别就这两种办法进行分析。

16.4.1　减少树的总节点数量

你可能有些疑问，怎么才能减少节点数量？既然一个模板输出的内容是确定的，那么这个模板的 vm 代码应该是固定的，减少节点数量是必须删去一部分 vm 代码才能做到的吗？其实并不是这样的，虽然最终渲染出来的页面是一样的，但是 vm 的写法却有很大不同，笔者在检查 vm 代码时遇到很多不优美的写法，导致无谓地增加了很多不必要的语法节点。如下面一段代码：

```
#set($one=-1)
#set($pageId = "$!page.pageId")
#set($pages = $tbStringUtil.getInt("$pageId")+$one)
#set($offsets=$pages*($count+$rightCount))
```

这段代码实际上只是要计算一个值，但是由于不熟悉 Velocity 的一些语法，写得很麻烦，其实只要一个表达式就好了，代码如下：

```
#set($offsets=($!page.pageId - 1)*($count + $rightCount))
```

这样可以减少很多语法节点。

16.4.2　减少渲染耗时的节点数量

前面介绍了可以减少一些不必要的节点，还可以减少一些耗时的节点数量，那么哪些节点是耗时的呢？从前面的分析可知，Velocity 的方法调用是通过反射执行的，显然反射执行方法是耗时的，那么又如何减少反射执行的方法呢？这个改进就如同在 Java 中一样，可以增加一些中间变量来保存中间值，而减少反射方法的调用。如在一个模板中要多次调用到$person.name，那么可以通过#set 创建一个变量$name 来保存$person.name 这个反射方法的执行结果。如#set($name=$person.name)，这样虽然增加了一个#set 节点，但是如果能减少多次反射调用仍然是很值得的。

另外，Velocity 本身提供了一个#macro 语法，它类似于定义一个方法，然后可以调用这个方法，但在没有必要时尽量少用这种语法节点，这些语法节点比较耗时。还有一些大数计算等，最好定义在 Java 中，通过调用 Java 中的方法可以加快 Velocity 的执行效率。

16.5　与 JSP 比较

Velocity、JSP 和 Freemark 都是用 Java 语言设计的，但是它们的工作方式还是有很大不同的，要比较 Velocity 和 JSP，首先要明白 JSP 是如何工作的，所以首先介绍一下 JSP 是如何渲染页面的。

16.5.1　JSP 渲染机制

在实际应用中通常用两种方式来调用 JSP 页面，一种方式是直接通过 org.apache.jasper.servlet.JspServlet 来调用请求的 JSP 页面，另一种方式是通过如下方式调用的：

```
RequestDispatcher requestDispatcher = servletContext.getRequestDispatcher
(jspFileName);
requestDispatcher.include(request, response);
```

这两种方式都可以渲染 JSP，前一种方式更加方便，只要在<servlet-mapping>中配置的路径符合 JspServlet 就可以直接渲染，后一种方式更加灵活，不需要特别的配置。虽然两种调用方式有所区别，但是最终的 JSP 渲染原理都是一样的。下面以一个最简单的 JSP 页面为例来看它是如何渲染的：

```
<html>
<body>
<%
```

```
String name = "junshan";
out.println("<H2>Hello "+name+"</H2>");
%>
<H3>Today is:
<%= new java.util.Date() %>
</H3>
</body>
</html>
```

如上面这个 index.jsp 页面，把它放在 Tomcat 的 webapps/examples/jsp 目录下，我们通过第二种方式来调用，访问一个 Servlet，然后在这个 Servlet 中通过 RequestDispatcher 来渲染这个 JSP 页面。调用代码如下：

```
public class HelloWorldExample extends HttpServlet {
    public void doGet(HttpServletRequest request,
                     HttpServletResponse response)
        throws IOException, ServletException{
        RequestDispatcher    requestDispatcher    =    getServletContext().
getRequestDispatcher("/jsp/index.jsp");
        requestDispatcher.include(request, response);
    }
}
```

这两行简单的代码到底做了哪些事情帮我们渲染了 JSP 页面呢？图 16-8 是这两行代码的执行时序图。

从图中可以看出，ServletContext 根据 path 来找到对应的 Servlet，这个映射是在 Mapper.map 方法中完成的，Mapper 的映射有 7 种规则，这次映射是通过扩展名 ".jsp" 来找到 JspServlet 对应的 Wrapper 的。然后根据这个 JspServlet 创建 ApplicationDispatcher 对象。

接下来就和调用其他 Servlet 一样调用 JspServlet 的 service 方法，由于 JspServlet 专门处理渲染 JSP 页面，所以这个 Servlet 会根据请求的 JSP 文件名将这个 JSP 包装成 JspServletWrapper 对象。那么这个对象与 JSP 页面的渲染又有什么关系呢？

你可能已经了解了，JSP 在执行渲染时会被编译成一个 Java 类，而这个 Java 类实际上也是一个 Servlet，那么 JSP 文件又是如何被编译成 Servlet 的呢？这个 Servlet 到底是什么样子的？

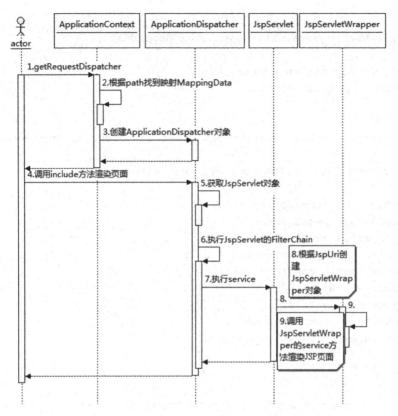

图 16-8　JSP 渲染时序图

我们已经知道，每个 Servlet 在 Tomcat 中都被包装成一个最底层的 Wrapper 容器，那么每个 JSP 页面最终都会被编译成一个对应的 Servlet，这个 Servlet 在 Tomcat 容器中就是对应的 JspServletWrapper。首先我们看一下 JSP 文件是如何被翻译成 Java Servlet 类的。

上面的 index.jsp 页面被编译成的 Java 类如下：

```
package org.apache.jsp;

import javax.servlet.*;
import javax.servlet.http.*;
import javax.servlet.jsp.*;

public final class index_jsp extends org.apache.jasper.runtime.HttpJspBase
    implements org.apache.jasper.runtime.JspSourceDependent {
```

```
    private static java.util.List _jspx_dependants;

    public Object getDependants() {
      return _jspx_dependants;
    }

    public void _jspService(HttpServletRequest request, HttpServletResponse
response)
         throws java.io.IOException, ServletException {

      JspFactory _jspxFactory = null;
      PageContext pageContext = null;
      HttpSession session = null;
      ServletContext application = null;
      ServletConfig config = null;
      JspWriter out = null;
      Object page = this;
      JspWriter _jspx_out = null;
      PageContext _jspx_page_context = null;


      try {
        _jspxFactory = JspFactory.getDefaultFactory();
        response.setContentType("text/html");
        pageContext = _jspxFactory.getPageContext(this, request, response,
                 null, true, 8192, true);
        _jspx_page_context = pageContext;
        application = pageContext.getServletContext();
        config = pageContext.getServletConfig();
        session = pageContext.getSession();
        out = pageContext.getOut();
        _jspx_out = out;

        out.write("<html>\r\n");
        out.write("<body>\r\n");

String name = "junshan";
out.println("<H2>Hello "+name+"</H2>");
```

```
      out.write("\r\n");
      out.write("<H3>Today is: \r\n");
      out.print( new java.util.Date() );
      out.write(" \r\n");
      out.write("</H3> \r\n");
      out.write("</body>\r\n");
      out.write("</html>\r\n");
    } catch (Throwable t) {
      if (!(t instanceof SkipPageException)){
        out = _jspx_out;
        if (out != null && out.getBufferSize() != 0)
          out.clearBuffer();
        if (_jspx_page_context != null) _jspx_page_context.handlePage-
Exception(t);
      }
    } finally {
      if (_jspxFactory != null) _jspxFactory.releasePageContext(_jspx_page_
context);
    }
  }
}
```

在上面的代码中 HttpJspBase 类是所有 JSP 编译成 Java 的基类,这个类也继承了 HttpServlet 类、实现了 HttpJspPage 接口,HttpJspBase 的 service 方法会调用子类的 _jspService 方法。

另外,我们从上面的代码可以发现,被编译成的 Java 类的_jspService 方法会生成多个变量:pageContext、application、config 、session、out 和传进来的 request、response,显然对这些变量我们都可以直接引用,它们也被称为 JSP 的内置变量。

对比一下 JSP 页面和生成的 Java 类可以发现,页面的所有内容都被放在_jspService 方法中,其中页面直接输出的 HTML 代码被翻译成 out.write 输出,页面中的动态"<%%>"包裹的 Java 代码被直接写到_jspService 方法中的相应位置,而"<%=%>"被翻译成 out.print 输出。你可能还有点疑惑,想知道到底 index.jsp 是如何被翻译成 Java 类的,这个 Java 类又是如何被调用的。

我们从 JspServlet 的 service 方法开始看一下 index.jsp 是怎么被翻译成 index_jsp 类的,图 16-9 是这个过程的时序图。

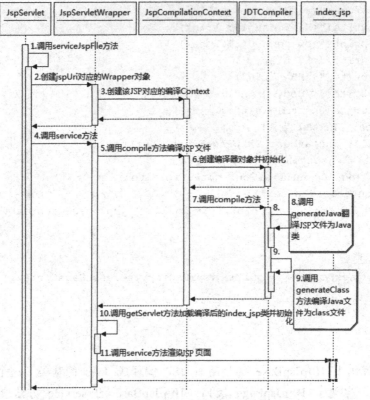

图 16-9　JSP 编译过程时序图

从图 16-9 中可以看出，首先创建一个 JspServletWrapper 对象，然后创建编译环境类 JspCompilationContext，这个类保存了编译 JSP 文件需要的所有资源，包括动态编译 Java 文件的编译器。在创建 JspServletWrapper 对象之前会首先根据 jspUri 路径检查在 JspRuntimeContext 这个 JSP 运行环境的集合中对应的 JspServletWrapper 对象是否已经存在。

在 JDTCompiler 调用 generateJava 方法时会产生 JSP 对应的 Java 文件，将 JSP 文件翻译成 Java 类是通过 ParserController 类完成的，它将 JSP 文件按照 JSP 的语法规则解析成一个个节点，然后遍历这些节点来生成最终的 Java 文件。具体的解析规则可以查看这个类的注释。

翻译成 Java 类后，JDTCompiler 再将这个类编译成 class 文件，然后创建对象并初始化这个类，接下来就是调用这个类的 service 方法，完成最后的渲染。

16.5.2　Velocity 与 JSP

从上面的 JSP 渲染机制我们可以看出 JSP 文件渲染其实和 Velocity 的渲染机制很不一样，JSP 文件实际上执行的是 JSP 对应的 Java 类，简单地说就是将 JSP 的 HTML 转化成 out.write 输出，而 JSP 中的 Java 代码直接复制到翻译后的 Java 类中。最终执行的是翻译后的 Java 类，而 Velocity 是按照语法规则解析成一棵语法树，然后执行这棵语法树来渲染结果。所以它们有如下区别。

◎　执行方式不一样：JSP 是编译执行，而 Velocity 是解释执行。如果 JSP 文件被修改了，那么对应的 Java 类也会被重新编译，而 Velocity 却不需要，只是会重新生成一棵语法树。

◎　执行效率不同：从两者的执行方式不同可以看出，它们的执行效率不一样，从理论上来说，编译执行的效率明显好于解释执行，一个很明显的例子是在 JSP 中方法调用是直接执行的，而 Velocity 的方法调用是反射执行的，JSP 的效率会明显好于 Velocity。当然如果在 JSP 中有语法 JSTL，语法标签的执行要看该标签的实现复杂度。

◎　需要的环境支持不一样：JSP 的执行必须要有 Servlet 的运行环境，也就是需要 ServletContext、HttpServletRequest 和 HttpServletResponse 类。而要渲染 Velocity 完全不需要其他环境类的支持，直接给定 Velocity 模板就可以渲染出结果。所以 Velocity 不只应用在 Servlet 环境中。

16.6　设计模式解析之合成模式

合成模式又叫作部分整体模式，它通常把对象的关系映射到一棵树中，利用树的枝干和叶子节点来描述单个对象和组合对象，从而构建统一的操作这些对象的接口，使得访问对象的方式更加简单。

16.6.1　合成模式的结构

如图 16-10 所示是合成模式的结构图。

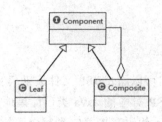

图 16-10　合成模式结构图

在图 16-10 中的三个角色如下所述。

◎　Component：抽象角色，它规定了树中的所有对象的共同接口和默认方法。

◎　Leaf：树中的叶子对象，这个对象没有关联的下级对象，实现了抽象角色的公共接口。

◎　Composite：树中的树干对象，持有下级对象的引用关系，实现了抽象角色的接口方法。

16.6.2　Velocity 中合成模式的实现

Velocity 中合成模式的使用是在 AST 的抽象语法树中的，JavaCC 将 vm 模板解析成抽象语法树，而这个抽象语法树就是使用合成模式构造的，不同的语法节点作为树中的一个树干或者叶子节点。

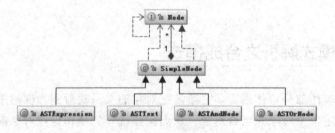

图 16-11　Velocity 语法树

Node 类可以看作抽象角色，它定义了整棵树中的操作接口。ASTExpression 是树干角色，在它下面包含各种子节点。而 ASTText 是叶子节点，因为它不可能再有子节点了。利用合成模式将这些节点对象组织在一起，通过访问特定的接口（如 render）来遍历所有这些对象。

合成模式与访问者模式有点类似，访问者模式通常也是将一组对象组合成一棵树，然后遍历这棵树来完成特定的功能，但是访问者模式定义了多个访问者，通过不同的访问者来实现对这些树节点的接口实现，也就是将对象组织结构与对象的操作分离，所以这是访问者模式与合成模式之间最大的区别。

16.7　设计模式解析之解释器模式

解释器模式，顾名思义就是将带有一定文法的语句解析成特定的数据结构，并提供一种解释功能，使得能够解释这个语句。

解释器一般要完成两个功能，一个是将带有一定规则的语句解析成带有等级关系的对象集合，另一个是按照语法规则解释这个等级关系的集合。

16.7.1　解释器模式的结构

如图 16-12 所示，解析器的结构与合成模式的结构类似。

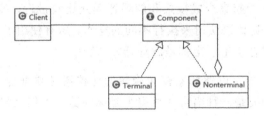

图 16-12　解释器的结构

◎　Component：抽象角色，它规定了树中的所有对象的共同接口，一定要包含一个能够解析的方法，如 render 方法。

◎　Terminal：终结符表达式，这个语法已经是不能再被解释的表达式，要么是常量，要么是字符串。

◎　Nonterminal：非终结符表达式，通过递归的方式调用它所包含的非终结符或者终结符表达式。

◎　Client：能够构造出抽象语法树，并且调用 render 接口解释语法树代表的语句。

16.7.2　Velocity 中解释器模式的实现

Velocity 将所有的 vm 模板中的语句解析成一棵 AST 抽象语法树，如图 6-13 所示的 ASTAddNode 是一个加法的非终结符，而 ASTIntegerLiteral 是一个数字终结符，Node 类也是作为一个抽象角色存在的。

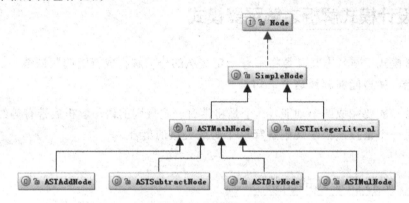

图 16-13　解释器模式

你可能会有疑问，看起来合成模式和解释器模式比较接近，它们都是基于一棵 AST 抽象语法树，并且基于这棵语法树来执行不同的操作。所有使用了合成模式的系统都会在这棵树上执行操作，但是这不一定都是解释器模式。

它们的不同之处在于，以解释器模式构建的这棵树必须符合一种特定语言规范的表达，也就是我们所说的要是一种语言才称得上是解释器，不然又何来解释呢？

16.8　总结

本章主要介绍了使用比较广泛的 Velocity 模板引擎的工作原理，从 JJtree 语法树到一些关键节点的解析过程都有介绍，还介绍了 Velocity 的扩展点，包括事件处理机制等，最后与 JSP 模板引擎做了简单的对比。

第17章

Velocity 优化实践

在第 16 章中介绍了 Velocity 的工作方式，它将模板根据语法分析器解析成 AST 树，然后通过遍历这棵树来渲染整个页面。虽然 Velocity 这种动态渲染使用起来很方便，但是当我们面对的是几亿 PV 的访问量时，它的执行效率就比它的动态渲染要重要得多了。尤其是一些页面非常复杂的电子商务网站，它的执行效率远没有达到理想的目标，但是相比其他一些模板引擎，我们并不能找到很好的它的替代品，以便既能灵活地处理复杂的页面结构，又能有很好的性能。于是我们决定继承 Velocity 的语法标准，而重新制定它的渲染机制，这样既能够不改变模板的开发方式，又能够提高模板的执行效率，这个模板引擎被命名为 sketch。

它的总体实现思路就是改变 Velocity 的解释执行，变为编译执行，也就是将 vm 模板先编译成 Java 类，再去执行这个 Java 对象，从而渲染页面。经过测试，这种执行方式能够提高模板的执行效率至少 50% 以上。

17.1 现实存在的问题

目前国内使用 Velocity 最广泛的电子商务网站当属淘宝了，淘宝为何选择 Velocity 作为模板引擎，其中原因在第 16 章已经介绍了。但是当网站的规模达到一定程度后它的性能就尤为重要了，如当应用部署的机器达到上万台的时候，哪怕能够将性能提升 10%，那么省下的机器也不是一个小的数字。下面是在使用 Velocity 时存在的一些问题。

◎ 整个页面输出比较大，平均在 80KB 左右，大部分时间都在 out.print。

◎ CPU 压力较大，压力测试时 CPU 基本都达到 80%左右，通过检测工具可以发现模板渲染占用了 60%以上的 CPU 时间。

◎ 在模板中含有大量变量的方法调用，但是这些方法调用基本上都是确定的，根本就不需要动态去解析。

◎ 模板渲染时产生很多临时对象，对 JVM 的 GC 影响很大，导致系统频繁 GC。

◎ 在页面模板中空白字符比较多，浪费网络传输量。

上面这些问题都是导致 Velocity 在渲染模板时效率上不去的一些原因，下面将会根据这些问题寻找解决办法，来提高模板的执行效率。

17.2　优化的理论基础

在做任何优化之前，必须要有一些理论基础做支撑，才能说明我们所做的优化的确能达到预期的目的。在做模板引擎优化时我们同样要有令人信服的理论基础做依托。下面是一些优化的出发点。

17.2.1　程序语言的三角形结构

如图 17-1 所示，程序的语言层次结构和这个语言的执行效率形成一对倒立的三角形结构。从图中可以看出，越是上层的高级语言，它的执行效率往往越低。这很好理解，因为最底层的程序语言只有计算机能明白，与人的思维很不接近，为什么我们开发出这么多上层语言，很重要的目的就是对底层的程序做封装，使得我们开发更方便，很显然这些经过重重封装的语言的执行效率肯定比没有经过封装的底层程序语言的效率要差很多，否则与硬件相关的驱动程序也不会用 C 语言或汇编语言来实现了。

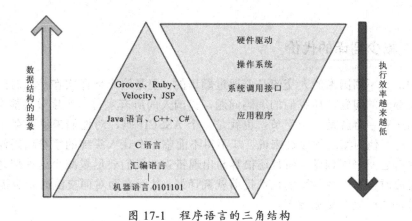

图 17-1　程序语言的三角结构

17.2.2　数据结构减少抽象化

程序的本质是数据结构加上算法，算法是过程，而数据结构是载体。程序语言也是同样的道理，越是高级的程序语言必然数据结构越抽象化，这里的抽象化是指它们的数据结构与人的思维越接近。有些语言（如 Python）的语法规则非常像我们人类的语言，即使没有学过编程的人也很容易理解它。

这里所说的数据结构去抽象化是指把需要调用底层的接口的程序改由我们自己去实现，减少这个程序的封装程度，从而达到提升性能的目的，所以并不是改变程序语法。

17.2.3　简单的程序复杂化

先举一个例子，我们想从数据库中去掉一行数据，在目前的环境中已经有人提高了一个调数据库查询的接口，这个接口的实现使用了 iBatis 作为数据层调用数据库查询数据，实际上它封装了对象与数据字段的关系映射及管理数据库连接池等。该接口虽然使用起来很方便，但是它的执行效率是不是比我们直接写一个简单的 JDBC 连接、提交一个 SQL 语句的效率高呢？很显然，后面的执行效率更高，抛去其他因素，显然没有经过封装的复杂程序要比简单地调用上层接口效率要高很多。

所以我们要做的就是适当地让我们的程序复杂一点，而不要偷懒，也许这样我们的程序效率会增加不少。

17.2.4　减少翻译的代价

我们知道与不同国家的人交流是要通过翻译的，但是这个翻译实在是耗时间。程序设计同样存在翻译的问题，如我们的编码问题，美国人的所有字符一个字节就能全部表示，所以他们的所有字符就是一个字节，也就是一个 ASSCII 码，对他们来说不存在字符编码问题，但是对其他国家的程序员来说，却不得不面临一个让人头疼的字符编码问题，需要将字节与字符之间来回翻译，而且还很容易出现错误。我们要尽量减少这种翻译，至少在真正与人交流时把一些经常用的词汇提前就翻译好，从而在面对面交流时减少需要翻译的词汇的数量，从而提升交流效率。

17.2.5　变的转化为不变的

现在的网页基本上都是动态网页，但是在所谓的动态网页中仍然有很多静态的东西，比如模板中仍然有很多是 HTML 代码如<div><a>等，它们和一些变量共同拼接成一个完整的页面，但是这些内容从程序员写出来到最终在浏览器里渲染，都是一成不变的。既然是不变的，那么就可以对它们做一些预处理，如提前将它们编码或者将它们放到 CDN 上。

另外，尽量把一些变化的内容转化成不变的内容，如我们可能将一个 URL 作为一个变量传给模板去渲染，但是在这个 URL 中真正变化的仅仅是其中的一个参数，整个主体肯定是不会变化的，所以我们仍然可以从变化的内容中分离出一部分作为不变的来处理。这些都是细节，但是当这些细节组合在一起时往往会带来让你意想不到的好结果。

17.3　一个高效的模板引擎实现思路

上面介绍了一些存在的问题，也指出了优化的思路，下面介绍新的模板引擎的实现思路，如图 17-2 所示。

Sketch 的整体设计如图 17-2 所示，主要分为两部分：运行时环境和编译时环境。前者主要用来将模板渲染成 HTML，后者主要是把模板编译成 Java 类。

当请求渲染一个 vm 模板时，通过调用单例 RuntimeServer 获取一个模板编译后的 Java 对象，然后调用这个模板对应的 Java 对象的 render 方法渲染出结果。如果是第一次调用一个 vm 模板，Sketch 框架将会加载该 vm 模板，并将这个 vm 模板编译成 Java，然后实例化该 Java 类，将实例化对象放入 RuntimeContext 集合中，并根据 Context 容器中的变量对应的对象值渲染该模板。一个模板将会被多次编译，这是一个不断优化的过程。Sketch 的类结构图如图 17-3 所示。

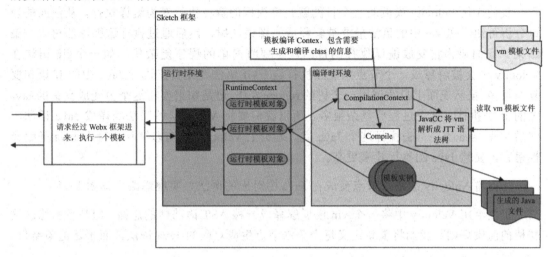

图 17-2　Sketch 结构图

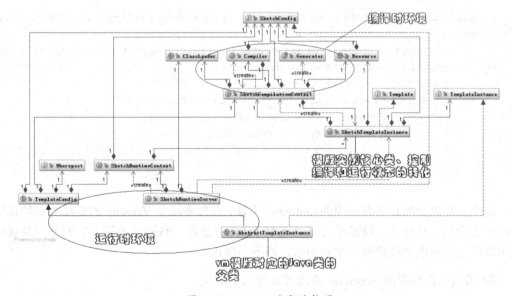

图 17-3　sketch 的类结构图

下面将详细分析这个过程。

17.3.1　vm 模板如何被编译

我们优化 Velocity 模板的一个目的就是将模板的解释执行变为编译执行，从前面的理论分析可知，在 vm 中的语法最终被解释成一棵语法树，然后通过执行这棵语法树来渲染结果。我们要将它变成编译执行的目的就是要将简单的程序复杂化，如一个#if 语法在 Velocity 中会被解释成一个节点，显然执行这个#if 语法要比真正执行 Java 中的 if 语句要复杂很多。虽然表面上只需调用一个树的 render 方法，但是如果要将这个树变成真正的 Java 中的 if 去执行，这个过程要复杂很多。所以我们要将 Velocity 的语法翻译成 Java 语法，然后生成 Java 类，再去执行这个 Java 类。理论上 Velocity 是动态解释语言而 Java 是编译性语言，显然 Java 的执行效率更高。

如何将 Velocity 的语法节点变成在 Java 中对应的语法？实现思路大体如下。

仍然沿用 Velocity 中将一个 vm 模板解释成一棵 AST 语法树的思路，但是重新修改这棵树的渲染规则，我们将重新定义每个语法节点生成对应的 Java 语法，而不是渲染结果。

在 SimpleNode 类中重新定义一个 generate 方法，如下：

```
public Object generater(Object data, Writer writer) throws IOException,
ParseException {
        SketchCompilationContext context = (SketchCompilationContext) data;
        int i, k = jjtGetNumChildren();
        for (i = 0; i < k; i++) {
            StringWriter spWriter = new StringWriter();
            jjtGetChild(i).generater(data, spWriter);
            writer.write(spWriter.toString());
        }
        return data;
    }
```

这个方法将会执行所有子类的 generater 方法，它会将每个 Velocity 的语法节点转化成 Java 中对应的语法形式。除这个方法外还有 value 方法和 setValue 方法，它们分别是获取这个语法节点的值和设置这个节点的值，而不是输出。

#if 语法节点对应的 generater 语法可以为如下形式：

```
public Object generater(Object data, Writer writer) throws IOException,
ParseException {
        int totalNodes = jjtGetNumChildren();
```

```
    Object exp = jjtGetChild(0).value(data, writer);
    StringWriter blkWriter = new StringWriter();
    jjtGetChild(1).generater(data, blkWriter);
    StringBuffer buf = new StringBuffer();
    buf.append("if(");
    buf.append("EPUT.is(");
    buf.append(exp);
    buf.append(")){\n");
    buf.append(blkWriter.toString());
    buf.append("}");
    for (int i = 2; i < totalNodes; i++) {
        StringWriter innerWriter = new StringWriter();
        Object elexp = jjtGetChild(i).generater(data, innerWriter);
        buf.append(elexp);
    }
    writer.append(buf);
    return buf;
}
```

Velocity 语法#if($exp)$exp#end 翻译成的 Java 代码如下：

```
if(EPUT.is(context.get("exp"))){
out.write(_EVTCK(context,"$exp",context.get("exp")));
}
```

#set 语法的转化规则如将#set($exp = true)转化成的 Java 代码如下：

```
context.put("exp",true);
```

仅仅是创建一个变量 exp，并将它放入 Context 容器中，在 Velocity 中#set 的语法还有一个作用是设置一个对象的属性值，如语法#set($example.user="junshan")变成的 Java 语法如下：

```
setProperty(context.get("example"),"user",new Object[]{"junshan"});
```

setProperty 方法是一个内部方法，它的作用是反射执行 context.get("example")对象的 setUser 方法，值就是 "junshan"。

当然，在实际使用时还会有更复杂的情况，如 "junshan" 可能是从另外一个对象中获取的而不是直接给你的一个字符串。

再看一下#for 语法是如何转化的。还是先看一下前面介绍的那段代码：

```
#foreach ($i in [0..10])
    #if ($i % 2 == 0)
        #set ($str = "偶数")
    #else
        #set ($str = "奇数")
    #end
    $i 是 $str
#end
```

看它最终变成了什么样的 Java 代码：

```
private    Object    _foreach_11245030_307737437646741(final    PageContext
pageContext, final I _I) throws Exception {
        final ContextAdapter context = pageContext.getContext();
        final PageWriter out = pageContext.getOut();
        Iterator _it = _COLLE(EPUT.intAL(0, 10));
        int _velocityCount = 1;
        while (_it.hasNext()) {
            Object _i = _it.next();
            pageContext.addForVarsDef("_i", _i);
            pageContext.addForVarsDef("_velocityCount", _velocityCount);
            out.write(_S0);
            if (EPUT.is(EPUT.eq(EPUT.mod(_i, 2), 0))) {
                context.put("str", "偶数");
                out.write(_S0);
            } else {
                context.put("str", "奇数");
                out.write(_S0);
            }
            out.write(_S0);
            out.write(_EVTCK(context, "$i", _i));
            out.write(_S1);
            out.write(_EVTCK(context, "$str", context.get("str")));
            out.write(_S2);
            _velocityCount++;
        }
        return Boolean.TRUE;
    }
```

很显然，我们把#foreach 变成了一个方法，这方法的实现就是这个#foreach 的实现，这段代码看起来有点复杂，稍微解释一下。

EPUT.intAL 方法肯定是将[0..10]语法变成一个数组，而_COLLE 方法的作用是将这个数组又转化成一个 Iterator 链，方便调用。循环是在 while (_it.hasNext())中完成的，它会遍历这个数组的每一个值，后面的就是将#if 节点和#set 的语法节点转化成的 Java 形式。out.write(_S0)是输出 HTML 中的常量值，而 out.write(_EVTCK(context, "$i", _i))是输出变量的值。

还有一些判断的语法，如 ">" "==" 等，也会转化成相应的 Java 判断，如 "==" 节点的 value 转化代码如下：

```
public Object value(Object data, Writer writer) throws IOException,
ParseException {
        Object left = jjtGetChild(0).value(data,writer);
        Object right = jjtGetChild(1).value(data,writer);

        StringBuffer buf = new StringBuffer();
        buf.append("EPUT.eq(");
        buf.append(Typeformat.formatType(left));
        buf.append(",");
        buf.append(Typeformat.formatType(right));
        buf.append(")");
        return buf;
    }
```

它的 Java 输出为上面的 EPUT.eq(EPUT.mod(_i, 2), 0))格式。其他所有的表达式形式都按照这样的方式翻译成 Java 对应的形式。

总之，要将所有的 Velocity 的语法都翻译成对应的 Java 语法，这样才能将整个 vm 模板变成一个 Java 类。那么整个 vm 又是如何组织成一个 Java 类的呢？

下面看一个模板的类层次结构，如图 17-4 所示。

example_vm 是模板 example.vm 编译成的 Java 类，它继承了 AbstractTemplateInstance 类，这个类是编译后模板的父类，也是遵照设计模板中的模板模式来设计的。这个类定义了模板的初始化和销毁的方法，同时定义了一个 render 方法供外部调用模板渲染，而 TemplateInstance 类很显然是所有模板的接口类，它定义了所有模板对外提供的方法，如图 17-5 所示。

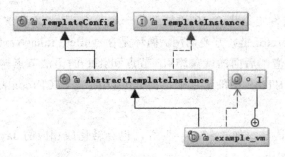

图 17-4　模板编译后的类层次结构

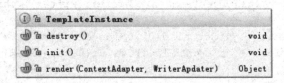

图 17-5　TemplateInstance 类

　　TemplateConfig 类非常重要，它含有一些模板渲染时需要调用的辅助方法，如记录方法调用的实际对象类型及方法参数的类型，还有一些出错处理措施等。这个类的结构如图 17-6 所示。

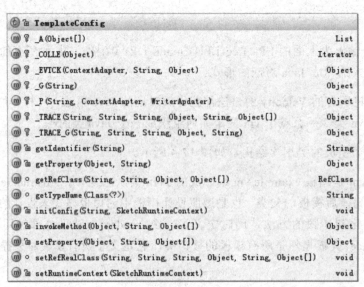

图 17-6　TemplateConfig 类结构

_TRACE 方法在执行编译后的模板类时需要记录下在 vm 模板中被执行的方法的执行参数，_COLLE 方法当模板中的变量输出时可以触发各种注册的触发事件，如变量为空判断、安全字符转义等。

从图 17-6 中我们可以发现有个内部类 I，这个类只保存一些变量属性，用于缓存每次模板执行时通过 Context 容器传过来的变量的值。

下面是一个完整的模板编译后的类，对模板源码我们仍然沿用前面的 vm 代码，并稍微做些修改，代码如下：

```
#foreach ($i in $exampleDO.getItemList())
   #if ($i % 2 == 0)
      #set ($str = "偶数")
   #else
      #set ($str = "奇数")
   #end
   $i 是 $str
#end
```

编译后的代码如下：

```
public final class example_vm extends AbstractTemplateInstance {
    class I {
        Mode exampleDO = null;
        I(ContextAdapter context) {
            try {
                exampleDO = (Mode) context.get("exampleDO");
            } catch (ClassCastException e) {
                throw e;
            }
        }
    }
    public Object render(final ContextAdapter context, final WriterApdater
out)
        throws TemplateRenderException {
        try {
            I _I = new I(context);
            PageContext pageContext = new PageContext(context, out);
            if (_foreach_3414368_43072917262352(pageContext, _I) == null) {
                return null;
```

```
        }
    } catch (ClassCastException t) {
        throw t;
    } catch (TemplateRenderException t) {
        throw t;
    } catch (Throwable t) {
        throw new TemplateRenderException(t);
    }
    return Boolean.TRUE;
}

private Object _foreach_3414368_43072917262352(final PageContext
pageContext, final I _I) throws Exception {
    final ContextAdapter context = pageContext.getContext();
    final PageWriter out = pageContext.getOut();
    Iterator _it = _COLLE((_I.exampleDO == null ? null : ((Mode)
_I.exampleDO).getItemList())));
    int _velocityCount = 1;
    while (_it.hasNext()) {
        Object _i = _it.next();
        pageContext.addForVarsDef("_i", _i);
        pageContext.addForVarsDef("_velocityCount", _velocityCount);
        out.write(_S0);
        if (EPUT.is(EPUT.eq(EPUT.mod(_i, 2), 0))) {
            context.put("str", "偶数");
            out.write(_S0);
        } else {
            context.put("str", "奇数");
            out.write(_S0);
        }
        out.write(_S0);
        out.write(_EVTCK(context, "$i", _i));
        out.write(_S1);
        out.write(_EVTCK(context, "$str", context.get("str")));
        out.write(_S2);
        _velocityCount++;
    }
    return Boolean.TRUE;
}
public void init() throws UnsupportedEncodingException {
```

```
    String __S2 = "\r\n";
    _S2 = __S2.getBytes("GBK");
    String __S1 = " 是 ";
    _S1 = __S1.getBytes("GBK");
    String __S0 = "  ";
    _S0 = __S0.getBytes("GBK");
}
boolean isRecompile = true;
private byte[] _S2;
private byte[] _S1;
private byte[] _S0;
}
```

在上面的类中，#foreach 语法被编译成了一个单独的方法，这是为什么呢？因为我们的模板如果非常大，将所有的代码都放在一个方法中（如 render），则这个方法可能会超过 64KB。我们知道 Java 编译器的方法的大小最大限制是 64KB，这个问题在 JSP 中也会存在，在所有 JSP 中引入了标签，每个标签都被编译成一个方法，也是为了避免方法生成的 Java 类过长而不能编译。

在上面的代码中还有两个地方要注意：一个地方是$exampleDO.getItemList()代码被解析成_I.exampleDO).getItemList()方法调用，也就是将 Velocity 的动态反射调用变成了 Java 的原生方法调用；另外一个地方是将静态字符串解析成 byte 数组，将页面的渲染输出改成了字节流输出。下面将详细介绍这两个地方。

17.3.2　方法调用的无反射优化

在前面的模板中存在一个$exampleDO.getItemList()方法调用，Velocity 的处理方式是找到$exampleDO 变量对应的 Java 对象，然后查找在这个对象中是否存在 getItemList()方法，如果存在就调用这个 method 的 invoke 方法，通过反射执行得到这个方法的执行结果。但是众所周知，反射调用很耗时，而我们通常在写模板时通过某个$变量实际对应的 Java 对象都是确定的，也就是说$exampleDO.getItemList()实际对应的方法也是确定的，那么将它转成 Java 类时也就可以直接将它转成 Java 原生的方法调用，这个可以很大程度上提升执行效率。那么要如何才能知道这个对象有这个方法呢？

只有当模板真正执行时才会知道$exampleDO 变量实际对应的 Java 对象，才知道这个对象对应的 Java 类。而要确定一个方法，不仅要知道这个方法的方法名，还要知道这个方法对应的参数类型。所以在这种情况下要多次执行才能确定每个方法对应的 Java 对象及方法的参数类型。

　　第一次编译时不知道变量的类型，所以所有的方法调用都以反射方式执行，继续用前面的 vm 代码，第一次编译后的 Java 类如下：

```java
public final class example_vm
        extends AbstractTemplateInstance {
    public Object render(final ContextAdapter context, final WriterApdater
out)
            throws TemplateRenderException {
        try {
            PageContext pageContext = new PageContext(context, out);
            if (_foreach_25853693_45911548062616(pageContext, _I) == null) {
                return null;
            }
        } catch (ClassCastException t) {
            throw t;
        } catch (TemplateRenderException t) {
            throw t;
        } catch (Throwable t) {
            throw new TemplateRenderException(t);
        }
        return Boolean.TRUE;
    }
    private Object _foreach_25853693_45911548062616(final  PageContext
pageContext, final I _I) throws Exception {
        final ContextAdapter context = pageContext.getContext();
        final PageWriter out = pageContext.getOut();
        Iterator _it = _COLLE(_TRACE("", "_I.exampleDO", "-209571699",
context.get("exampleDO"),"getItemList", new Object[]{}));
        int _velocityCount = 1;
        while (_it.hasNext()) {
            Object _i = _it.next();
            pageContext.addForVarsDef("_i", _i);
            pageContext.addForVarsDef("_velocityCount", _velocityCount);
            out.write(_S0);
            if (EPUT.is(EPUT.eq(EPUT.mod(_i, 2), 0))) {
                context.put("str", "偶数");
                out.write(_S0);
```

```
        } else {
            context.put("str", "奇数");
            out.write(_S0);
        }
        out.write(_S0);
        out.write(_EVTCK(context, "$i", _i));
        out.write(_S2);
        out.write(_EVTCK(context, "$str", context.get("str")));
        out.write(_S3);
        _velocityCount++;
    }
    return Boolean.TRUE;
}
public void init() throws UnsupportedEncodingException {
    String __S3 = "\r\n";
     _S3 = __S3.getBytes("ISO-8859-1");
    String __S2 = " 是 ";
     _S2 = __S2.getBytes("ISO-8859-1");
    String __S1 = "\r\n ";
     _S1 = __S1.getBytes("ISO-8859-1");
    String __S0 = "  ";
     _S0 = __S0.getBytes("ISO-8859-1");
}

boolean isRecompile = false;
private byte[] _S3;
private byte[] _S2;
private byte[] _S1;
private byte[] _S0;
}
```

从上面的代码中可以看出，$exampleDO.getItemList()的调用变成了_TRACE方法调用，这个方法有点特殊，它会记录下这个$exampleDO.getItemList()这次调用传过来的对象 context.get("exampleDO")及方法参数 new Object[]{}，并以这个方法的 hash 值作为 key 保存下来。

_ TRACE 方法的实现如下：

```
/**
    * 跟踪变量类型
```

```
 *
 * @param refType      变量的类型
 * @param traceVar     跟踪的变量名
 * @param methodTag    方法标识，便于在二次编译时替换
 * @param obj          变量对应的对象
 * @param methodName 方法名
 * @param args         方法参数
 * @return Object    方法执行结果
 */
protected  Object  _TRACE(String  refType,  String  traceVar,  String
methodTag, Object obj, String methodName, Object[] args) {
    try {
        //同时只允许一个线程来记录跟踪的变量
        //RuntimeAsReflection 不需要跟踪变量类型
        if (obj != null && !compilationContext.getSketchTemplateInstance().
isRuntimeAsReflection()&& traceLock.compareAndSet(false, true)) {
            setRefRealClass(refType, traceVar, methodTag, obj, methodName,
args);
        }
    } catch (Exception e) {
        throw new TemplateRenderException("跟踪变量类型失败！", e);
    } finally {
        traceLock.compareAndSet(true, false);
    }
    return invokeMethod(obj, methodName, args);
}
```

对应到实际的示例中就是$exampleDO.getItemList()对应 Mode 类的 getItemList()方法，当第二次编译时遇到$exampleDO.getItemList()语法节点时会将这个语法节点解析成(Mode)_I.exampleDO).getItemList()。由于在一个模板中一次执行并不能执行到所有的方法，所以一次执行并不能将所有的方法调用转变成反射方式。在这种情况下就会多次生成模板对应的 Java 类及多次编译。

17.3.3 将字符输出改成字节输出

从上面的代码中可以发现，静态字符串直接是 out.write(_S0)，这里的_S0 是一个字节数组，而在 vm 模板中是字符串，将字符串转成字节数组是在这个模板类初始化时完成的。你可能有疑问，为何将字符串转成字节数组来输出，如果看过本书第 3 章你就会知道，字

符的编码是非常耗时的，如果我们将静态字符串提前编码好，那么在最终写 Socket 流时就会省去这个编码时间，从而提高执行效率。从实际的测试来看，这对提升性能很有帮助。

另外，从代码中还可以发现，如果是变量输出，则调用的是 out.write(_EVTCK(context, "$str", context.get("str")))，而 _EVTCK 方法在输出变量之前检查是否有事件需要调用，如 XSS 安全检查、为空检查等。

17.4　优化的成果

针对前面的实现思路，将我们编译好的 Java 类和原生的 Velocity 做对比测试，发现有很大的性能提升，目前在实际的系统使用中也有不错的表现，下面是实际的测试结果。

17.4.1　将 char 转成 byte

我们通过一个测试例子来看看将 char 转成 byte 输出的性能对比，两个 Servlet 分别是 String 输出和 Stream 输出。

Servlet 的 String 输出：

```
private static String content = "…94k…";
protected doGet(…){
    response.getWrite().print(content);
}
```

用 apache ab 压测得到最高的 QPS 是 1800。

Servlet 字节流输出：

```
private static String content = "…94k…";
Private static byte[] bytes = content.getBytes();
protected doGet(…){
    response.getOutputStream().write(bytes);
}
```

同样用 apache ab 压测，得到最高的 QPS 是 3500，比字节流输出将近提升了 100%。由此可见字符编码是多么耗时。

17.4.2　无反射执行

无反射的优化还是以前面的代码为例，我们拿第一次编译后的代码和经过无反射编译后的代码做对比，这两份代码的唯一不同就是 Iterator _it = _COLLE(_TRACE("", "_I.exampleDO", "-209571699", context.get("exampleDO"), "getItemList", new Object[]{}))的反射执行和 Iterator _it = _COLLE((_I.exampleDO == null ? null : ((Mode) _I.exampleDO).getItemList())))的无反射执行，来分别看看它们的执行时间，看到底有多少差别。

反射执行的 example_vm 类的渲染时间是 55049 纳秒，而无反射执行时间是 36571 纳秒，将近提升了 50%左右。而在这个模板中仅仅只有一个方法是无反射执行的，如果在一个模板中存在大量的方法调用，那么提升会更多。

以上是排除了其他所有的干扰因素得出的对比结果，我们把它们放在实际的项目中是否还有效果呢？下面是在实际项目中两个优化手段的综合结果，选取的系统是淘宝最大的宝贝详情系统，我们改成这个模板引擎后的实际测试结果如图 17-7 所示。

页面大小	优化前 QPS	优化前 RT(ms)	优化后的 QPS	优化后 RT(ms)	提升%
47355	319.05	109.7	455.87	76.776	43%
48581	306.85	114.061	445.39	78.582	45%
55735	296.65	117.983	437.46	80.007	47%
63484	193.69	180.698	302.55	115.684	56%
83152	180.88	193.498	236	148.305	30%
92890	170.68	205.064	214.27	163.342	26%
99732	103.64	337.707	161.46	216.77	56%
144292	108.76	321.81	148.18	236.199	36%
67144	148.49	235.714	268.07	130.565	81%
79703	124.51	281.1	243.64	143.657	96%
92537	123.85	282.595	190.8	183.44	54%
127047	117.52	297.829	164.1	213.284	40%
129479	105.36	332.197	155	225.8	47%

图 17-7　改成这个模板引擎后的实际测试结果

从图 17-7 可以看出，整个系统的性能提升将近 50%左右。下面是另一个 list 系统的测试情况，测试结果如图 17-8 所示。

可以看出，在实际的应用系统中提升也是非常明显的。

页面大小	优化前 QPS	优化前相应时间(ms)	优化后的 QPS	优化后相应时间(ms)	提升%
100590	46.21	757.444	63.64	549.966	37%
319344	22.09	1584.339	30.59	1144.319	38%
96714	42.46	824.361	62.25	562.275	46%
86054	44.89	779.751	67.35	519.650	50%
108654	39.87	877.874	60.87	574.967	52%

图 17-8　测试结果

17.5　其他优化手段

除了将模板从解释执行变成编译执行外，还有一些简单方式同样也能够提升模板的执行效率，如减少模板的大小，那么如何才能减少模板的大小呢？

◎　去掉页面输出中多余的非中文空格。我们知道，在页面的 HTML 输出中多余的空格是不会在 HTML 的展示时起作用的，多个连续的空格最终都只会显示一个空格的间距，除非你使用 " " 表示空格。虽然多余的空格并不能影响 HTML 的页面展示样式，但是服务端页面渲染和网络数据传输这些空格和其他字符没有区别，同样要做处理，这样的话，这些空格就会造成时间和空间维度上的浪费，所以完全可以将多个连续的空格合并成一个，从而既减少了字符又不会影响页面展示。

◎　压缩 TAB 和换行。同样的道理，还可以将 TAB 字符合并成一个，以及将多余的换行也合并一下，也能减少不少字符。

◎　合并相同的数据。在模板中有很多相同的数据在循环中重复输出，如类目、商品、菜单等，可以将相同的重复内容提取出来合并在 CSS 中或者用 JS 来输出。

◎　异步渲染。将一些静态内容抽取出来改成异步渲染，只在用户确实需要时再向服务器去请求，这也能够减少很多不必要的数据传输。

17.6　总结

本章总结了一个高效的模板引擎的设计思路和实际的实现，最后还给出了一些实验的测试数据及进一步提升模板执行效率的其他建议。

第 18 章

大浏览量系统的静态化
架构设计

Web 开发如何应对大流量是必须要考虑的问题，例如当前的 12306 网站、淘宝的秒杀系统等都是 Web 系统会遇到的典型问题。尤其是一些突发流量更会考验我们的系统抗压能力，所以在设计系统时要考虑多种因素，例如网络结构、网卡瓶颈、系统依赖、缓存、数据一致性等。本章将详细介绍如何设计一个应对大浏览量的系统。

18.1　淘宝大浏览量商品详情系统简介

何谓大浏览量系统？以 Java 系统为例，正常的用户请求要支撑 20w/s 的 QPS。根据 Alexa 全球排名，淘宝目前排名第 13 位，日均 PV 约有 25 亿，日均独立 IP 访问约有 1.5 亿，其中 item.taobao.com 域名对应的 Detail 系统约占总 PV 的 25%。可以说 Detail 系统是目前淘宝中单系统访问量最高的系统,当前每秒约有 20KB 的请求到达我们的后端服务器。下面简单介绍一下这个大浏览量系统的基本情况:页面大小 45KB,压缩后 15KB,峰值带宽可达 2Gbps,服务端页面平均 RT 约为 15ms。

在静态化改造之前,淘宝的前台系统多是如图 18-1 所示的结构。

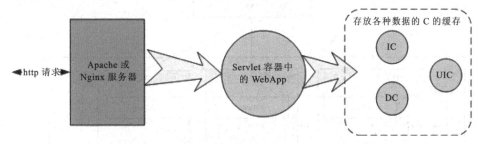

图 18-1　前台系统的基本结构

前面的 HTTP 请求经过负载均衡设备分配到某个域名对应的应用集群,经过 Nginx 代理到 JBoss 或者 Tomcat 容器,由它们负责具体处理用户的请求。目前这些大浏览量的系统大部分需要读取的数据都已经直接走 K/V 缓存了,不会直接从 DB 中获取数据。还有一部分应用逻辑会走远程的系统调用,淘宝有一套高性能的分布式服务框架(HSF 框架)来提供系统之间的服务调用。

另外,淘宝的前台系统都是基于 Java 的 MVC 框架开发的(WebX 框架),一个典型的系统结构图如图 18-2 所示。

18.2　系统面临哪些挑战

随着淘宝网站的发展壮大,系统也面临越来越多的挑战,有些是业务发展带来的挑战,例如双 11 和双 12 的大型促销活动、秒杀活动等突发流量冲击;还有一些是非正常的访问请求,例如网站经常受到攻击和恶意请求。这些流量有些是可预测的,有些是不可预测、不可防范的。如图 18-3 所示是一次非正常访问的流量图。

像这种流量突然暴增的情况对系统的冲击很大,有时候流量瞬间可达到 20w/s 的 QPS,所以如何让系统有更好的性能和稳定性是我们面临的一大挑战。

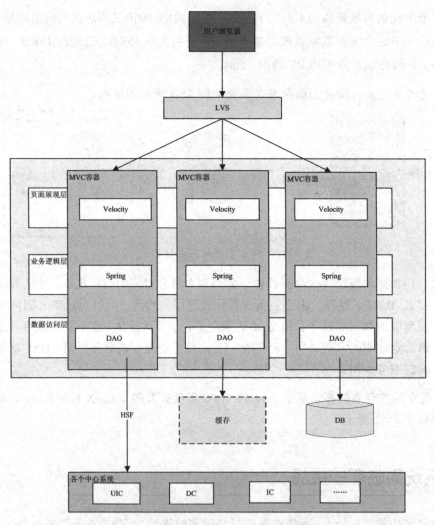

图 18-2　前台的系统结构图

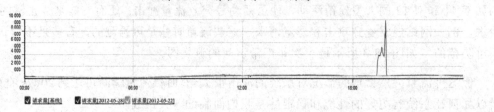

图 18-3　非正常访问流量图

18.3　淘宝前台系统的优化历程

在介绍前台系统的静态化改造之前，我们先回顾一下我们已经做了哪些优化工作，这些工作对我们后续的优化也至关重要。淘宝从当初一个很小的系统发展成现在这么大的浏览量的系统，这中间也经历了很多次的系统迭代升级。

◎　2009 年，系统拆分、静态文件合并、前端页面异步化和 JSON 化。

◎　2010 年，去 DB 依赖、引入缓存、提升单机 QPS、关注用户体验。

◎　2011 年，优化进入深水区 Velocity、BigPipe。

◎　2012 年，静态化改造。

◎　2013 年，统一 Cache、CDN 化、网络协议。

18.4　大浏览量系统的静态改造

18.4.1　什么是静态化系统

在要改造成静态化系统之前首先要搞明白什么是静态化系统，它有哪些属性？要满足这些基本的属性才能有目标地去改造。

静态系统通常有如下几方面的特征。

◎　一个页面对应的 URL 通常固定。不同的 URL 表示不同的内容，让返回的请求和 URL 相关，也就是通过 URL 能唯一标识一个页面。

◎　在页面中不能包含与浏览者相关的因素，这里所说的"不能包含"不包括 JS 动态生成的部分，也就是在页面中 HTML 代码不能明显地含有与浏览器相关的 DOM。例如不能含有用户的姓名、身份标识以及与 Cookie 相关的因素等。

◎　在页面中不包含时间因素。页面同样不能含有与时间（这里的时间不是指客户端浏览器中获取的时间，而是服务器端输出的时间）相关的因素，页面中的 DOM

结构不能随着时间的变化而变化。典型的案例如淘宝的秒杀中，到某个时间点时就可以使用页面中的立即购买按钮，则这个判断的时间就是从服务器端获取的时间。

◎ 页面中不包含地域因素。对页面中的地域因素很好理解，即从北京访问看到的页面要和从上海访问看到的页面相同。淘宝上也有个例子，就是宝贝的运费在不同的地区可能不一样。如果做成静态化，则这个运费就不能直接反映在 HTML 代码中了。

◎ 不能包含 Cookie 等私有数据。Cookie 实际上主要是用来标识访问量信息的一个工具，如果在页面中包含这些私有数据，也不可能不包含上面这些因素了。所以要满足静态化，就不能包含 Cookie 信息。

这里再强调一下，所谓的静态化不仅是传统意义上完全存在于磁盘上的 HTML 页面，它还可能是经过 Java 系统产生的页面，但是它输出的页面本身不包含上面所说的那些因素。还有一点，在"页面中不包含"指的是页面的 HTML 源码不含有，这一点务必要清楚。

18.4.2　为什么要进行静态化架构设计

在前面我们分析了系统面临的各种挑战，这些挑战都涉及性能优化，那性能优化为什么要进行静态化这种架构设计呢？

其实从前面系统的优化历程来看，系统经过多次优化升级，包括系统架构的升级、系统本身的模块优化、代码优化和增加各种缓存等这些优化，我们的优化层次都是在 Java 系统中做改进的。我们改进的思路多是尽量让应用本身怎么更快地获取数据，怎么更快地计算出结果，然后把结果返回给用户。然而我们测试了一种极端的情况，就是将系统所有的数据全部缓存，然后将所有的请求结果直接返回。在这种情况下压测我们的 Java 系统，性能仍然不能满足我们的期望，而我们的目标是要再上一个数量级，达到每秒 2000 甚至上万的 QPS，所以在 Java 系统上不可能达到这个目标。

因此我们判断 Java 系统本身已经达到了瓶颈，由于 Java 系统本身也有其弱点，例如不擅长处理大量的连接请求，每个连接消耗的内存较多，Servlet 容器解析 HTTP 较慢等，所以我们必须要跳出 Java 系统来做。如何跳出 Java 系统？就是让请求尽量不经过 Java 系统，在前面的 Web 服务器层就直接返回。从这种模式自然就想到了静态化这种架构，所以静态化就成了必然选择。

那么系统静态化为何能做 Java 系统做不到的高性能呢？静态化有如下优点。

◎ 改变了缓存方式。直接缓存 HTTP 连接而不是仅仅缓存数据，Web 代理服务器根据请求 URL 直接取出对应的 HTTP 响应头和响应体直接返回，这个响应连 HTTP 都不用重新组装，同样，HTTP 请求头也不一定需要解析，所以做到了获取数据最快。

◎ 改变了缓存的地方。不是在 Java 层面做缓存，而是直接在 Web 服务器层上做，所以屏蔽了 Java 层面的一些弱点，而 Web 服务器（如 Nginx、Apache、Varnish）都擅长处理大并发的静态文件请求。

18.4.3　如何改造动态系统

有了目标，有了方向，接下来就是如何来改造我们的系统，如何将我们的动态页面改造成适合缓存的静态页面呢？改造的方法就是前面所说的要去掉那几个影响因素。

如何去掉这些影响因素？解决办法就是将这些因素单独分离出来，也就是做动静分离。下面以 Detail 系统为例介绍如何做动静分离。

动静分离

◎ URL 唯一化。Detail 系统天然就可以做到 URL 统一化，例如每个商品都由 ID 来标识，那么 http://item.taobao.com/item.htm?id=xxxx 就可以作为唯一的 URL 标识。

◎ 分离与浏览者相关的因素。与浏览者相关的因素包括是否登录以及登录身份等，我们可以单独拆分出来，通过动态请求来获取。

◎ 分离时间因素。服务端输出的时间也通过动态请求获取。

◎ 异步化地域因素。把 Detail 系统上与地域相关的做成异步方式来获取。

◎ 去掉 Cookie。服务端输出的页面包含的 Cookie 可以通过代码软件来删除，例如 Varnish 可以通过 unset req.http.cookie 命令去掉 Cookie。

动态内容结构化

分离出动态内容后，如何组织这些内容页非常关键，这些动态内容应该会被页面中的其他模块用到，例如判断该用户是否登录、用户 ID 等。将这些信息 JSON 化可方便前端获取，代码如下：

```
<script>(function() {
    g_config.vdata = {
        "viewer": {//浏览者相关
            "cc": false,
            "tnik": "君山"
            ...},
        "vtgs": {
            "tg": "524288",
            ...},
        "sys": {//系统相关
            ....},
            "now": 1376561863065,
            "tkn": "VrxuqfFuSm",
            "p": 1.0}
    };})();
</script>
```

对 Detail 系统来说，虽然商品信息是可以缓存的，不需要动态获取，但是也可以将商品的关键信息结构做成如下代码所示的结构：

```
<script> (function() {
    g_config.idata = {
        item: {//商品信息
            id: 17804510436,
            status: 0,
            ...},
        seller: {//卖家信息
            status: 0},
        shop: {//店铺信息
            id: "102447199",
            xshop: true}
    }
})(); < /script>
```

如何组装动态内容

知道如何分离那些内容，又知道如何组织它们，现在的问题就是如何获取它们，并和静态文件组装在一起了。获取动态内容通常有两种方式：ESI（Edge Side Includes）和 CSI

（Client Side Includes）。

◎ ESI。即在 Web 代理服务器上做动态内容请求，并将请求插入到静态页面中，当用户拿到页面时已经是一个完整的页面了，例如现在的 Detail 系统就是采用的这种方式，这种方式对服务端性能有些影响，但是用户体验较好。

◎ CSI。这种方式就是发起一个异步 JS 请求单独向服务端获取动态内容。这种方式使服务端性能更佳，但是用户端页面有些延时，体验稍差。

18.4.4　几种静态化方案的设计及选择

下面详细分析如何设计静态化架构，首先要考虑方案应该遵循的几个原则，涉及如何回答以下几个问题。

◎ 是否一致性 Hash 分组？做缓存一定是和命中率紧密相关的，命中率和数据的集中度相关，而要让数据集中一致性 Hash 就是一个必然选择。但是一致性 Hash 有一个天然的缺陷就是会导致热点问题，当热点特别集中时可能会导致网络瓶颈。

◎ 是否使用 ESI？ESI 和 CSI 的利弊我们在前面已经分析过，ESI 对性能有影响，但是它对客户端友好，前端编程也方便。

◎ 是否使用物理机？物理机可以提供更大的内存、更好的 CPU 资源，但是使用物理机也有一些缺点，例如会导致应用集群的相对集中，进而导致网络风险增加。另外对 Java 系统而言内存增加并不能带来那么大的好处。

◎ 谁来压缩、在哪里压缩也是让人比较纠结的问题，增加一层 Cache，必然增加了数据的传输，那么谁来压缩就会影响到 Cache 的容量和网络数据的传输量。

◎ 网卡选择？网卡选择其实是个成本问题，避免网络瓶颈可以选择万兆网卡和交换机，但是必然使成本增加。

根据这几个方面的考虑，分别得出如下几个方案。

方案 1　采用 Nginx+Cache+Java 结构的虚拟机单机部署

这种部署结构图如图 18-4 所示。

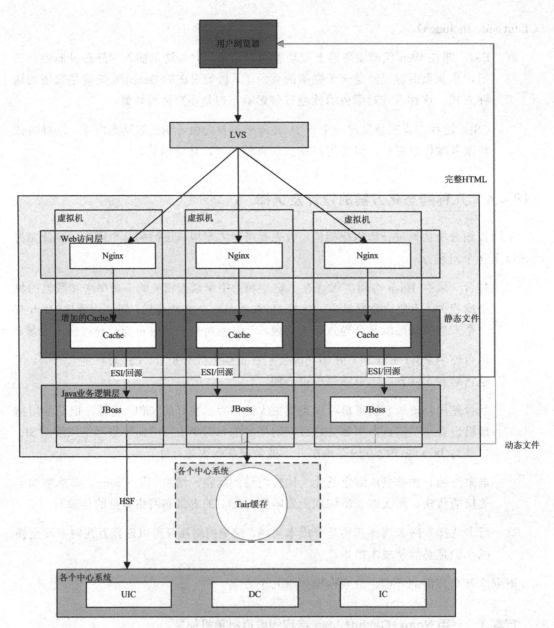

图 18-4　Nginx+Cache+Java 结构的虚拟机单机部署

这种方式是最简单的静态化方案，只需在当前的架构上加一层 Cache 层就行了，网络结构和业务逻辑都不用变化，只需将系统做静态化改造就完成了。它的优缺点如下所述。

优点：

◎　没有网络瓶颈，不需要改造网络；

◎　机器增加，也没有网卡瓶颈；

◎　机器数增多，故障风险减少。

缺点：

◎　机器增加，缓存命中率下降；

◎　缓存分散，失效难度增加；

◎　Cache 和 JBoss 都会争抢内存。

该方案虽然比较简单，但也能够解决热点商品的访问问题，例如做大促时，商品数比较少，在有限内存中仍然能够命中这些商品；另外针对一些恶意攻击也十分有效，这时的命中率能达到 90%以上，但是对系统的整体性能没有很多提升。

方案 2　采用 Nginx+Cache+Java 结构实体机单机部署

该方案的部署结构图如图 18-5 所示。

这种方案是在前面的基础上将虚拟机改成实体机，增大 Cache 的内存，并且采用了一致性 Hash 分组的方式来提升命中率，这里将 Cache 分成若干组，这样可以达到命中率和访问热点的平衡。它的优点如下：

◎　既没有网络瓶颈，也能使用大内存；

◎　减少 Varnish 机器，提升命中率；

◎　提升命中率，能减少 Gzip 压缩；

◎　减少 Cache 失效的压力。

这是一个比较理想的方案，在正常请求下也能达到 50%左右的命中率，对一些基数数据比较小的系统如天猫 Detail，命中率能达到 80%左右，这样的命中率比较理想。

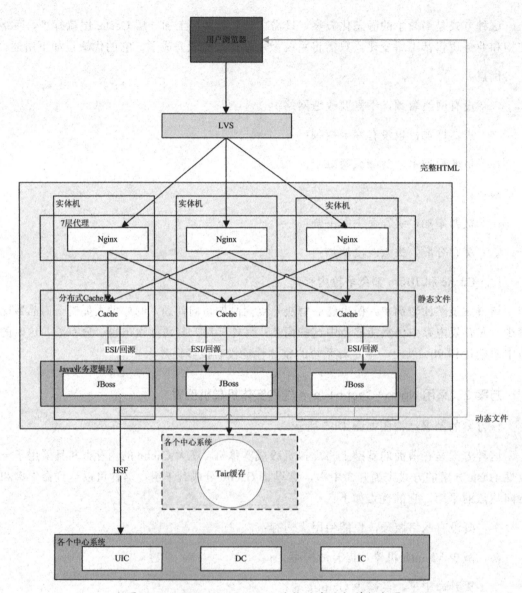

图 18-5　Nginx+Cache+Java 结构的实体机单机部署

方案 3　统一 Cache 层

统一 Cache 层是个更理想的推广方案，该方案的结构图如图 18-6 所示。

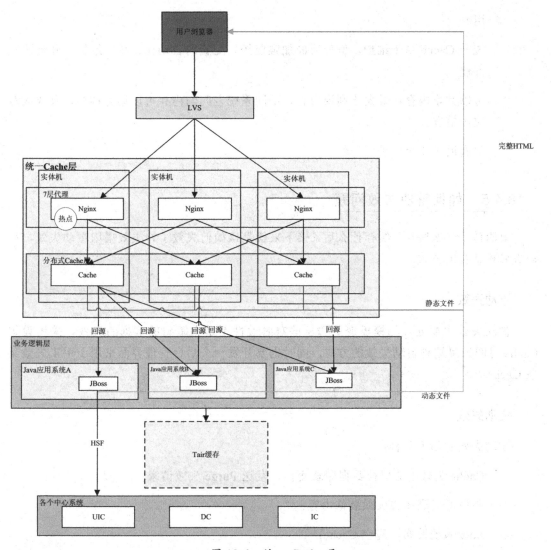

图 18-6 统一 Cache 层

　　将Cache层单独拿出来统一管理可以减少运维成本,同时也方便其他静态化系统接入,
还有如下优点。

　◎　可以减少多个应用接入使用 Cache 的成本,接入的应用只维护自己的 Java 系统就
　　　好,不用单独维护 Cache,只需关心如何使用,更好地让更多流量型系统接入使

用。

◎ 统一 Cache 易于维护，例如后面加强监控、配置的自动化，统一维护、升级比较方便。

◎ 可以共享内存，最大化利用内存，不同系统之间的内存可以动态切换，有效应对攻击情况。

◎ 更有助于安全防护。

18.4.5　如何解决失效问题

搞清楚了怎么缓存，缓存什么后，接下来就是该如何失效了？失效采用主动失效与被动失效相结合的方式。

被动失效

被动失效主要处理如模板变更和一些对时效性不是太敏感的数据的失效，采用设置 Cache 时间长度这种自动失效的方式，同时也要开发一个后台管理界面来用于手工失效某些 Cache。

主动失效

主动失效有如下几种：

◎ Cache 失效中心监控数据库表变化，发送 Purge 失效请求；

◎ 装修时间戳比较失效装修内容；

◎ Java 系统发布，清空 Cache；

◎ Vm 模板发布，清空 Cache。

其中失效中心承担了主要的失效功能，这个失效中心的逻辑图如图 18-7 所示。

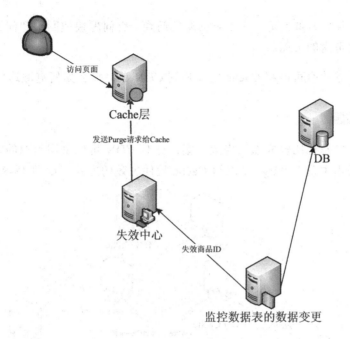

图 18-7　失效中心逻辑图

失效中心通过监控关键数据对应表的变更来发送失效请求给 Cache，从而清除 Cache 数据。

18.4.6　服务端静态化方案的演进：CDN 化

在将动态系统静态化后，自然会想到一个更进一步的方案，就是将 Cache 前移到 CDN 上，因为 CDN 离用户最近，效果会更好。但是要想这么做，还有下面几个问题需要解决。

◎ 失效问题。由于 CDN 分布在全国，要在秒级时间内失效这么广泛的 Cache，对 CDN 的失效系统要求很高。

◎ 命中率问题。Cache 最重要的一个指标就是要保证高命中率，不然 Cache 就失去了意义。同样，如果将数据全部放到全国的 CDN 上，Cache 分散是必然的，Cache 分散导致访问的请求命中到同一个请求的 Cache 降低，那么命中率就成为一个问题。

◎ 发布更新问题。作为一个业务系统，每周都有日常业务需要发布，所以发布系统是否快速、简单也是一个不可回避的问题，有问题快速回滚和问题排查的简便性也是要考虑的方面。

克服这些问题才有可能将 Cache 层前移到 CDN 上，那么如何克服这些问题呢？

解决失效问题

有了服务端静态化比较成熟的失效方案，针对 CDN 可以采用类似的方式来设计级联的失效结构，采用主动发 Purge 请求给 Cache 软件失效的方式，如图 18-8 所示。

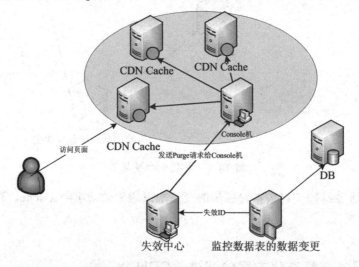

图 18-8　级联失效方式

这种失效由失效中心将失效请求发送给每个 CDN 节点上的 Console 机，然后 Console 机发送 Purge 请求给每台 Cache 机器。

解决命中率问题

从前面的分析来看，将 Detail 系统放到全国所有的 CDN 节点上，现阶段是不太可能实现的，那么是否可以选择若干个节点来实施、尝试呢？

这样的节点需要满足以下几个条件：

◎　靠近访问量比较集中的地区；

◎　离杭州主站相对较远；

◎　节点到主站的网络比较好且稳定；

◎　节点容量比较大，不会占用其他 CDN 太多的资源；

◎　节点不要太多。

基于上面几个因素，选择 CDN 的二级 Cache 比较合适，部署方式如下图 18-9 所示。

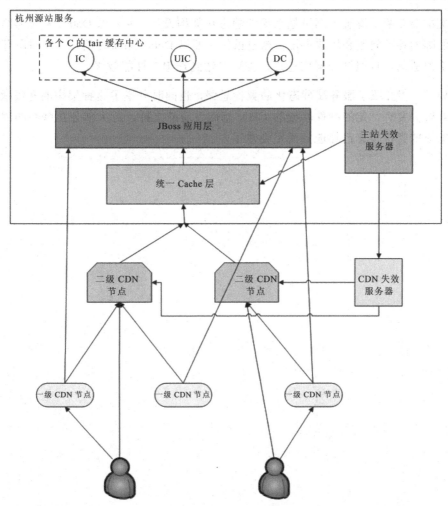

图 18-9　CDN 化部署方案

使用 CDN 的二级 Cache 作为缓存，可以达到和当前服务端静态化 Cache 类似的命中率，因为节点数不多，Cache 不是很分散，访问量也比较集中，这样也解决了命中率的问题，同时也提供给用户最好的访问体验，是在当前环境下比较理想的 CDN 化方案。

18.5　总结

本文主要介绍了淘宝大浏览量系统的静态化架构设计，主要以 Detail 系统为例来介绍了其中面临的各种问题和解决办法，这里虽然主要以 Detail 系统为例，其实对所有的浏览型系统都很适用，按照这个架构思路，都可以达到理想的性能效果。

另外，不仅介绍了服务端静态化的架构思路，也同时分享了这种架构的升级版本，当然这种升级需要有一定的硬件基础的 CDN 基础设施的支持。对大部分互联网的读系统来说，方案 2 的架构设计已经能够满足要求了。